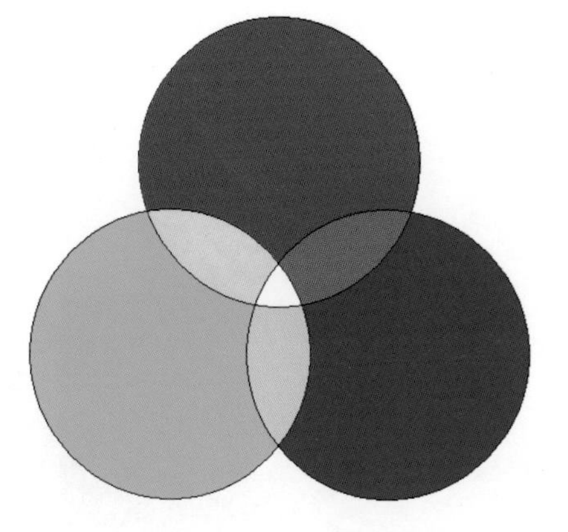

图 1　RGB 加色模型

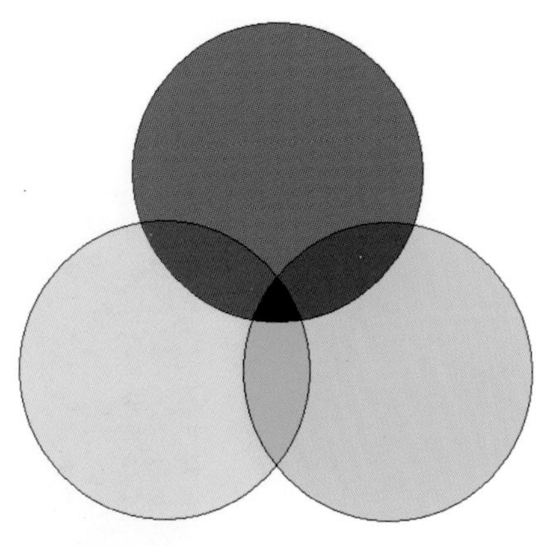

图 2　CMY 减色模型

图 3　RGB 颜色模型

图 4　HSV 颜色模型

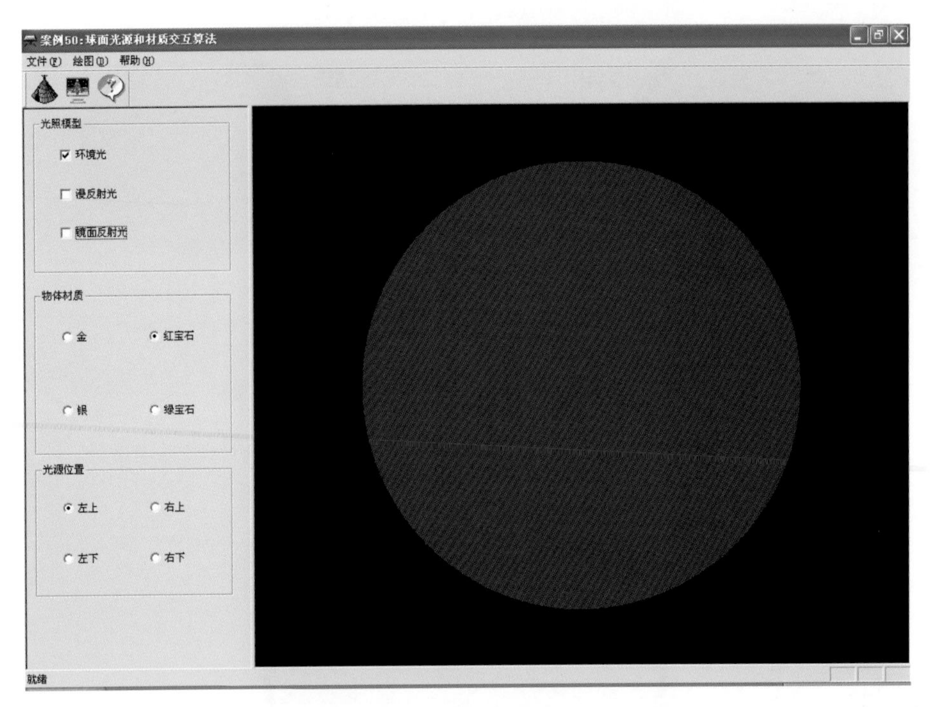

图 5　环境光模型

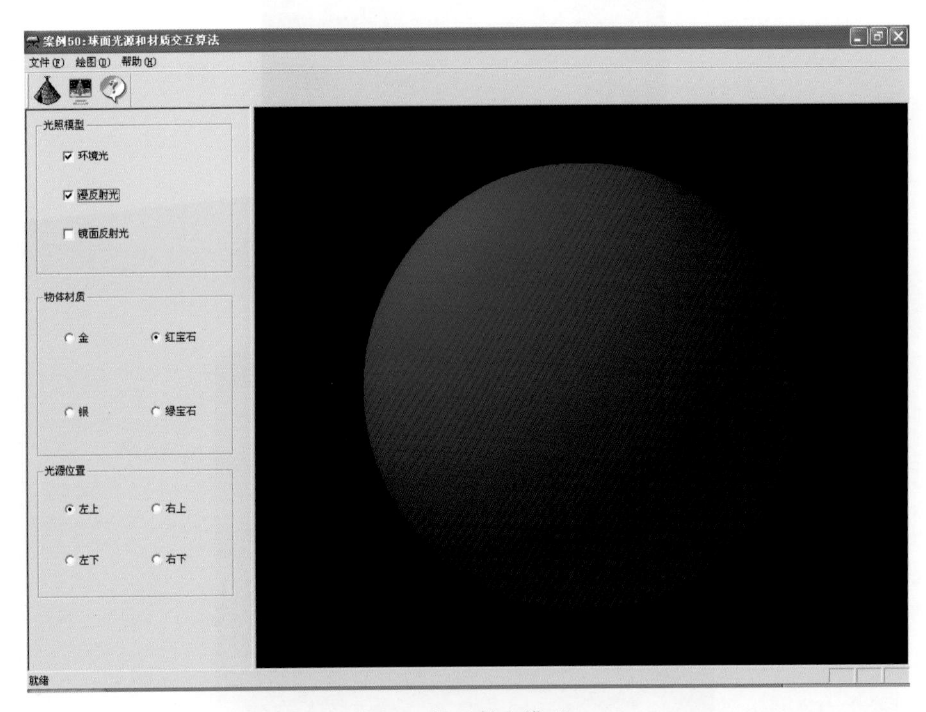

图 6　漫反射光模型

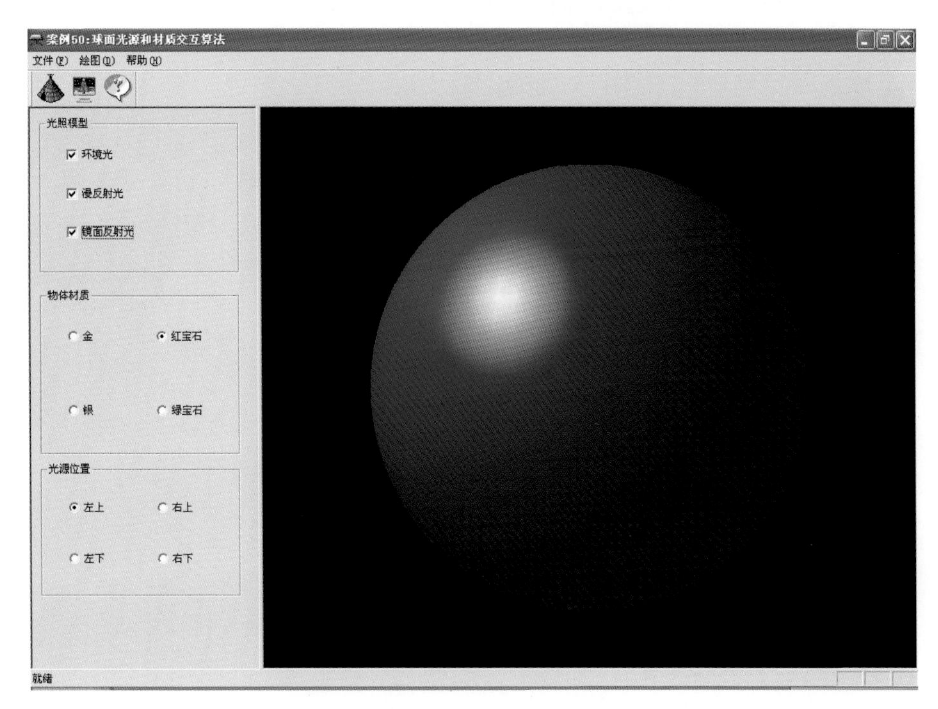

图 7　镜面高光模型

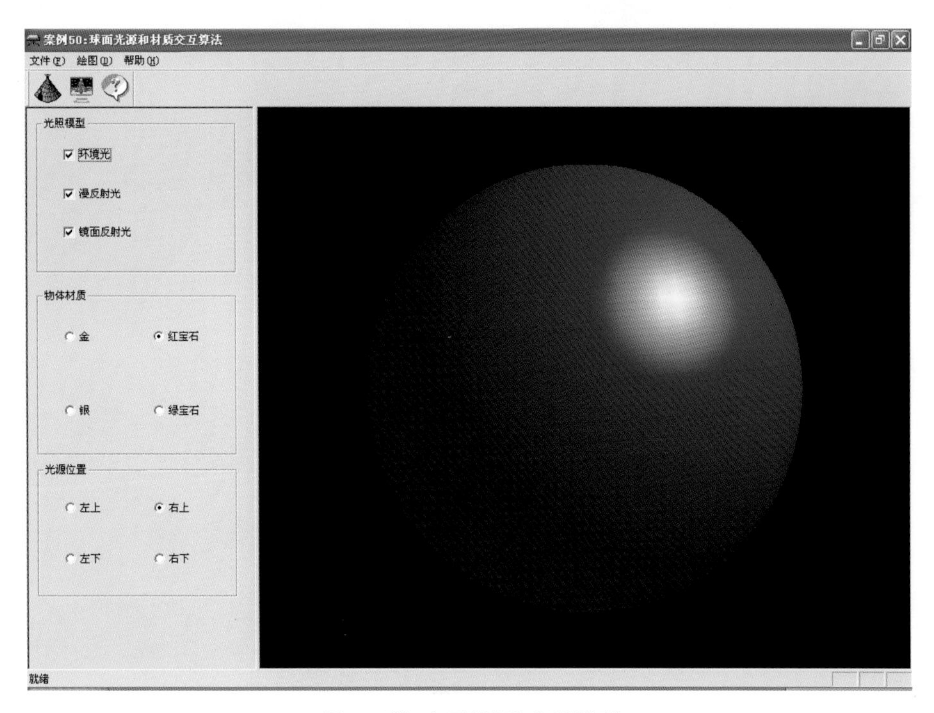

图 8　“红宝石”材质光照模型

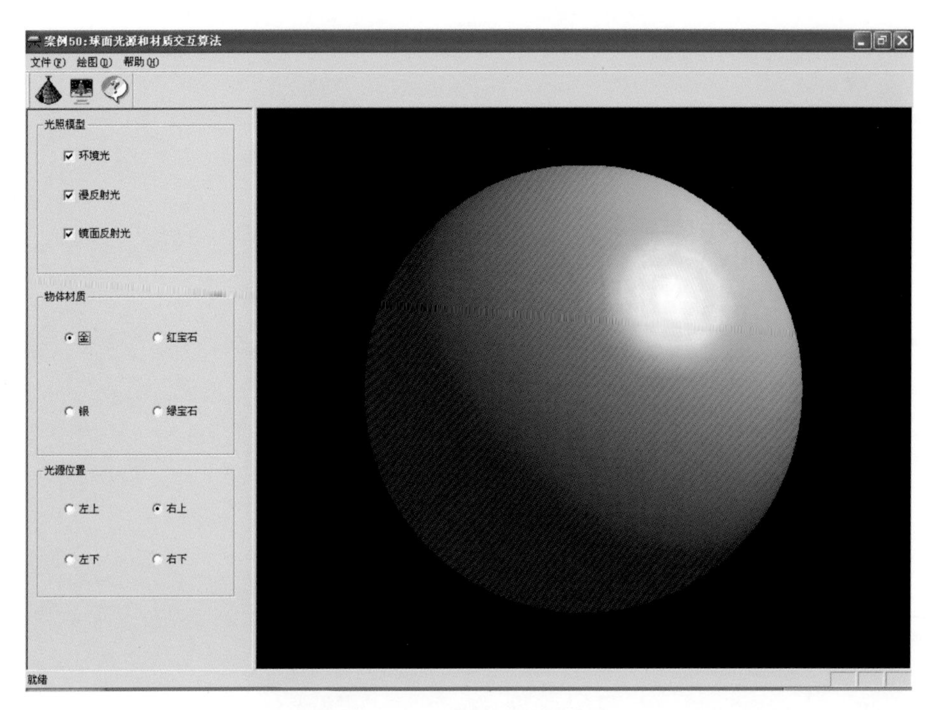

图 9 “金”材质光照模型

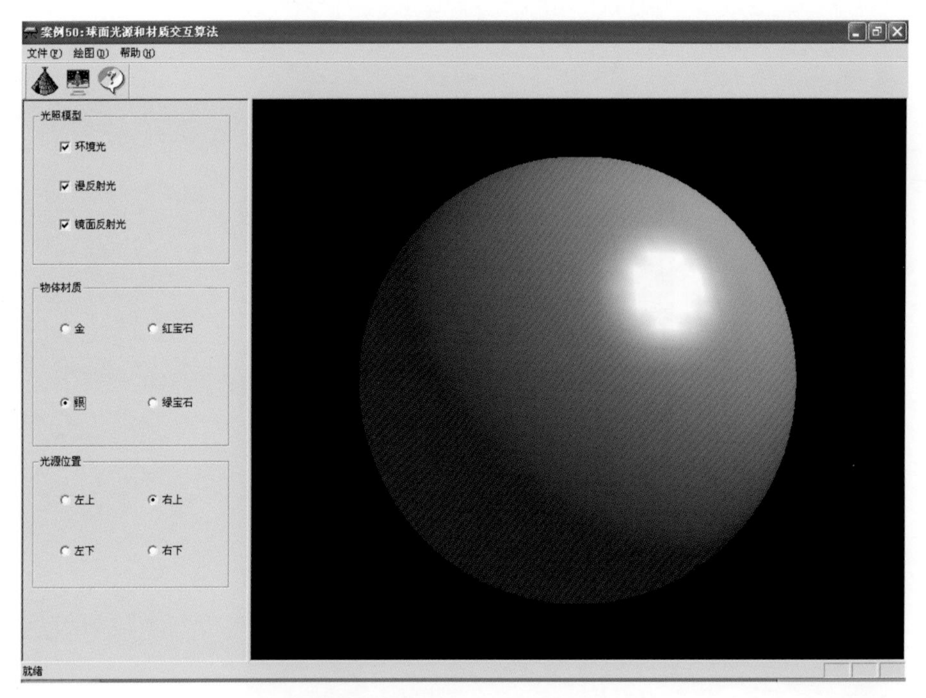

图 10 “银”材质光照模型

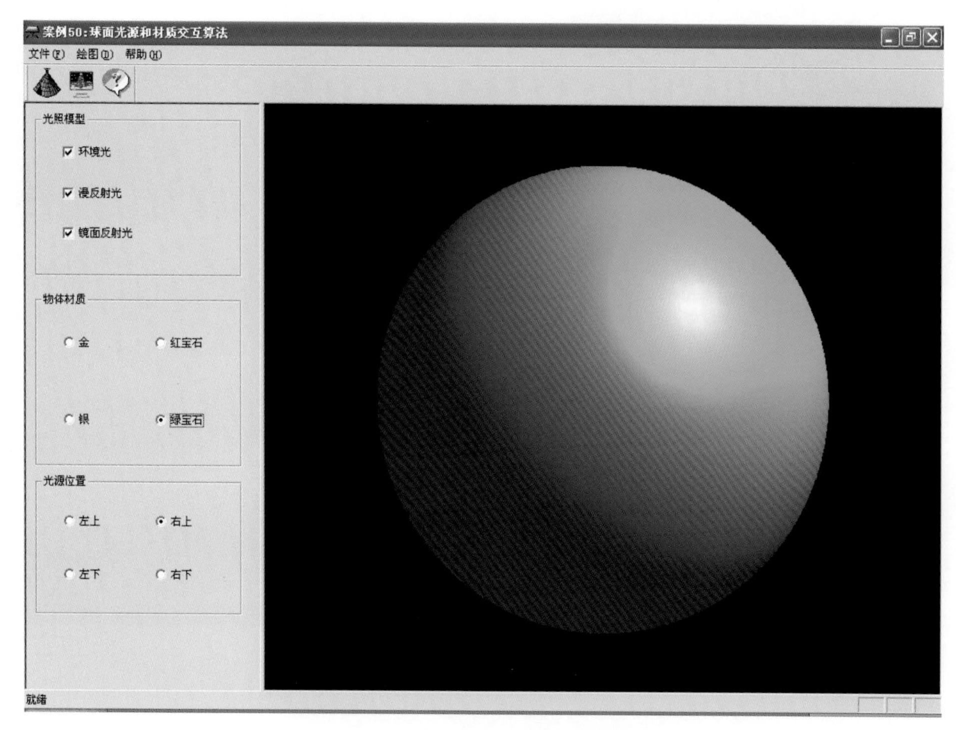

图 11 “绿宝石”材质光照模型

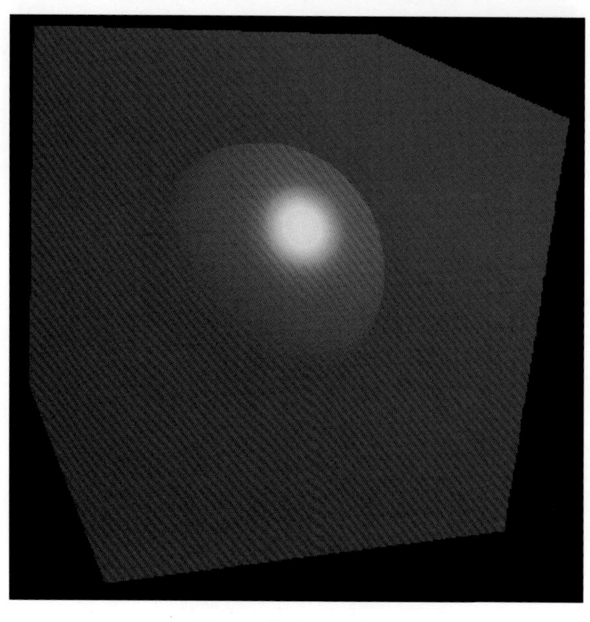

图 12 简单透明模型

图 13　简单阴影模型

图 14　长方体图像纹理映射

图 15　圆柱面图像纹理映射

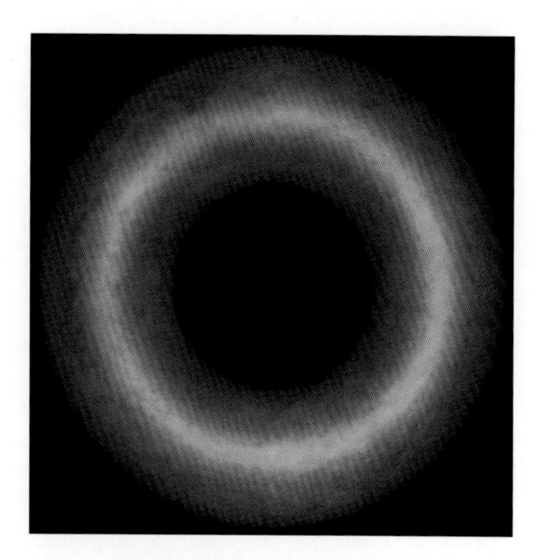

图 16　圆环面图像纹理映射

图 17　三维纹理

图 18　几何纹理

图 19　几何纹理反走样模型

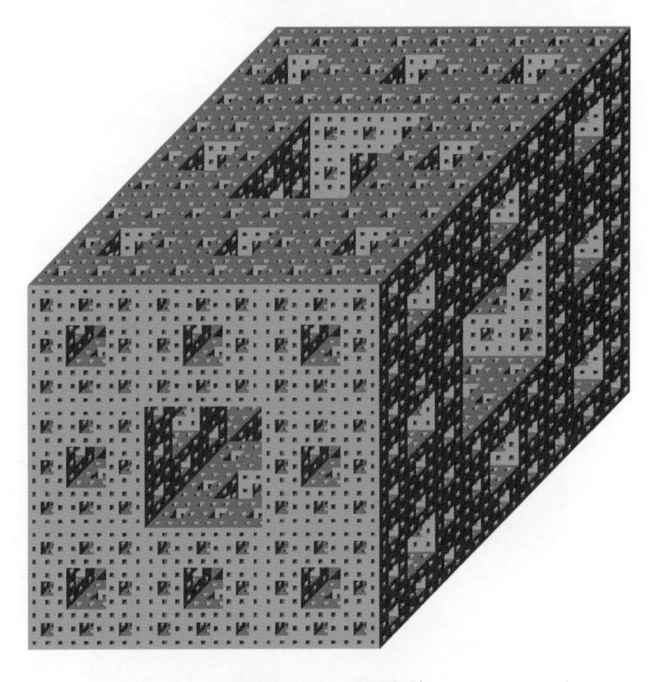

图 20　Menger 海绵

高等学校计算机专业教材精选·图形图像与多媒体技术

"十二五"普通高等教育本科国家级规划教材

计算机图形学实践教程 (Visual C++版)(第2版)

孔令德 著

清华大学出版社

北京

内容简介

本书是《计算机图形学基础教程(Visual C ++ 版)(第 2 版)》的姊妹篇。编写原则是将计算机图形学的基本原理与具体编程实践相结合起来。本书选用面向对象程序设计语言 Visual C ++ 6.0 的 MFC 框架作为开发平台,可以更好地展示真彩色以及对图形的交互式操作。

本书共给出 60 个案例,内容包括直线中点 Bresenham 算法、多边形有效边表填充算法、三维图形几何变换算法、透视投影算法、球面地理划分线框模型消隐算法、立方体表面模型消隐 Z-Buffer 算法、球面光源与材质交互作用算法、球面 Phong 明暗处理算法、简单透明模型算法、简单阴影算法、长方体图像纹理映射算法、圆环面图像纹理映射算法、三维纹理映射算法、球面几何纹理映射反走样算法等。

本书的所有案例全部由笔者独立开发,具有自主知识产权。在第 1 版的基础上新增了 Sutherland-Hodgman 多边形裁剪算法、球面光源与材质交互算法、简单透明模型算法、简单阴影算法、三维纹理映射算法、球面几何纹理映射反走样算法等案例,丰富了计算机图形学实践教学资源库的内容。该资源库于 2012 年被评为山西省教学成果一等奖。

本书案例使用类结构编写,代码统一,注释规范,读者可以很容易地按照本书提供的源程序开发自己的图形学作品。本书的源程序代码可到 http://www.klingde.com 网站进行下载。

本书不仅可以作为学习《计算机图形学基础教程(Visual C ++ 版)(第 2 版)》(ISBN 978-7-302-29752-9)的辅助教材,也可作为上机实践教材,还可供从事游戏开发的程序员自学使用。

图书在版编目(CIP)数据

计算机图形学实践教程:Visual C ++ 版/孔令德著.—2 版.—北京:清华大学出版社,2012.3(2022.7 重印)

高等学校计算机专业教材精选·图形图像与多媒体技术

ISBN 978-7-302-29751-2

Ⅰ.①计… Ⅱ.①孔… Ⅲ.①计算机图形学—高等学校—教材 ②C 语言—程序设计—高等学校—教材 Ⅳ.①TP391.41 ②TP312

中国版本图书馆 CIP 数据核字(2012)第 189160 号

责任编辑:汪汉友
封面设计:常雪影
责任校对:时翠兰
责任印制:曹婉颖

出版发行:清华大学出版社
网　　址:http://www.tup.com.cn,http://www.wqbook.com
地　　址:北京清华大学学研大厦 A 座　　**邮　　编**:100084
社 总 机:010-83470000　　**邮　　购**:010-62786544
投稿与读者服务:010-62776969,c-service@tup.tsinghua.edu.cn
质量反馈:010-62772015,zhiliang@tup.tsinghua.edu.cn
课件下载:http://www.tup.com.cn,010-62795954

印 装 者:大厂回族自治县彩虹印刷有限公司
经　　销:全国新华书店
开　　本:185mm×260mm　**印　张**:22.5　**插　页**:4　**字　　数**:556 千字
版　　次:2008 年 5 月第 1 版　2013 年 3 月第 2 版　**印　　次**:2022 年 7 月第 7 次印刷
定　　价:69.00 元

产品编号:047069-02

出版说明

我国高等学校计算机教育近年来迅猛发展，应用所学计算机知识解决实际问题，已经成为当代大学生的必备能力。

时代的进步与社会的发展对高等学校计算机教育的质量提出了更高、更新的要求。现在，很多高等学校都在积极探索符合自身特点的教学模式，涌现出一大批非常优秀的精品课程。

为了适应社会的需求，满足计算机教育的发展需要，清华大学出版社在进行了大量调查研究的基础上，组织编写了《高等学校计算机专业教材精选》。本套教材从全国各高校的优秀计算机教材中精挑细选了一批很有代表性且特色鲜明的计算机精品教材，把作者们对各自所授计算机课程的独特理解和先进经验推荐给全国师生。

本系列教材特点如下。

(1) 编写目的明确。本套教材主要面向广大高校的计算机专业学生，使学生通过本套教材，学习计算机科学与技术方面的基本理论和基本知识，接受应用计算机解决实际问题的基本训练。

(2) 注重编写理念。本套教材作者群为各校相应课程的主讲，有一定经验积累，且编写思路清晰，有独特的教学思路和指导思想，其教学经验具有推广价值。本套教材中不乏各类精品课配套教材，并努力把不同学校的教学特点反映到每本教材中。

(3) 理论知识与实践相结合。本套教材贯彻从实践中来到实践中去的原则，书中的许多必须掌握的理论都结合实例讲解，同时注重培养学生分析、解决问题的能力，满足社会用人要求。

(4) 易教易用，合理适当。本套教材编写时注意结合教学实际的课时数，把握教材的篇幅。同时，对一些知识点按教育部教学指导委员会的最新精神进行合理取舍与难易控制。

(5) 注重教材的立体化配套。大多数教材都将配套教师用课件、习题及其解答、学生上机实验指导、教学网站等辅助教学资源，方便教学。

随着本套教材陆续出版，相信能够得到广大读者的认可和支持，为我国计算机教材建设及计算机教学水平的提高，为计算机教育事业的发展做出应有的贡献。

清华大学出版社

前　言

图形学是一门只有通过实践才能掌握的课程，任何不给出算法的计算机图形学书籍都是不完整的。学习计算机图形学原理的最好方法之一就是编程实现这些原理，只有真正实现一个算法才能对原理有深刻的理解，才能对算法的细枝末节有所体会。

读者可能惊诧于彩插中的美丽图形，以为是使用 3ds max 软件或者 OpenGL 图形库绘制的。其实这些图形是使用 C++语言绘制的，更确切地说是在本书配套的《计算机图形学基础教程(Visual C++版)(第 2 版)》所讲授的计算机图形学原理的指导下，使用 MFC 绘制完成的。笔者把这套自主开发的系统命名为"博创研究所开放图形库"，简称为 BCOpenGL，共包含 60 个案例源程序。

每个案例使用"案例需求"、"案例分析"、"算法设计"、"案例设计"和"案例总结"五部曲模式进行编写。为了避免重复，前述案例已经讲解过的代码，在后续的案例中将不再提及，完整的案例源程序可以到笔者的个人网站下载。所有案例均经过了严格测试，读者只要在 Visual C++的集成开发环境中编译、连接、运行就可以看到案例所展示的动画效果。

BCOpenGL 以类模块为单元，采用搭积木的方法建设。将《计算机图形学基础教程(Visual C++版)(第 2 版)》的每个原理使用 MFC 定义一个类，添加到 BCOpenGL 架构中供后续案例调用，因此不必每个案例都从零开始讲解。BCOpenGL 提供的原理级类模块包括 CLine 直线类、CALine 反走样直线类、CFill 有效边表填充类、CTransform 几何变换类、CZBuffer 深度缓冲类、CMaterial 材质类、CLight 光源类、CLighting 光照类等。为了支持原理类的运行，BCOpenGL 定义了一些必要的基础类包括 CP2 二维点类、CP3 三维点类、CFace 表面类、CVector 矢量类和 CRGB(或 CRGBA)颜色类等。读完本书的所有案例，读者就可以在三维动画场景中，对自我定义的物体(使用顶点表和表面表定义)施加光照，改变材质或进行纹理映射，并最终生成真实感图形。

本书此次改版相当于重写，案例数由第一版的 43 个增加到 60 个，新增案例主要来自于真实感图形部分。本书既可作为教学案例指导书，配合主教材验证原理，也可以作为实验指导书供学生完成上机实验。

对于本书所提供的 60 个案例源程序，笔者享有软件著作权。如果本书代码存在不足之处，敬请读者提出宝贵建议。笔者 E-mail：klingde@163.com，QQ：997796978。

孔令德

2012 年 10 月

第1版前言

计算机图形学是交互式图形开发的基本理论，同时也是一门实践性的学科。笔者积累了十多年的计算机图形学讲授经验，使用 Visual C++ 6.0 的 MFC 框架开发了涉及“基本图形的扫描转换”、“多边形填充”、“二维变换和裁剪”、“三维变换和投影”、“自由曲线和曲面”、“分形几何”、“动态消隐”和“真实感图形”等章节内容的 43 个案例。

本书是《计算机图形学基础教程（Visual C++ 版）》（ISBN 978-7-302-17082-2）的配套实践教程。对于 Visual C++ 的 MFC 框架，本书从使用者的角度进行了详细操作说明。本书的程序给出了 *.h 文件和 *.cpp 文件，算法编写规范，注释清晰，读者可以很容易地按照本书提供的源程序一步一步地完成上机实践。

学习完本书，读者可以建立三维场景，对形体施加光照，改变材质或实现纹理映射。在场景中使用鼠标、键盘来控制形体的旋转和动画，基本达到 OpenGL 或 3DS 生成的图形效果。

本书中有许多案例是笔者工作的基础，如有效边表填充算法、透视投影变换、Gouraud 明暗处理、Z-Buffer 消隐算法和光照模型等，希望读者认真体会和理解。

笔者负责主持山西省精品课程“C++ 程序设计”和院级精品课程“计算机图形学”，本书是面向对象语言和计算机图形学原理相结合形成的产物，是笔者十多年教学科研工作成果的总结。

孔令德

2008 年 4 月

目　录

案例1　金刚石图案算法 ………… 1
案例2　直线中点 Bresenham 算法 ………… 22
案例3　圆中点 Bresenham 算法 ………… 34
案例4　椭圆中点 Bresenham 算法 ………… 38
案例5　直线反走样 Wu 算法 ………… 42
案例6　多边形有效边表填充算法 ………… 49
案例7　多边形边缘填充算法 ………… 61
案例8　区域四邻接点种子填充算法 ………… 65
案例9　区域八邻接点种子填充算法 ………… 71
案例10　区域扫描线种子填充算法 ………… 76
案例11　二维图形几何变换算法 ………… 83
案例12　Cohen-Sutherland 直线段裁剪算法 ………… 95
案例13　中点分割直线段裁剪算法 ………… 101
案例14　Liang-Barsky 直线段裁剪算法 ………… 105
案例15　Sutherland-Hodgman 多边形裁剪算法 ………… 110
案例16　三维图形几何变换算法 ………… 116
案例17　立方体正交投影算法 ………… 129
案例18　正三棱柱三视图算法 ………… 135
案例19　立方体透视投影算法 ………… 141
案例20　n 次 Bezier 曲线方程定义算法 ………… 146
案例21　n 次 Bezier 曲线 de Casteljau 算法 ………… 151
案例22　双三次 Bezier 曲面算法 ………… 155
案例23　三次 B 样条曲线算法 ………… 160
案例24　双三次 B 样条曲面算法 ………… 164
案例25　Cantor 集算法 ………… 168
案例26　Koch 曲线算法 ………… 170
案例27　Peano-Hilbert 曲线算法 ………… 173
案例28　Sierpinski 垫片算法 ………… 177
案例29　Sierpinski 地毯算法 ………… 180
案例30　Menger 海绵算法 ………… 184
案例31　C 字曲线算法 ………… 191
案例32　Cayley 树算法 ………… 193
案例33　Koch 曲线 L 系统模型算法 ………… 196
案例34　分形草 L 系统模型算法 ………… 200

案例 35　Peano-Hilbert 曲线 L 系统模型算法 …… 203
案例 36　灌木丛 L 系统模型算法 …… 206
案例 37　Koch 曲线 IFS 算法 …… 210
案例 38　正二十面体线框模型消隐算法 …… 213
案例 39　球面地理划分线框模型消隐算法 …… 222
案例 40　球面递归划分线框模型消隐算法 …… 228
案例 41　圆柱面线框模型消隐算法 …… 233
案例 42　圆锥面线框模型消隐算法 …… 237
案例 43　圆环面线框模型消隐算法 …… 241
案例 44　立方体表面模型消隐 Z-Buffer 算法 …… 244
案例 45　立方体表面模型画家消隐算法 …… 251
案例 46　原色系统算法 …… 257
案例 47　立方体颜色渐变线框模型算法 …… 263
案例 48　RGB 颜色模型算法 …… 270
案例 49　HSV 颜色模型算法 …… 275
案例 50　球面光源与材质交互作用算法 …… 278
案例 51　球面 Phong 明暗处理算法 …… 293
案例 52　简单透明模型算法 …… 300
案例 53　简单阴影算法 …… 306
案例 54　立方体函数纹理映射算法 …… 311
案例 55　长方体图像纹理映射算法 …… 317
案例 56　圆柱面图像纹理映射算法 …… 321
案例 57　圆环面图像纹理映射算法 …… 327
案例 58　三维纹理映射算法 …… 332
案例 59　球面几何纹理映射算法 …… 336
案例 60　球面几何纹理映射反走样算法 …… 342
参考文献 …… 349

案例1　金刚石图案算法

知识要点

- 自定义二维坐标系。
- 二维点类的定义方法。
- 对话框的创建及调用方法。
- 金刚石图案算法。
- 一维堆内存的分配与释放。
- 设计个性化的菜单项与工具栏。
- 创建 Test 工程模板。

一、案例需求

1. 案例描述

将半径为 r 的圆周 n 等份，然后用直线段将每一个等分点和其他所有等分点连接，形成的图案称为金刚石图案。使用对话框读入等分点个数与圆的半径，以屏幕客户区中心为圆心，请使用 MFC 的基本绘图函数绘制蓝色直线段构成的金刚石图案。

2. 功能说明

(1) 程序运行界面提供“文件”、“图形”和“帮助”3 个弹出菜单项。“文件”菜单项提供“退出”子菜单，用于退出工程；“图形”菜单项提供“绘图”子菜单，用于绘制金刚石图案；“帮助”菜单项提供“关于”子菜单，用于显示开发信息。

(2) 工具栏提供与子菜单项“退出”、“绘图”、“关于”相对应的图标按钮。

(3) 单击“绘图”子菜单或“绘图”图标按钮，弹出图 1-1(a)所示的输入对话框，读入圆的等分点个数和圆的半径，单击输入对话框的 OK 按钮绘制金刚石图案。

(4) 自定义屏幕二维坐标系，原点位于客户区中心，x 轴水平向右为正，y 轴垂直向上为正。以二维坐标系原点为圆心绘制半径为 r 的圆，将圆的 n 等分点使用直线段彼此连接形成金刚石图案，如图 1-1(b)所示。

3. 案例效果图

案例的输入对话框和绘制效果如图 1-1 所示。

(a) 输入对话框

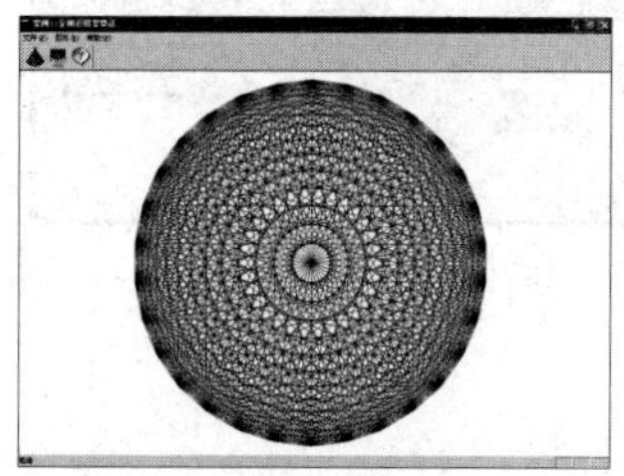

(b) 金刚石图案

图 1-1　输入对话框及效果图

二、案例分析

本案例设计的目的是使用 Visual C++ 的 MFC 开发平台来建立一个 Test 工程，为后续的案例设计提供一个通用的工程模板。Test 工程包含了菜单设计、工具栏图标按钮设计、输入对话框设计和关于对话框设计等任务。在建立 Test 工程模板的基础上，本案例以绘制金刚石图案为例，讲解二维点类 CP2 的设计方法和 CTestView 类的修改方法。

1. 菜单和工具栏按钮

根据案例的功能要求，需要在 MFC 环境中建立一个由“文件”、“图形”和“帮助”3 个菜单项组成的弹出菜单，其中“文件”菜单项的子菜单为“退出”，用于退出 Test 工程，如图 1-2 所示；“图形”菜单项的子菜单为“绘图”，用于调用输入对话框绘制金刚石图案，如图 1-3 所示；“帮助”菜单项的子菜单为“关于”，用于显示开发人员信息，如图 1-4 所示。

图 1-2 “退出”子菜单

图 1-3 “绘图”子菜单

图 1-4 “关于”子菜单

工具栏上的图标按钮代表“退出”子菜单，图标按钮代表“绘图”子菜单，图标按钮代表“关于”子菜单。关联图标按钮与菜单项的方法是让二者具有相同的 ID 号。

由于标题栏图标的大小为 16×16，Debug 文件夹内的图标的大小为 32×32，本案例将系统标题栏默认图标修改为，将 Debug 文件夹内的默认图标修改为。

2. 对话框

(1) 定义输入对话框类 CInputDlg，输入“等分点个数”和“圆的半径”两个参数，如图 1-1(a)所示。

(2) 新关于对话框是在 Test 工程提供的“关于”原对话框的基础上修改而成，如图 1-5 所示。

(a) 原“关于”对话框

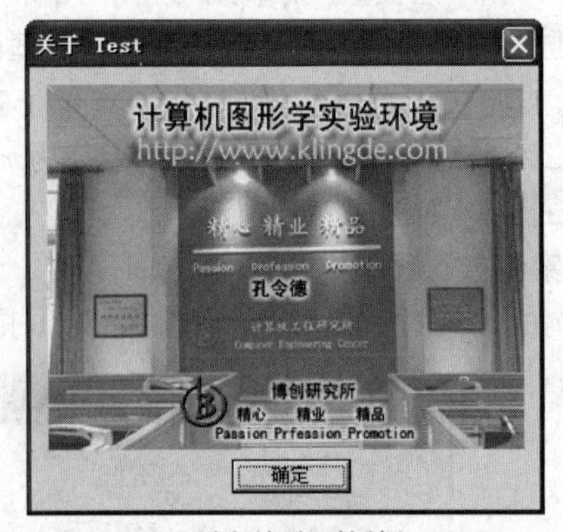

(b) 新“关于”对话框

图 1-5 “关于”对话框

3. 二维点类

图形是由像素点组成的，像素点的绘制使用的是整数坐标。在图形的设计过程中，为了保证计算精度,使用了双精度数,将计算结果输出到屏幕时,需要将双精度数值转换为整数值。

本案例定义了二维坐标点类 CP2(在 MFC 中,常用大写字母 C 开始的标识符作为类名),用于对各个点的 double 型坐标(x,y)进行整体处理,如图 1-6 所示。

类图 1-6 中,“+”代表公有成员(“-”代表私有成员,“#”代表保护成员)。虽然一般在类的设计中常将成员变量设置为私有成员,但二维点类中的(x,y)主要用于类外赋值,因此 CP2 类使用了公有数据成员。

4. 金刚石图案

金刚石图案是每一个顶点都与其他顶点相连的正 n 边形。金刚石图案有时被用做计算机图形设备的测试图案,其有序的形状可以揭示任何扭曲。通过观察交汇于每个顶点的直线所呈现出来的拥挤和模糊程度,可以确定设备的分辨率。

本案例设计的技巧是使用线段连接每个顶点时不进行重复连接。例如当圆的等分点个数 $n=5$ 时,只连接 5 段直线。线段的连接情况如图 1-7 所示,线段端点见表 1-1。

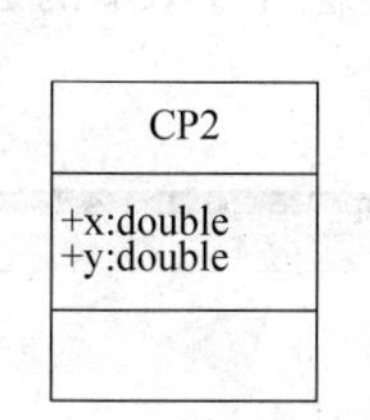

图 1-6　二维点类类图

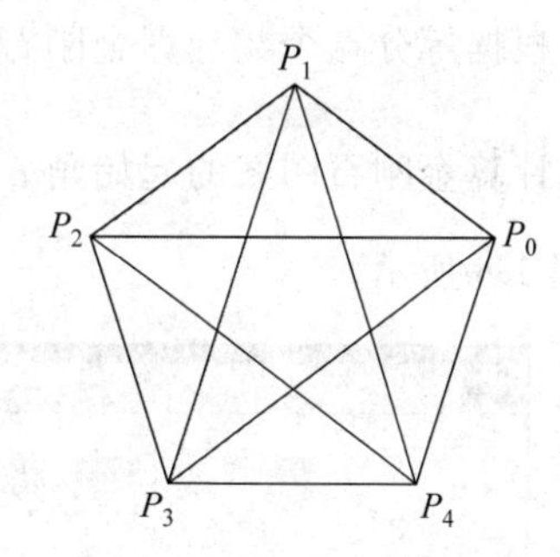

图 1-7　$n=5$ 时的线段连接

表 1-1　线段连接方式

起点	终点	起点	终点
P_0	P_1,P_2,P_3,P_4	P_2	P_3,P_4
P_1	P_2,P_3,P_4	P_3	P_4

5. 一维堆内存

圆的等分点个数是输入值,需要定义动态对象数组保存等分点坐标,以实现绘制任意等分点个数的金刚石图案。本案例定义了 CP2 类的一维对象数组指针 P。使用动态对象数组,可以避免静态数组的“大开小用”的弊端。动态数组在堆区中分配,动态数组的大小只有在程序运行时才能确定,这样编译器在编译时就无法为它们预留内存空间,在程序运行时才根据输入值进行内存分配,这种方法称为动态内存分配。

C++ 中一维动态数组分配的格式为

```
指针变量名=new 类型名[下标表达式];
```

new 运算符返回的是一个指向所分配类型数组的指针,动态创建的数组本身没有名字。使用 new 运算符创建数组时只能调用类的默认构造函数。如果类内定义了一个带参构造函数,C++ 将不再提供默认构造函数,这时需要显式定义默认构造函数。

使用 new 运算符的潜在问题是容易造成内存泄漏。为了避免内存泄漏，需要使用 delete 运算符来释放由 new 运算符所分配的堆空间。

C++ 中动态数组释放的格式为

```
delete [ ]指向该数组的指针变量名;
```

数组分配格式和数组释放格式中的方括号是非常重要的，两者必须配对使用，如果 delete 语句中少了方括号，编译器认为该指针是指向数组第一个元素的指针，只回收了第一个元素所占内存空间，产生回收不彻底的问题。加了方括号后就转化为指向数组的指针，回收了整个数组。delete []的方括号中不需要填数组元素数，由系统自己确定。即便写了，编译器也会忽略。

三、算法设计

(1) 读入圆的等分点个数 n 与圆的半径 r。

(2) 根据等分点个数计算金刚石图案的等分角 $\theta=\frac{2\pi}{n}$。

(3) 计算金刚石图案的起始角 $\alpha=\frac{\pi}{2}-\theta$。$\alpha$ 是用于调整金刚石图案的起始位置，调整情况如图 1-8 所示。

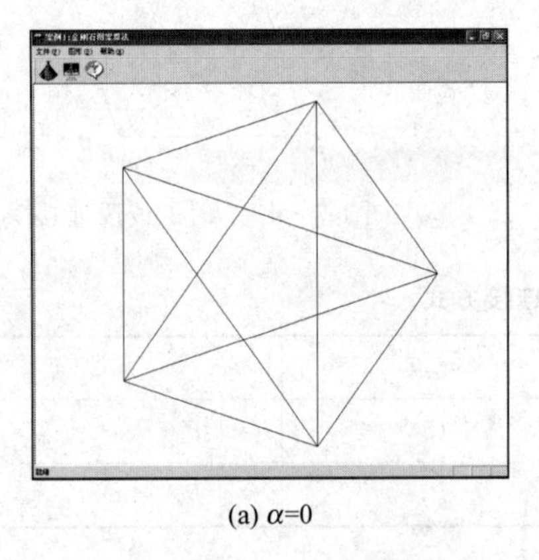

(a) $\alpha=0$

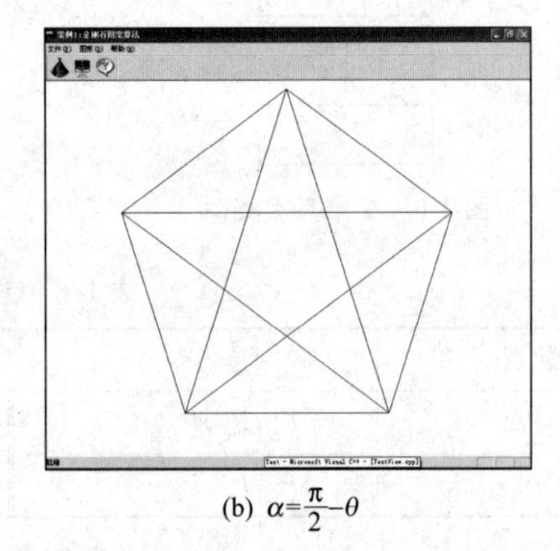

(b) $\alpha=\frac{\pi}{2}-\theta$

图 1-8　调整金刚石图案的方位

(4) 将圆等分后的顶点坐标存储于数组 P 中。

(5) 设计一个二重循环，代表起点的外层整型变量 i 从 $i=0$ 循环到 $i=n-2$；代表终点的内层整型变量 j 从 $j=i+1$ 循环到 $j=n-1$。以 $p[i]$为起点，以 $p[j]$为终点连接各线段构成金刚石图案。

四、案例设计

1. 设计 Test 工程模板

微软基类库(Microsoft Foundation Class Library, MFC)是以 C++ 形式封装的 Windows API(application program interface)，包含了 200 多个已经定义好的常用类。MFC 向导(MFC AppWizard(exe))生成了一个应用程序框架，通过添加或修改框架代码可

以完成具体设计任务。作为上机操作的基础，首先讲解创建基于 MFC 的 Test 工程模板的步骤。

（1）在图 1-9 所示的 Visual C++ 集成开发环境中，选择 File|New 命令，弹出 New 对话框，切换到 Projects 选项卡。在左边窗口中选择 MFC AppWizard(exe)，在右边的 Project name 文本框中输入工程名，这里输入 Test，在 Location 文本框中出现用于存放工程的目录，这里设置为 D:\Test。其余保持默认值，如图 1-10 所示，单击 OK 按钮。

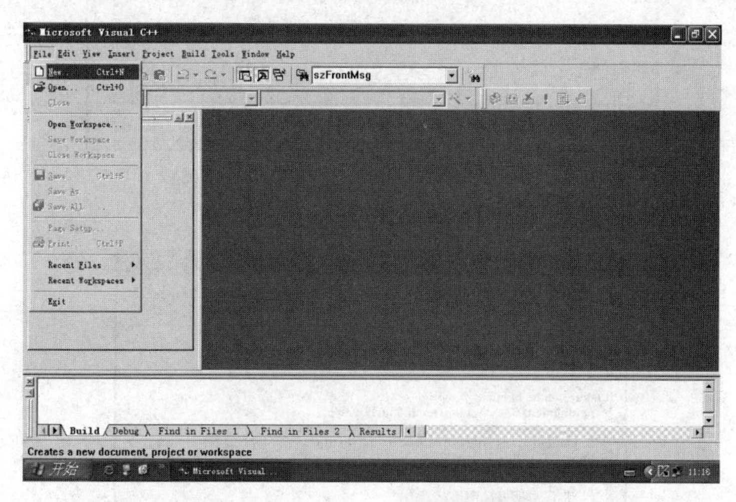

图 1-9　Visual C++ 集成开发环境

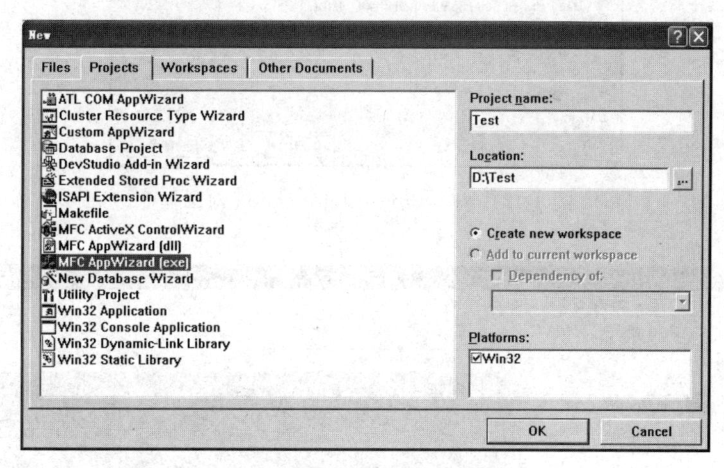

图 1-10　New 对话框

（2）在 MFC AppWizard-Step1 对话框中，选中 Single Document 单选按钮，其余保持默认值，如图 1-11 所示。单击 Finish 按钮结束。

（3）弹出 New Project Information 对话框，如图 1-12 所示，应用程序向导创建了应用类 CTestApp、框架类 CMainFrame、文档类 CTestDoc 和视图类 CTestView。单击 OK 按钮。

（4）完成上述步骤后，应用程序 Test 的 MFC 框架即已生成，出现程序工作区，如图 1-13 所示。

在工作区的 ClassView 标签页中显示 MFC AppWizard(exe)所创建的类，主要包括

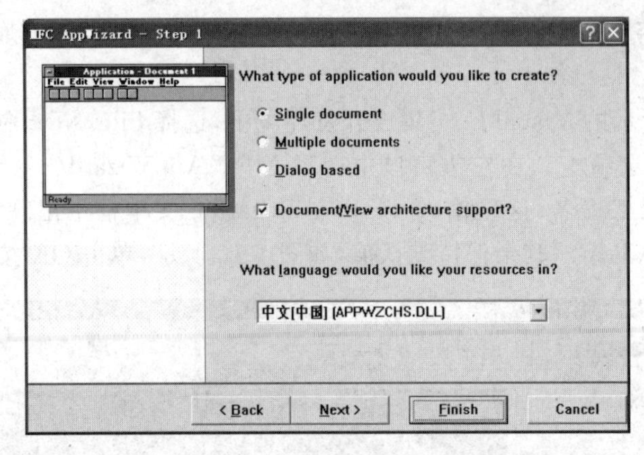

图 1-11　MFC AppWizard-Step1 对话框

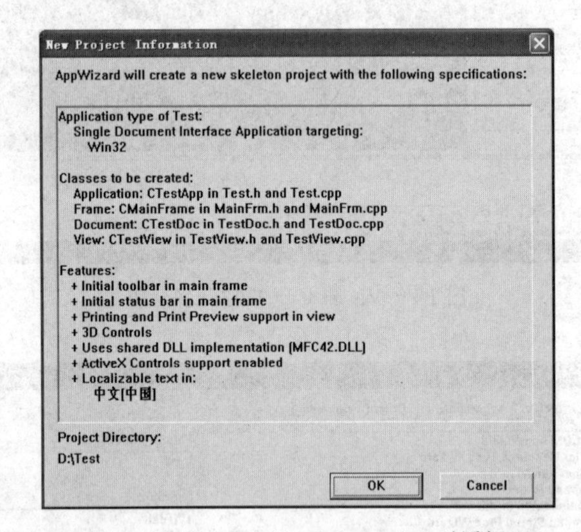

图 1-12　New Project Information 对话框

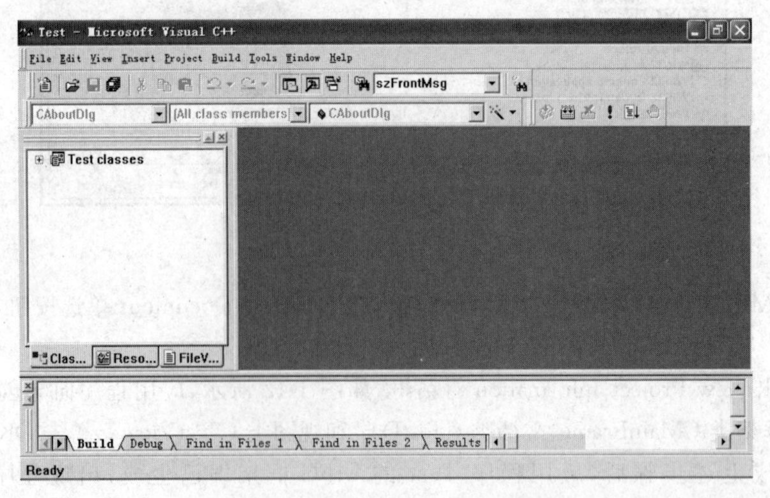

图 1-13　应用程序的 MFC 框架

CAboutDlg、CMainFrame、CTestApp、CTestDoc 和 CTestView 等类，如图 1-14 所示。在 Resource View 标签页中显示所创建的资源，主要包括 Accelerator、Dialog、Icon、Menu、String Table、Toolbar 和 Version 等资源，如图 1-15 所示。在 FileView 标签页中显示源程序文件，主要包括 Source Files、Head Files 和 Resource Files 等文件，如图 1-16 所示。

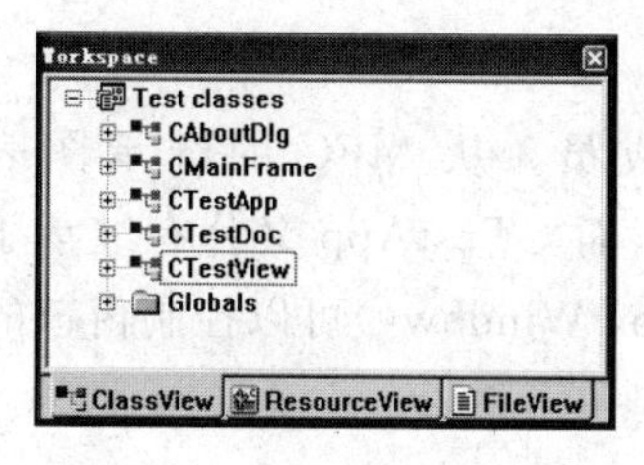

图 1-14　ClassView 标签页

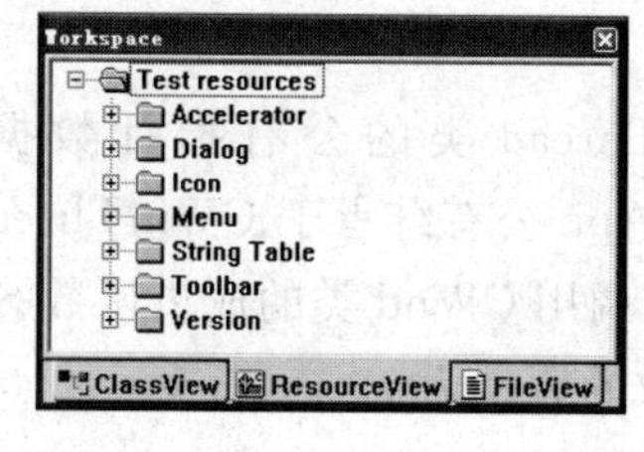

图 1-15　ResourceView 标签页

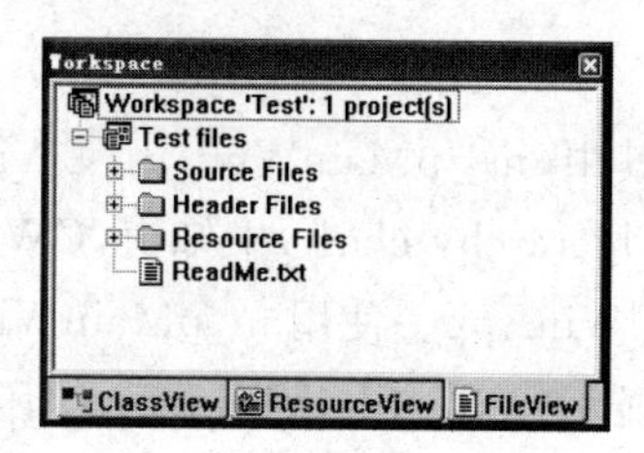

图 1-16　FileView 标签页

从 ClassView 标签页可以看出，CTestApp 是应用的主函数类，是应用程序的入口。MFC 中的数据是存储在 CTestDoc 类文档中，而结果的显示则是在 CTestView 类中，即显示在 CMainFrame 类的客户区中。MFC 中的 Doc/View 结构用来将程序的数据本身与数据显示相互隔离，CTestDoc 类的 Serialize()函数负责管理数据，CTestView 类的 OnDraw()函数用于显示数据。全部展开 FileView 标签页后，显示如图 1-17 所示的内容。

(5) 单击图 1-18 所示工具栏上的 ! 按钮，就可以直接编译、连接和运行程序。Test 工程运行结果如图 1-19 所示。至此，尽管未编写一句代码，但 Test 工程已经生成了一个可执行的应用程序框架。后续的工作就是针对具体的设计任务，为该框架添加程序代码和修改资源文件。

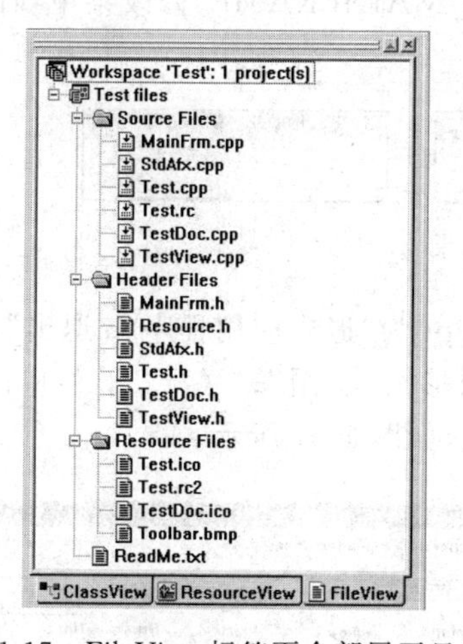

图 1-17　FileView 标签页全部展开显示

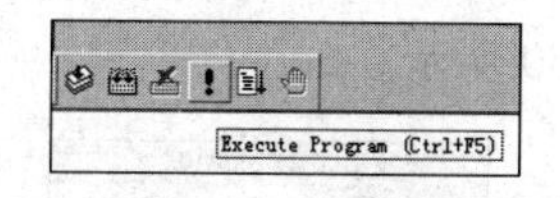

图 1-18　执行按钮

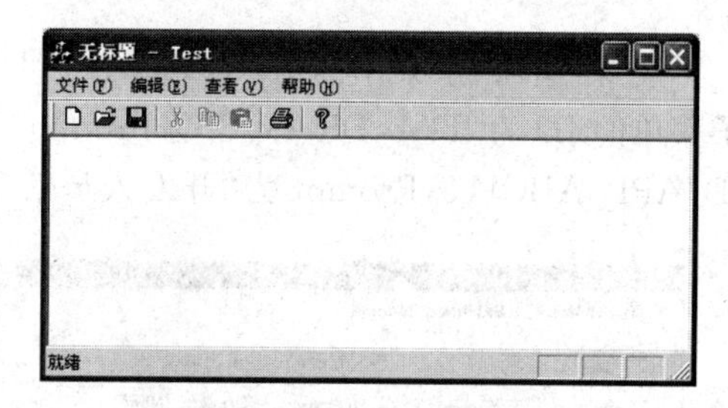

图 1-19　运行结果

(6) 在 Test.cpp 文件的 InitInstance()函数中找到相应的注释语句，并修改或添加阴影部分的代码，将程序运行界面初始值设置为最大化模式，并且设置标题栏显示的文字内容为“案例 1：金刚石图案算法”。

```
BOOL CTestApp::InitInstance()
{
    //The one and only window has been initialized, so show and update it.
```

```
    m_pMainWnd->ShowWindow(SW_MAXIMIZE);                    //窗口极大化
    m_pMainWnd->SetWindowText("案例 1:金刚石图案算法");
    m_pMainWnd->UpdateWindow();
    return TRUE;
}
```

其中,m_pMainWnd 为 CWinThread 类的公有指针数据成员。从 MFC 的继承图表(hierarchy chart)中知道,CWinApp 公有继承于 CWinThread,而 CTestApp 又公有继承于 CWinApp。使用 m_pMainWnd 调用 CWnd 类的成员函数 ShowWindow()可以控制窗口的显示状态。ShowWindow()函数的原型为:

```
BOOL ShowWindow(int nCmdShow);
```

当参数 nCmdShow 的取值为 SW_SHOW 时,窗口以现有的尺寸和位置显示,当参数 nCmdShow 的取值为 SW_SHOWMAXIMIZED 时,窗口极大化显示。

使用 m_pMainWnd 调用 CWnd 类的成员函数 SetWindowText()可以设置窗口标题栏的文字。SetWindowText ()函数的原型为:

```
void SetWindowText( LPCTSTR lpszString );
```

本案例将窗口设置为极大化显示模式,并且在标题栏显示文字"案例 1:金刚石图案算法"。

2. 设计菜单和工具栏按钮

(1) 设置菜单的 ID

在 ResourceView 标签页上双击 Menu,打开 IDR_MAINFRAME,修改菜单项内容,结果如图 1-20 所示。

图 1-20　菜单设计结果

设置"退出"子菜单的 ID 为 ID_APP_EXIT,Prompt 为"退出应用程序\n 退出";"绘图"子菜单的 ID 为 IDM_DRAWPIC,Prompt 为"绘制图形\n 绘图";"关于"子菜单的 ID 为 ID_APP_ABOUT,Prompt 为"开发人员信息\n 关于",如图 1-21 所示。

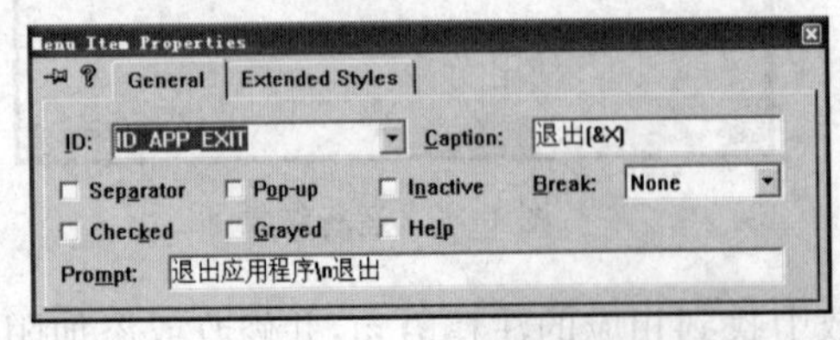

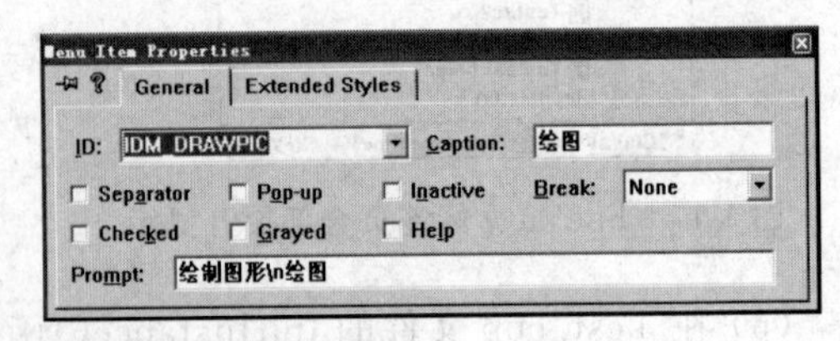

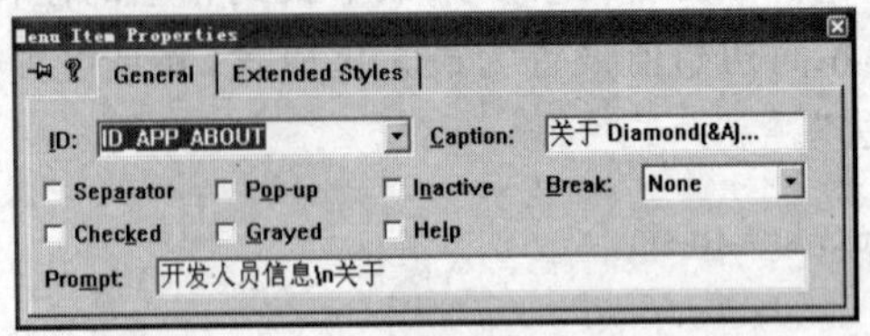

图 1-21　子菜单属性设计结果

(2) 设置工具栏按钮

在 ResourceView 资源视图标签页中,选中 Icon 项,右击鼠标,在弹出菜单中选择 Import 项,如图 1-22 所示,弹出 Import Resource 对话框如图 1-23 所示。本案例使用表 1-2 所示的图标 app. ico 代表 Test 应用程序,图标 draw. ico 代表"绘图"子菜单,图标 exit. ico 代表"退出"子菜单,图标 help. ico 代表"关于"子菜单。图标导入结果如图 1-24 的 Icon 资源项下的 IDI_ICON1~IDI_ICON4 所示。

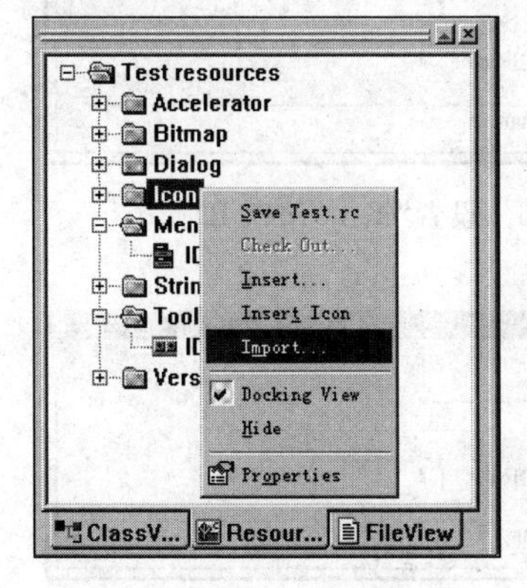

图 1-22 Import 菜单选项

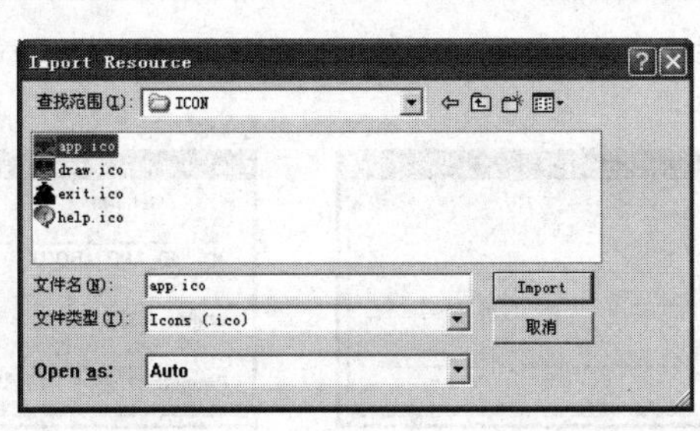

图 1-23 Import Resource 对话框

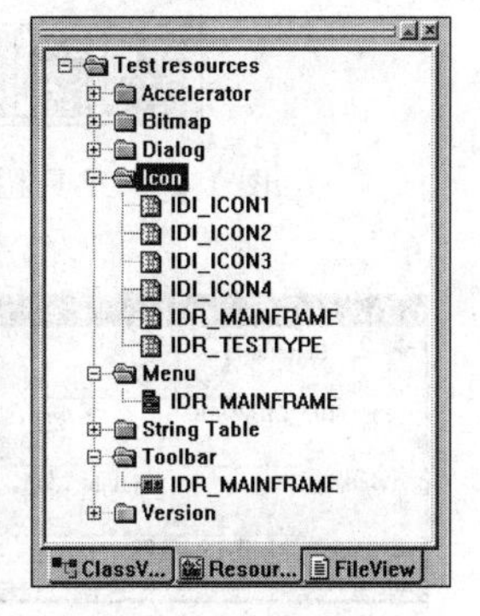

图 1-24 导入图标

表 1-2 图标标识和图标文件的对应关系

ID 标识	图标文件名	图 标
IDI_ICON1	app. ico	
IDI_ICON2	draw. ico	
IDI_ICON3	exit. ico	
IDI_ICON4	help. ico	

双击 Toolbar 下的 IDR_MAINFRAME 打开工具栏,将系统提供的默认图标拖动至图标编辑处予以删除。选中空白图标处依次粘贴图标文件 IDI_ICON3、IDI_ICON2 和 IDI_ICON4,结果如图 1-25 所示。其中第 1 个图标按钮代表"退出",第 2 个图标按钮代表"绘图",第 3 个图标按钮代表"关于"。

(3) 关联工具栏按钮与菜单项

双击图 1-25 所示的图标,弹出 Toolbar Button Properties 对话框,修改其 ID 号为"文件|退出"子菜单的 ID,即 ID_APP_EXIT,如图 1-26 所示;双击图 1-25 所示的图标,修改其 ID 号为"图形|绘图"子菜单的 ID,即 IDM_DRAWPIC,如图 1-27 所示;双击图 1-25 所示的图标,修改其 ID 号为"帮助|关于"子菜单的 ID,即 ID_APP_ABOUT,如图 1-28 所示。

(4) 设计应用程序图标

双击资源 Icon 项下的 IDR_MAINFRAME 标识,打开应用程序默认图标,选择 Edit|Clear 菜单命令,应用程序默认图标改变为■。双击图标标识 IDI_ICON1,在右侧图标编

辑区打开图标。选择 Edit|Copy 菜单命令，然后粘贴到应用程序默认图标，成为。这里注意：要在 Device 选项为 Small(16×16)和 Standard(32×32)两种选项下分别进行对应的复制和粘贴，前者修改了标题栏的默认图标，后者修改了 Debug 文件夹内 Test.exe 可执行文件的默认图标。

图 1-25　工具栏按钮设计结果

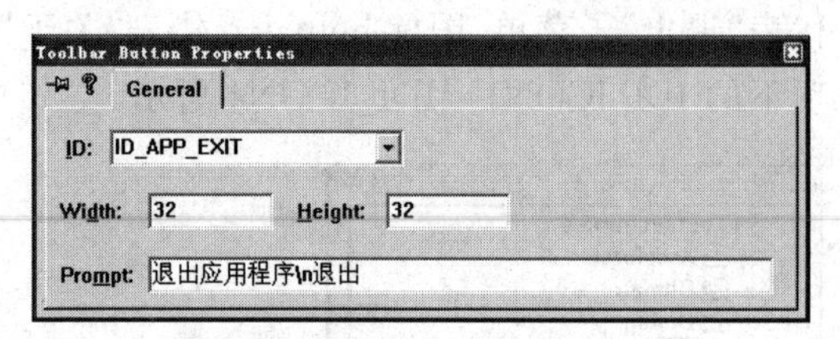

图 1-26　设置“退出”按钮 ID

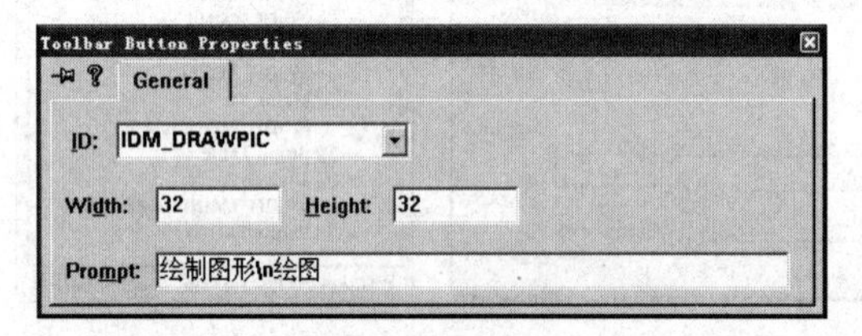

图 1-27　设置“绘图”按钮 ID

图 1-28　设置“关于”按钮 ID

3. 设计“关于”对话框

执行 MFC AppWizard(exe)向导后，系统自动生成了默认的“关于”对话框，如图 1-5(a)所示。修改原“关于”对话框，设置能体现开发信息的新“关于”对话框，效果如图 1-5(b)所示。

在 ResourceView 标签页中选中 Test resources，右击鼠标弹出如图 1-29 所示快捷菜单，选择 Import 项，打开如图 1-30 所示的 Import Resource 对话框，将对话框的文件类型从“Icons(.ico)”修改为“所有文件(*.*)”，选中一幅位图，如 about.bmp 位图。这时 ResourceView 标签页中出现了 Bitmap 选项，修改位图的 ID 为：IDB_ABOUT，如果该位图为索引颜色，则双击左侧的 IDB_ABOUT 标识符，可以在右侧的位图编辑器内打开 about.bmp 位图，如图 1-31 所示。

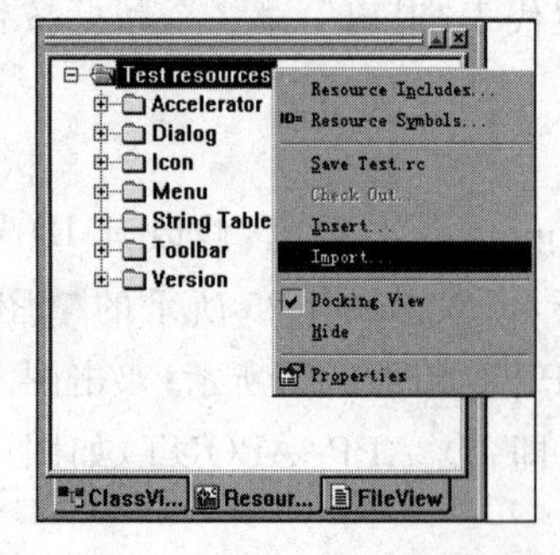

图 1-29　Import 快捷菜单

图 1-30　Import Resource 对话框

在 ResourceView 标签页的 Dialog 选项下双击 IDD_ABOUTBOX，打开系统默认的“关于”对话框，如图 1-32 所示。只保留 Picture 和 Button 控件，删除其余控件，并调整对话框

图 1-31　位图编辑器

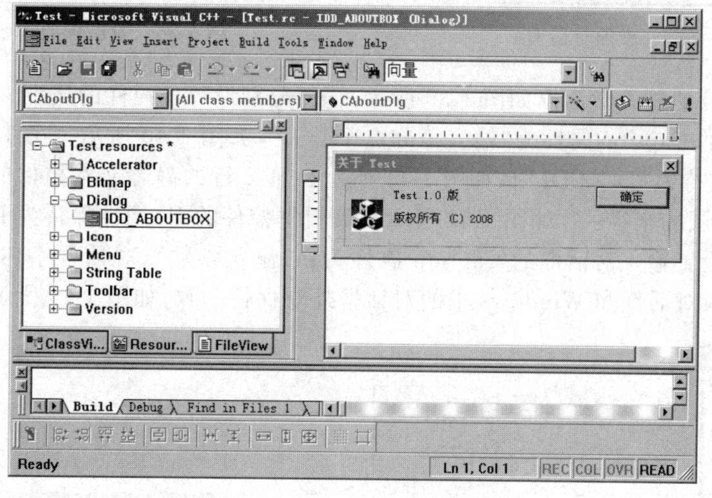

图 1-32　打开默认的“关于”对话框

高度为 about. bmp 位图的高度(不包含“确定”按钮的高度),结果如图 1-33 所示。选中 Picture 控件,右击鼠标,在弹出的快捷菜单中选择 Properties 项,打开 Picture Properties 对话框,如图 1-34 所示。在 Image 项内选择 IDB_ABOUT,出现如图 1-5(b)所示的设计效果。

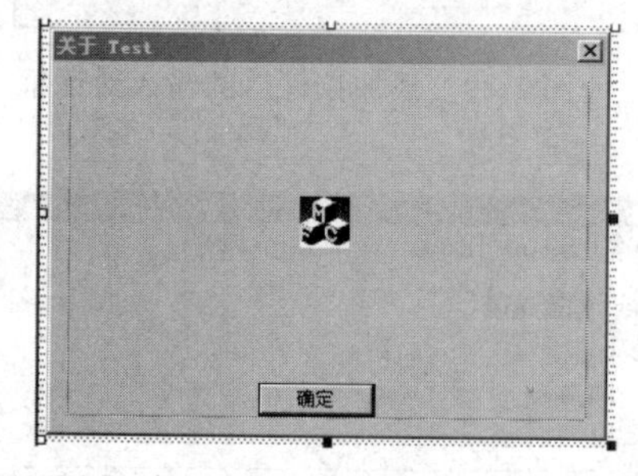

图 1-33　保留“关于”对话框的 Picture 控件

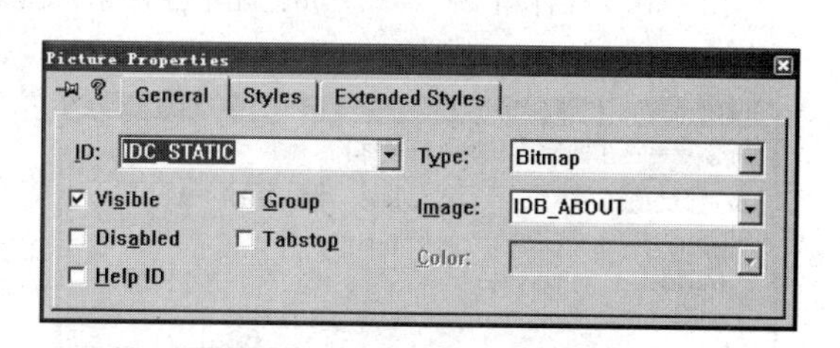

图 1-34　修改 Picture 控件属性

4. 设计输入对话框

(1) 设计输入对话框界面

为了动态读入等分点个数和圆的半径,本案例使用了输入对话框。在 ResourceView 标签页中选择 Dialog,右击鼠标弹出快捷菜单,如图 1-35 所示,选择 Insert Dialog 项,出现图 1-36 所示的初始对话框。删除 Cancel 按钮,并利用图 1-37 所示的控件箱,分别添加两个静态文本控件 Static Text 和两个编辑框控件 Edit Box,将控件拖到适合的位置。如果控件箱没有出现在开发环境中,可以在工具栏空白处右击鼠标选择 Controls 使之显示,如图 1-38 所示。

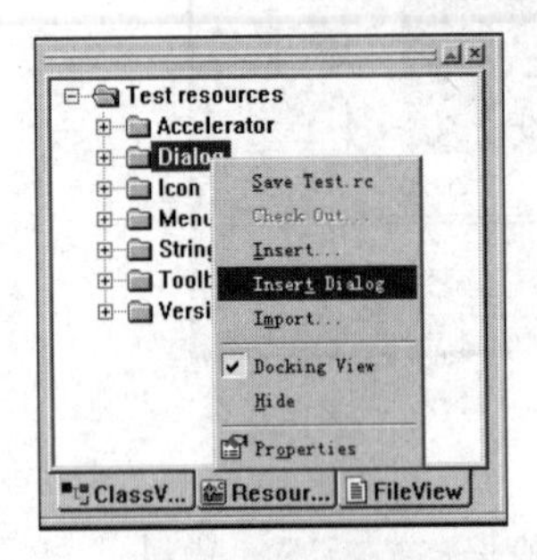

图 1-35 添加对话框

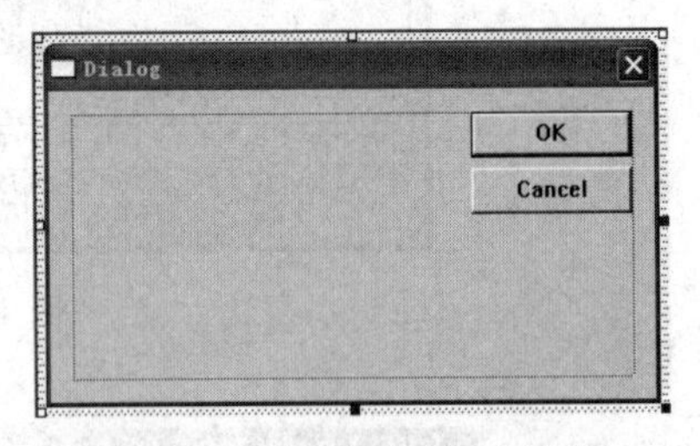

图 1-36 对话框的初始样式

添加控件后的输入对话框如图 1-39 所示,下面分别设计各控件的属性。设置第 1 行的静态文本控件的 Caption 属性为"输入等分点个数:",如图 1-40 所示。第 1 行的编辑框控件的 ID 属性保持为 IDC_EDIT1,如图 1-41 所示。第 2 行的静态文本控件的 Caption 属性设置为:"输入圆的半径:",如图 1-42 所示。编辑框控件的 ID 属性保持为 IDC_EDIT2,如图 1-43 所示。设置输入对话框的 Caption 属性为:"输入参数",对话框字体修改为"宋体,9 号",使得输入对话框和 Windows 中的对话框外观保持一致,如图 1-44 所示。

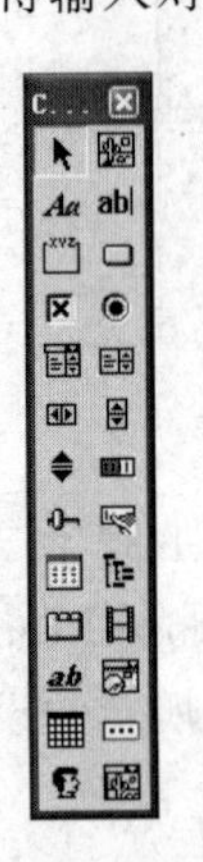

图 1-37 控件箱

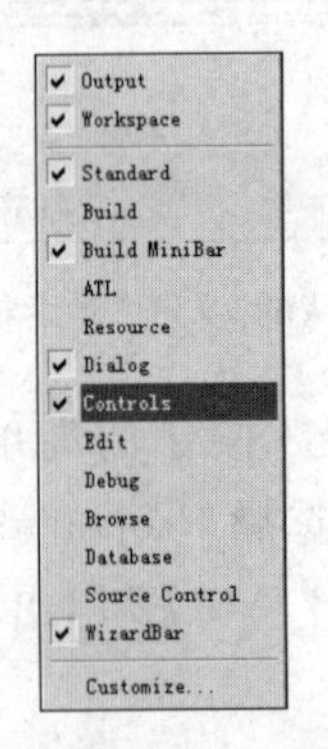

图 1-38 显示控件箱快捷菜单

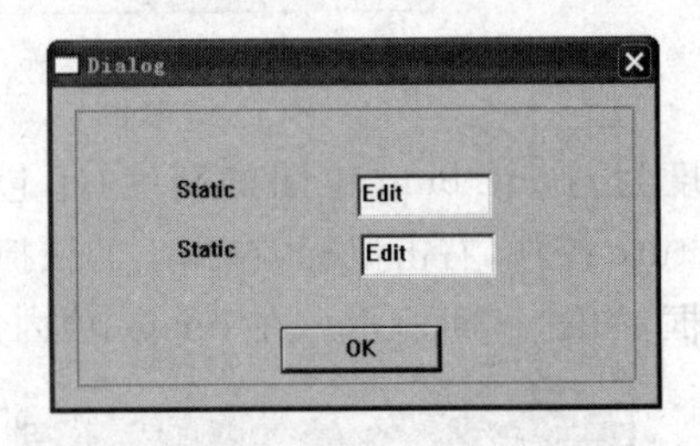

图 1-39 添加控件后的输入对话框

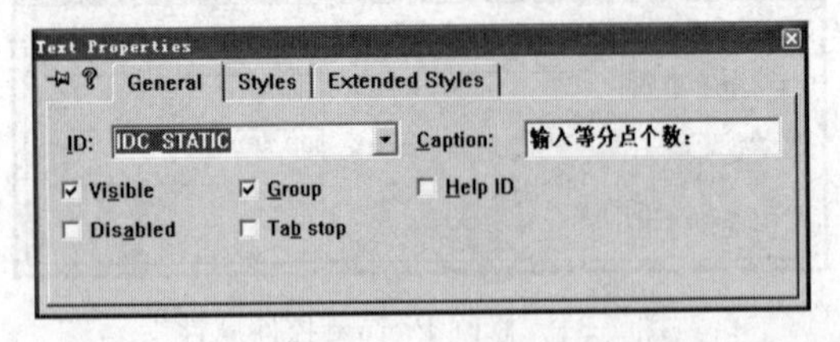

图 1-40 第 1 行的 Static 控件属性设计

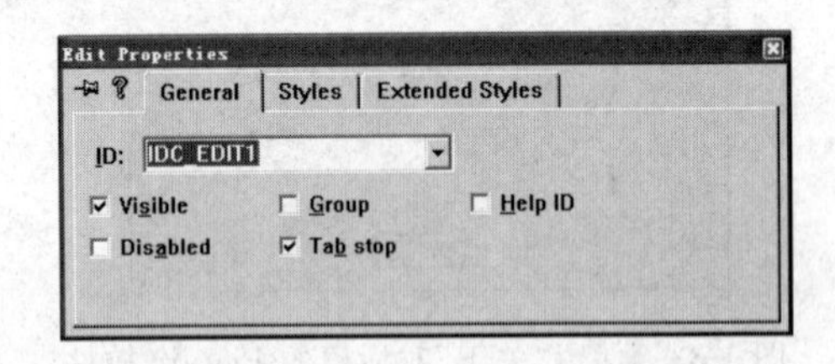

图 1-41 第 1 行的 Edit 控件属性设计

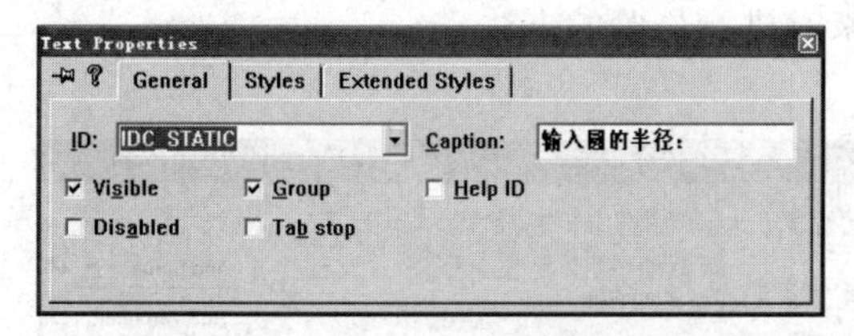

图 1-42　第 2 行的 Static 控件属性设计

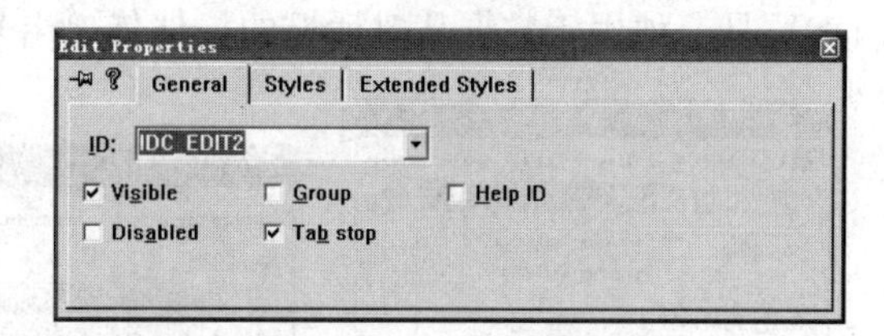

图 1-43　第 2 行的 Edit 控件属性设计

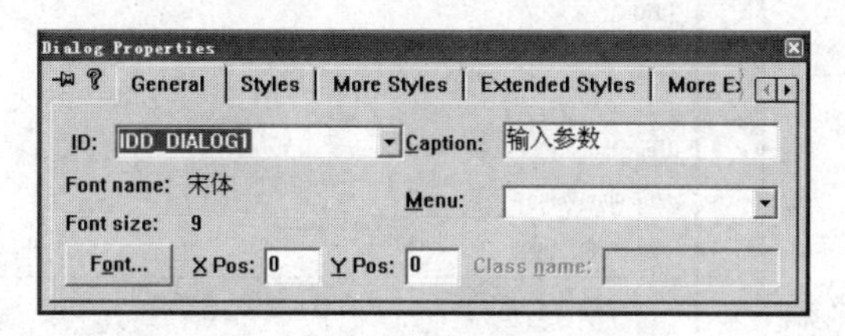

图 1-44　对话框标题设计

(2) 添加输入对话框类

双击输入对话框弹出 Adding a Class 对话框，如图 1-45 所示，保持默认选项 Creat a new class，单击 OK 按钮。在弹出的 New Class 对话框中填写输入对话框类名 CInputDlg，如图 1-46 所示，单击 OK 按钮，输入对话框类添加完毕。

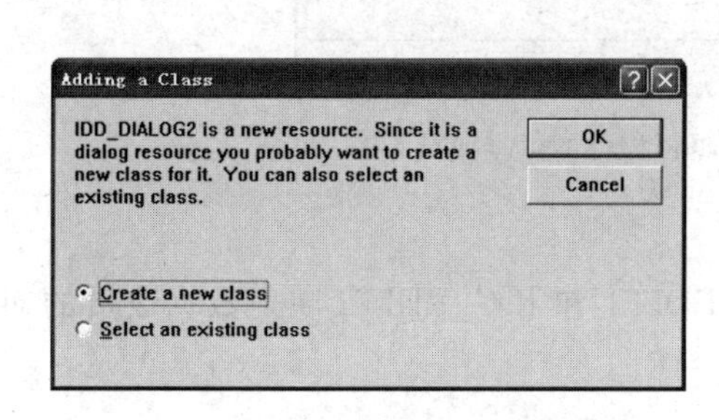

图 1-45　添加对话框类

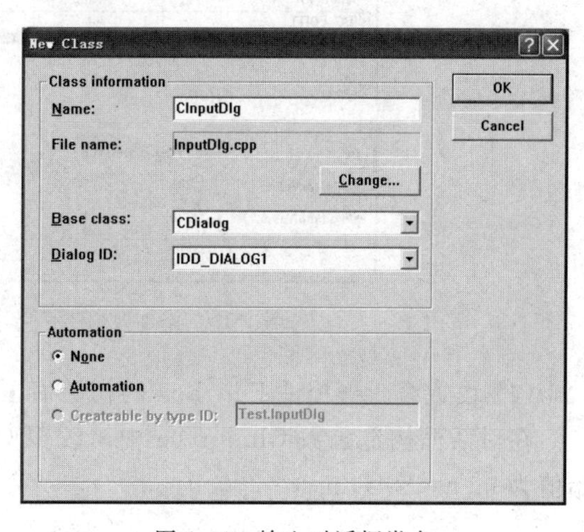

图 1-46　输入对话框类名

(3) 为输入对话框的控件映射数据成员

在 MFC 开发环境中选择 View | ClassWizard 菜单项，如图 1-47 所示，弹出 MFC ClassWizard 对话框，选中 Member Variables 标签页。为输入对话框添加数据成员的类型与名称。其中，IDC_EDIT1 控件在输入对话框内的映射变量名为 m_n，类型为 int，代表等分点个数，限制其 Minimum 为 5，Maximum 为 50，设计结果如图 1-48 所示；IDC_EDIT2 控件在输入对话框内的映射变量名为 m_r，类型为 double，代表圆的半径，限制其 Minimum Value 为 200.0，Maximum Value 为 320.0，如图 1-49 所示。单击 OK 按钮完成设计。这里使用了 MFC 的数据交换(dialog data exchange，DDX)和数据校验(dialog data validation，DDV)技术。DDX 是一种用于在对话框的控件和控件的相关变量之间传递数据的方法。

DDV 是一种用于数据从对话框的控件传递出来时进行检验的方法。

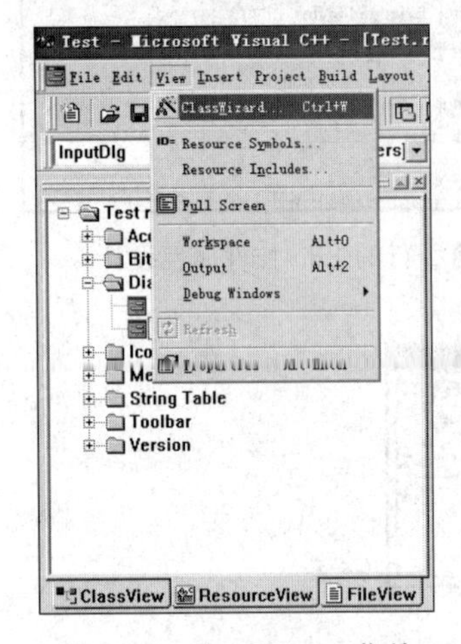
图 1-47　ClassWizard 菜单

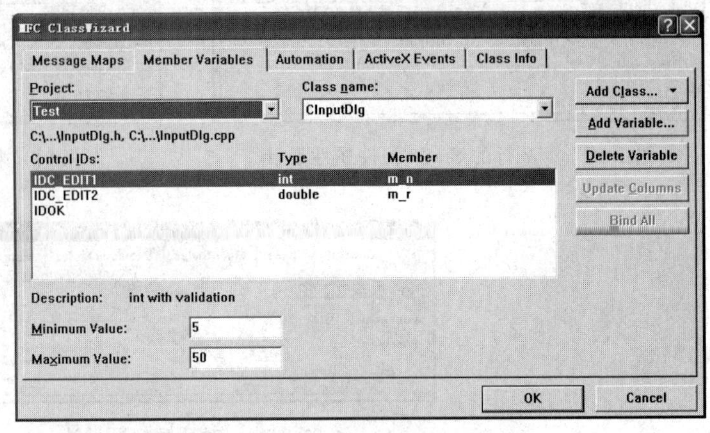

图 1-48　添加"等分点个数"编辑框控件的数据成员

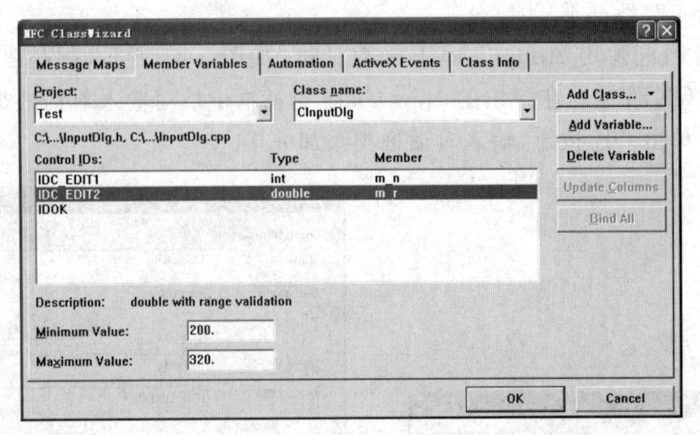

图 1-49　添加"圆的半径"编辑框控件的数据成员

(4) 设置编辑框控件 Edit Box 的初始值

在对话框构造函数 CInputDlg 中修改 IDC_EDIT1 和 IDC_EDIT2 映射数据成员的初始值为 m_n＝30 和 m_r＝300.0。

```
CInputDlg::CInputDlg(CWnd* pParent /* =NULL* /)
    : CDialog(CInputDlg::IDD, pParent)
{
    //{{AFX_DATA_INIT(CInputDlg)
    m_n=30;
    m_r=300.0;
    //}}AFX_DATA_INIT
}
```

(5) 设置编辑框控件 Edit1 Box 的初始状态为选中

在打开对话框时，设置第一个编辑框内的默认值为选中状态，以方便用户的修改。选择

View|ClassWizard 菜单项，在 CInputDlg 类中添加 WM_SHOEWINDOW 消息映射函数 OnShowWindow()，如图 1-50 所示。

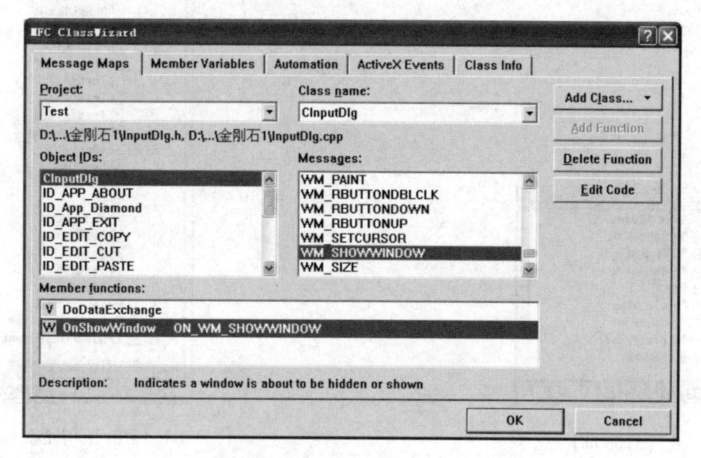

图 1-50　添加消息映射函数

```
void CInputDlg::OnShowWindow(BOOL bShow, UINT nStatus)
{
    CDialog::OnShowWindow(bShow, nStatus);
    //TODO: Add your message handler code here

    GetDlgItem(IDC_EDIT1)->SetFocus();
    ((CEdit * )GetDlgItem(IDC_EDIT1))->SetSel(0,-1);

}
```

首先使用 CWnd 类的成员函数 GetDlgItem() 获得指向 ID 号为 IDC_EDIT1 编辑框控件的指针，并使用该指针调用 SetFocus()函数设置编辑框控件 Edit1 Box 的焦点。然后使用 CEdit 类的成员函数 SetSel()选中 Edit1 Box 内的全部文本。

5. 设计二维点类

在 ClassView 标签页中选中 Test classes，右击鼠标，从弹出的快捷菜单中选择 New Class 项，如图 1-51 所示。打开 New Class 对话框，在 Class type 中选择 Generic Class(一般类)，在 Name 编辑框中输入类名 CP2，如图 1-52 所示。单击 OK 按钮，在 ClassView 标签页中添加了新类 CP2，如图 1-53 所示。在 Source Files 标签页，Visual C++ 向导自动添加了 P2. cpp 和 P2. h 文件，如图 1-54 所示。

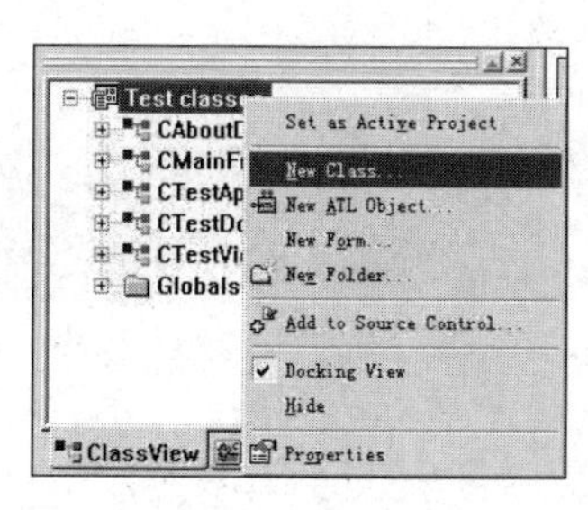

图 1-51　添加新类

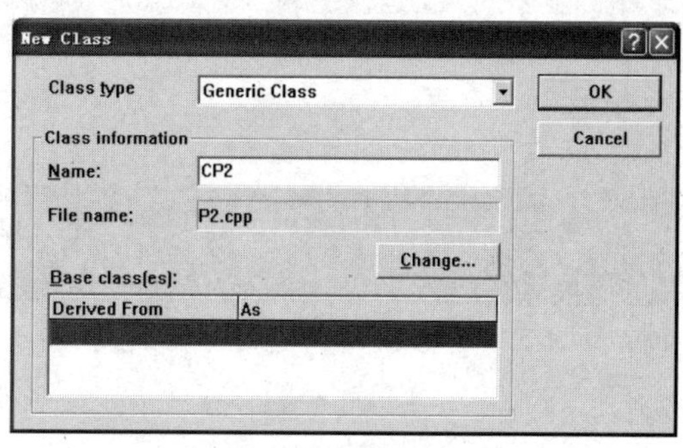

图 1-52　定义二维点类

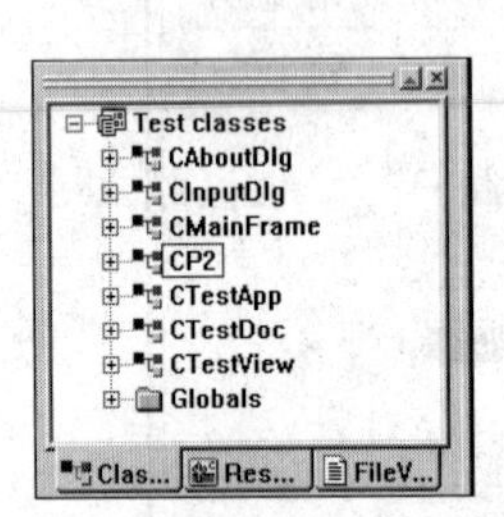

图 1-53　新添加的点类

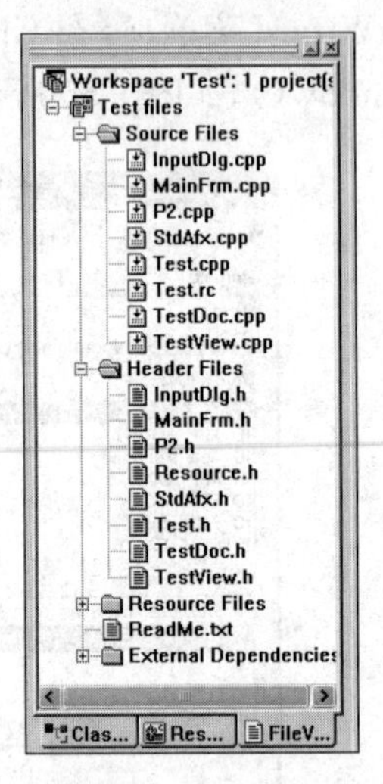

图 1-54　P2.h 与 P2.cpp 文件

双击打开 P2.h 文件，二维点类的初始定义如下：

```
class CP2
{
public:
    CP2();
    virtual~ CP2();
};
```

修改二维点类的初始定义，添加 double 型变量成员 x 和 y。由于创建的是动态数组，需要显式提供默认构造函数，本案例予以保留并将 x 和 y 的初始值赋为 0。

```
class CP2
{
public:
    CP2();
    virtual ~ CP2();
public:
    double x;
    double y;
};
CP2::CP2()                                  //默认构造函数
{
    x=0;
    y=0;
}
CP2::~ CP2()
{
```

}

6. 设计 CTestView 类

(1) 添加“绘图”子菜单命令消息映射函数

子菜单“退出”与“关于”的映射函数已经由系统框架提供，这里予以保留。子菜单“绘图”的消息映射函数需要自行添加。选择 View|Class Wizard 菜单命令，在 Object IDs 中选择 IDM_DRAWPIC，在 Class name 中选择 CTestView 类，在 Message 中选择 COMMAND 后，单击 Add Function 按钮，弹出 Add Member Function 对话框，保持默认菜单成员函数名 OnDrawpic ()，单击 OK 按钮，则在 Member function 中为“绘图”子菜单项成功添加了命令消息映射函数 OnDrawpic()。该函数成为了 CTestView 类的成员函数，系统已经自动进行了函数声明，添加过程如图 1-55 所示。单击 Edit Code 按钮可以对 OnDrawpic()函数进行编辑。

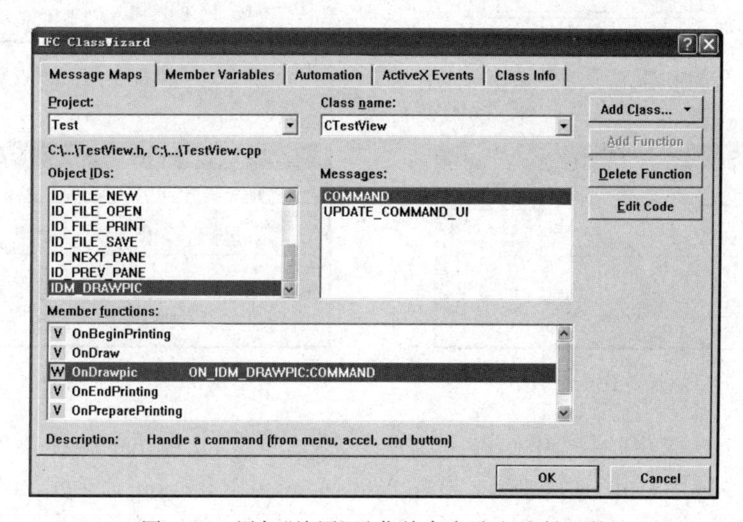

图 1-55　添加“绘图”子菜单命令消息映射函数

(2) CTestView 类的头文件设计

绘制金刚石图案需要增加成员变量与成员函数。定义 CP2 类型的指针 P 成员变量用于存储金刚石的等分点坐标，定义 int 类型的 n 成员变量用于读入等分点个数，定义 double 类型的 r 成员变量用于读取圆的半径。定义成员函数 Diamond()用于绘制金刚石图案。

在 ClassView 标签页中选中 CTestView 类，右击鼠标弹出快捷菜单，选择 Add Member Variable 选项，如图 1-56 所示，出现 Add Member Variable 对话框，如图 1-57 所示，在 Variable Type 编辑框中添加金刚石等分点的类型，这里为 CP2 类型，在 Variable Name 编辑框中输入顶点指针名字，这里输入 * P，成员变量的访问权限控制符选择为 Protected。类似地可以按照图 1-58 添加等分点个数 n，按照图 1-59 添加圆的半径。

由于本案例中使用了 CP2 类定义顶点数组指针 P，需要在 TestView. h 文件头包含 CP2 类的头文件，语句如下：

```
#include "P2.h"
```

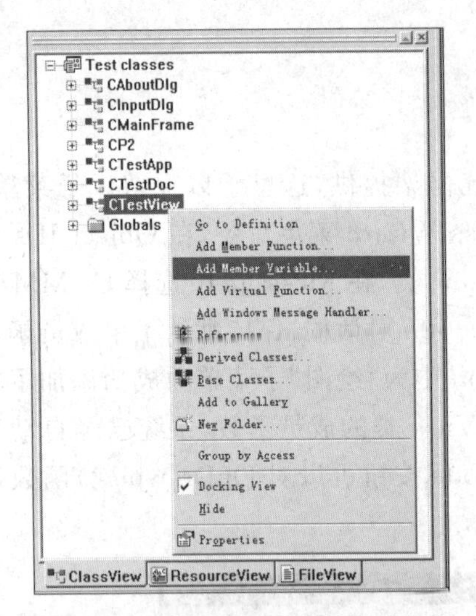

图 1-56　添加成员变量快捷菜单

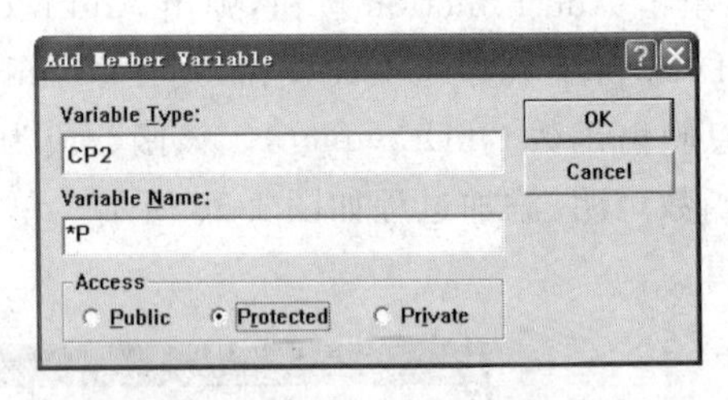

图 1-57　添加金刚石顶点数组 P

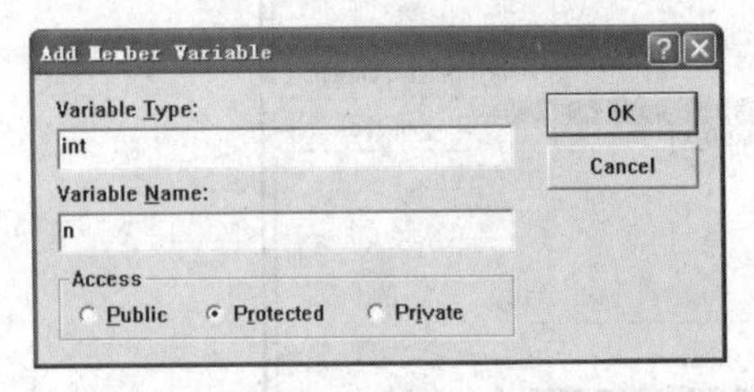

图 1-58　添加等分点个数 n

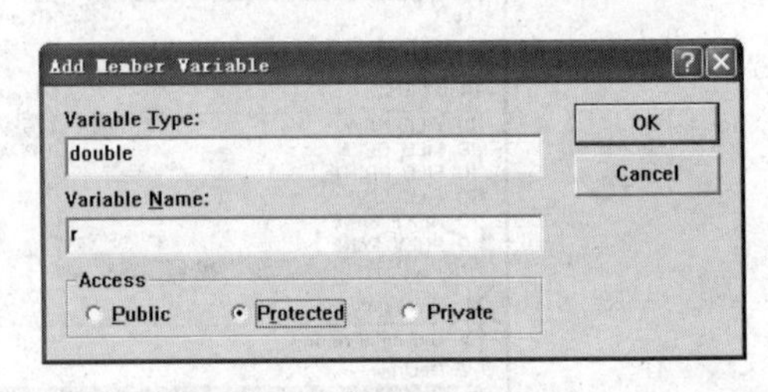

图 1-59　添加圆的半径 r

在 ClassView 标签页中选中 CTestView 类，右击鼠标，从弹出的快捷菜单中选择 Add Member Function 项，如图 1-60 所示，出现 Add Member Function 对话框，如图 1-61 所示，在 Function Type 编辑框中添加金刚石函数的类型，这里为 void，在 Function Declaration 编辑框中输入金刚石函数的名字，这里输入 Diamond，函数的访问权限控制符选择为 Public。

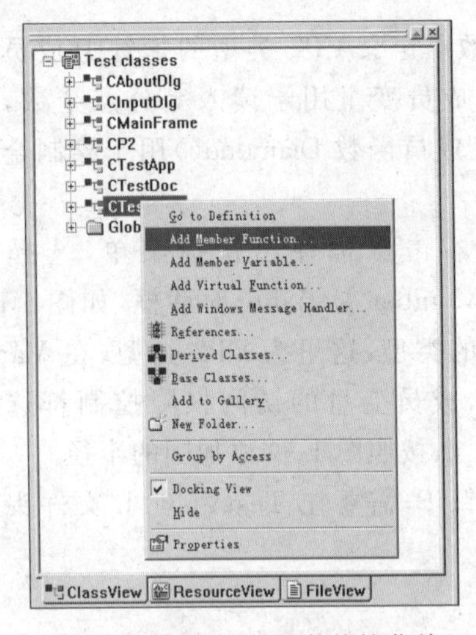

图 1-60　添加成员函数快捷菜单

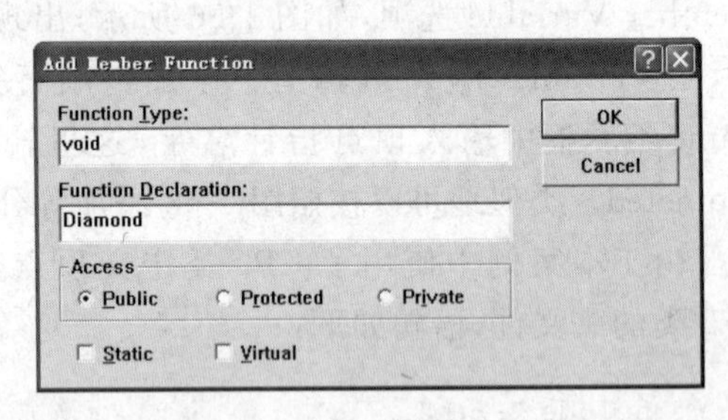

图 1-61　添加金刚石函数

（3）CTestView 类的源文件设计

① 在 FileView 标签页的 Source Files 下找到 TestView. cpp 文件，双击打开，修改 Diamond()成员函数的定义。

```
void CTestView::Diamond()
{
    CDC * pDC=GetDC();                                      //定义设备上下文指针
    CRect rect;                                             //定义矩形对象
    GetClientRect(&rect);                                   //获得客户区矩形的大小
    pDC->SetMapMode(MM_ANISOTROPIC);                        //自定义坐标系
    pDC->SetWindowExt(rect.Width(),rect.Height());          //设置窗口比例
    pDC->SetViewportExt(rect.Width(),-rect.Height());       //设置视区比例且 y 轴向上
    pDC->SetViewportOrg(rect.Width()/2,rect.Height()/2);
                                                          //设置客户区中心为坐标系原点
    rect.OffsetRect(-rect.Width()/2,-rect.Height()/2);      //矩形与客户区重合
    CPen NewPen,* pOldPen;                                  //定义画笔
    NewPen.CreatePen(PS_SOLID,1,RGB(0,0,255));              //创建蓝色画笔
    pOldPen=pDC->SelectObject(&NewPen);                     //将蓝色画笔选入设备上下文
    double Alpha,Theta;                             //定义金刚石图案的起始角与等分角
    Theta=2* PI/n;                                  //θ为等分角
    Alpha=PI/2-Theta;                               //α为起始角,用于调整图案起始方位
    for(int i=0;i<n;i++)                            //计算等分点坐标
    {
        P[i].x=r* cos(i* Theta+Alpha);
        P[i].y=r* sin(i* Theta+Alpha);
    }
    for(i=0;i<=n-2;i++)                             //依次各连接等分点
    {
        for(int j=i+1;j<=n-1;j++)
        {
          pDC->MoveTo(Round(P[i].x),Round(P[i].y));
          pDC->LineTo(Round(P[j].x),Round(P[j].y));
        }
    }
    pDC->SelectObject(pOldPen);                     //恢复设备上下文中的原画笔
    NewPen.DeleteObject();                          //删除已成自由状态的蓝色画笔
    ReleaseDC(pDC);                                 //释放设备上下文指针
}
```

使用 CWnd 类的成员函数 GetClientRect(&rect) 获取屏幕客户区(不包括菜单栏、工具栏和状态栏的空白区域)坐标，如图 1-62 所示。然后自定义二维坐标系，坐标系原点位于客户区中心，x 轴水平向右为正，y 轴垂直向上为正，此时使用 GetClientRect()

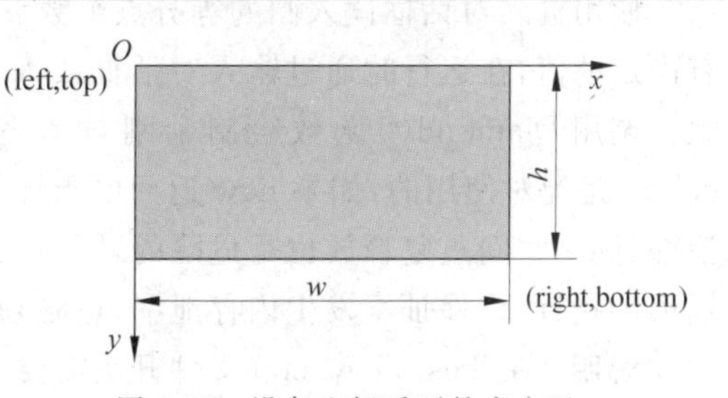

图 1-62　设备坐标系下的客户区

函数所获得的客户区如图 1-63 所示，可以看出，由于坐标系的改变，客户区已经向屏幕的左上方偏移了($w/2$,$h/2$)。CRect 类的成员函数 OffsetRect()的作用是在新坐标系内将客户区恢复到原先位置，如图 1-64 所示，此时客户区的左下角点坐标为(left,top)，右上角点坐标为(right,bottom)。这里请读者注意，在新坐标系下使用 CRect 类的数据成员 left、top、right 和 bottom 时，其值已经发生了变化。本函数的后面接着计算等分点坐标并使用二维循环绘制了金刚石图案。

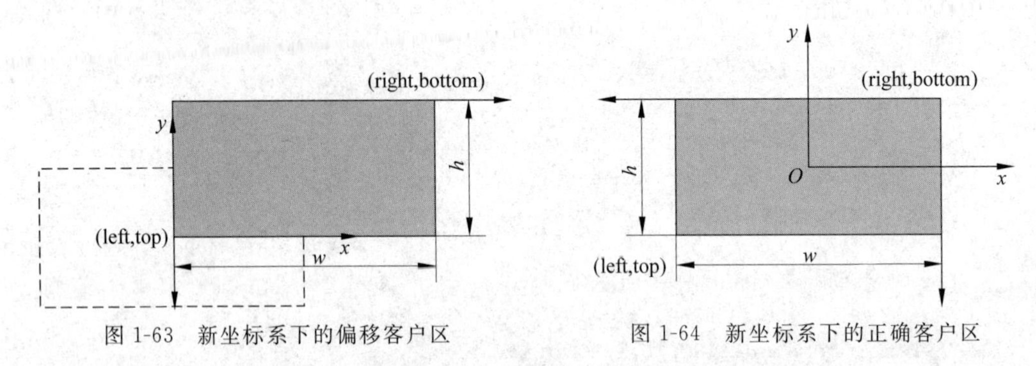

图 1-63　新坐标系下的偏移客户区　　　图 1-64　新坐标系下的正确客户区

② 修改"绘图"子菜单命令消息映射函数的定义。

```
void CTestView::OnDrawpic()
{
    //TODO: Add your command handler code here
    CInputDlg dlg;
    if(IDOK==dlg.DoModal())                    //调用对话框模块,判断是否单击 OK 按钮
    {
        n=dlg.m_n;                             //n 为等分点个数
        r=dlg.m_r;                             //r 为圆的半径
    }
    else
        return;
    RedrawWindow();                            //重绘窗口
    P=new CP2[n];                              //动态创建一维数组
    Diamond();                                 //调用绘制金刚石图案函数
    delete []P;                                //释放一维数组数组内存空间
}
```

使用输入对话框读入圆的等分点个数 n 与圆的半径 r。由于等分点个数 n 在编译时没有确定的值，在运行时通过输入对话框读入，所以使用 new 运算符在堆区创建一维动态数组。调用 Diamond()函数绘制金刚石图案后，再使用 delete 运算符予以释放。new 与 delete 是配对使用的，如果 new 返回的指针值丢失，则所分配的堆空间无法回收，称为内存泄漏，同一空间重复释放也是危险的，因为该空间可能已另行分配，所以必须妥善保存 new 返回的指针，以保证不发生内存泄漏，也必须保证不会重复释放堆内存空间。

说明：在 TestView.cpp 文件开头需要包含以下头文件。

```
#include "math.h"                          //包含数学头文件
#define  PI 3.1415926                      //PI 的宏定义
#define  Round(d) int(floor(d+0.5))        ///四舍五入宏定义
#include "InputDlg.h"                      ///包含对话框头文件
```

五、案例总结

本案例作为本书第一个示例程序，主要引导读者建立 Test 工程模板。重点讲解了 Test 工程模板的 MFC 框架的创建步骤，个性化菜单和工具栏的设计过程。Test 工程模板将作为后续案例的通用模板。在 Visual C++ 中，每个类都是由 *.h 和 *.cpp 两个文件组成。例如，CP2 类的定义在 P2.h 头文件中，CP2 类的实现在 P2.cpp 源文件中。在 CTestView 类中使用 CP2 类定义的一维数组存储等分点，则需要包含 CP2 类的头文件 P2.h。请读者掌握通过修改 CTestView 类的 TestView.h 头文件和 TestView.cpp 源文件来绘制金刚石图案的方法。通过本案例，也请读者认真领会一维动态数组内存的分配和释放方法，在后续的案例中还会继续讲解二维动态数组内存的分配和释放方法。本案例只给出了完整的实现函数，没有给出 MFC 的全部框架代码，对于具有 MFC 编程基础的读者，已经能够独立调试。如果还有问题，请读者到笔者的个人网站下载包含框架代码的完整源程序。

绘制金刚石图案时，发现一个有趣的现象。当等分点个数分别取为奇数或偶数时，输出的金刚石图案略有不同，奇数的金刚石图案中心为一个圈，如图 1-65 所示。偶数的金刚石图案中心为一个点，如图 1-1 所示。

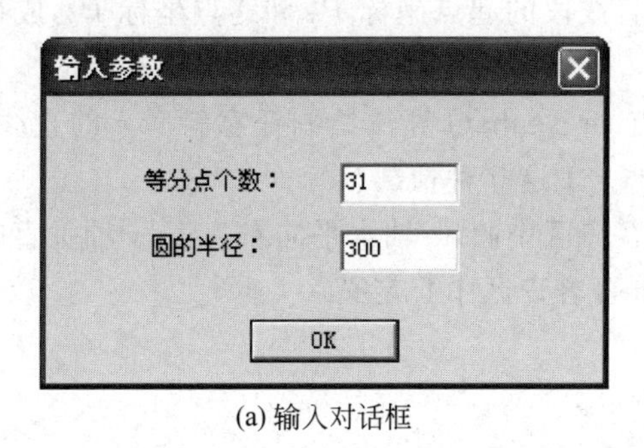

(a) 输入对话框　　(b) 效果图

图 1-65　奇数等分点的金刚石图案

案例 2　直线中点 Bresenham 算法

知识要点

- 斜率 $0 \leqslant k \leqslant 1$ 直线的中点 Bresenham 算法。
- 任意斜率直线段绘制算法。
- 颜色类的定义与调用方法。
- 直线类的定义与调用方法。
- 鼠标按键消息映射方法。

一、案例需求

1. 案例描述

在屏幕客户区内按下鼠标左键选择直线的起点，移动鼠标指针到直线终点，弹起鼠标左键绘制任意斜率的直线段。

2. 功能说明

(1) 设计 CRGB 类，其成员变量为 double 型的红绿蓝分量 red、green 和 blue，将 red、green 和 blue 分量分别规范到[0,1]区间。

(2) 设计 CLine 直线类，其成员变量为直线段的起点坐标 P_0 和终点坐标 P_1，成员函数为 MoveTo()和 LineTo()函数。

(3) CLine 类的 LineTo()函数使用中点 Bresenham 算法绘制任意斜率 k 的直线段，包括 $k=\pm\infty$、$k>1$、$0\leqslant k\leqslant 1$、$-1\leqslant k<0$ 和 $k<-1$ 这 5 种情况。

(4) 自定义屏幕二维坐标系，原点位于客户区中心，x 轴水平向右为正，y 轴垂直向上为正。直线段的起点坐标和终点坐标相对于屏幕客户区中心定义。

3. 案例效果图

任意斜率的直线段绘制效果如图 2-1 所示。

二、案例分析

MFC 提供的 CDC 类的成员函数 MoveTo()和 LineTo()函数用于绘制任意斜率的直线段，直线段的颜色由所选用的画笔指定。MoveTo()函数移动当前点到参数(x,y)所指定的点，不画线；LineTo()函数从当前点画一直线段到参数(x,y)所指定的点，但不包括(x,y)点。

本案例通过定义 CLine 类来模拟 CDC 类绘制任意斜率的直线段，同样提供 MoveTo()和 LineTo()成员函数。本案例绘制的是任意斜率的直线段，需要根据直线段的斜率 k，将除垂线($k=\pm\infty$)外的直线段划分为 $k>1$、$0\leqslant k\leqslant 1$、$-1\leqslant k<0$ 和 $k<-1$ 这 4 种情况，如图 2-2 所示。当 $0\leqslant k\leqslant 1$ 时或 $-1\leqslant k<0$ 时，x 方向为主位移方向；当 $k>1$ 时或 $k<-1$ 时，y 方向为主位移方向。对于 $|k|=\infty$ 的垂线，可以直接画出。不同斜率的直线段中点 Bresenham 误差项计算公式见表 2-1。

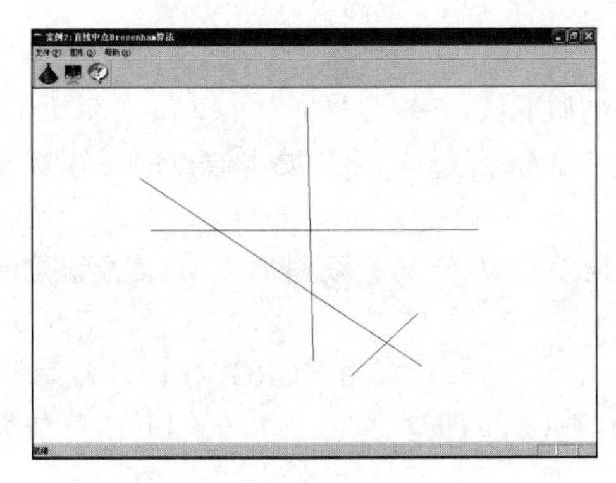

图 2-1　任意斜率的直线段

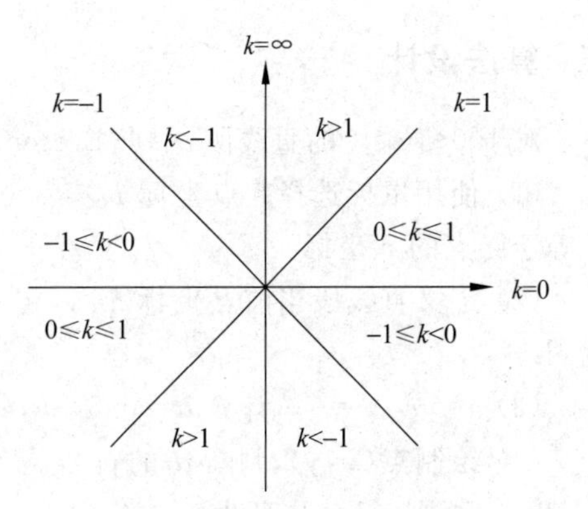

图 2-2　直线段的斜率对称性

表 2-1　不同斜率直线段误差项计算公式

直线斜率	误差项	公式
$k>1$	初始值	$d=1-0.5k$
	误差项	$d=y_i+1-k(x_i+0.5)-b$
	判别条件	$x_{i+1}=\begin{cases}x_i, & d<0\\ x_i+1, & d\geqslant 0\end{cases}$
	递推公式	当 $d<0$ 时,$d_{i+1}=d+1$
		当 $d\geqslant 0$ 时,$d_{i+1}=d_i+1-k$
$0\leqslant k\leqslant 1$	初始值	$d=0.5-k$
	误差项	$d=y_i+0.5-k(x_i+1)-b$
	判别条件	$y_{i+1}=\begin{cases}y_i+1, & d<0\\ y_i, & d\geqslant 0\end{cases}$
	递推公式	当 $d<0$ 时,$d_{i+1}=d_i+1-k$
		当 $d\geqslant 0$ 时,$d_{i+1}=d-k$
$-1\leqslant k<0$	初始值	$d=-0.5-k$
	误差项	$d=y_i-0.5-k(x_i+1)-b$
	判别条件	$y_{i+1}=\begin{cases}y_i-1, & d>0\\ y_i, & d\leqslant 0\end{cases}$
	递推公式	当 $d>0$ 时,$d_{i+1}=d_i-1-k$
		当 $d\leqslant 0$ 时,$d_{i+1}=d_i-k$
$k<-1$	初始值	$d=-1-0.5\times k$
	误差项	$d=y_i-1-k(x_i+0.5)-b$
	判别条件	$x_{i+1}=\begin{cases}x_i, & d\geqslant 0\\ x_i+1, & d<0\end{cases}$
	递推公式	当 $d\geqslant 0$ 时,$d_{i+1}=d_i-1$
		当 $d<0$ 时,$d_{i+1}=d_i-1-k$

三、算法设计

对于 $0 \leqslant k \leqslant 1$ 的直线段，中点 Bresenham 算法如下：

(1) 使用鼠标选择起点坐标 $p_0(x_0, y_0)$ 和终点坐标 $p_1(x_1, y_1)$。要求起点的 x 坐标小于等于终点的 x 坐标。

(2) 定义直线段当前点坐标 x、y，定义中点误差项 d，定义直线斜率 k，定义像素点颜色 clr。

(3) $x=x_0, y=y_0$，计算 $d=0.5-k$，$k=(y_1-y_0)/(x_1-x_0)$，clr=CRGB(0,0,1)。

(4) 绘制点 (x,y)，判断 d 的符号。若 $d<0$，则 (x,y) 更新为 $(x+1,y+1)$，d 更新为 $d+1-k$；否则 (x,y) 更新为 $(x+1,y)$，d 更新为 $d-k$。

(5) 如果当前点 $x<x_1$，重复步骤(4)，否则结束。

四、案例设计

1. 设计 CRGB 类

为了规范颜色的处理，定义了 CRGB 类，重载了“+”、“-”、“*”、“/”、“+=”、“-=”、“*=”、“/=”运算符。+运算符用于计算两种颜色分量的和，-运算符用于计算两种颜色分量的差，*运算符用于计算数和颜色分量的左乘和右乘，/运算符用于计算颜色分量和数的商，复合运算符“+=”、“-=”、“*=”、“/=”与此类似。成员函数 Normalize()将颜色分量 red、green 和 blue 规范到[0,1]闭区间内。

在 ClassView 面板中，右击 Test classes 打开快捷菜单，选择 New Class 项，如图 2-3 所示。打开 New Class 对话框，在 Class type 中选择 Generic Class 一般类，在 Name 单选框中输入类名 CRGB，如图 2-4 所示。单击 OK 按钮，在类视图 ClassView 中添加了新类 CRGB。为 CRGB 类添加成员函数，包括运算符重载函数与归一化函数 Normalize()。

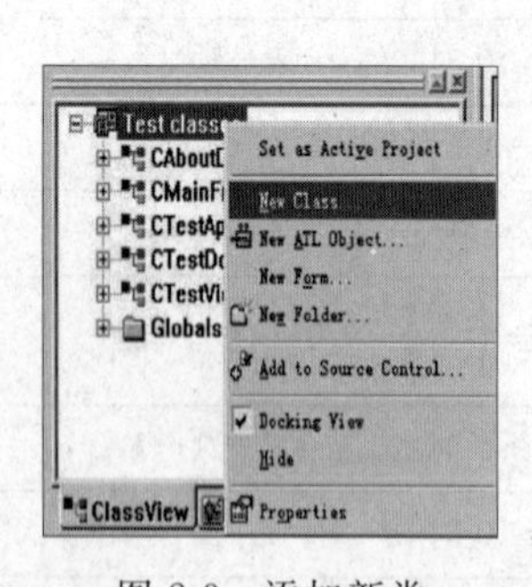

图 2-3　添加新类

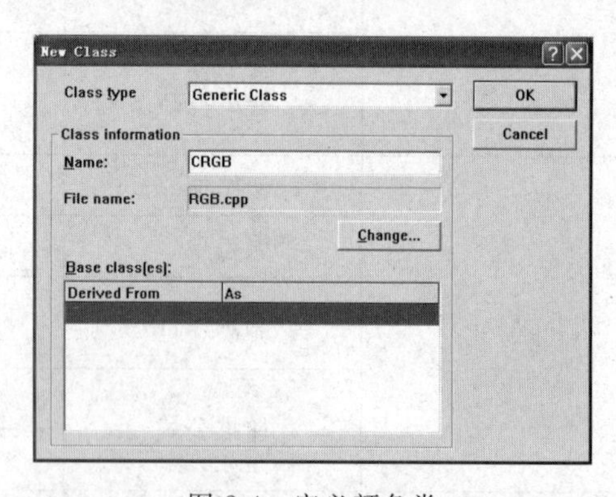

图 2-4　定义颜色类

```
class CRGB
{
public:
    CRGB();
    CRGB(double,double,double);
```

```
    virtual ~ CRGB();
    friend CRGB operator+ (const CRGB &,const CRGB &);          //运算符重载
    friend CRGB operator- (const CRGB &,const CRGB &);
    friend CRGB operator * (const CRGB &,const CRGB &);
    friend CRGB operator * (const CRGB &,double);
    friend CRGB operator * (double,const CRGB &);
    friend CRGB operator/ (const CRGB &,double);
    friend CRGB operator+= (CRGB &,CRGB &);
    friend CRGB operator-= (CRGB &,CRGB &);
    friend CRGB operator *= (CRGB &,CRGB &);
    friend CRGB operator/= (CRGB &,double);
    void   Normalize();                                          //归一化到[0,1]区间
public:
    double red;                                                  //红色分量
    double green;                                                //绿色分量
    double blue;                                                 //蓝色分量
};
CRGB::CRGB()
{
    red=1.0;
    green=1.0;
    blue=1.0;
}
CRGB::CRGB(double r,double g,double b)                           //重载构造函数
{
    red=r;
    green=g;
    blue=b;
}
CRGB::~ CRGB()
{
}
CRGB operator + (const CRGB &c1,const CRGB &c2)                  //+运算符重载
{
    CRGB c;
    c.red=c1.red+c2.red;
    c.green=c1.green+c2.green;
    c.blue=c1.blue+c2.blue;
    return c;
}
CRGB operator - (const CRGB &c1,const CRGB &c2)                  //-运算符重载
{
    CRGB c;
    c.red=c1.red-c2.red;
```

```
    c.green=c1.green-c2.green;
    c.blue=c1.blue-c2.blue;
    return c;
}
CRGB operator * (const CRGB &c1,const CRGB &c2)                  //*运算符重载
{
    CRGB c;
    c.red=c1.red * c2.red;
    c.green=c1.green * c2.green;
    c.blue=c1.blue * c2.blue;
    return c;
}
CRGB operator * (const CRGB &c1,double k)                        //*运算符重载
{
    CRGB c;
    c.red=k * c1.red;
    c.green=k * c1.green;
    c.blue=k * c1.blue;
    return c;
}
CRGB operator * (double k,const CRGB &c1)                        //*运算符重载
{
    CRGB c;
    c.red=k * c1.red;
    c.green=k * c1.green;
    c.blue=k * c1.blue;
    return c;
}
CRGB operator /(const CRGB &c1,double k)                         ///运算符重载
{
    CRGB c;
    c.red=c1.red/k;
    c.green=c1.green/k;
    c.blue=c1.blue/k;
    return c;
}
CRGB operator += (CRGB &c1,CRGB &c2)                             //+=运算符重载
{
    c1.red=c1.red+c2.red;
    c1.green=c1.green+c2.green;
    c1.blue=c1.blue+c2.blue;
    return c1;
}
CRGB operator -= (CRGB &c1,CRGB &c2)                             //-=运算符重载
```

```
{
    c1.red=c1.red-c2.red;
    c1.green=c1.green-c2.green;
    c1.blue=c1.blue-c2.blue;
    return c1;
}
CRGB operator *=(CRGB &c1,CRGB &c2)                           //*=运算符重载
{
    c1.red=c1.red*c2.red;
    c1.green=c1.green*c2.green;
    c1.blue=c1.blue*c2.blue;
    return c1;
}
CRGB operator /=(CRGB &c1,double k)                           ///=运算符重载
{
    c1.red=c1.red/k;
    c1.green=c1.green/k;
    c1.blue=c1.blue/k;
    return c1;
}
void CRGB::Normalize()                                        //归一化
{
    red=(red<0.0) ? 0.0 : ((red>1.0) ? 1.0 : red);
    green=(green<0.0) ? 0.0 : ((green>1.0) ? 1.0 : green);
    blue=(blue<0.0) ? 0.0 : ((blue>1.0) ? 1.0 : blue);
}
```

2. 设计 CLine 直线类

定义直线类绘制任意斜率的直线,其成员函数为 MoveTo()和 LineTo()。

```
class CLine
{
public:
    CLine();
    virtual ~CLine();
    void MoveTo(CDC *,CP2);                                     //移动到指定位置
    void MoveTo(CDC *,double,double);
    void LineTo(CDC *,CP2);                                     //绘制直线,不含终点
    void LineTo(CDC *,double,double);
public:
    CP2 P0;                                                     //起点
    CP2 P1;                                                     //终点
};
CLine::CLine()
```

```
{
}
CLine::~ CLine()
{
}
void CLine::MoveTo(CDC * pDC,CP2 p0)                       //绘制直线起点函数
{
    P0=p0;
}
void CLine::MoveTo(CDC * pDC,double x0,double y0)   //重载函数
{
    P0=CP2(x0,y0);
}
void CLine::LineTo(CDC * pDC,CP2 p1)
{
    P1=p1;
    CP2 p,t;
    CRGB clr=CRGB(0.0,0.0,0.0);                           //黑色像素点
    if(fabs(P0.x-P1.x)<1e-6)                              //绘制垂线
    {
        if(P0.y>P1.y)                                     //交换顶点,使得起始点低于终点
        {
            t=P0;P0=P1;P1=t;
        }
        for(p=P0;p.y<P1.y;p.y++)
        {
            pDC->SetPixelV (Round(p.x),Round(p.y),
                            RGB(clr.red * 255,clr.green * 255,clr.blue * 255));
        }
    }
    else
    {
        double k,d;
        k=(P1.y-P0.y)/(P1.x-P0.x);
        if(k>1.0)                                         //绘制 k>1
        {
            if(P0.y>P1.y)
            {
                t=P0;P0=P1;P1=t;
            }
            d=1-0.5 * k;
            for(p=P0;p.y<P1.y;p.y++)
            {
                pDC->SetPixelV (Round(p.x),Round(p.y),
                                RGB(clr.red * 255,clr.green * 255,clr.blue * 255));
```

```
        if(d>=0)
            {
                p.x++;
                d+=1-k;
            }
            else
              d+=1;
        }
    }
    if(0.0<=k && k<=1.0)                //绘制 0<=k<=1
    {
        if(P0.x>P1.x)
        {
            t=P0;P0=P1;P1=t;
        }
        d=0.5-k;
        for(p=P0;p.x<P1.x;p.x++)
        {
            pDC->SetPixelV (Round(p.x),Round(p.y),
                            RGB(clr.red*255,clr.green*255,clr.blue*255));
        if(d<0)
          {
              p.y++;
              d+=1-k;
          }
          else
              d-=k;
        }
    }
    if(k>=-1.0 && k<0.0)                //绘制-1<=k<0
    {
        if(P0.x>P1.x)
        {
            t=P0;P0=P1;P1=t;
        }
        d=-0.5-k;
    for(p=P0;p.x<P1.x;p.x++)
      {
          pDC->SetPixelV (Round(p.x),Round(p.y),
                          RGB(clr.red*255,clr.green*255,clr.blue*255));
        if(d>0)
          {
              p.y--;
              d-=1+k;
```

```
            }
            else
                d-=k;
        }
    }
    if(k<-1.0)                                               //绘制 k<-1
    {
        if(P0.y<P1.y)
        {
            t=P0;P0=P1;P1=t;
        }
        d=-1-0.5*k;
        for(p=P0;p.y>P1.y;p.y--)
        {
            pDC->SetPixelV(Round(p.x),Round(p.y),
                            RGB(clr.red*255,clr.green*255,clr.blue*255));
        if(d<0)
            {
                p.x++;
                d-=1+k;
            }
            else
                d-=1;
        }
      }
    }
    P0=p1;
}
void CLine::LineTo(CDC *pDC,double x1,double y1)          //重载函数
{
    LineTo(pDC,CP2(x1,y1));
}
```

本案例分别为 MoveTo()函数和 LineTo()函数定义了重载函数,可以处理 double 类型参数和 CP2 类型参数。本案例使用 SetPixelV()函数完成黑色直线段的绘制。在循环中始终使用了开区间,也就是说 LineTo()函数从当前位置画一段直线到参数(x,y)所指定的点,但不包括(x,y)点。由于 CRGB 类中将颜色分量规范化到[0,1]区间内,在 SetPixelV()函数中将颜色分量乘以 255 转化为 RGB 宏。LineTo()函数中定义了直线颜色为黑色,语句如下:

```
CRGB clr=CRGB(0.0,0.0,0.0);
```

修改 CRGB 类对象 clr 的红色分量为 1.0 可以绘制红色直线。语句修改为

```
CRGB clr=CRGB(1.0,0.0,0.0);
```

3. 设计鼠标消息映射

本案例要求在屏幕客户区内按住鼠标左键后，拖动鼠标到另一位置，释放鼠标左键绘制直线段，所以需要映射 WM_LBUTTONDOWN 消息和 WM_LBUTTONUP 消息。当鼠标左键按下时，设置鼠标光标位置点为直线段的起点坐标，鼠标左键弹起时，设置鼠标光标位置点为直线段的终点坐标。在 WM_LBUTTONUP 消息映射函数 OnLButtonUp()中绘制了直线段。

(1) 添加 CTestView 类的数据成员

向 CTestView 类添加两个 CP2 类型的数据成员 p0 和 p1 分别代表直线段的起点坐标和终点坐标。在 ClassView 面板中右击 CTestView 类名，弹出相应的快捷菜单，如图 2-5 所示。选择 Add Member Variable 项，弹出 Add Member Variable 对话框，在 Variable Type 框中输入 CP2，在 Variable Name 框中输入 p0，设置变量的访问方式为 private，如图 2-6 所示。采用同样方法可以添加终点数据成员 p1，结果如图 2-7 所示。

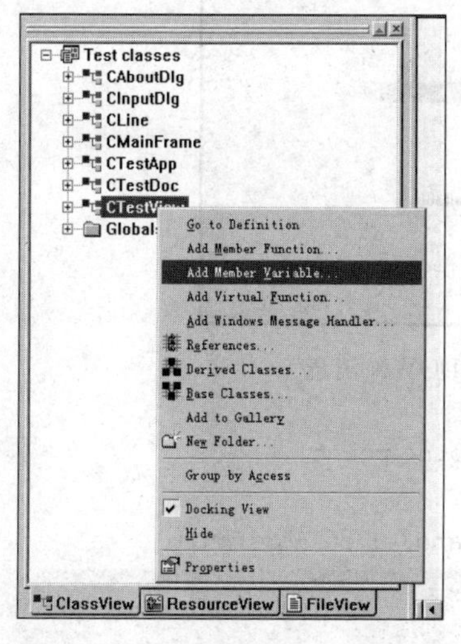

图 2-5　添加数据成员快捷菜单

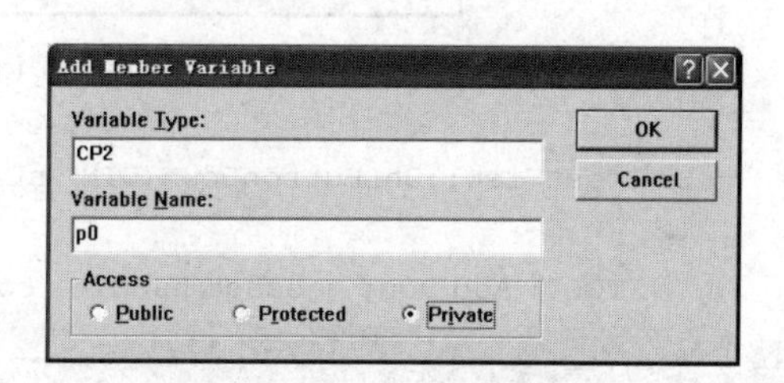

图 2-6　添加起点数据成员

(2) 添加 WM_LBUTTONDOWN 消息映射函数

在 ClassView 面板中右击 CTestView 类弹出快捷菜单，如图 2-8 所示。选择 Add

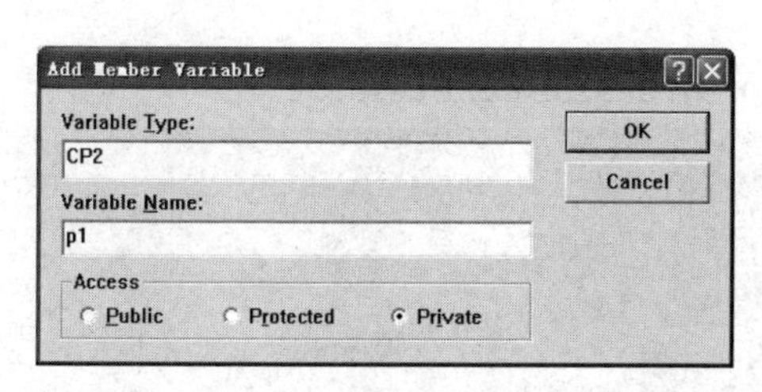

图 2-7　添加终点数据成员

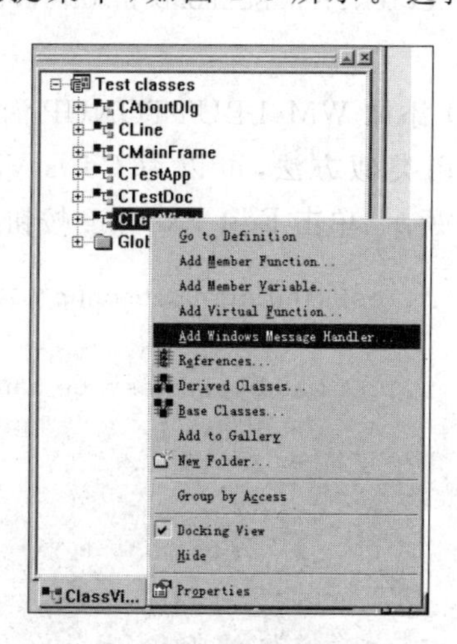

图 2-8　添加消息快捷菜单

Windows Message Handler 项，打开 New Windows Message and Event Handlers for class CTestView 对话框，在 New Windows message/events 列表框中选择 WM_LBUTTONDOWN 消息，单击 Add Handler 按钮，在 Existing message/event handlers 列表框中添加 WM_LBUTTONDOWN 消息，如图 2-9 所示。单击 Edit Existing 按钮编辑消息映射函数。代码如下：

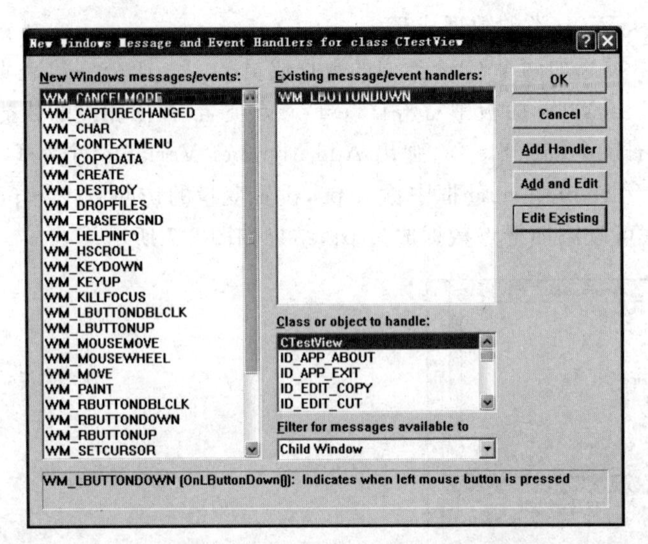

图 2-9 添加 WM_LBUTTONDOWN 消息

```
void CTestView::OnLButtonDown(UINT nFlags, CPoint point)
{
    //TODO: Add your message handler code here and/or call default
    p0.x=point.x;
    p0.y=point.y;
    p0.x=p0.x-rect.Width()/2;                    //设备坐标系向自定义坐标系转换
    p0.y=rect.Height()/2-p0.y;
    CView::OnLButtonDown(nFlags, point);
}
```

(3) 添加 WM_LBUTTONUP 消息映射函数

采用类似方法，可以为 CTestView 类添加 WM_LBUTTONUP 消息映射函数，如图 2-10 所示。单击 Edit Existing 按钮编辑消息映射函数。代码如下：

```
void CTestView::OnLButtonUp(UINT nFlags, CPoint point)
{
    //TODO: Add your message handler code here and/or call default
    p1.x=point.x;
    p1.y=point.y;
    CLine *line=new CLine;
    CDC *pDC=GetDC();                                  //定义设备上下文指针
    pDC->SetMapMode(MM_ANISOTROPIC);                   //自定义坐标系
```

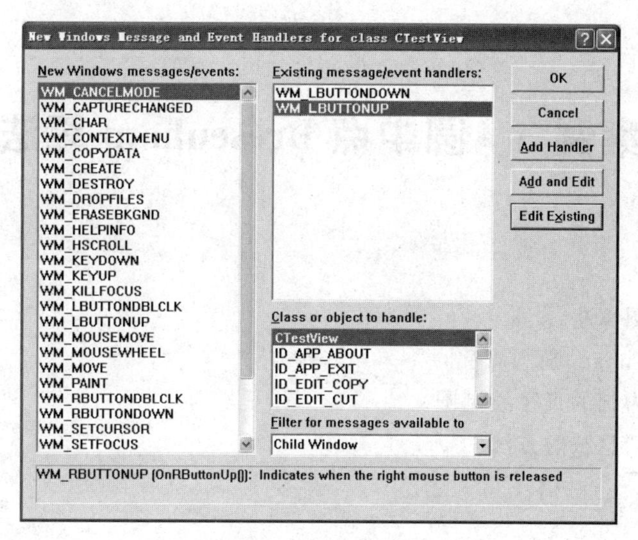

图 2-10　添加 WM_LBUTTONUP 消息

```
        pDC->SetWindowExt(rect.Width(),rect.Height());          //设置窗口比例
        pDC->SetViewportExt(rect.Width(),-rect.Height());
                                        //设置视区比例,且 x 轴水平向右,y 轴垂直向上
        pDC->SetViewportOrg(rect.Width()/2,rect.Height()/2);
                                        //设置客户区中心为坐标系原点
        rect.OffsetRect(-rect.Width()/2,-rect.Height()/2);    //矩形与客户区重合
        p1.x=p1.x-rect.Width()/2;
        p1.y=rect.Height()/2-p1.y;
        line->MoveTo(pDC,p0);
        line->LineTo(pDC,p1);
        delete line;
        ReleaseDC(pDC);
    CView::OnLButtonUp(nFlags, point);
}
```

本案例使用 CLine 类对象 line 调用 MoveTo()和 LineTo()成员函数绘制直线段。在鼠标左键的映射函数中使用的是设备坐标系,坐标系原点位于屏幕左上角,x 轴水平向右,y 轴垂直向下。由于绘图时使用了自定义二维坐标系,需要将鼠标点进行转换。

五、案例总结

主教材《计算机图形学基础教程(Visual C++ 版)(第 2 版)》中仅介绍了斜率 $0\leqslant k\leqslant 1$ 直线段的中点 Bresenham 扫描转换算法。本案例实现的 CLine 类的成员函数类似于 CDC 类的 MoveTo()函数和 LineTo()函数,用于绘制任意斜率的直线段。MSDN 指出 CDC 类的 LineTo()函数画一段直线到终点坐标位置,但不包括终点坐标。CLine 类的 LineTo()函数实现了该功能。本案例映射了 WM_LBUTTONDOWN 消息来确定直线段的起点坐标,映射了 WM_LBUTTONUP 消息来确定直线段的终点坐标并绘制直线段。

案例 3　圆中点 Bresenham 算法

知识要点

- 八分法画圆算法。
- 中点 Bresenham 画圆算法。
- 以直线段为圆的直径绘制圆。
- 鼠标按键消息映射方法。

一、案例需求

1. 案例描述

在屏幕客户区内按下鼠标左键选择直线的起点，同时移动鼠标指针到直线终点，弹起鼠标左键以直线段为直径绘制圆。

2. 功能说明

(1) 自定义屏幕二维坐标系，原点位于客户区中心，x 轴水平向右为正，y 轴垂直向上为正。

(2) 按下鼠标左键确定直线的起点，移动鼠标并释放鼠标左键确定直线的终点。以直线段为圆的直径绘制圆。圆的边界线为蓝色，不填充圆的内部。

3. 案例效果图

圆中点 Bresenham 算法绘制效果如图 3-1 所示。

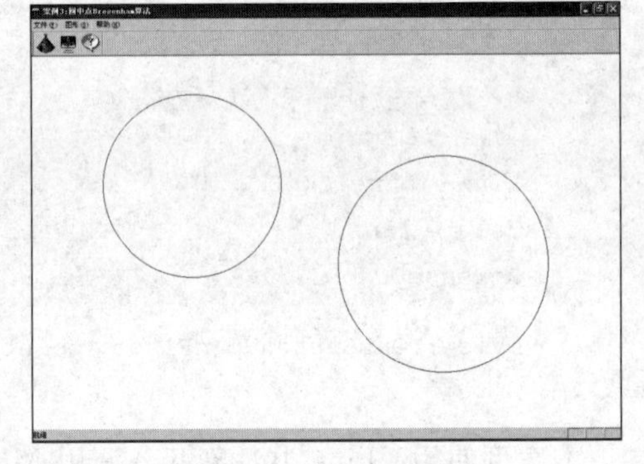

图 3-1　鼠标绘制圆

二、案例分析

使用鼠标指定直线的两个端点，以直线段为圆的直径使用中点 Bresenham 算法绘制圆。主教材讲解的圆中点 Bresenham 算法，只能绘制圆心位于二维坐标系原点的圆。本案例中，由于圆心的位置是直线段的中点，而直线段位置是动态变化的，所以需要将圆中点 Bresenham 算法绘制的图形进行整体平移。

三、算法设计

圆心在坐标系原点的 1/8 圆中点 Bresenham 算法如下：

(1) 根据鼠标选择的直线端点计算圆的半径 R。

(2) 定义圆当前点坐标 (x,y)，定义中点误差项 d，定义像素点颜色 clr。

(3) 计算 $d=1.25-R, x=0, y=R$，clr=RGB(0,0,255)。

(4) 绘制点(x,y)及其在八分圆中的另外7个对称点。

(5) 判断d的符号。若$d<0$,则(x,y)更新为$(x+1,y)$,d更新为$d+2x+3$;否则(x,y)更新为$(x+1,y-1)$,d更新为$d+2(x-y)+5$。

(6) 当$x \leqslant y$,重复步骤(4)与(5),否则结束。

四、案例设计

1. 设计鼠标消息映射

本案例要求在屏幕客户区按下鼠标左键后,拖动鼠标到另一位置,释放鼠标左键绘制圆,所以需要映射WM_LBUTTONDOWN消息和WM_LBUTTONUP消息。当鼠标左键按下时,设置鼠标光标位置点为直线段的起点,鼠标左键弹起时,设置鼠标光标位置点为直线段的终点。在WM_LBUTTONUP消息映射函数OnLButtonUp()中绘制圆。

(1) 添加CTestView类的数据成员

向CTestView类添加两个CP2类型的数据成员p0和p1分别代表直线的端点坐标。添加CRect类的rect对象代表客户区矩形。

(2) 添加WM_LBUTTONDOWN消息

```
void CTestView::OnLButtonDown(UINT nFlags, CPoint point)
{
    //TODO: Add your message handler code here and/or call default
    p0.x=point.x;
    p0.y=point.y;
    p0.x=p0.x-rect.Width()/2;                    //设备坐标系向自定义坐标系转换
    p0.y=rect.Height()/2-p0.y;
    CView::OnLButtonDown(nFlags, point);
}
```

(3) 添加WM_LBUTTONUP消息

```
void CTestView::OnLButtonUp(UINT nFlags, CPoint point)
{
    //TODO: Add your message handler code here and/or call default
    p1.x=point.x;
    p1.y=point.y;
    CDC * pDC=GetDC();                                          //定义设备上下文指针
    pDC->SetMapMode(MM_ANISOTROPIC);                            //自定义坐标系
    pDC->SetWindowExt(rect.Width(),rect.Height());              //设置窗口比例
    pDC->SetViewportExt(rect.Width(),-rect.Height());
                                    //设置视区比例,且x轴水平向右,y轴垂直向上
    pDC->SetViewportOrg(rect.Width()/2,rect.Height()/2);
                                    //设置客户区中心为坐标系原点
    rect.OffsetRect(-rect.Width()/2,-rect.Height()/2);     //矩形与客户区重合
    p1.x=p1.x-rect.Width()/2;
    p1.y=rect.Height()/2-p1.y;
```

```
    double r=sqrt((p1.x-p0.x)*(p1.x-p0.x)+(p1.y-p0.y)*(p1.y-p0.y))/2.0;
                                                    //计算圆的半径
    MBCircle(r,pDC);                                //调用圆中点 Bresenham 算法
    ReleaseDC(pDC);
    CView::OnLButtonUp(nFlags, point);
}
```

鼠标绘制的对角点 p0 与 p1 是设备坐标系的坐标，需要向自定义坐标系转换。圆的半径取为直线段长度之半。Mbcircle()是圆的中点 Bresenham 函数。

2. 设计圆中点 Bresenham 算法

(1) 圆中点 Bresenham 函数

```
void CTestView::MBCircle(double R,CDC *pDC)
{
    double x,y,d;
    d=1.25-R;x=0;y=R;
    for(x=0;x<=y;x++)
    {
        CirclePoint(x,y,pDC);                    //调用八分法画圆子函数
        if (d<0)
            d+=2*x+3;
        else
        {
            d+=2*(x-y)+5;
            y--;
        }
    }
}
```

R 是圆的半径，CirclePoint()函数是八分法画圆子函数。

(2) 八分法画圆子函数

```
void CTestView::CirclePoint(double x, double y,CDC *pDC)   //八分法画圆子函数
{
    CP2 pc=CP2((p0.x+p1.x)/2.0,(p0.y+p1.y)/2.0);           //圆心坐标
    COLORREF  clr=RGB(0,0,255);                            //定义圆的边界颜色
    pDC->SetPixelV(Round(x+pc.x),Round(y+pc.y),clr);       //x,y
    pDC->SetPixelV(Round(y+pc.x),Round(x+pc.y),clr);       //y,x
    pDC->SetPixelV(Round(y+pc.x),Round(-x+pc.y),clr);      //y,-x
    pDC->SetPixelV(Round(x+pc.x),Round(-y+pc.y),clr);      //x,-y
    pDC->SetPixelV(Round(-x+pc.x),Round(-y+pc.y),clr);     //-x,-y
    pDC->SetPixelV(Round(-y+pc.x),Round(-x+pc.y),clr);     //-y,-x
    pDC->SetPixelV(Round(-y+pc.x),Round(x+pc.y),clr);      //-y,x
    pDC->SetPixelV(Round(-x+pc.x),Round(y+pc.y),clr);      //-x,y
}
```

pc 是圆心坐标,取为直线段的中点。clr 是圆的边界色,取为蓝色。

五、案例总结

主教材中讲解的圆中点 Bresenham 算法绘制的是圆心位于坐标系原点的图形。本案例由于可以使用鼠标任意指定直线段,所以圆心的位置会发生变化。在八分法画圆子函数中,对圆心位置进行了平移,使得直线段成为圆的直径。请在八分法画圆子函数 CirclePoint()中添加以下语句绘制起点为 p0、终点为 p1 的直线段,该直线段成为圆的直径,如图 3-2 所示。

```
pDC->MoveTo(Round(p0.x),Round(p0.y));
pDC->LineTo(Round(p1.x),Round(p1.y));
```

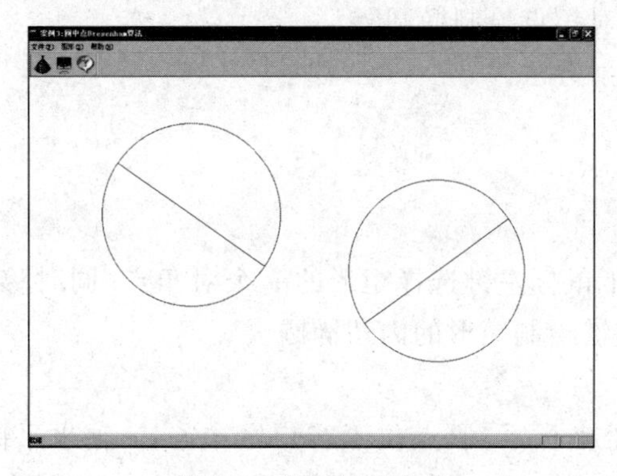

图 3-2　绘制圆的直径

案例 4　椭圆中点 Bresenham 算法

知识要点

- 绘制 1/4 椭圆弧的上半部分和下半部分的中点 Bresenham 算法。
- 下半部分椭圆误差项的初始值计算方法。
- 顺时针四分法绘制椭圆的中点 Bresenham 算法。
- 给定矩形的两个对角点绘制椭圆。
- 鼠标按键消息映射方法。

一、案例需求

1. 案例描述

在屏幕客户区内按下鼠标左键选择矩形的一个对角点，同时移动鼠标指针到矩形的另一个对角点，弹起鼠标左键绘制矩形的内切椭圆。

2. 功能说明

(1) 自定义屏幕二维坐标系，原点位于客户区中心，x 轴水平向右为正，y 轴垂直向上为正。

(2) 按下鼠标左键确定矩形的一个对角点，释放鼠标左键确定矩形的另一个对角点。以矩形为外接矩形绘制椭圆。椭圆的边界线为蓝色，不填充椭圆内部。

3. 案例效果图

椭圆中点 Bresenham 算法绘制效果如图 4-1 所示。

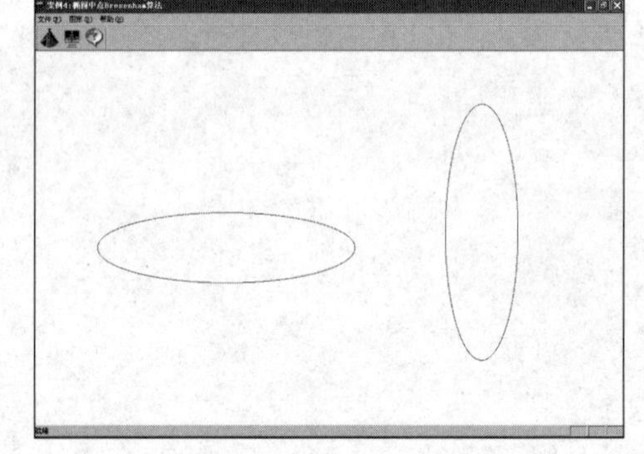

图 4-1　鼠标绘制椭圆

二、案例分析

MFC 提供的 CDC 类的成员函数 Ellipse() 可以绘制椭圆，Ellipse() 函数是根据外接矩形的两个角点绘制内切椭圆。椭圆的边界颜色是由所选用的画笔指定。本案例通过定义外接矩形来确定椭圆的长半轴与短半轴，使用中点 Bresenham 算法绘制椭圆。

三、算法设计

中心在坐标系原点的 1/4 椭圆中点 Bresenham 算法如下：

(1) 根据鼠标选择的矩形对角点计算椭圆的长半轴 a 和短半轴 b。

(2) 定义椭圆当前点坐标 (x,y)，定义中点误差项 d_1 与 d_2，定义像素点颜色 clr。

(3) 计算 $d_{10}=b^2+a^2(-b+0.25)$，$x=0$，$y=b$，clr=RGB(0,0,255)。

(4) 绘制点(x,y)及其在四分椭圆中的另外3个对称点。

(5) 判断d_1的符号。若$d_1<0$,则(x,y)更新为$(x+1,y)$,d_1更新为$d_1+b^2(2x+3)$;否则(x,y)更新为$(x+1,y-1)$,d_1更新为$d_1+b^2(2x+3)+a^2(-2y+2)$。

(6) 当$b^2(x_i+1)<a^2(y_i-0.5)$时,重复步骤(4)与(5),否则转到步骤(7)。

(7) 计算下半部分d_2的初值:$d_{20}=b^2(x+0.5)^2+a^2(y-1)^2-a^2b^2$。

(8) 绘制点(x,y)及其在四分椭圆中的另外3个对称点。

(9) 判断d_2的符号。若$d_2<0$,则(x,y)更新为$(x+1,y-1)$,d_2更新为$d_2+b^2(2x+2)+a^2(-2y+3)$;否则(x,y)更新为$(x,y-1)$,d_2更新为$d_2+a^2(2y+3)$。

(10) 如果$y\geqslant 0$时,重复步骤(8)和(9),否则结束。

四、案例设计

1. 设计鼠标消息映射

本案例要求在屏幕客户区按下鼠标左键后,拖动鼠标到另一位置,释放鼠标左键绘制椭圆,所以需要映射WM_LBUTTONDOWN消息和WM_LBUTTONUP消息。当鼠标左键按下时,设置鼠标光标位置点为矩形的一个对角点,鼠标左键弹起时,设置鼠标光标位置点为矩形的另一个对角点。在WM_LBUTTONUP消息映射函数OnLButtonUp()中绘制椭圆。

(1) 添加CTestView类的数据成员

向CTestView类添加两个CP2类型的数据成员p0和p1分别代表矩形的对角点坐标。添加CRect类的rect对象代表客户区矩形。

(2) 添加WM_LBUTTONDOWN消息

```
void CTestView::OnLButtonDown(UINT nFlags, CPoint point)
{
    //TODO: Add your message handler code here and/or call default
    p0.x=point.x;
    p0.y=point.y;
    p0.x=p0.x-rect.Width()/2;                    //设备坐标系向自定义坐标系转换
    p0.y=rect.Height()/2-p0.y;
    CView::OnLButtonDown(nFlags, point);
}
```

(3) 添加WM_LBUTTONUP消息

```
void CTestView::OnLButtonUp(UINT nFlags, CPoint point)
{
    //TODO: Add your message handler code here and/or call default
    p1.x=point.x;
    p1.y=point.y;
    CDC * pDC=GetDC();                                 //定义设备上下文指针
    pDC->SetMapMode(MM_ANISOTROPIC);                   //自定义坐标系
    pDC->SetWindowExt(rect.Width(),rect.Height());     //设置窗口比例
```

```
    pDC->SetViewportExt(rect.Width(),-rect.Height());
                                          //设置视区比例,且 x 轴水平向右,y 轴垂直向上
    pDC->SetViewportOrg(rect.Width()/2,rect.Height()/2);
                                          //设置客户区中心为坐标系原点
    rect.OffsetRect(-rect.Width()/2,-rect.Height()/2);    //矩形与客户区重合
    p1.x=p1.x-rect.Width()/2;
    p1.y=rect.Height()/2-p1.y;
    MBEllipse(pDC);

    CView::OnLButtonUp(nFlags, point);
}
```

鼠标绘制的对角点 p0 与 p1 是相对于设备坐标系的坐标,需要向自定义坐标系转换。本案例未绘制矩形,只绘制了矩形的内切椭圆。MBEllipse()是椭圆中点 Bresenham 函数。

2. 设计椭圆中点 Bresenham 算法

(1) 椭圆中点 Bresenham 函数

```
void CTestView::MBEllipse(CDC * pDC)
{
    double x,y,d1,d2,a,b;
    a=fabs(p1.x-p0.x)/2;
    b=fabs(p1.y-p0.y)/2;
    x=0;y=b;
    d1=b * b+a * a * (-b+0.25);
    EllipsePoint(x,y,pDC);
    while(b * b * (x+1)<a * a * (y-0.5))                              //椭圆 AC 弧段
    {
        if (d1<0)
        {
            d1+=b * b * (2 * x+3);
        }
        else
        {
            d1+=b * b * (2 * x+3)+a * a * (-2 * y+2);
            y--;
        }
        x++;
        EllipsePoint(x,y,pDC);
    }
    d2=b * b * (x+0.5) * (x+0.5)+a * a * (y-1) * (y-1)-a * a * b * b;  //椭圆 CB 弧段
    while(y>0)
    {
        if (d2<0)
        {
            d2+=b * b * (2 * x+2)+a * a * (-2 * y+3);
```

```
            x++;
        }
        else
        {
            d2+=a*a*(-2*y+3);
        }
        y--;
        EllipsePoint(x,y,pDC);
    }
}
```

a 是椭圆的长半轴，b 是椭圆的短半轴，EllipsePoint()函数是四分法画椭圆子函数。

(2) 四分法画椭圆子函数

```
void CTestView::EllipsePoint(double x, double y,CDC *pDC)
{
    CP2 pc=CP2((p0.x+p1.x)/2.0,(p0.y+p1.y)/2.0);           //椭圆中心坐标
    COLORREF  clr=RGB(0,0,255);                            //定义椭圆的颜色
    pDC->SetPixelV(Round(x+pc.x),Round(y+pc.y),clr);
    pDC->SetPixelV(Round(-x+pc.x),Round(y+pc.y),clr);
    pDC->SetPixelV(Round(x+pc.x),Round(-y+pc.y),clr);
    pDC->SetPixelV(Round(-x+pc.x),Round(-y+pc.y),clr);
}
```

pc 是椭圆中心坐标，取为矩形的中点。clr 是椭圆的边界颜色，取为蓝色。

五、案例总结

主教材中讲解的椭圆中点 Bresenham 算法绘制的是中心位于坐标系原点的图形。本案例绘制的是任意椭圆，也可以用于绘制长半轴与短半轴相等的圆。由于可以使用鼠标任意指定矩形的对角点，所以椭圆中心的位置会发生改变。在四分法画椭圆子函数中，对中心位置进行了平移，使得矩形成为椭圆的外接矩形。请在四分法画椭圆子函数 EllipsePoint()中添加以下语句绘制一个对角点为 p0、另一个对角点为 p1 的矩形，该矩形成为椭圆的外接矩形，如图 4-2 所示。

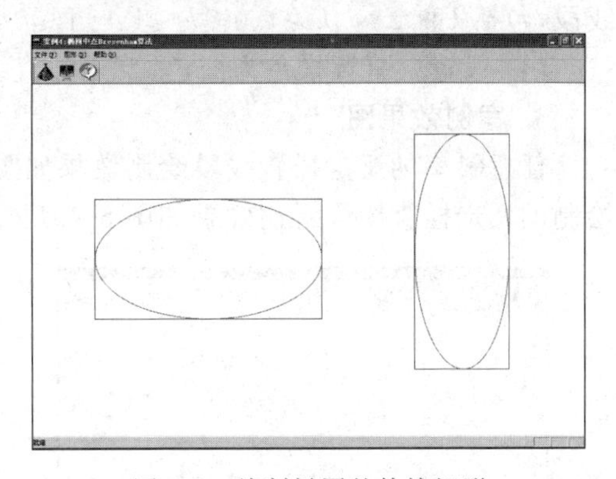

图 4-2　绘制椭圆的外接矩形

```
pDC->MoveTo(Round(p0.x),Round(p0.y));
pDC->LineTo(Round(p1.x),Round(p0.y));
pDC->LineTo(Round(p1.x),Round(p1.y));
pDC->LineTo(Round(p0.x),Round(p1.y));
pDC->LineTo(Round(p0.x),Round(p0.y));
```

案例 5 直线反走样 Wu 算法

知识要点

- Wu 反走样算法原理。
- 亮度级别的设置方法。
- 反走样直线类的定义与调用方法。
- 鼠标按键消息映射方法。

一、案例需求

1. 案例描述

在屏幕客户区内按下鼠标左键选择直线的起点,移动鼠标指针到直线终点,弹起鼠标左键绘制任意斜率的反走样直线段。

2. 功能说明

(1) 自定义屏幕二维坐标系,原点位于客户区中心,x 轴水平向右为正,y 轴垂直向上为正。

(2) 设计 CALine 反走样直线类,其成员变量为直线段的起点坐标 P_0 和终点坐标 P_1,成员函数为 MoveTo()和 LineTo()函数。

(3) CALine 类的 LineTo()函数使用中点 Bresenham 算法绘制任意斜率 k 的反走样直线段,包括 $k=\pm\infty$、$k>1$、$0\leqslant k\leqslant 1$、$-1\leqslant k<0$ 和 $k<-1$ 这 5 种情况。

(4) 设置屏幕背景色为白色,反走样直线用灰度表示。

3. 案例效果图

任意斜率的反走样直线段绘制效果如图 5-1 所示。案例 2 绘制的走样直线段与本案例绘制的反走样直线段对比效果如图 5-2 所示。

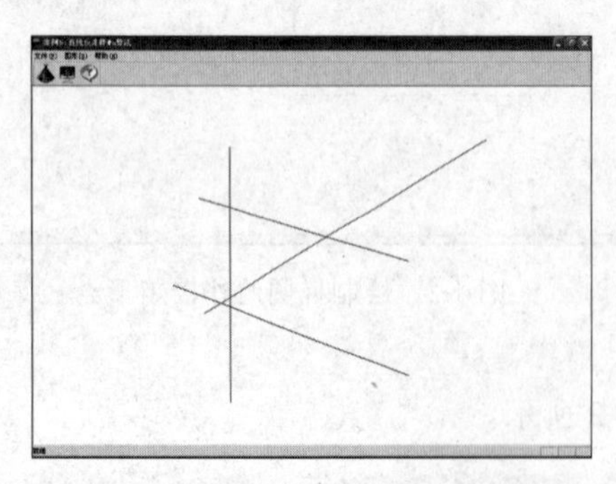

图 5-1 鼠标绘制反走样直线段

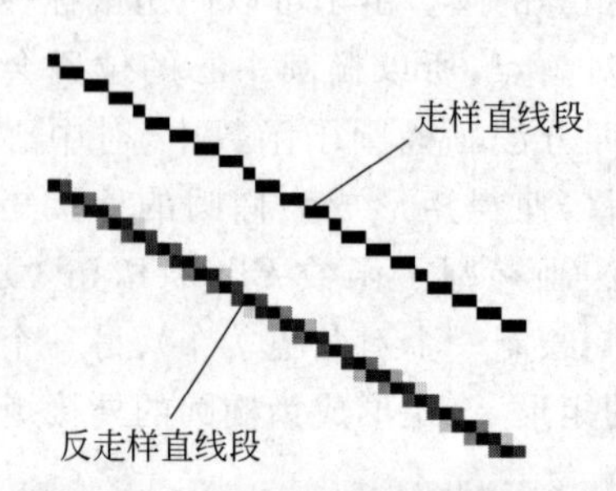

图 5-2 走样直线段与反走样直线段放大对比图

二、案例分析

MFC 提供的 MoveTo()函数只能绘制走样直线段,不能绘制反走样直线段。Wu 算法是用两个像素来共同表示理想直线上的一个点，依据两个像素与理想直线的距离而调节其亮度，使所绘制的直线达到视觉上消除锯齿的效果。

三、算法设计

(1) 使用鼠标选择直线的 $p_0(x_0,y_0)$、终点坐标 $p_1(x_1,y_1)$。要求起点的 x 坐标小于等于终点的 x 坐标。

(2) 定义直线当前点坐标 (x,y)，定义直线下方像素点和直线的距离为 e，定义直线的斜率为 k，定义直线下方的像素点颜色为 c_0，直线上方的像素点颜色为 c_1。

(3) $x=x_0,y=y_0,e=0;k=(y_1-y_0)/(x_1-x_0)$。

(4) 设置像素点 (x,y) 的亮度为 $c_0=\text{CRGB}(e,e,e)$，像素点 $(x,y+1)$ 的亮度为 $c_1=\text{CRGB}(1.0-e,1.0-e,1.0-e)$。

(5) 计算 $e=e+k$，判断 e 是否大于 1。若 $e>1$，则 (x,y) 更新为 $(x+1,y+1)$，$e=e-1$；否则 (x,y) 更新为 $(x+1,y)$。

(6) 如果 x 小于 x_1，重复步骤(4)和(5)，否则结束。

四、案例设计

1. 设置反走样直线的亮度值

任意斜率 k 包括 $k=\pm\infty$、$k>1$、$0\leqslant k\leqslant 1$、$-1\leqslant k<0$ 和 $k<-1$ 这 5 种情况。对于垂线、水平线和 45°线不必进行反走样，即当 $k=\pm\infty$ 时直接绘制单像素直线段不进行反走样处理，当 $k=1$ 或 $k=0$ 时可以由 $0\leqslant k\leqslant 1$ 统一处理。反走样直线的亮度值见表 5-1。

表 5-1 任意斜率反走样直线段的相邻像素的亮度值设置

斜率	主位移方向	相邻像素	亮度值
$k>1$	y 方向	x	$c_0=\text{RGB}(e\times 255,e\times 255,e\times 255)$
		$x+1$	$c_1=\text{RGB}((1-e)\times 255,(1-e)\times 255,(1-e)\times 255)$
$0\leqslant k\leqslant 1$	x 方向	y	$c_0=\text{RGB}(e\times 255, e\times 255, e\times 255)$
		$y+1$	$c_1=\text{RGB}((1-e)\times 255,(1-e)\times 255,(1-e)\times 255)$
$-1\leqslant k<0$	x 方向	y	$c_0=\text{RGB}(e\times 255, e\times 255, e\times 255)$
		$y-1$	$c_1=\text{RGB}((1-e)\times 255,(1-e)\times 255,(1-e)\times 255)$
$k<-1$	y 方向	x	$c_0=\text{RGB}(e\times 255, e\times 255, e\times 255)$
		$x+1$	$c_1=\text{RGB}((1-e)\times 255,(1-e)\times 255,(1-e)\times 255)$

2. 设计 CALine 反走样直线类

定义反走样直线类绘制任意斜率的反走样直线，其成员函数为 MoveTo()和 LineTo()。

```
class CALine
{
public:
    CALine();
    virtual ~ CALine();
```

```
    void MoveTo(CDC *,CP2);                                     //移动到指定位置
    void MoveTo(CDC *,double,double);
    void MoveTo(CDC *,double,double,CRGB);
    void LineTo(CDC *,CP2);                                     //绘制直线,不含终点
    void LineTo(CDC *,double,double);
    void LineTo(CDC *,double,double,CRGB);
public:
    CP2 P0;                                                     //起点
    CP2 P1;                                                     //终点
};
CALine::CALine()
{
}
CALine::~ CALine()
{
}
void CALine::MoveTo(CDC *pDC,CP2 p0)
{
    P0=p0;
}
void CALine::MoveTo(CDC *pDC,double x,double y)                 //重载函数
{
    MoveTo(pDC,CP2(x,y,CRGB(0.0,0.0,0.0)));
}
void CALine::MoveTo(CDC *pDC,double x,double y,CRGB c)
{
    MoveTo(pDC,CP2(x,y,c));
}
void CALine::LineTo(CDC *pDC,CP2 p1)
{
    P1=p1;
    CP2 p,t;
    CRGB c0,c1;
    if(fabs(P0.x-P1.x)==0)                                      //绘制垂线
    {
        if(P0.y>P1.y)                                           //交换顶点,使得起始点低于终点顶点
        {
            t=P0;P0=P1;P1=t;
        }
        for(p=P0;p.y<P1.y;p.y++)
        {
            pDC->SetPixelV(Round(p.x),Round(p.y),
                RGB(p.c.red*255,p.c.green*255,p.c.blue*255));
        }
    }
```

```
else
{
    double k,e=0;
    k=(P1.y-P0.y)/(P1.x-P0.x);
    if(k>1.0)                                    //绘制 k>1
    {
        if(P0.y>P1.y)
        {
            t=P0;P0=P1;P1=t;
        }
        for(p=P0;p.y<P1.y;p.y++)
        {
            c0=CRGB(e,e,e);
            c1=CRGB(1.0-e,1.0-e,1.0-e);
            pDC->SetPixelV(Round(p.x),Round(p.y),
                            RGB(c0.red*255,c0.green*255,c0.blue*255));
            pDC->SetPixelV(Round(p.x+1),Round(p.y),
                            RGB(c1.red*255,c1.green*255,c1.blue*255));
            e=e+1/k;
            if(e>=1.0)
            {
                p.x++;
                e--;
            }
        }
    }
    if(0.0<=k && k<=1.0)                         //绘制 0≤k≤1
    {
        if(P0.x>P1.x)
        {
            t=P0;P0=P1;P1=t;
        }
        for(p=P0;p.x<P1.x;p.x++)
        {
            c0=CRGB(e,e,e);
            c1=CRGB(1.0-e,1.0-e,1.0-e);
            pDC->SetPixelV(Round(p.x),Round(p.y),
                            RGB(c0.red*255,c0.green*255,c0.blue*255));
            pDC->SetPixelV(Round(p.x),Round(p.y+1),
                            RGB(c1.red*255,c1.green*255,c1.blue*255));
            e=e+k;
            if(e>=1.0)
            {
                p.y++;
```

```
            e--;
        }
    }
}
if(k>=-1.0 && k<0.0)                    //绘制-1≤k<0
{
    if(P0.x>P1.x)
    {
        t=P0;P0=P1;P1=t;
    }
    for(p=P0;p.x<P1.x;p.x++)
    {
        c0=CRGB(e,e,e);
        c1=CRGB(1.0-e,1.0-e,1.0-e);
        pDC->SetPixelV(Round(p.x),Round(p.y),
                       RGB(c0.red*255,c0.green*255,c0.blue*255));
        pDC->SetPixelV(Round(p.x),Round(p.y-1),
                       RGB(c1.red*255,c1.green*255,c1.blue*255));
        e=e-k;
        if(e>=1.0)
        {
            p.y--;
            e--;
        }
    }
}
if(k<-1.0)                              //绘制 k<-1
{
    if(P0.y<P1.y)
    {
        t=P0;P0=P1;P1=t;
    }
    for(p=P0;p.y>P1.y;p.y--)
    {
        c0=CRGB(e,e,e);
        c1=CRGB(1.0-e,1.0-e,1.0-e);
        pDC->SetPixelV(Round(p.x),Round(p.y),
                       RGB(c0.red*255,c0.green*255,c0.blue*255));
        pDC->SetPixelV(Round(p.x+1),
                       Round(p.y),RGB(c1.red*255,c1.green*255,c1.blue
                       *255));
        e=e-1/k;
        if(e>=1.0)
        {
```

```
                    p.x++;
                    e--;
                }
            }
        }
    }
    P0=p1;
}
void CALine::LineTo(CDC *pDC,double x,double y)              //重载函数
{
    LineTo(pDC,CP2(x,y,CRGB(0.0,0.0,0.0)));
}
void CALine::LineTo(CDC *pDC,double x,double y,CRGB c)
{
    LineTo(pDC,CP2(x,y,c));
}
```

本案例分别为 MoveTo()函数和 LineTo()函数定义了重载函数,可以处理 double 类型参数和 CP2 类型参数。Wu 反走样算法是用两个像素来共同表示理想直线上的一个点,依据两个像素与理想直线的距离而调节其亮度,使所绘制的直线达到视觉上消除锯齿的效果。从绘制效果可以看出,两个像素宽度的直线反走样的效果较好,视觉效果上直线的宽度会有所减小,看起来好像是一个像素宽度的直线。本案例没有考虑背景色对反走样效果的影响,默认背景色为白色,反走样直线段颜色为黑色。

3. 设计鼠标消息映射

本案例要求在屏幕客户区按下鼠标左键后,拖动鼠标到另一位置,释放鼠标左键绘制直线段,所以需要映射 WM_LBUTTONDOWN 消息和 WM_LBUTTONUP 消息。当鼠标左键按下时,设置鼠标光标位置点为直线段的起点坐标,鼠标左键弹起时,设置鼠标光标位置点为直线段的终点坐标。在 WM_LBUTTONUP 消息映射函数 OnLButtonUp()中绘制了反走样直线段。

(1) 添加 CTestView 类的数据成员

向 CTestView 类添加两个 CP2 类型的数据成员 p0 和 p1 分别代表直线段的起点坐标和终点坐标。

(2) 添加 WM_LBUTTONDOWN 消息

```
void CTestView::OnLButtonDown(UINT nFlags, CPoint point)
{
    //TODO: Add your message handler code here and/or call default
    p0.x=point.x;
    p0.y=point.y;
    p0.x=p0.x-rect.Width()/2;                          //设备坐标系向自定义坐标系转换
    p0.y=rect.Height()/2-p0.y;
    CView::OnLButtonDown(nFlags, point);
```

```
}
```

(3) 添加 WM_LBUTTONUP 消息

```
void CTestView::OnLButtonUp(UINT nFlags, CPoint point)
{
    //TODO: Add your message handler code here and/or call default
    p1.x=point.x;
    p1.y=point.y;
    CALine * line=new CALine;
    CDC * pDC=GetDC();                                          //定义设备上下文指针
    pDC->SetMapMode(MM_ANISOTROPIC);                            //自定义坐标系
    pDC->SetWindowExt(rect.Width(),rect.Height());              //设置窗口比例
    pDC->SetViewportExt(rect.Width(),-rect.Height());
                                        //设置视区比例,且 x 轴水平向右,y 轴垂直向上
    pDC->SetViewportOrg(rect.Width()/2,rect.Height()/2);
                                        //设置客户区中心为坐标系原点
    rect.OffsetRect(-rect.Width()/2,-rect.Height()/2);          //矩形与客户区重合
    p1.x=p1.x-rect.Width()/2;
    p1.y=rect.Height()/2-p1.y;
    line->MoveTo(pDC,p0);
    line->LineTo(pDC,p1);
    delete line;
    ReleaseDC(pDC);
    CView::OnLButtonUp(nFlags, point);
}
```

本案例使用 CALine 类对象 line 调用 MoveTo()和 LineTo()成员函数绘制反走样直线段。

五、案例总结

本案例自定义 CALine 类来绘制反走样直线段,提供了 MoveTo()成员函数和 LineTo()成员函数,颜色处理使用了案例 2 提供的 CRGB 类。本案例映射了 WM_LBUTTONDOWN 消息来确定直线段的起点坐标,映射 WM_LBUTTONUP 消息来确定直线段的终点坐标并绘制反走样直线段。本案例绘制的反走样直线段与 Word 中使用绘图工具绘制的直线段效果类似。图 5-3 是使用 Word 的绘图工具绘制的直线段。

图 5-3　文字处理软件 Word 绘制的反走样直线段放大效果图

案例6　多边形有效边表填充算法

知识要点

- 有效边表和桶表的数据结构。
- 颜色对话框的调用方法。
- 动态链表的排序算法。

一、案例需求

1. 案例描述

图6-1所示多边形是主教材的示例多边形，该多边形覆盖了12条扫描线，共有7个顶点和7条边。7个顶点分别为：$P_0(1,2)$，$P_1(-3,6)$，$P_2(-5,1)$，$P_3(-3,-5)$，$P_4(0,-1)$，$P_5(2,-5)$，$P_6(6,3)$。在1024×768的显示分辨率下，将多边形顶点放大为$P_0(50,100)$，$P_1(-150,300)$，$P_2(-250,50)$，$P_3(-150,-250)$，$P_4(0,-50)$，$P_5(100,-250)$，$P_6(300,150)$。请使用有效边表算法填充示例多边形。

2. 功能说明

(1) 自定义屏幕二维坐标系，原点位于客户区中心，x轴水平向右为正，y轴垂直向上为正。

(2) 在屏幕客户区内使用CLine类绘制示例多边形边界。

(3) 设置屏幕背景色为白色，调用Windows的颜色对话框选择填充色使用单一颜色填充多边形。

(4) 使用有效边表填充算法填充示例多边形内部及边界线。

3. 案例效果图

示例多边形有效边表填充效果如图6-2所示。

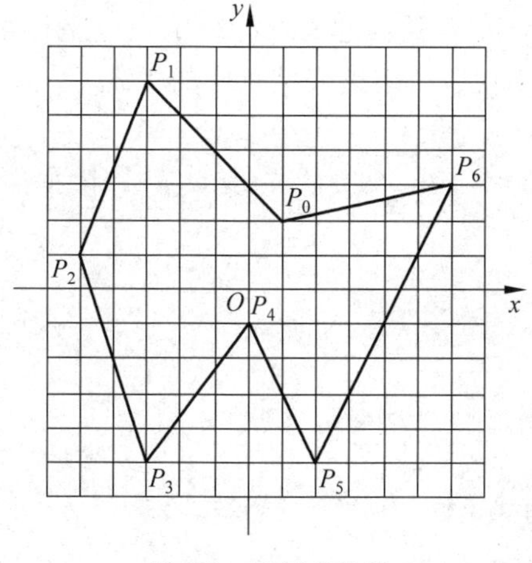

图6-1　示例多边形

图6-2　示例多边形有效边表填充效果

二、案例分析

由于边表是有效边表的特例，所以定义 CAET 类来表示有效边表与边表。定义 CBucket 类来表示桶。使用自定义的 CLine 类对象绘制示例多边形边界，使用扫描线算法填充示例多边形内部及边界线。

三、算法设计

(1) 调用颜色对话框读取填充色。

(2) 根据示例多边形顶点坐标值，计算扫描线的最大值 ScanMax 和最小值 ScanMin。

(3) 用多边形覆盖的扫描线动态建立桶结点。

(4) 循环访问多边形的所有顶点，根据边的终点 y 值比起点 y 值高或边的终点 y 值比起点 y 值低两种情况(边的终点 y 值和起点 y 值相等的情况属于扫描线，不予考虑)，计算每条边的 y_{min}。在桶中寻找与该 y_{min} 相对应的桶结点，计算该边表的 $x|y_{min}$、y_{Max}、k(代表 $1/k$)，并依次链接该边表结点到桶结点。

(5) 对每个桶结点链接的边表，根据 $x|y_{min}$ 值的大小进行排序，若 $x|y_{min}$ 相等，则按照 k(代表 $1/k$)由小到大排序。

(6) 循环访问每个桶结点，将桶内每个结点的边表合并为有效边表，并循环访问有效边表。

(7) 从有效边表中取出扫描线上相邻两条边的结点(交点)对进行配对。填充时设置一个逻辑变量 bInFlag(初始值为假)，每访问一个结点，把 bInFlag 值取反一次，若 bInFlag 为真，则把从当前结点的 x 值开始到下一结点的 x 值结束的区间用指定颜色填充。

(8) 循环下一桶结点，按照 $x_{i+1}=x_i+k$(k 的值为 $1/k$)修改有效边表，同时合并桶结点内的新边表，形成新的有效边表。

(9) 如果桶结点的扫描线值大于等于有效边表中某个结点的 y_{max} 值，则该边为无效边。

(10) 当桶结点不为空则转(6)，否则删除桶表和边表的头结点，算法结束。

四、案例设计

1. 定义有效边表类 CAET

在有效边表结点的基础上增加了边的起点坐标 ps 与终点坐标 pe，绑定顶点坐标可以处理颜色、法矢量以及纹理等信息。CAET 类中用 k 代表有效边表结点中的 $1/k$。

```
class CAET
{
public:
    CAET();
    virtual ~ CAET();
public:
    double  x;                              //当前扫描线与有效边交点的 x 坐标
    int     yMax;                           //边的最大 y 值
    double  k;                              //斜率的倒数(x 的增量)
    CPi2    ps;                             //边的起点
```

```
    CPi2   pe;                                      //边的终点
    CAET   * pNext;
};
```

2. 定义桶类 CBucket

桶表定义了多边形覆盖的扫描线数，以及边在桶上的连接位置。

```
class CBucket
{
public:
    CBucket();
    virtual ~ CBucket();
public:
    int    ScanLine;                              //扫描线
    CAET     * pET;                               //桶上的边表指针
    CBucket * pNext;
};
```

3. 定义填充类 CFill

CFill 类使用有效边表算法填充多边形，多边形顶点的颜色可以相同也可以不同。本案例使用颜色对话框确定多边形内部的颜色，所以将顶点颜色设置为相同；如果使用不同的顶点颜色，可以双线性插值得到内部像素点颜色，这将在后续的案例中进行介绍。CFill 类可以填充任意的凸多边形与凹多边形。

```
class CFill
{
public:
    CFill();
    virtual ~ CFill();
    void SetPoint(CPi2 * p,int);                            //初始化
    void CreateBucket();                                    //创建桶
    void CreateEdge();                                      //边表
    void AddET(CAET * );                                    //合并 ET 表
    void ETOrder();                                         //ET 表排序
    void Gouraud(CDC * );                                   //填充多边形
    void ClearMemory();                                     //清理内存
    void DeleteAETChain(CAET* pAET);                        //删除边表
protected:
    int     PNum;                                           //顶点个数
    CPi2     * P;                                           //顶点坐标动态数组
    CAET     * pHeadE, * pCurrentE, * pEdge;                //有效边表结点指针
    CBucket * pHeadB, * pCurrentB;                          //桶表结点指针
};
CFill::CFill()
```

```
{
    PNum=0;
    P=NULL;
    pEdge=NULL;
    pHeadB=NULL;
    pHeadE=NULL;
}
CFill::~ CFill()
{
    if(P!=NULL)
    {
        delete[] P;
        P=NULL;
    }
    ClearMemory();
}
void CFill::SetPoint(CPi2 * p,int m)
{
    P=new CPi2[m];                              //创建一维动态数组
    for(int i=0;i<m;i++)
        P[i]=p[i];
    PNum=m;
}
void CFill::CreateBucket()                      //创建桶表
{
    int yMin,yMax;
    yMin=yMax=P[0].y;
    for(int i=0;i<PNum;i++)                     //查找多边形所覆盖的最小和最大扫描线
    {
        if(P[i].y<yMin)
            yMin=P[i].y;                        //扫描线的最小值
        if(P[i].y>yMax)
            yMax=P[i].y;                        //扫描线的最大值
    }
    for(int y=yMin;y<=yMax;y++)
    {
        if(yMin==y)                             //如果是扫描线的最小值
        {
            pHeadB=new CBucket;                 //建立桶的头结点
            pCurrentB=pHeadB;                   //pCurrentB 为 CBucket 当前结点指针
            pCurrentB->ScanLine=yMin;
            pCurrentB->pET=NULL;                //没有链接边表
            pCurrentB->pNext=NULL;
        }
```

```
        else                                            //其他扫描线
        {
            pCurrentB->pNext=new CBucket;   //建立桶的其他结点
            pCurrentB=pCurrentB->pNext;
            pCurrentB->ScanLine=y;
            pCurrentB->pET=NULL;
            pCurrentB->pNext=NULL;
        }
    }
}
void CFill::CreateEdge()                                //创建边表
{
    for(int i=0;i<PNum;i++)
    {
        pCurrentB=pHeadB;
        int j=(i+1)%PNum;                               //边的另一个顶点,P[i]和P[j]点对构成边
        if(P[i].y<P[j].y)                               //边的终点比起点高
        {
            pEdge=new CAET;
            pEdge->x=P[i].x;                                        //计算ET表的值
            pEdge->yMax=P[j].y;
            pEdge->k=(P[j].x-P[i].x)/(P[j].y-P[i].y);          //代表1/k
            pEdge->ps=P[i];                                         //绑定顶点和颜色
            pEdge->pe=P[j];
            pEdge->pNext=NULL;
            while(pCurrentB->ScanLine!=P[i].y)              //在桶内寻找当前边的yMin
            {
                pCurrentB=pCurrentB->pNext;                 //移到yMin所在的桶结点
            }
        }
        if(P[j].y<P[i].y)                                   //边的终点比起点低
        {
            pEdge=new CAET;
            pEdge->x=P[j].x;
            pEdge->yMax=P[i].y;
            pEdge->k=(P[i].x-P[j].x)/(P[i].y-P[j].y);
            pEdge->ps=P[i];
            pEdge->pe=P[j];
            pEdge->pNext=NULL;
            while(pCurrentB->ScanLine!=P[j].y)
            {
                pCurrentB=pCurrentB->pNext;
            }
        }
```

```
        if(P[i].y!=P[j].y)
        {
            pCurrentE=pCurrentB->pET;
            if(pCurrentE==NULL)
            {
                pCurrentE=pEdge;
                pCurrentB->pET=pCurrentE;
            }
            else
            {
                while(pCurrentE->pNext!=NULL)
                {
                    pCurrentE=pCurrentE->pNext;
                }
                pCurrentE->pNext=pEdge;
            }
        }
    }
}
void CFill::Gouraud(CDC * pDC)                              //填充多边形
{
    CAET * pT1=NULL, * pT2=NULL;
    pHeadE=NULL;
    for(pCurrentB=pHeadB;pCurrentB!=NULL;pCurrentB=pCurrentB->pNext)
    {
        for(pCurrentE=pCurrentB->pET;pCurrentE!=NULL;pCurrentE=pCurrentE
        ->pNext)
        {
            pEdge=new CAET;
            pEdge->x=pCurrentE->x;
            pEdge->yMax=pCurrentE->yMax;
            pEdge->k=pCurrentE->k;
            pEdge->ps=pCurrentE->ps;
            pEdge->pe=pCurrentE->pe;
            pEdge->pNext=NULL;
            AddET(pEdge);
        }
        ETOrder();
        pT1=pHeadE;
        if(pT1==NULL)
            return;
        while(pCurrentB->ScanLine>=pT1->yMax)        //下闭上开
        {
            CAET * pAETTEmp=pT1;
```

```
        pT1=pT1->pNext;
        delete pAETTEmp;
        pHeadE=pT1;
        if(pHeadE==NULL)
            return;
    }
    if(pT1->pNext!=NULL)
    {
        pT2=pT1;
        pT1=pT2->pNext;
    }
    while(pT1!=NULL)
    {
        if(pCurrentB->ScanLine>=pT1->yMax)  //下闭上开
        {
            CAET * pAETTemp=pT1;
            pT2->pNext=pT1->pNext;
            pT1=pT2->pNext;
            delete pAETTemp;
        }
        else
        {
            pT2=pT1;
            pT1=pT2->pNext;
        }
    }
    BOOL bInFlag=FALSE;             //区间内外测试标志,初始值为假表示区间外部
    double xb,xe;                   //扫描线与有效边相交区间的起点和终点坐标
    for(pT1=pHeadE;pT1!=NULL;pT1=pT1->pNext)
    {
        if(FALSE==bInFlag)
        {
            xb=pT1->x;
            bInFlag=TRUE;
        }
        else
        {
            xe=pT1->x;
            for(double x=xb;x<xe;x++)         //左闭右开
            {
                pDC->SetPixelV(Round(x),pCurrentB->ScanLine,
                    RGB(pT1->ps.c.red * 255,pT1->ps.c.green * 255,pT1->ps.c.
                    blue * 255));
            }
```

```
                bInFlag=FALSE;
            }
        }
        for(pT1=pHeadE;pT1!=NULL;pT1=pT1->pNext)    //边的连续性
            pT1->x=pT1->x+pT1->k;
    }
}
void CFill::AddET(CAET * pNewEdge)                   //合并 ET 表
{
    CAET * pCE=pHeadE;
    if(pCE==NULL)
    {
        pHeadE=pNewEdge;
        pCE=pHeadE;
    }
    else
    {
        while(pCE->pNext!=NULL)
        {
            pCE=pCE->pNext;
        }
        pCE->pNext=pNewEdge;
    }
}
void CFill::ETOrder()                                //边表的冒泡排序算法
{
    CAET * pT1, * pT2;
    int Count=1;
    pT1=pHeadE;
    if(NULL==pT1)
        return;
    if(NULL==pT1->pNext)                             //如果该 ET 表没有再连 ET 表
        return;                                      //桶结点只有一条边,不需要排序
    while(pT1->pNext!=NULL)                          //统计边结点的个数
    {
        Count++;
        pT1=pT1->pNext;
    }
    for(int i=0;i<Count-1;i++)                       //冒泡排序
    {
        CAET**pPre=&pHeadE;
        pT1=pHeadE;
        for (int j=0;j<Count-1-i;j++)
        {
```

```
            pT2=pT1->pNext;

            if ((pT1->x>pT2->x)||((pT1->x==pT2->x)&&(pT1->k>pT2->k)))
            {
                pT1->pNext=pT2->pNext;
                pT2->pNext=pT1;
                *pPre=pT2;
                pPre=&(pT2->pNext);           //调整位置为下次遍历准备
            }
            else
            {
                pPre=&(pT1->pNext);
                pT1=pT1->pNext;
            }
        }
    }
}
void CFill::ClearMemory()                              //安全删除所有桶与桶上连接的边
{
    DeleteAETChain(pHeadE);
    CBucket *pBucket=pHeadB;
    while (pBucket !=NULL)                             //针对每一个桶
    {
        CBucket *pBucketTemp=pBucket->pNext;
        DeleteAETChain(pBucket->pET);
        delete pBucket;
        pBucket=pBucketTemp;
    }
    pHeadB=NULL;
    pHeadE=NULL;
}
void CFill::DeleteAETChain(CAET *pAET)
{
    while (pAET!=NULL)
    {
        CAET *pAETTemp=pAET->pNext;
        delete pAET;
        pAET=pAETTemp;
    }
}
```

CFill类的Gouraud()函数使用CDC类的成员函数SetPixelV()填充多边形内部。由于CFill类内使用了动态数组,容易造成内存泄漏,所以使用ClearMemory()函数和DeleteAETChain()函数清理内存。

4. 修改 CTestView 类

(1) 定义了 ReadPoint()函数用于读入示例多边形的顶点坐标。

```
void CTestView::ReadPoint()
{
    P[0].x=50;  P[0].y=100;
    P[1].x=-150;P[1].y=300;
    P[2].x=-250;P[2].y=50;
    P[3].x=-150;P[3].y=-250;
    P[4].x=0;   P[4].y=-50;
    P[5].x=100; P[5].y=-250;
    P[6].x=300; P[6].y=150;
}
```

(2) 绘制图形函数 DrawGraph(),在 DrawGraph()函数中设置了自定义二维坐标系,根据逻辑变量 bFill 是否为 TRUE 来决定绘制示例多边形的边界还是填充示例多边形。DrawGraph()函数在 OnDraw()函数内调用,程序一运行就绘制出示例多边形的边界。

```
void CTestView::DrawGraph(CDC pDC)
{
    CRect rect;                                          //定义客户区
    GetClientRect(&rect);                                //获得客户区的大小
    pDC->SetMapMode(MM_ANISOTROPIC);                     //自定义坐标系
    pDC->SetWindowExt(rect.Width(),rect.Height());       //设置窗口比例
    pDC->SetViewportExt(rect.Width(),-rect.Height());
                                      //设置视区比例,且x轴水平向右,y轴垂直向上
    pDC->SetViewportOrg(rect.Width()/2,rect.Height()/2);
                                      //设置客户区中心为坐标系原点
rect.OffsetRect(-rect.Width()/2,-rect.Height()/2);      //矩形与客户区重合
    if(!bFill)
        DrawPolygon(pDC);                               //绘制多边形
    else
        FillPolygon(pDC);                               //填充多边形
}
```

(3) 绘制多边形边界函数 DrawPolygon(),调用 CLine 类的成员函数 MoveTo()和 LineTo()函数绘制示例多边形的边界。

```
void CTestView::DrawPolygon(CDC * pDC)
{
    CLine * line=new CLine;
    CP2 t;
```

```
    for(int i=0;i<7;i++)                                    //绘制多边形
    {
        if(i==0)
        {
            line->MoveTo(pDC,P[i]);
            t=P[i];
        }
        else
        {
            line->LineTo(pDC,P[i]);
        }
    }
    line->LineTo(pDC,t);                                    //闭合多边形
    delete line;
}
```

(4) 填充多边形函数 FillPolygon(),由于有效边表算法按照扫描线顺序填充多边形,而扫描线是整数,所以 CPi2 类内仅是将 y 取为 int 型,P1 是 CPi2 类的数组。

```
void CTestView::FillPolygon(CDC * pDC)
{
    for(int i=0;i<7;i++)                            //转储顶点坐标,y 坐标取为整数
    {
        P1[i].x=P[i].x;
        P1[i].y=Round(P[i].y);
        P1[i].c=CRGB(bRed/255.0,bGreen/255.0,bBlue/255.0);
    }
    CFill * fill=new CFill;                         //动态分配内存
    fill->SetPoint(P1,7);                           //初始化 Fill 对象
    fill->CreateBucket();                           //建立桶表
    fill->CreateEdge();                             //建立边表
        fill->Gouraud(pDC);                         //填充多边形
        delete fill;                                //撤销内存
}
```

(5) 菜单函数调用颜色对话框类 CColorDialog 对象来获得填充色,同时将 bFill 设置为 TRUE 来填充多边形。

```
void CTestView::OnDrawpic()
{
    //TODO: Add your command handler code here
    COLORREF GetClr=RGB(0,0,0);                         //调色板颜色
    CColorDialog ccd(GetClr,CC_SOLIDCOLOR);             //定义颜色对话框对象
    if(IDOK==ccd.DoModal())                             //调用颜色对话框选取填充色
        GetClr=ccd.GetColor();
```

```
    else
        return;
    bRed=GetRValue(GetClr);                              //获取红色分量
    bGreen=GetGValue(GetClr);                            //获取绿色分量
    bBlue=GetBValue(GetClr);                             //获取蓝色分量
    bFill=TRUE;
    Invalidate();
}
```

GetClr 是 COLORREF 变量用于存储 24 位真彩色，默认颜色为黑色。在定义 ccd 对象时，调用 CColorDialog()构造函数来初始化调色板内默认选中的颜色。

```
CColorDialog ccd(GetClr,CC_SOLIDCOLOR);
```

表示选中 GetClr 颜色，并且只显示基本颜色对话框，如图 6-3 所示。如果不写参数 CC_SOLIDCOLOR，显示效果一致。

```
CColorDialog ccd(RGB(255, 0, 0), CC_FULLOPEN);
```

表示选中红色，并且全部打开调色板显示用户自定义颜色，如图 6-4 所示。

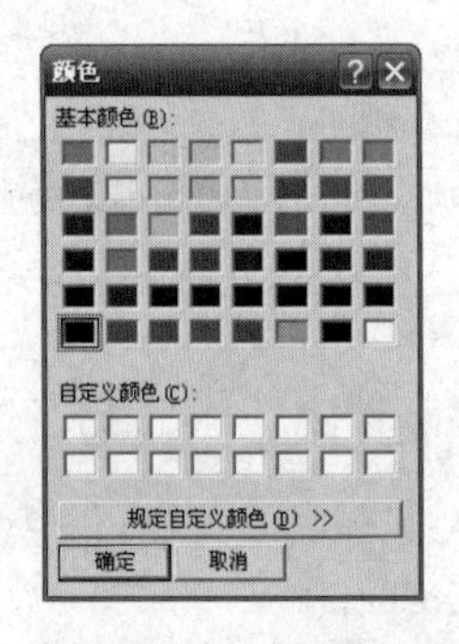

图 6-3　基本颜色对话框默认选中黑色

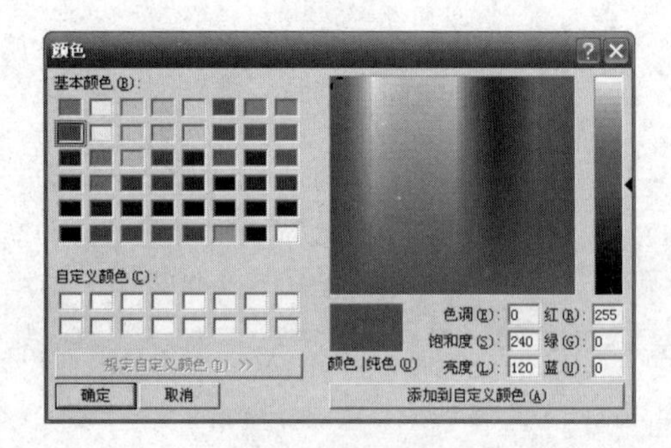

图 6-4　全部打开调色板并默认选中红色

GetRValue()、GetGValue()和 GetBValue()宏用于获得红绿蓝颜色分量。Invalidate()函数用于强制刷新窗口，相当于提前接收到 WM_PAINT 消息。Invalidate()函数的原型如下：

```
void Invalidate (BOOL bErase=TRUE);
```

参数 bErase 取 TRUE 表示在刷新窗口时擦除背景，取 FALSE 表示保持原状。本案例使用了参数 TRUE 表示填充示例多边形时不绘制边界。读者如果将参数修改为 FALSE，可以看到多边形填充后绘制了边界。

五、案例总结

本案例自定义 CAET、CBucket 和 CFill 类来填充示例多边形。调用 MFC 提供的 CColorDialog 类来选择颜色。由于使用调色板选择的颜色范围是 0～255，所以使用 CRGB 类设置 P1 数组的顶点颜色时，全部除以 255 进行归一化处理，参见 FillPolygon()函数。有效边表填充算法是后续填充物体表面模型的基础，在绘制光滑物体时，常用于填充四边形网格或三角形网格。请读者对照主教材讲解的原理，认真理解 CFill 类的程序实现方法。

案例 7　多边形边缘填充算法

知识要点

- 边缘填充算法。
- 像素颜色取补。
- 设置多边形的包围盒。

一、案例需求

1. 案例描述

图 7-1 所示多边形是本教程的示例多边形。在 1024×768 的显示分辨率下，将多边形顶点放大为 P_0(50，100)，P_1(－150，300)，P_2(－250,50)，P_3(－150，－250)，P_4(0，－50)，P_5(100，－250)，P_6(300，150)。请为示例多边形设置包围盒，并使用边填充算法填充示例多边形。

2. 功能说明

(1) 自定义屏幕二维坐标系，原点位于客户区中心，x 轴水平向右为正，y 轴垂直向上为正。

(2) 屏幕背景色为白色，调用 Windows 的颜色对话框选择填充色。

(3) 运行程序时，在屏幕客户区内使用 CLine 类绘制示例多边形的边界及包围盒。

(4) 使用边缘填充算法在包围盒内部填充示例多边形。

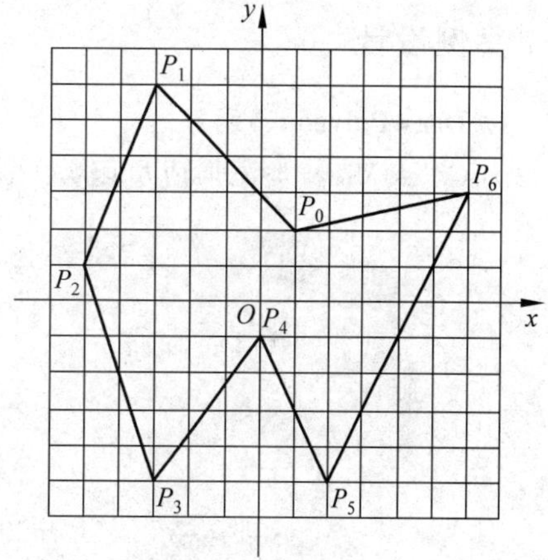

图 7-1　示例多边形

3. 案例效果图

示例多边形边缘填充算法填充效果如图 7-2 所示。

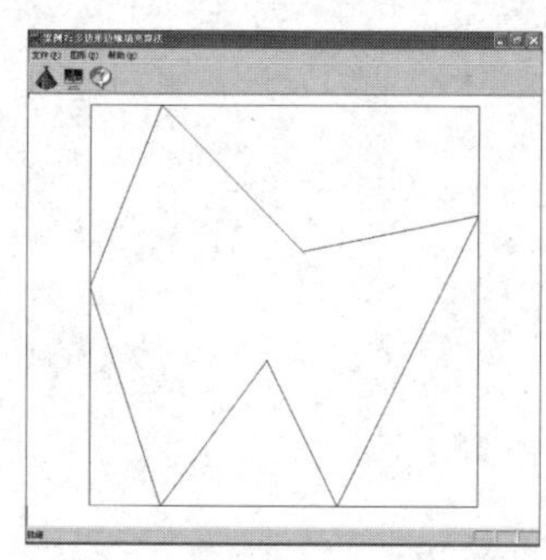

(a) 填充前

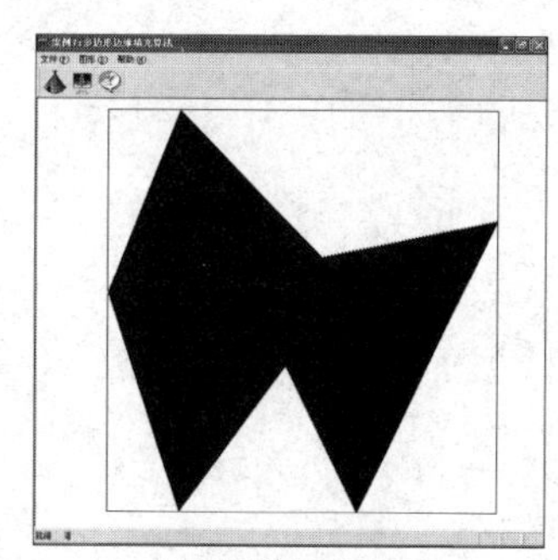

(b)填充后

图 7-2　示例多边形边缘填充算法填充效果

二、案例分析

边缘填充算法是在示例多边形的包围盒内,先计算每条边与扫描线的交点,然后将交点右侧包围盒之内的所有像素颜色全部取为补色(或反色)。

三、算法设计

(1) 根据示例多边形顶点坐标值,计算多边形的最大、最小 x 坐标,最大、最小 y 坐标。

(2) 使用 CLine 类对象绘制多边形及其包围盒。

(3) 填充色 FClr 为调色板上取得的颜色,背景色 BClr 为白色。

(4) 对于每一条边,y 从 y_{min} 开始,执行下面的循环。

(5) x 从扫描线与边的交点处开始到包围盒右边界,先获得(x,y)位置的像素颜色,如果是填充色,则置为背景色,否则使用填充色填充。执行 $x=x+1/k$,计算下一个条扫描线与边交点的 x 坐标。

(6) 如果 $y=y_{max}$,则结束循环,否则 $y+1$ 后转(5)。

四、案例设计

1. DrawPolygon()函数

为 CTestView 类添加成员函数 DrawPolygon(),用于绘制示例多边形及其包围盒。

```
void CTestView::DrawPolygon(CDC * pDC)
{
    for(int i=0;i<7;i++)                                   //计算多边形边界
    {
        if(P[i].x>MaxX)
            MaxX=P[i].x;
        if(P[i].x<MinX)
            MinX=P[i].x;
        if(P[i].y>MaxY)
            MaxY=P[i].y;
        if(P[i].y<MinY)
            MinY=P[i].y;
    }
    CLine * line=new CLine;
    CP2 t;
    for(i=0;i<7;i++)                                       //绘制多边形
    {
        if(i==0)
        {
            line->MoveTo(pDC,P[i]);
            t=P[i];
        }
        else
```

```
        {
            line->LineTo(pDC,P[i]);
        }
    }
    line->LineTo(pDC,t);                                     //闭合多边形
    line->MoveTo(pDC,CP2(MinX,MinY));                        //绘制包围盒
    line->LineTo(pDC,CP2(MinX,MaxY));
    line->LineTo(pDC,CP2(MaxX,MaxY));
    line->LineTo(pDC,CP2(MaxX,MinY));
    line->LineTo(pDC,CP2(MinX,MinY));
    delete line;
}
```

MinX 为多边形的最小 x 坐标，MaxX 为多边形的最大 x 坐标，MinY 为多边形的最小 y 坐标，MaxY 为多边形的最大 y 坐标。

2. FillPolygon()函数

为 CTestView 类添加成员函数 FillPolygon()，用于填充示例多边形。

```
void CTestView::FillPolygon(CDC * pDC)
{
    COLORREF BClr=RGB(255,255,255);                  //背景色
    COLORREF FClr=GetClr;                            //填充色
    int ymin,ymax;
    double x,y,k;
    for(int i=0;i<7;i++)                             //循环多边形所有边
    {
        int j=(i+1)%7;
        k=(P[i].x-P[j].x)/(P[i].y-P[j].y);           //计算 1/k
        if(P[i].y<P[j].y)                            //得到每条边 y 的最大值与最小值
        {
            ymin=Round(P[i].y);
            ymax=Round(P[j].y);
            x=P[i].x;                                //得到 x|ymin
        }
        else
        {
            ymin=Round(P[j].y);
            ymax=Round(P[i].y);
            x=P[j].x;
        }
        for(y=ymin;y<ymax;y++)               //沿每一条边循环
        {
            for(int m=Round(x);m<MaxX;m++)
                                             //对每一条扫描线与边的交点的右侧像素循环
```

```
        {
            if(FClr==pDC->GetPixel(m,Round(y)))    //如果是填充色
            pDC->SetPixelV(m,Round(y),BClr);       //置为背景色
        else
            pDC->SetPixelV(m,Round(y),FClr);       //置为填充色
        }
        x+=k;                                //计算下一条扫描线的 x 起点坐标
      }
    }
}
```

BClr 为背景色,FClr 为填充色。GetClr 为从颜色对话框上选择的颜色,默认为黑色。FillPolygon()函数首先计算每条边的 y_{min} 与 y_{max},取 y_{min} 处的 x 值为起始 x 值。在从 y_{min} 到 y_{max} 的循环中,取 x 到包围盒最大 x 坐标 MaxX 之间的像素点颜色。如果该颜色是填充色 FClr,则置为背景色 BClr,否则置为填充色。

五、案例总结

边缘填充算法可以按任意顺序处理多边形的每条边。本案例使用任意颜色来填充多边形,但是 BClr 的颜色必须始终与屏幕的背景色保持一致。否则,多边形右侧的颜色将会发生改变。

案例 8　区域四邻接点种子填充算法

知识要点

- 四邻接点种子填充算法。
- 判断种子像素位于多边形之内的方法。
- 种子像素四邻接点的访问方法。
- 堆栈操作函数。

一、案例需求

1. 案例描述

图 8-1 所示多边形是主教材的示例多边形。在 1024×768 的显示分辨率下，将多边形顶点放大为 $P_0(50,100)$，$P_1(-150,300)$，$P_2(-250,50)$，$P_3(-150,-250)$，$P_4(0,-50)$，$P_5(100,-250)$，$P_6(300,150)$。请使用四邻接点种子填充算法填充示例多边形。

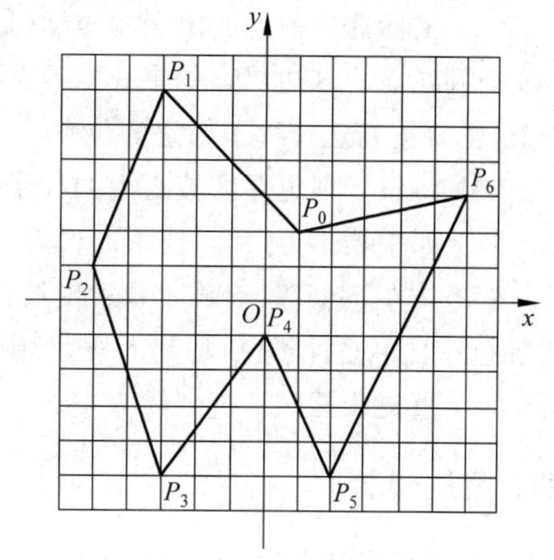

图 8-1　示例多边形

2. 功能说明

(1) 自定义屏幕二维坐标系，原点位于客户区中心，x 轴水平向右为正，y 轴垂直向上为正。

(2) 屏幕背景色为白色，调用 Windows 的颜色对话框选择填充色，默认填充色为蓝色。

(3) 运行程序时，在屏幕客户区内使用 CLine 类绘制示例多边形边界。

(4) 判断种子像素是否位于示例多边形区域之内。

(5) 对于位于示例多边形之内的种子像素，使用区域四邻接点种子填充算法填充示例多边形，填充完毕后给出提示信息。

3. 案例效果图

四邻接点种子填充算法填充示例多边形区域效果如图 8-2 所示。

二、案例分析

四邻接点种子填充算法是假设多边形内有一个像素颜色已知，由此出发访问种子周围的左、上、右、下 4 个邻接点，将区域边界以内的像素扩展为填充色。种子填充算法一般使用栈数据结构实现，本案例建立的是链栈。由于案例中使用鼠标确定种子的位置，需要判断种子像素是否位于示例多边形之内。

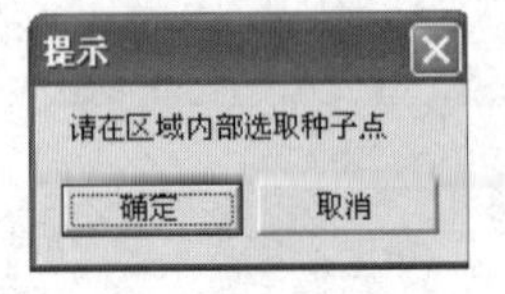

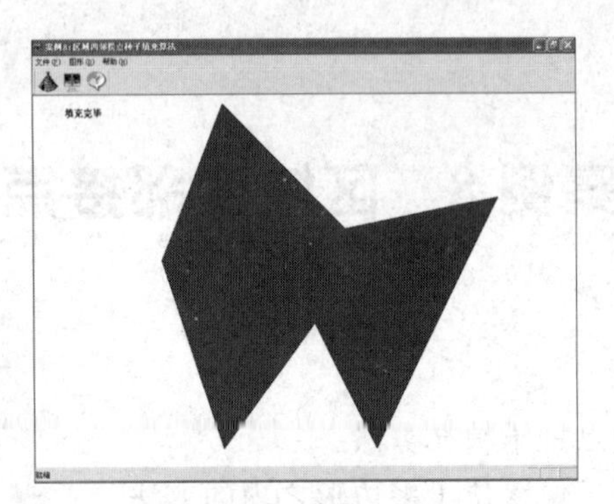

(a) 选取种子像素点　　(b) 填充效果

图 8-2　示例多边形区域四邻接点种子填充算法填充效果

三、算法设计

(1) 设置默认边界色为黑色,默认种子色为蓝色。

(2) 绘制示例多边形区域。

(3) 调用颜色对话框读取种子色。

(4) 鼠标选择种子的像素的坐标(x_0,y_0)位置,执行 $x=x_0\pm1$ 与 $y=y_0\pm1$ 操作,判断 x 或 y 到达客户区边界。如果 x 或 y 到达客户区边界,则给出"种子不在图形之内"的警告信息,需要重新选择种子像素的位置。

(5) 将位于多边形区域之内的种子像素入栈。

(6) 如果栈不为空,将栈顶的像素点出栈,用种子色绘制出栈像素。

(7) 按左、上、右、下顺序搜索出栈像素的四个邻接点像素。如果相邻像素的颜色不是边界色并且不是种子色,将其入栈,否则丢弃。

(8) 重复步骤(6),直到栈为空。

四、案例设计

1. 建立栈结点类 CStackNode

栈结点用于动态存储多边形内区域内的像素,PixelPoint 为像素的坐标。

```
class CStackNode
{
public:
    CStackNode();
    virtual ~ CStackNode();
public:
    CP2 PixelPoint;
    CStackNode * pNext;
};
```

2. 入栈函数

```
void CTestView::Push(CP2 point)
{
    pTop=new CStackNode;
    pTop->PixelPoint=point;
    pTop->pNext=pHead->pNext;
    pHead->pNext=pTop;
}
```

pHead是头结点指针，其数据域为空。pTop是栈顶指针，其数据域存放入栈或出栈像素。如果将像素point1先入栈，如图8-3所示。接着将point2像素入栈，如图8-4所示。

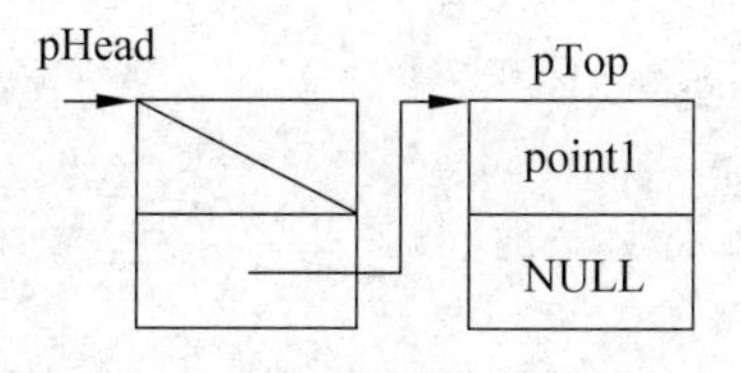

图8-3 point1像素入栈示意图

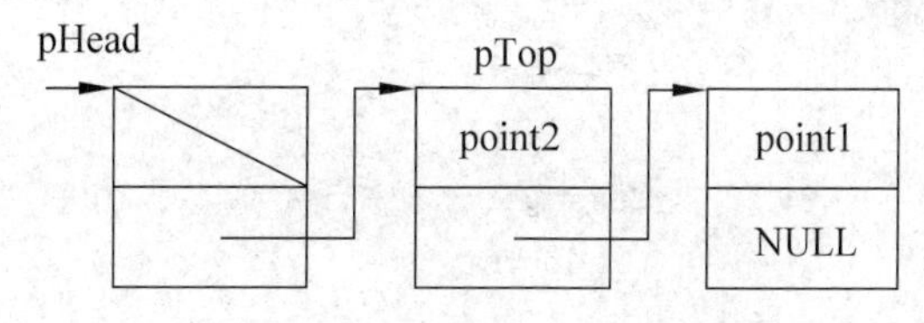

图8-4 point2像素入栈示意图

3. 出栈函数

```
void CTestView::Pop(CP2 &point)
{
    if(pHead->pNext!=NULL)
    {
        pTop=pHead->pNext;
        pHead->pNext=pTop->pNext;
        point=pTop->PixelPoint;
        delete pTop;
    }
}
```

如果栈非空，弹出栈内的像素，图8-5所示为空栈。

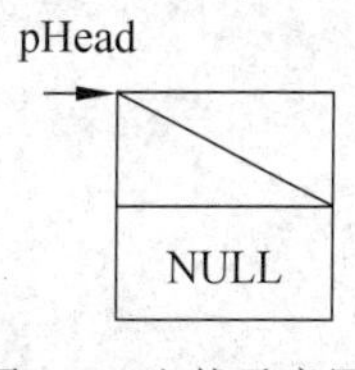

图8-5 空栈示意图

4. FillPolygon()函数

FillPolygon()函数用于填充示例多边形。首先判断种子像素位置是否位于示例多边形区域之内。从鼠标绘制的种子像素点(x_0，y_0)出发向左、上、右、下4个方向执行±1操作，如果能够到达客户区边界，则种子像素位于多边形之外，否则位于多边形之内。对于位于多边形区域之内的种子像素，以填充色作为种子色绘制种子像素并将其四邻接点入栈，然后使用种子色依次绘制出栈像素。

```
void CTestView::FillPolygon(CDC * pDC)
{
    COLORREF BoundaryClr=RGB(0,0,0);                    //边界色
    COLORREF PixelClr;                                  //当前像素的颜色
    pHead=new CStackNode;                               //建立栈头结点
    pHead->pNext=NULL;                                  //栈头结点的指针域总为空
    Push(Seed);                                         //种子像素入栈
    int x,y,x0=Round(Seed.x),y0=Round(Seed.y);
                                                //x,y用于判断种子与图形的位置关系
    x=x0-1;
    while(BoundaryClr!=pDC->GetPixel(x,y0) && SeedClr!=pDC->GetPixel(x,y0))
                                                //左方判断
    {
        x--;
        if(x<=-rect.Width()/2)                  //到达客户区最左端
        {
            MessageBox("种子不在图形之内","警告");
            return;
        }
    }
    y=y0+1;
    while(BoundaryClr!=pDC->GetPixel(x0,y) && SeedClr!=pDC->GetPixel(x0,y))
                                                //上方判断
    {
        y++;
        if(y>=rect.Height()/2)                  //到达客户区最上端
        {
            MessageBox("种子不在图形之内","警告");
            return;
        }
    }
    x=x0+1;
    while(BoundaryClr!=pDC->GetPixel(x,y0) && SeedClr!=pDC->GetPixel(x,y0))
                                                //右方判断
    {
        x++;
        if(x>=rect.Width()/2)                   //到达客户区最右端
        {
            MessageBox("种子不在图形之内","警告");
            return;
        }
    }
    y=y0-1;
    while(BoundaryClr!=pDC->GetPixel(x0,y) && SeedClr!=pDC->GetPixel(x0,y))
                                                //下方判断
```

```
    {
        y--;
        if(y<=-rect.Height()/2)                         //到达客户区最下端
        {
            MessageBox("种子不在图形之内","警告");
            return;
        }
    }
    while(NULL!=pHead->pNext)                           //如果栈不为空
    {
        CP2 PopPoint;
        Pop(PopPoint);
        if(SeedClr==pDC->GetPixel(Round(PopPoint.x),Round(PopPoint.y)))
            continue;                                   //加速
        pDC->SetPixelV(Round(PixelPoint.x),Round(PixelPoint. y),SeedClr);
        PointLeft.x=PixelPoint.x-1;                     //搜索出栈结点的左方像素
        PointLeft.y=PixelPoint.y;
        PixelClr=pDC->GetPixel(Round(PointLeft.x),Round(PointLeft.y));
        if(BoundaryClr!=PixelClr && SeedClr!=PixelClr)
                                                        //不是边界色并且未置成种子色
            Push(PointLeft);                            //左方像素入栈
        PointTop.x=PixelPoint.x;
        PointTop.y=PixelPoint.y+1;                      //搜索出栈结点的上方像素
        PixelClr=pDC->GetPixel(Round(PointTop.x),Round(PointTop.y));
        if(BoundaryClr!=PixelClr && SeedClr!=PixelClr)
            Push(PointTop);                             //上方像素入栈
        PointRight.x=PixelPoint.x+1;                    //搜索出栈结点的右方像素
        PointRight.y=PixelPoint.y;
        PixelClr=pDC->GetPixel(Round(PointRight.x),Round(PointRight.y));
        if(BoundaryClr!=PixelClr && SeedClr!=PixelClr)
            Push(PointRight);                           //右方像素入栈
        PointBottom.x=PixelPoint.x;
        PointBottom.y=PixelPoint.y-1;                   //搜索出栈结点的下方像素
        PixelClr=pDC->GetPixel(Round(PointBottom.x),Round(PointBottom.y));
        if(BoundaryClr!=PixelClr && SeedClr!=PixelClr)
            Push(PointBottom);                          //下方像素入栈
    }
    pDC->TextOut(rect.left+50,rect.bottom-20,"填充完毕");
    delete pHead
    pHead=NULL
}
```

SeedClr 为种子色,BoundaryClr 为边界色。种子色的默认值为蓝色,边界色的默认值为黑色。PointLeft、PointTop、PointRight、PointBottom 为种子的 4 个相邻点。随着填充范围的增大,多边形内大量的像素成为种子色,使用 continue 语句可以提高填充速度。多边形填充完后栈为空,给出“填充完毕”的提示信息。

五、案例总结

本案例设计了 CStackNode 类用于执行堆栈操作。种子填充算法一般要求填充色(种子色)与边界色不同。本案例中如果将种子色与边界色设置为同色,则填充完成后不能再次填充,因为多边形的边界与内点已经融为一体,不存在填充区域。但如果种子色与边界色不同,则可以更换种子色后再次填充。种子填充算法将太多的像素入栈,当图形较大时,栈内的数据量庞大,填充效率很低。改进方法是使用扫描线种子填充算法,这样入栈与出栈的像素只有扫描线的起点与终点像素,填充效率得到明显改善。

案例 9　区域八邻接点种子填充算法

知识要点

- 八邻接点种子填充算法。
- 判断种子像素位于多边形之内的方法。
- 种子像素八邻接点的访问方法。
- 堆栈操作函数。

一、案例需求

1. 案例描述

图 9-1(a)所示多边形由两个正方形连接而成，在连接点处留有一个像素的缝隙，如图 9-1(b)所示。图 9-1 所示的多边形为八连通域。请使用八邻接点种子算法填充多边形。

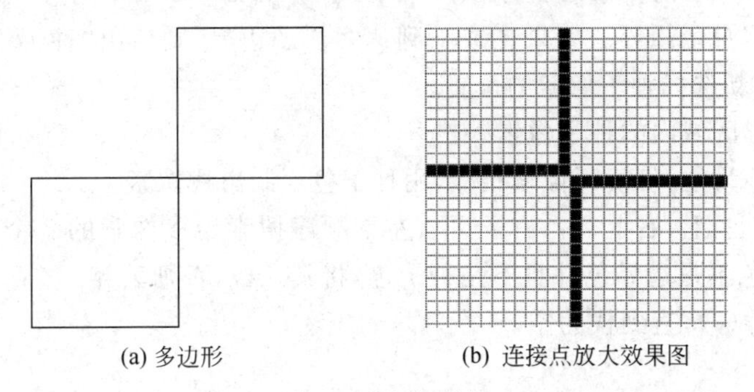

(a) 多边形　　(b) 连接点放大效果图

图 9-1　八连通域

2. 功能说明

(1) 自定义屏幕二维坐标系，原点位于客户区中心，x 轴水平向右为正，y 轴垂直向上为正。

(2) 屏幕背景色为白色，调用 Windows 的颜色对话框选择填充色，默认填充色为蓝色。

(3) 运行程序时，在屏幕客户区内使用 CLine 类绘制多边形边界。

(4) 判断种子像素是否位于多边形区域之内。

(5) 使用区域八邻接点种子算法填充多边形，填充完毕后给出提示信息。

3. 案例效果图

八邻接点种子填充算法填充多边形区域效果如图 9-2 所示。

二、案例分析

八邻接点种子填充算法是假设多边形内有一个像素已知，由此出发访问种子周围的左、左上、上、右上、右、右下、下、左下八个邻接点，将区域边界以内的像素扩展为填充色。

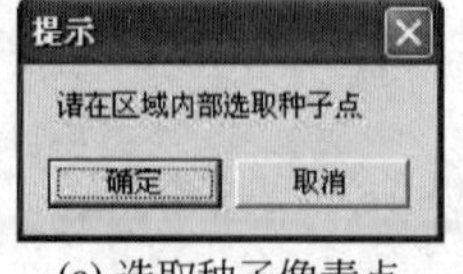

(a) 选取种子像素点

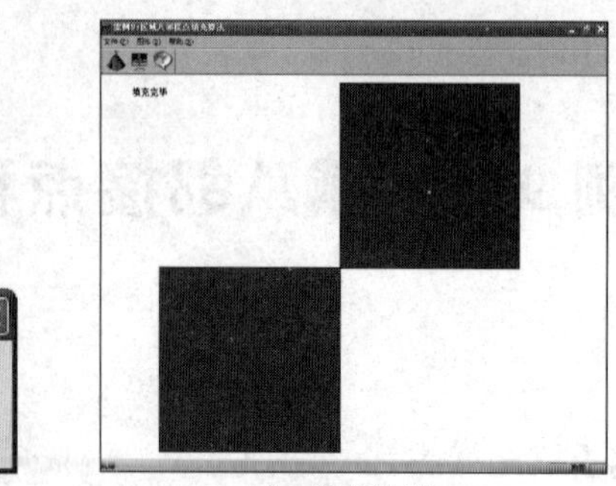

(b) 填充效果

图 9-2　多边形区域八邻接点种子填充算法填充效果

三、算法设计

(1) 设置默认边界色为黑色,默认种子色为蓝色。

(2) 绘制多边形区域。

(3) 调用颜色对话框读取种子色。

(4) 鼠标选择种子的像素的坐标(x_0,y_0)位置,执行 $x=x_0\pm1$ 与 $y=y_0\pm1$ 操作,判断 x 或 y 是否到达客户区边界。如果 x 或 y 到达客户区边界,则给出"种子不在图形之内"的警告信息,需要重新选择种子像素的位置。

(5) 将多边形区域内的种子像素入栈。

(6) 如果栈不为空,将栈顶像素出栈,用种子色绘制出栈像素。

(7) 按左、左上、上、右上、右、右下、下、左下顺序搜索出栈像素的 8 个邻接点像素。如果相邻像素的颜色不是边界色并且不是种子色,将其入栈,否则丢弃。

(8) 重复步骤(6),直到栈为空。

四、案例设计

1. 八连通域顶点表

```
void CTestView::ReadPoint()
{
    P[0].x=1;   P[0].y=-1;
    P[1].x=300; P[1].y=-1;
    P[2].x=300; P[2].y=300;
    P[3].x=0;   P[3].y=300;
    P[4].x=0;   P[4].y=0;
    P[5].x=-300;P[5].y=0;
    P[6].x=-300;P[6].y=-300;
    P[7].x=1;   P[7].y=-300;
}
```

2. FillPolygon()函数

```
void CTestView::FillPolygon(CDC * pDC)
{
    COLORREF BoundaryClr=RGB(0,0,0);               //边界色
    COLORREF PixelClr;                             //当前像素点的颜色
    pHead=new CStackNode;                          //建立堆栈结点
    pHead->pNext=NULL;                             //栈头结点的指针域总为空
    Push(Seed);
    int x,y,x0=Round(Seed.x),y0=Round(Seed.y);
                                                   //x,y用于判断种子与图形的位置关系
    x=x0-1;
    while(BoundaryClr!=pDC->GetPixel(x,y0) && SeedClr!=pDC->GetPixel(x,y0))
                                                   //左方判断
    {
        x--;
        if(x<=-rect.Width()/2)                     //到达客户区最左端
        {
            MessageBox("种子不在图形之内","警告");
            return;
        }
    }
    y=y0+1;
    while(BoundaryClr!=pDC->GetPixel(x0,y) && SeedClr!=pDC->GetPixel(x0,y))
                                                   //上方判断
    {
        y++;
        if(y>=rect.Height()/2)                     //到达客户区最上端
        {
            MessageBox("种子不在图形之内","警告");
            return;
        }
    }
    x=x0+1;
    while(BoundaryClr!=pDC->GetPixel(x,y0) && SeedClr!=pDC->GetPixel(x,y0))
                                                   //右方判断
    {
        x++;
        if(x>=rect.Width()/2)                      //到达客户区最右端
        {
            MessageBox("种子不在图形之内","警告");
            return;
        }
    }
    y=y0-1;
```

```
while(BoundaryClr!=pDC->GetPixel(x0,y) && SeedClr!=pDC->GetPixel(x0,y))
                                                        //下方判断
{
    y--;
    if(y<=-rect.Height()/2)                             //到达客户区最下端
    {
        MessageBox("种子不在图形之内","警告");
        return;
    }
}
while(pHead->pNext!=NULL)                               //如果栈不为空
{
    CP2 PopPoint;
    Pop(PopPoint);
    if(SeedClr==pDC->GetPixel(Round(PopPoint.x),Round(PopPoint.y)))
        continue;
    pDC->SetPixelV(Round(PopPoint.x),Round(PopPoint.y),SeedClr);
    Left.x=PopPoint.x-1;                                //搜索出栈结点的左方像素
    Left.y=PopPoint.y;
    PixelClr=pDC->GetPixel(Round(Left.x),Round(Left.y));
    if(BoundaryClr!=PixelClr && SeedClr!=PixelClr)
                                                        //不是边界色并且未置成填充色
        Push(Left);                                     //左方像素入栈
    LeftTop.x=PopPoint.x-1;
    LeftTop.y=PopPoint.y+1;                             //搜索出栈结点的左上方像素
    PixelClr=pDC->GetPixel(Round(LeftTop.x),Round(LeftTop.y));
    if(BoundaryClr!=PixelClr && SeedClr!=PixelClr)
        Push(LeftTop);                                  //左上方像素入栈
    Top.x=PopPoint.x;
    Top.y=PopPoint.y+1;                                 //搜索出栈结点的上方像素
    PixelClr=pDC->GetPixel(Round(Top.x),Round(Top.y));
    if(BoundaryClr!=PixelClr && SeedClr!=PixelClr)
        Push(Top);                                      //上方像素入栈
    RightTop.x=PopPoint.x+1;
    RightTop.y=PopPoint.y+1;                            //搜索出栈结点的右上方像素
    PixelClr=pDC->GetPixel(Round(RightTop.x),Round(RightTop.y));
    if(BoundaryClr!=PixelClr && SeedClr!=PixelClr)
        Push(RightTop);                                 //右上方像素入栈
    Right.x=PopPoint.x+1;                               //搜索出栈结点的右方像素
    Right.y=PopPoint.y;
    PixelClr=pDC->GetPixel(Round(Right.x),Round(Right.y));
    if(BoundaryClr!=PixelClr && SeedClr!=PixelClr)
        Push(Right);                                    //右方像素入栈
    RightBottom.x=PopPoint.x+1;                         //搜索出栈结点的右下方像素
    RightBottom.y=PopPoint.y-1;
```

```
        PixelClr=pDC->GetPixel(Round(RightBottom.x),Round(RightBottom.y));
        if(BoundaryClr!=PixelClr && SeedClr!=PixelClr)
            Push(RightBottom);                              //右下方像素入栈
        Bottom.x=PopPoint.x;
        Bottom.y=PopPoint.y-1;                              //搜索出栈结点的下方像素
        PixelClr=pDC->GetPixel(Round(Bottom.x),Round(Bottom.y));
        if(BoundaryClr!=PixelClr && SeedClr!=PixelClr)
            Push(Bottom);                                   //下方像素入栈
        LeftBottom.x=PopPoint.x-1;
        LeftBottom.y=PopPoint.y-1;                          //搜索出栈结点的左下方像素
        PixelClr=pDC->GetPixel(Round(LeftBottom.x),Round(LeftBottom.y));
        if(BoundaryClr!=PixelClr && SeedClr!=PixelClr)
            Push(LeftBottom);                               //左下方像素入栈
    }
    pDC->TextOut(rect.left+50,rect.bottom-20,"填充完毕");
    delete pHead;
    pHead=NULL;
}
```

SeedClr为种子色，BoundaryClr为边界色。种子色的默认值为蓝色，边界色的默认值为黑色。Left、LeftTop、Top、RightTop、Right、RightBottom、Bottom、LeftBottom为种子的8个相邻点。随着填充范围的增大，多边形内大量的像素成为种子色，使用continue语句可以提高填充速度。多边形填充完后栈为空，给出“填充完毕”的提示信息。

五、案例总结

八邻接点种子填充算法的种子像素可以位于区域的上方多边形内或下方多边形内，填充方向不同，但都可以获得一致的填充效果。如果使用案例8的四邻接点种子填充算法填充本案例中具有八连通边界的多边形区域，则只能填充种子像素所在的上方多边形或下方多边形，如图9-3所示。

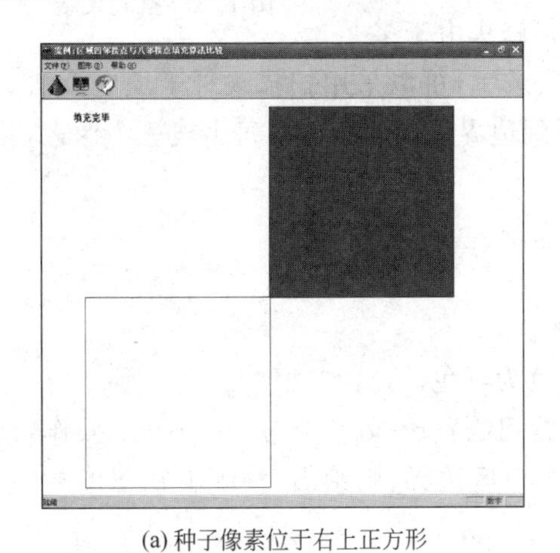

(a) 种子像素位于右上正方形

(b) 种子像素位于左下正方形

图9-3　四邻接点填充算法填充八连通域

案例10 区域扫描线种子填充算法

知识要点

- 扫描线种子填充算法。
- 判断种子像素位于汉字空心区域的方法。
- 堆栈操作函数。

一、案例需求

1. 案例描述

使用 PhotoShop 制作“金梅浪漫空心体”汉字，如图 10-1 所示，保存为 BMP 图片。请使用扫描线种子填充算法填充空心汉字。

2. 功能说明

(1) 自定义屏幕二维坐标系，原点位于客户区中心，x 轴水平向右为正，y 轴垂直向上为正。

(2) 在屏幕客户区显示“书香”空心汉字，调用 Windows 的颜色对话框选择填充色，默认填充色为红色。

(3) 判断种子像素是否位于汉字空心区域。

(4) 使用扫描线种子填充算法填充空心汉字。

3. 案例效果图

扫描线种子填充算法填充空心汉字效果如图 10-2 所示。

图 10-1 空心汉字

二、案例分析

四邻接点种子填充算法与八邻接点种子填充算法由于多次递归，效率不高。为了减少递归次数，提高算法效率，可以采用扫描线种子填充算法。沿扫描线对出栈像素的左右像素进行填充，直至遇到边界像素为止。即每出栈一个像素，就对区域内包含该像素的整个连续区间进行填充。

三、算法设计

(1) 在屏幕客户区显示“书香”空心汉字位图。

(2) 调用颜色对话框读取填充色，默认种子色为红色。

(3) 鼠标选择种子的像素的坐标(x_0, y_0)位置，执行 $x=x_0\pm1$ 与 $y=y_0\pm1$ 操作，判断 x 或 y 是否到达客户区边界。如果 x 或 y 到达客户区边界，则给出“种子不在图形之内”的警告信息，需要重新选择种子像素的位置。

(4) 将空心汉字内的种子像素入栈。

(5) 如果栈不为空，将栈顶像素出栈，以 y 作为当前扫描线。

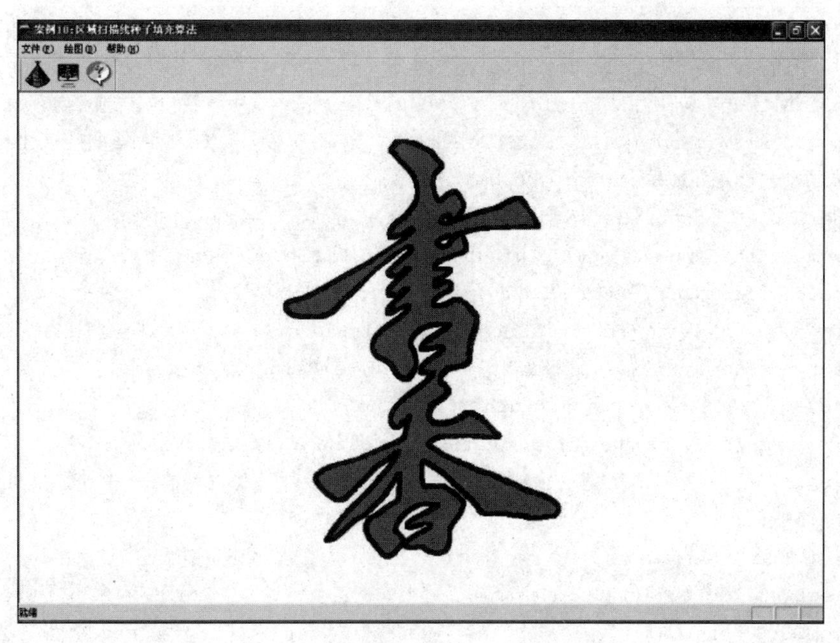

图 10-2 “书香”空心汉字填充效果

(6) 填充并确定种子像素所在区间,从种子出发,沿当前扫描线向左、右两个方向填充,直到边界,将区间最左端像素记为 x_{left},最右端像素记为 x_{right}。

(7) 在区间[x_{left},x_{right}]中检查与当前扫描线 y 相邻的上下两条扫描线上的像素,若存在非边界像素或未填充像素,则把未填充区间的最右端像素取作种子像素入栈,返回第(5)步。

四、案例设计

1. 显示空心汉字位图

将空心汉字位图导入资源中,标识为 IDB_BITMAP2。使用块传输函数 BitBlt()显示位图。

```
void CTestView::DrawGraph(CDC *pDC)                        //绘制图形
{
    GetClientRect(&rect);
    pDC->SetMapMode(MM_ANISOTROPIC);                       //显示 DC 自定义坐标系
    pDC->SetWindowExt(rect.Width(),rect.Height());
    pDC->SetViewportExt(rect.Width(),-rect.Height());
    pDC->SetViewportOrg(rect.Width()/2,rect.Height()/2);
    CDC memDC;                                             //声明一个内存 DC
    memDC.CreateCompatibleDC(pDC);                         //创建一个与显示 DC 兼容的内存 DC
    CBitmap NewBitmap,*pOldBitmap;
    NewBitmap.LoadBitmap(IDB_BITMAP2);                     //从资源中导入空心汉字的位图
```

```
    BITMAP bmpInfo;                                          //声明 bmpInfo 结构体
    NewBitmap.GetBitmap(&bmpInfo);                           //获取位图信息
    pOldBitmap=memDC.SelectObject(&NewBitmap);               //将位图选入内存 DC
    memDC.SetMapMode(MM_ANISOTROPIC);                        //内存 DC 自定义坐标系
    memDC.SetWindowExt(bmpInfo.bmWidth,bmpInfo.bmHeight);
    memDC.SetViewportExt(bmpInfo.bmWidth,-bmpInfo.bmHeight);
    memDC.SetViewportOrg(bmpInfo.bmWidth/2,bmpInfo.bmHeight/2);
    rect.OffsetRect(-rect.Width()/2,-rect.Height()/2);
    int nX=rect.left+(rect.Width()-bmpInfo.bmWidth)/2;    //计算位图在客户区的中心点
    int nY=rect.top+(rect.Height()-bmpInfo.bmHeight)/2;
    pDC->BitBlt(nX,nY,rect.Width(),rect.Height(),&memDC,
        -bmpInfo.bmWidth/2,-bmpInfo.bmHeight/2,SRCCOPY);
                                                  //将内存 DC 中的位图拷贝到设备 DC
    if(bFill)
        CharFill(pDC);                                       //填充空心汉字
    memDC.SelectObject(pOldBitmap);                          //从内存 DC 中释放位图
    memDC.DeleteDC();                                        //删除 memDC
}
```

2. CharFill()文字填充函数

```
void CTestView::CharFill(CDC * pDC)
{
    COLORREF BoundaryClr=RGB(0,0,0);                 //边界色
    BOOL bSpanFill;
    pHead=new CStackNode;                            //建立栈结点
    pHead->pNext=NULL;                               //栈头结点的指针域总为空
    Push(Seed);                                      //种子像素入栈
    int x,y,x0=Round(Seed.x),y0=Round(Seed.y);  //x,y用于判断种子与图形的位置关系
    x=x0-1;
    while(pDC->GetPixel(x,y0)!=BoundaryClr && pDC->GetPixel(x,y0)!=SeedClr)
                                                            //左方判断
    {
        x--;
        if(x<=-rect.Width()/2)
        {
            MessageBox("种子不在图形之内","警告");       //到达客户区最左端
            return;
        }
    }
    y=y0+1;
```

```
while(pDC->GetPixel(x0,y)!=BoundaryClr && pDC->GetPixel(x0,y)!=SeedClr)
                                                                    //上方判断
{
    y++;
    if(y>=rect.Height()/2)                              //到达客户区最上端
    {
        MessageBox("种子不在图形之内","警告");
        return;
    }
}
x=x0+1;
while(pDC->GetPixel(x,y0)!=BoundaryClr && pDC->GetPixel(x,y0)!=SeedClr)
                                                        //右方判断
{
    x++;
    if(x>=rect.Width()/2)                               //到达客户区最右端
    {
        MessageBox("种子不在图形之内","警告");
        return;
    }
}
y=y0-1;
while(pDC->GetPixel(x0,y)!=BoundaryClr && pDC->GetPixel(x0,y)!=SeedClr)
                                                        //下方判断
{
    y--;
    if(y<=-rect.Height()/2)                             //到达客户区最下端
    {
        MessageBox("种子不在图形之内","警告");
        return;
    }
}
double xleft,xright;                                    //区间最左端与最右端像素
CP2 PopPoint,PointTemp;
while(pHead->pNext!=NULL)                               //如果栈不为空
{
    Pop(PopPoint);
    if(pDC->GetPixel(Round(PopPoint.x),Round(PopPoint.y))==SeedClr)
        continue;
    PointTemp=PopPoint;
    while(pDC->GetPixel(Round(PointTemp.x),Round(PointTemp.y))!=BoundaryClr
        && pDC->GetPixel(Round(PointTemp.x),Round(PointTemp.y))!=SeedClr)
    {
```

```
    pDC->SetPixelV(Round(PointTemp.x),Round(PointTemp.y),SeedClr);
    PointTemp.x++;
}
xright=PointTemp.x-1;
PointTemp.x=PopPoint.x-1;
while (pDC - > GetPixel (Round (PointTemp. x), Round (PointTemp. y))!
=BoundaryClr
    && pDC->GetPixel(Round(PointTemp.x),Round(PointTemp.y))!=SeedClr)
{
    pDC->SetPixelV(Round(PointTemp.x),Round(PointTemp.y),SeedClr);
    PointTemp.x--;
}
xleft=PointTemp.x+1;
//处理上一条扫描线
PointTemp.x=xleft;
PointTemp.y=PointTemp.y+1;
while(PointTemp.x<xright)
{
    bSpanFill=FALSE;
    while(pDC - > GetPixel (Round (PointTemp. x), Round (PointTemp. y))!
    =BoundaryClr
          && pDC->GetPixel(Round(PointTemp.x),Round(PointTemp.y))!=
         SeedClr)
    {
        bSpanFill=TRUE;
        PointTemp.x++;
    }
    if(bSpanFill)
    {
        if(PointTemp.x==xright
           && pDC->GetPixel(Round(PointTemp.x),Round(PointTemp.y))!
           =BoundaryClr
          && pDC->GetPixel(Round(PointTemp.x),Round(PointTemp.y))!=
         SeedClr)
            PopPoint=PointTemp;
        else
            PopPoint.x=PointTemp.x-1;PopPoint.y=PointTemp.y;
        Push(PopPoint);
        bSpanFill=FALSE;
    }
     while((pDC->GetPixel(Round(PointTemp.x),Round(PointTemp.y))=
    =BoundaryClr
        && PointTemp.x<xright)||(pDC->GetPixel(Round(PointTemp.x),Round
        (PointTemp.y))
```

```
            ==SeedClr && PointTemp.x<xright))
            PointTemp.x++;
    }
    //处理下一条扫描线
    PointTemp.x=xleft;
    PointTemp.y=PointTemp.y-2;
    while(PointTemp.x<xright)
    {
        bSpanFill=FALSE;
          while (pDC->GetPixel (Round (PointTemp. x), Round (PointTemp. y))!
                =BoundaryClr
                && pDC->GetPixel(Round(PointTemp.x),Round(PointTemp.y))!=
               SeedClr)
        {
            bSpanFill=TRUE;
            PointTemp.x++;
        }
        if(bSpanFill)
        {
            if(PointTemp.x==xright
               && pDC->GetPixel (Round (PointTemp. x), Round (PointTemp. y))!
               =BoundaryClr
               && pDC->GetPixel (Round (PointTemp.x),Round (PointTemp.y))!=
              SeedClr)
                PopPoint=PointTemp;
            else
                PopPoint.x=PointTemp.x-1;PopPoint.y=PointTemp.y;
            Push(PopPoint);
            bSpanFill=FALSE;
        }
          while ((pDC->GetPixel (Round (PointTemp. x), Round (PointTemp. y))
                 ==BoundaryClr
                 && PointTemp.x<xright) || (pDC->GetPixel (Round (PointTemp.
                 x),Round(PointTemp.y))
                 ==SeedClr && PointTemp.x<xright))
            PointTemp.x++;
    }
  }
  delete pHead;
  pHead=NULL;
}
```

SeedClr 为种子色，BoundaryClr 为边界色。种子色的默认值为红色，边界色的默认值为黑色。从出栈的种子像素出发向右、向左填充完当前扫描线后，依次处理相邻的扫描线。

五、案例总结

扫描线种子填充算法对于每一区间只保留其最右端像素作为种子像素入栈，极大地减小了栈空间，有效地提高了填充速度。空心汉字位图的 ID 为 IDB_BITMAP2，本案例使用 BitBlt()函数来显示位图。

案例 11　二维图形几何变换算法

知识要点

- 二维图形基本几何变换矩阵。
- 二维复合变换。
- 二维变换类 CTransform。

一、案例需求

1. 案例描述

在屏幕客户区中心绘制原始矩形图形，通过工具栏的图标按钮实现平移、比例、旋转、反射和错切 5 种二维几何变换。

2. 功能说明

(1) 自定义屏幕二维坐标系，原点位于客户区中心，x 轴水平向右为正，y 轴垂直向上为正。

(2) 设置原始图形为宽度为 200，高度为 100 的矩形，以屏幕客户区中心为矩形中心绘制原始图形。

(3) 在屏幕客户区中心绘制水平线代表 x 坐标轴，绘制垂直线代表 y 坐标轴。

(4) 实现向上、向下、向左、向右平移变换，平移参数为 10。

(5) 实现放大、缩小比例变换。放大比例系数为 2.0，缩小比例系数为 0.5。

(6) 实现逆时针、顺时针旋转变换。旋转角为 30°。

(7) 实现关于 x 轴反射、关于 y 轴反射和关于原点反射变换。

(8) 实现沿 x 轴正向和负向、y 轴正向和负向的错切变换。错切参数为 1。

(9) 实现图形复位。

3. 案例效果图

二维图形几何变换效果如图 11-1 所示。

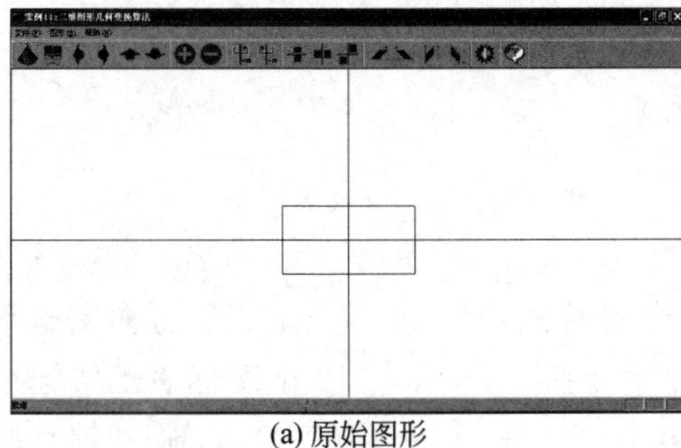

(a) 原始图形

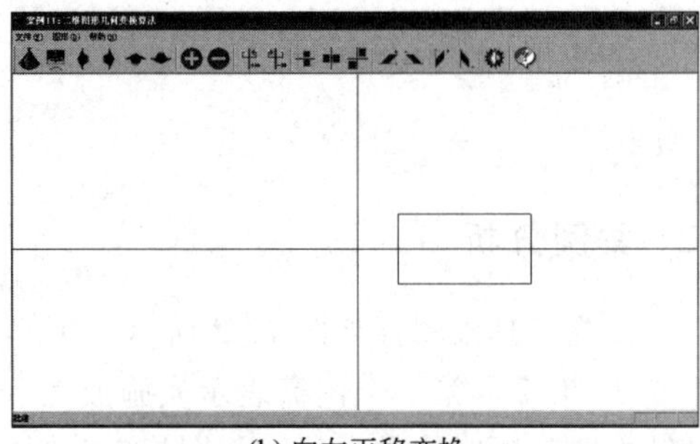

(b) 向右平移变换

图 11-1　二维几何变换效果图

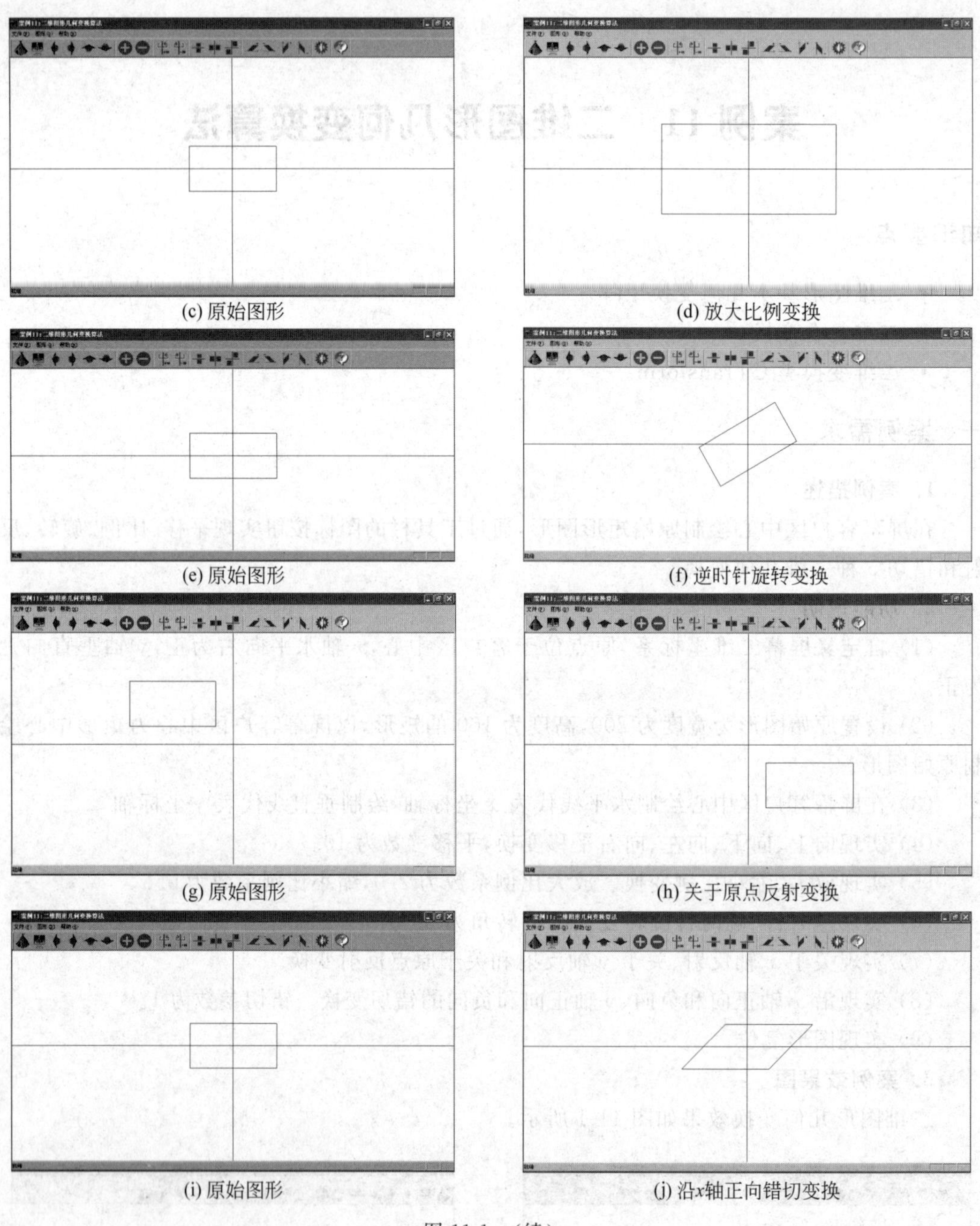

(c) 原始图形　(d) 放大比例变换

(e) 原始图形　(f) 逆时针旋转变换

(g) 原始图形　(h) 关于原点反射变换

(i) 原始图形　(j) 沿x轴正向错切变换

图 11-1 （续）

二、案例分析

设置工具条图标如图 11-2 所示。第 3 到第 6 个图标表示沿“左、右、上、下”方向实施平移变换，第 7 和第 8 个图标表示实施放大和缩小比例变换，第 9 和第 10 个图标表示实施逆时针方向和顺时针方向的 30°旋转变换，第 11 到第 13 个图标表示实施关于 x 轴、y 轴和原点的反射变换，第 14 到第 17 个图标表示实施沿 x 轴正向、沿 x 轴负向、沿 y 轴正向、沿 y 轴负向的错切变换。第18个图标将图形复位到原始大小，并且矩形中心位于屏幕客户区中心。

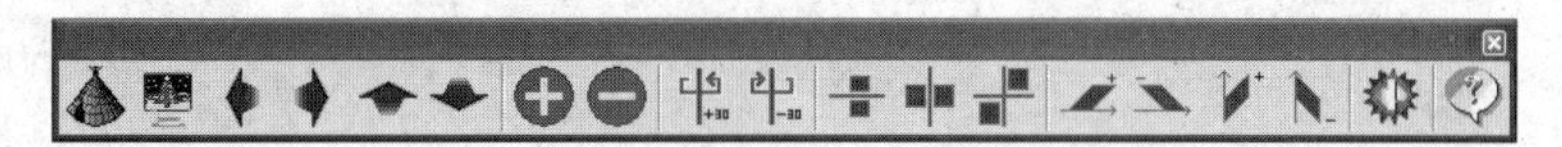

图 11-2　工具条图标按钮

使用图标按钮可以对图形实施连续变换。如先将图形向右平移到图11-3所示的位置，然后逆时针旋转30°，如图11-4所示，此时，需要使用关于任意参考点的复合变换。

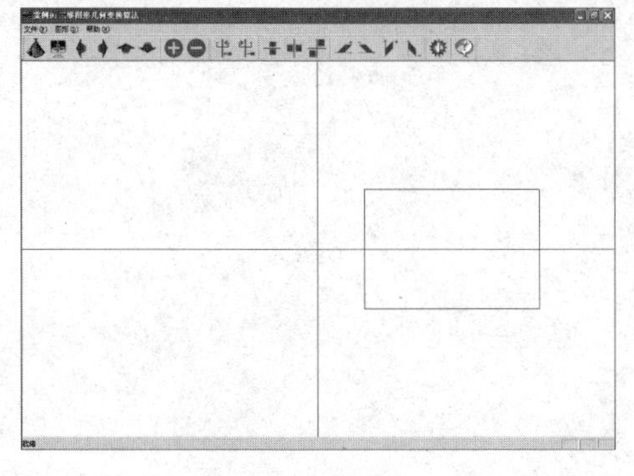

图 11-3　平移

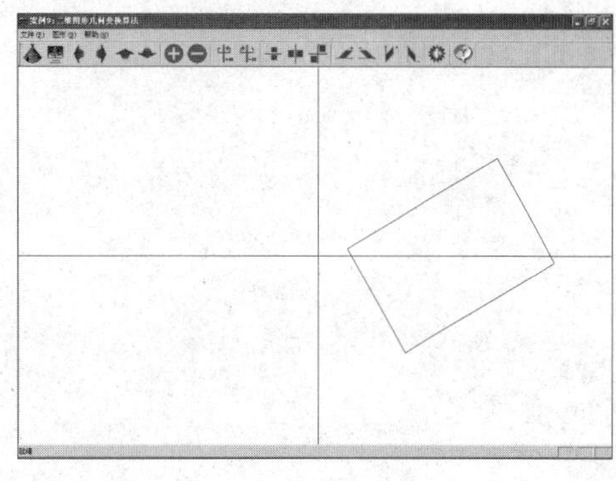

图 11-4　旋转

三、算法设计

(1) 设计原始图形为矩形。初始化变换前的顶点集合齐次坐标矩阵元素并在屏幕上绘制变换前的图形。

(2) 设计二维几何变换类CTransform，使用类对象实施二维几何变换。

(3) 将原始矩形的顶点集合齐次坐标矩阵与变换矩阵相乘，结果赋予变换后的顶点集合齐次坐标矩阵。

(4) 使用双缓冲技术，根据变换后的顶点集合齐次坐标矩阵的元素绘制变换后的新图形。

四、案例设计

1. 修改CP2类

为了实施二维几何变换，需要增加w分量建立齐次坐标，同时重载了数学运算符实现二维点对象之间的数学运算。

```
class CP2
{
public:
    CP2();
    virtual ~ CP2();
    CP2(double,double);
```

```
    friend CP2 operator + (const CP2 &,const CP2 &);
    friend CP2 operator - (const CP2 &,const CP2 &);
    friend CP2 operator * (const CP2 &,double);
    friend CP2 operator * (double,const CP2 &);
    friend CP2 operator /(const CP2 &,double);
    friend CP2 operator+= (const CP2 &,const CP2 &);
    friend CP2 operator-= (const CP2 &,const CP2 &);
    friend CP2 operator * = (const CP2 &,double);
    friend CP2 operator/= (const CP2 &,double);
public:
    double x;
    double y;
    double w;
};
CP2::CP2()
{
    x=0;
    y=0;
    w=1;
}
CP2::~ CP2()
{
}
CP2::CP2(double x,double y)
{
    this->x=x;
    this->y=y;
    this->w=1;
}
CP2 operator + (const CP2 &p1,const CP2 &p2)
{
    CP2 p;
    p.x=p1.x+p2.x;
    p.y=p1.y+p2.y;
    return p;
}
CP2 operator - (const CP2 &p1,const CP2 &p2)
{
    CP2 p;
    p.x=p1.x-p2.x;
    p.y=p1.y-p2.y;
    return p;
}
CP2 operator * (const CP2 &p1,double k)                    //点和常量的积
```

```
{
    CP2 p;
    p.x=p1.x * k;
    p.y=p1.y * k;
    return p;
}
CP2 operator * (double k,const CP2 &p1)                         //点和常量的积
{
    CP2 p;
    p.x=k * p1.x;
    p.y=k * p1.y;
    return p;
}
CP2 operator /(const CP2 &p1,double k)                          //点和常量的除
{
    if(fabs(k)<1e-6)
        k=1.0;
    CP2 p;
    p.x=p1.x/k;
    p.y=p1.y/k;
    return p;
}
CP2 operator+=(const CP2 &p1,const CP2 &p2)
{
    CP2 p;
    p.x=p1.x+p2.x;
    p.y=p1.y+p2.y;
    return p;
}
CP2 operator-=(const CP2 &p1,const CP2 &p2)
{
    CP2 p;
    p.x=p1.x-p2.x;
    p.y=p1.y-p2.y;
    return p;
}
CP2 operator *=(const CP2 &p1,double k)
{
    CP2 p;
    p.x=p1.x * k;
    p.y=p1.y * k;
    return p;
}
CP2 operator/=(const CP2 &p1,double k)
```

```
{
    if(fabs(k)<1e-6)
        k=1.0;
    CP2 p;
    p.x=p1.x/k;
    p.y=p1.y/k;
    return p;
}
```

2. 建立二维几何变换类 CTransform

CTransform 类可以实施平移、比例、旋转、反射错切变换。相对于任意参考点的比例和旋转变换可以实施复合变换。

```
class CTransform                                        //二维几何变换
{
public:
    CTransform();
    virtual ~ CTransform();
    void SetMat(CP2 *,int);
    void Identity();
    void Translate(double,double);                      //平移变换矩阵
    void Scale(double,double);                          //比例变换矩阵
    void Scale(double,double,CP2);                      //相对于任意点的比例变换矩阵
    void Rotate(double);                                //旋转变换矩阵
    void Rotate(double,CP2);                            //相对于任意点的旋转变换矩阵
    void ReflectOrg ();                                 //原点反射变换矩阵
    void ReflectX();                                    //X 轴反射变换矩阵
    void ReflectY();                                    //Y 轴反射变换矩阵
    void Shear(double,double);                          //错切变换矩阵
    void MultiMatrix();                                 //矩阵相乘
public:
    double T[3][3];
    CP2 *POld;
    int num;
};
CTransform::CTransform()
{
}
CTransform::~ CTransform()
{
}
void CTransform::SetMat(CP2 *p,int n)
{
    POld=p;
```

```
    num=n;
}
void CTransform::Identity()                        //单位矩阵
{
    T[0][0]=1.0;T[0][1]=0.0;T[0][2]=0.0;
    T[1][0]=0.0;T[1][1]=1.0;T[1][2]=0.0;
    T[2][0]=0.0;T[2][1]=0.0;T[2][2]=1.0;
}
void CTransform::Translate(double tx,double ty) //平移变换矩阵
{
    Identity();
    T[2][0]=tx;
    T[2][1]=ty;
    MultiMatrix();
}
void CTransform::Scale(double sx,double sy)       //比例变换矩阵
{
    Identity();
    T[0][0]=sx;
    T[1][1]=sy;
    MultiMatrix();
}
void CTransform::Scale(double sx,double sy,CP2 p)
                                                   //相对于任意点的整体比例变换矩阵
{
    Translate(-p.x,-p.y);
    Scale(sx,sy);
    Translate(p.x,p.y);
}
void CTransform::Rotate(double beta)              //旋转变换矩阵
{
    Identity();
    double rad=beta * PI/180;
    T[0][0]=cos(rad); T[0][1]=sin(rad);
    T[1][0]=-sin(rad);T[1][1]=cos(rad);
    MultiMatrix();
}
void CTransform::Rotate(double beta,CP2 p)        //相对于任意点的旋转变换矩阵
{
    Translate(-p.x,-p.y);
    Rotate(beta);
    Translate(p.x,p.y);
}
void CTransform::ReflectOrg ()                     //原点反射变换矩阵
```

```
{
    Identity();
    T[0][0]=-1;
    T[1][1]=-1;
    MultiMatrix();
}
void CTransform::ReflectX()                            //X轴反射变换矩阵
{
    Identity();
    T[0][0]=1;
    T[1][1]=-1;
    MultiMatrix();
}
void CTransform::ReflectY()                            //Y轴反射变换矩阵
{
    Identity();
    T[0][0]=-1;
    T[1][1]=1;
    MultiMatrix();
}
void CTransform::Shear(double b,double c)              //错切变换矩阵
{
    Identity();
    T[0][1]=b;
    T[1][0]=c;
    MultiMatrix();
}
void CTransform::MultiMatrix()                         //矩阵相乘
{
    CP2 * PNew=new CP2[num];
    for(int i=0;i<num;i++)
    {
        PNew[i]=POld[i];
    }
    for(int j=0;j<num;j++)
    {
        POld[j].x=PNew[j].x * T[0][0]+PNew[j].y * T[1][0]+PNew[j].w * T[2][0];
        POld[j].y=PNew[j].x * T[0][1]+PNew[j].y * T[1][1]+PNew[j].w * T[2][1];
        POld[j].w=PNew[j].x * T[0][2]+PNew[j].y * T[1][2]+PNew[j].w * T[2][2];
    }
    delete []PNew;
}
```

3. 矩形点表

在 CTestView 类内添加成员函数 ReadPoint()，读入矩形的初始顶点坐标。

```
void CTestView::ReadPoint()                    //点表
{
    P[0].x=-150;P[0].y=-100;
    P[1].x=150; P[1].y=-100;
    P[2].x=150; P[2].y=100;
    P[3].x=-150;P[3].y=100;
}
```

4. 向左平移变换函数

在 CTestView 类内为图标按钮添加成员函数 OnLeft()，实现向左平移变换。

```
void CTestView::OnLeft()
{
    //TODO: Add your command handler code here
    trans.Translate(-10,0);
    Invalidate(FALSE);
}
```

5. 向右平移变换函数

在 CTestView 类内为图标按钮添加成员函数 OnRight()，实现向右平移变换。

```
void CTestView::OnRight()
{
    //TODO: Add your command handler code here
    trans.Translate(10,0);
    Invalidate(FALSE)
}
```

6. 向上平移变换函数

在 CTestView 类内为图标按钮添加成员函数 OnUp()，实现向上平移变换。

```
void CTestView::OnUp()
{
    //TODO: Add your command handler code here
    trans.Translate(0,10);
    Invalidate(FALSE);
}
```

7. 向下平移变换函数

在 CTestView 类内为图标按钮添加成员函数 OnDown()，实现向下平移变换。

```
void CTestView::OnDown()
{
    //TODO: Add your command handler code here
    trans.Translate(0,-10);
    Invalidate(FALSE);
}
```

8. 等比放大比例变换函数

在CTestView类内为图标按钮添加成员函数OnIncrease(),实现等比放大。

```
void CTestView::OnIncrease()
{
    //TODO: Add your command handler code here
    trans.Scale(1.5,1.5);
    Invalidate(FALSE);
}
```

9. 等比缩小比例变换函数

在CTestView类内为图标按钮添加成员函数OnDecrease(),实现等比缩小。

```
void CTestView::OnDecrease()
{
    //TODO: Add your command handler code here
    trans.Scale(0.5,0.5);
    Invalidate(FALSE);
}
```

10. 顺时针复合旋转变换函数

在CTestView类内为图标按钮添加成员函数OnClockwise(),实现顺时针复合旋转。

```
void CTestView::OnClockwise()
{
    //TODO: Add your command handler code here
    CP2 p=(P[0]+P[2])/2;
    trans.Rotate(-30,p);
    Invalidate(FALSE);
}
```

11. 逆时针复合旋转变换函数

在CTestView类内为图标按钮添加成员函数OnAntiClockwise(),实现逆时针复合旋转。

```
void CTestView::OnAntiClockwise()
{
    //TODO: Add your command handler code here
```

```
    CP2 p=(P[0]+P[2])/2;
    trans.Rotate(30,p);
    Invalidate(FALSE);
}
```

12. 关于 x 轴反射变换函数

在 CTestView 类内为图标按钮添加成员函数 OnXaxis(),实现关于 x 轴的反射变换。

```
void CTestView::OnXaxis()
{
    //TODO: Add your command handler code here
    trans.ReflectX();
    Invalidate(FALSE);
}
```

13. 关于 y 轴反射变换函数

在 CTestView 类内为图标按钮添加成员函数 OnYaxis(),实现关于 y 轴的反射变换。

```
void CTestView::OnYaxis()
{
    //TODO: Add your command handler code here
    trans.ReflectY();
    Invalidate(FALSE);
}
```

14. 关于原点反射变换函数

在 CTestView 类内为图标按钮添加成员函数 OnOrg(),实现关于原点的反射变换。

```
void CTestView::OnOrg()
{
    //TODO: Add your command handler code here
    trans. ReflectOrg ();
    Invalidate(FALSE);
}
```

15. 沿 x 轴正向错切变换函数

在 CTestView 类内为图标按钮添加成员函数 OnXPlus(),实现沿 x 轴正向错切变换。

```
void CTestView::OnXPlus()
{
    //TODO: Add your command handler code here
    trans.Shear(0,1);
    Invalidate(FALSE);
}
```

16. 沿 x 轴负向错切变换函数

在 CTestView 类内为图标按钮添加成员函数 OnXNeg(),实现沿 x 轴负向错切变换。

```
void CTestView::OnXNeg()
{
    //TODO: Add your command handler code here
    trans.Shear(0,-1);
    Invalidate(FALSE);
}
```

17. 沿 y 轴正向错切变换函数

在 CTestView 类内为图标按钮添加成员函数 OnYPlus(),实现沿 y 轴正向错切变换。

```
void CTestView::OnYPlus()
{
    //TODO: Add your command handler code here
    trans.Shear(1,0);
    Invalidate(FALSE);
}
```

18. 沿 y 轴负向错切变换函数

在 CTestView 类内为图标按钮添加成员函数 OnYNeg(),实现沿 y 轴负向错切变换。

```
void CTestView::OnYNeg()
{
    //TODO: Add your command handler code here
    trans.Shear(-1,0);
    Invalidate(FALSE);
}
```

五、案例总结

本案例自定义了 CTransform 类来实现二维几何变换。以矩形为例,实现了图形的平移、比例、旋转、反射和错切变换。对于旋转变换使用了相对于任意点的复合变换。矩形线框图使用自定义 CLine 类绘制,图形的变换中使用了双缓冲技术,因此不需要刷新屏幕。

案例 12　Cohen-Sutherland 直线段裁剪算法

知识要点

- 直线段端点编码原理。
- “简取”、“简弃”和“求交”的判断方法。
- 直线段与窗口边界交点的计算公式。

一、案例需求

1. 案例描述

在屏幕客户区中心绘制原始矩形窗口。按下“画线”图标按钮后，使用鼠标绘制直线段。按下“裁剪”按钮根据窗口与直线段的相对位置对直线段进行裁剪。

2. 功能说明

(1) 自定义屏幕二维坐标系，原点位于客户区中心，x 轴水平向右为正，y 轴垂直向上为正。

(2) 以屏幕客户区中心为中心绘制宽度为 600、高度为 200 的 3 像素宽的矩形线框图代表裁剪窗口，线条的颜色为 RGB(0,128,0)。

(3) 工具栏上的“绘图”图标按钮有效，提示信息为“鼠标画线，剪刀裁剪”。工具栏上的“裁剪”图标按钮默认无效。

(4) 按下“绘图”图标按钮后，拖动鼠标绘制 1 像素宽的实线。直线段绘制完毕后，“裁剪”图标按钮有效。

(5) 单击“裁剪”图标按钮对直线段进行裁剪并在窗口内输出裁剪后的直线段。

提示
鼠标画线，剪刀裁剪
确定　取消

图 12-1　“画线”图标按钮提示信息

3. 案例效果图

按下“画线”图标按钮后，提示信息如图 12-1 所示。使用鼠标动态绘制直线段效果如图 12-2 所示。按下“裁剪”按钮后裁剪结果如图 12-3 所示。

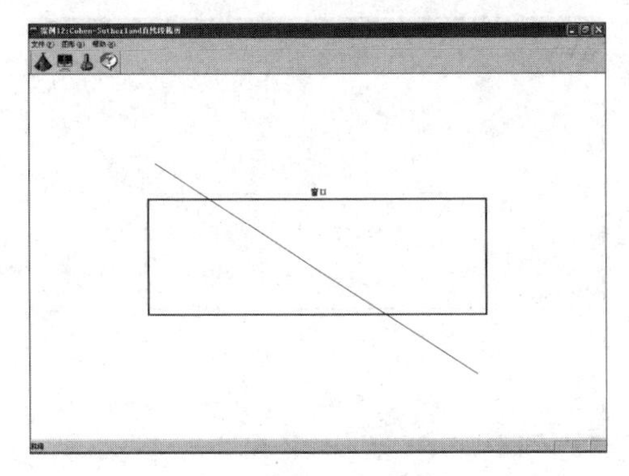

图 12-2　直线段裁剪前

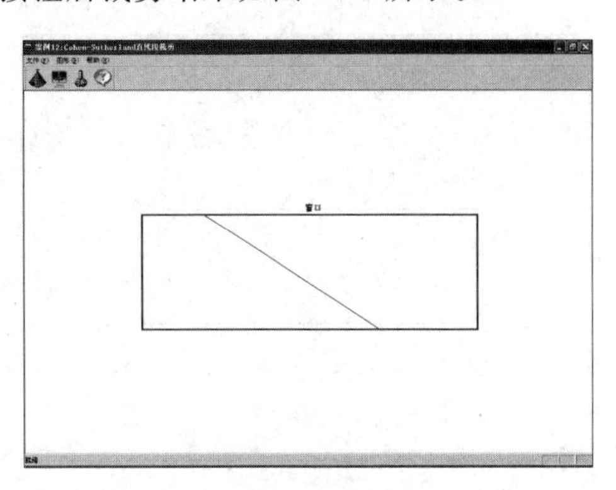

图 12-3　直线段裁剪后

二、案例分析

本案例设置裁剪窗口为静止图形,直线段为动态图形。使用鼠标根据窗口位置可以绘制各种相对位置的直线段。图 12-4 所示的直线段跨越窗口,两个端点都在窗口之外,裁剪结果为窗口内的直线段,如图 12-5 所示。图 12-6 所示的直线段位于窗口外侧,裁剪结果为不绘制任何直线段,如图 12-7 所示。图 12-8 所示的直线段一个端点位于窗口之外,一个端点位于窗口之内,裁剪结果为窗口内的直线段,如图 12-9 所示。图 12-10 所示的直线段位于窗口之内,裁剪结果为窗口内的直线段,如图 12-11 所示。

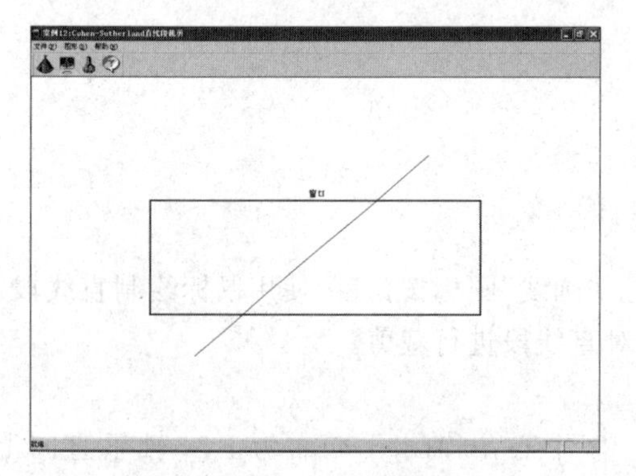

图 12-4　直线段跨越窗口

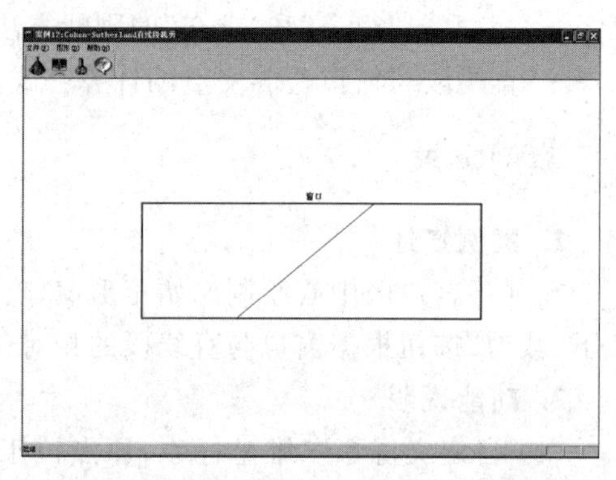

图 12-5　图 12-4 的裁剪结果

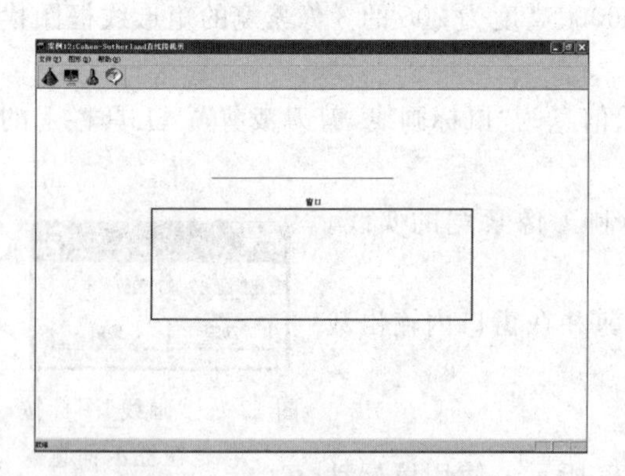

图 12-6　直线段位于窗口之外

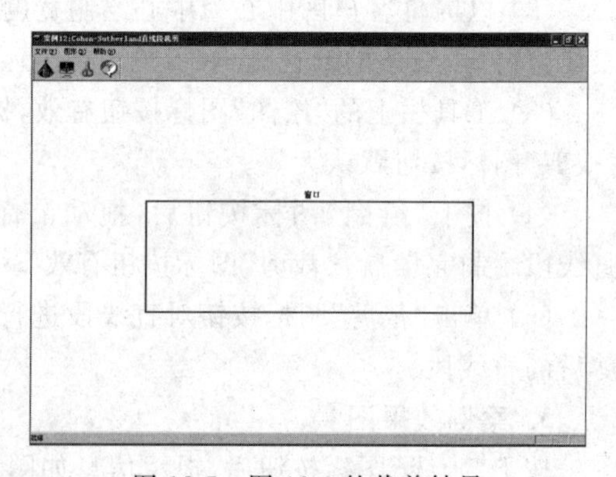

图 12-7　图 12-6 的裁剪结果

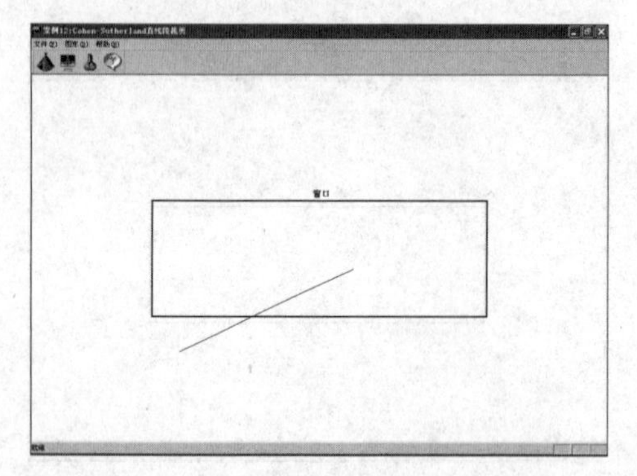

图 12-8　直线段一个端点在窗口之外

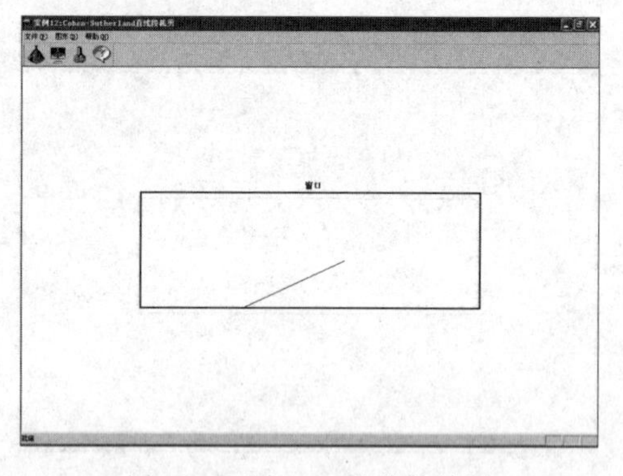

图 12-9　图 12-8 的裁剪结果

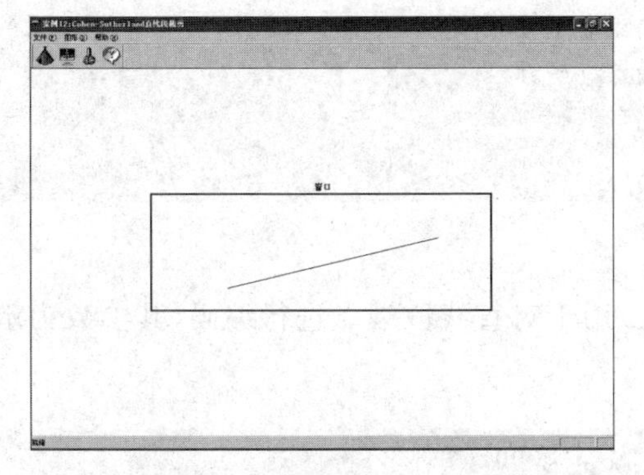

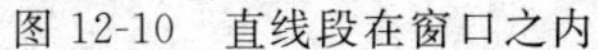
图 12-10　直线段在窗口之内

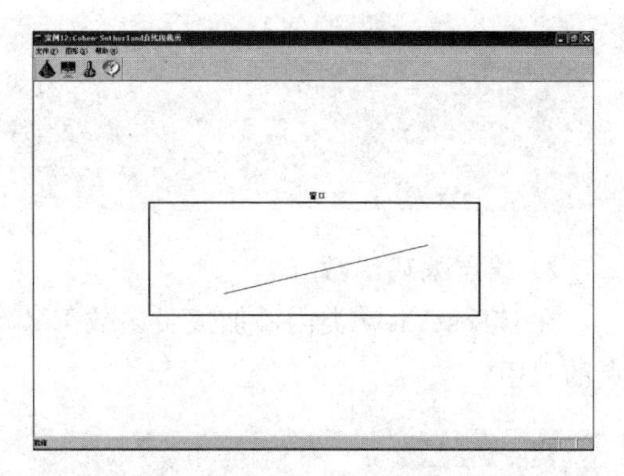

图 12-11　图 12-10 的裁剪结果

本案例使用了自定义坐标系绘制窗口，直线段的裁剪也在自定义坐标系内完成。直线段的绘制使用双缓冲技术实现，在使用鼠标左键选定了直线段的一个端点后，另一个端点可以使用橡皮筋技术动态选择。鼠标的左键按下消息与鼠标移动消息中使用的是设备坐标系，需要将端点坐标转换到自定义坐标系。Cohen-Sutherland 裁剪直线段算法的难点是直线段端点的区域编码函数与裁剪函数的设计。

三、算法设计

(1) 在屏幕上显示左上角点为(w_{xl},w_{yt})、右下角点为(w_{xr},w_{yb})的窗口。

(2) 使用鼠标绘制两个端点坐标分别为 $P_0(x_0,y_0)$,$P_1(x_1,y_1)$的直线段。

(3) 将 P_0 点编码为 RC_0，将 P_1 点编码为 RC_1。

(4) 循环处理至少一个端点在窗口之外的情况。

(5) 若 $RC_0 \& RC_1 \neq 0$，“简弃”之。

(6) 当步骤 $RC_0 \& RC_1 = 0$ 时，确保 P_0 在裁剪窗口外部。若 P_0 在窗口内，则交换 P_0 和 P_1 的坐标值与编码值。

(7) 按左、右、下、上的顺序计算窗口边界与直线段的交点 P，并将该交点的坐标值和编码值赋给 P_0，转步骤(4)。

(8) 输出裁剪后的直线段。

四、案例设计

1. 修改 CP2 类

为了对直线端点进行区域编码，需要增加 RC 分量，将端点坐标与区域编码绑定在一起。

```
class CP2
{
public:
    CP2();
    virtual ~ CP2();
public:
```

```
    double  x;                    //直线段端点 x 坐标
    double  y;                    //直线段端点 y 坐标
    UINT  rc;                     //直线段端点编码
};
```

2. 端点编码函数

在 CTestView 类内添加成员函数 EnCode()用于对直线段端点进行编码,其参数为端点的引用。

```
#define LEFT      1                          //代表:0001
#define RIGHT     2                          //代表:0010
#define BOTTOM    4                          //代表:0100
#define TOP       8                          //代表:1000
void CTestView::EnCode(CP2 &pt)
{
    pt.rc=0;
    if(pt.x<Wxl)
    {
        pt.rc=pt.rc|LEFT;
    }
    else if(pt.x>Wxr)
    {
        pt.rc=pt.rc|RIGHT;
    }
    if(pt.y<Wyb)
    {
        pt.rc=pt.rc|BOTTOM;
    }
    else if(pt.y>Wyt)
    {
        pt.rc=pt.rc|TOP;
    }
}
```

3. Cohen-Sutherland 裁剪函数

在 CTestView 类内添加成员函数 Cohen(),用于裁剪直线段。

```
void CTestView::Cohen()
{
    CP2 p;                                       //交点坐标
    EnCode(P[0]);                                //起点编码
    EnCode(P[1]);                                //终点编码
    while(P[0].rc!=0||P[1].rc!=0)                //处理至少一个顶点在窗口之外的情况
    {
```

```
        if((P[0].rc & P[1].rc)!=0)                          //简弃之
        {
            PtCount=0;
            return;
        }
        if(0==P[0].rc)                                      //确保 P[0]位于窗口之外
        {
            CP2 Temp;
            Temp=P[0];
            P[0]=P[1];
            P[1]=Temp;
        }
        UINT RC=P[0].rc;
        double k=(P[1].y-P[0].y)/(P[1].x-P[0].x);           //直线段的斜率
        //窗口边界按左、右、下、上的顺序裁剪直线段
        if(RC & LEFT)                                       //P[0]点位于窗口的左侧
        {
            p.x=Wxl;                                        //计算交点 y 坐标
            p.y=k*(p.x-P[0].x)+P[0].y;
        }
        else if(RC & RIGHT)                                 //P[0]点位于窗口的右侧
        {
            p.x=Wxr;                                        //计算交点 y 坐标
            p.y=k*(p.x-P[0].x)+P[0].y;
        }
        else if(RC & BOTTOM)                                //P[0]点位于窗口的下侧
        {
            p.y=Wyb;                                        //计算交点 x 坐标
            p.x=(p.y-P[0].y)/k+P[0].x;
        }
        else if(RC & TOP)                                   //P[0]点位于窗口的上侧
        {
            p.y=Wyt;                                        //计算交点 x 坐标
            p.x=(p.y-P[0].y)/k+P[0].x;
        }
        EnCode(p);
        P[0]=p;
    }
}
```

4. 设备坐标系向自定义坐标系转换函数

由于鼠标消息响应函数中使用的是设备坐标系，而直线段的裁剪过程中使用的是自定义坐标系，在 CTestView 类内添加 Convert()函数来实现坐标的转换。

```
CP2 CTestView::Convert(CPoint point)            //设备坐标系向自定义坐标系转换
{
    CRect rect;
    GetClientRect(&rect);
    CP2 ptemp;
    ptemp.x=point.x-rect.Width()/2;
    ptemp.y=rect.Height()/2-point.y;
    return ptemp;
}
```

五、案例总结

本案例中裁剪窗口静止不动,使用鼠标绘制了动态直线段。直线段的裁剪是使用“裁剪”图标按钮完成的。这里假定视区大小与窗口大小一致。使用了双缓冲技术来绘制直线段,有效避免了屏幕闪烁。双缓冲技术的原理是将图形先绘制到内存设备上下文,绘图结束后,再将内存位图一次性复制到显示设备上下文中。

案例 13　中点分割直线段裁剪算法

知识要点

- 直线段端点编码原理。
- “简取”、“简弃”和“对分”的判断方法。
- 对分终止的判断方法。

一、案例需求

1. 案例描述

在屏幕客户区中心绘制半径为 300、等分点个数为 30 的“金刚石”图案。按下“绘图”图标按钮后，使用鼠标绘制任意裁剪窗口。按下“裁剪”按钮使用中点分割直线段裁剪算法对“金刚石”图案进行裁剪。

2. 功能说明

（1）自定义屏幕二维坐标系，原点位于客户区中心，x 轴水平向右为正，y 轴垂直向上为正。

（2）以屏幕客户区中心为圆心绘制半径为 300、等分点个数为 30 的金刚石图案。

（3）工具栏上的“绘图”图标按钮有效，提示信息为“鼠标绘制窗口，剪刀进行裁剪”。工具栏上的“裁剪”图标按钮默认无效。

（4）按下“绘图”图标按钮后，拖动鼠标绘制 3 像素宽的矩形代表裁剪窗口，颜色为 RGB(0,128,0)。窗口绘制完毕后，“裁剪”图标按钮有效。

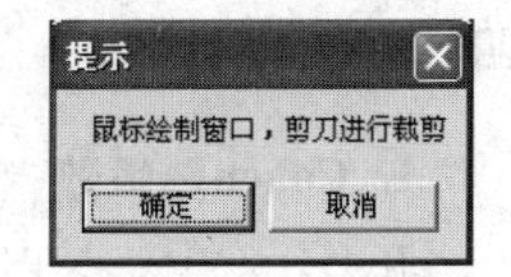

图 13-1　“绘图”图标提示信息

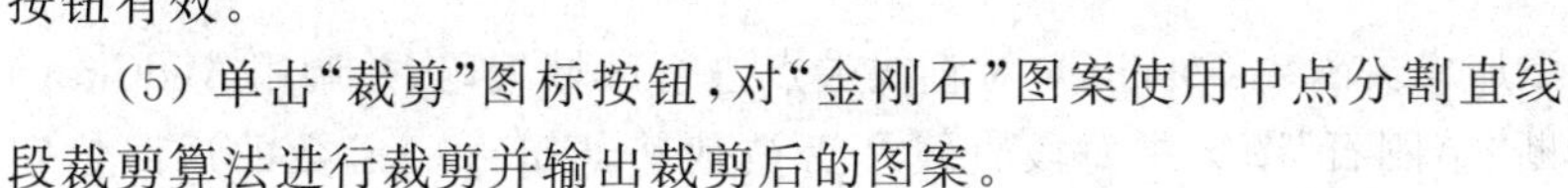

（5）单击“裁剪”图标按钮，对“金刚石”图案使用中点分割直线段裁剪算法进行裁剪并输出裁剪后的图案。

3. 案例效果图

按下“绘图”图标按钮后，提示信息如图 13-1 所示。使用鼠标动态绘制裁剪窗口效果如图 13-2 所示。按下“裁剪”按钮后裁剪结果如图 13-3 所示。

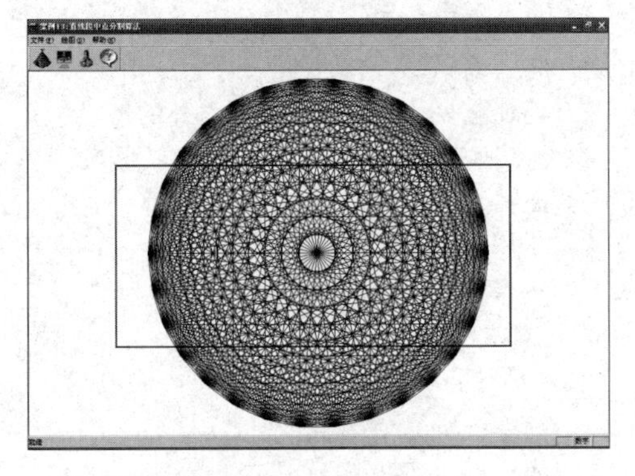

图 13-2　裁剪窗口

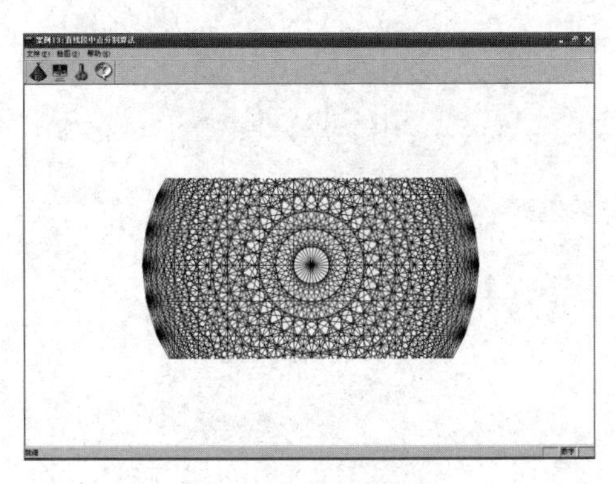

图 13-3　裁剪结果

二、案例分析

本案例设置“金刚石”图案为静止图形，裁剪窗口为动态图形。使用鼠标绘制任意位置的裁剪窗口。案例中使用了自定义坐标系，鼠标的左键按下消息与鼠标移动消息中使用的是设备坐标系，需要将端点坐标转换到自定义坐标系。裁剪窗口的绘制使用双缓冲技术实现，在使用鼠标左键选定了窗口的一个对角点后，另一个对角点可以使用橡皮筋技术动态选择。中点分割直线段裁剪算法的难点是如何将对分法分割的一段一段的短直线连接为窗口内的图案。

三、算法设计

(1) 在屏幕客户区中心上绘制“金刚石”图案。

(2) 使用鼠标动态绘制矩形裁剪窗口。

(3) 对于“金刚石”图案的每条直线段，将 P_0 点编码为 RC_0，将 P_1 点编码为 RC_1。

(4) 循环处理至少一个端点在窗口之外的情况。

(5) 若 $RC_0 \& RC_1 \neq 0$，“简弃”之。

(6) 当 $RC_0 \& RC_1 = 0$ 时，确保 P_0 在裁剪窗口外部。若 P_0 在窗口内，则交换 P_0 和 P_1 的坐标值与编码值。

(7) 计算 P_0 和 P_1 的对分点 p 并进行编码，当对分点 p 与直线段 P_0 点不重合时，执行步骤(8)，否则执行步骤(9)。

(8) 如果对分点 p 的区域编码为 0，P_1 更新为对分点。否则，P_0 更新为对分点。

(9) P_0 更新为对分点，输出裁剪后的“金刚石”图案。

四、案例设计

1. Cohen()函数

在 CTestView 类内添加成员函数 Cohen()，对直线端点进行区域编码，并调用 MidClip()函数进行裁剪。为了判断“金刚石”图案中每段直线是否被裁剪，Cohen()函数的返回值定义为 BOOL 型。

```
BOOL CTestView::Cohen()
{
    EnCode(P[0]);                                   //起点编码
    EnCode(P[1]);                                   //终点编码
    while(P[0].rc!=0||P[1].rc!=0)                   //处理至少一个顶点在窗口之外的情况
    {
        if((P[0].rc & P[1].rc)!=0)                  //简弃之
        {
            PtCount=0;
            return FALSE;
        }
        if(0==P[0].rc)                              //确保 P[0]位于窗口之外
        {
```

```
            CP2 Temp;
            Temp=P[0];
            P[0]=P[1];
            P[1]=Temp;
        }
        MidClip(P[0],P[1]);
    }
    return TRUE;
}
```

2. MidClip()中点分割函数

在 CTestView 类内添加成员函数 MidClip()用于对直线段进行中点分割，根据中点与 P_0 点的逼近情况来求解直线段的端点坐标。

```
void CTestView::MidClip(CP2 p0,CP2 p1)
{
    CP2 p;                                                  //中点坐标
    p=(p0+p1)/2;EnCode(p);
    while(fabs(p.x-p0.x)>1e-6||fabs(p.y-p0.y)>1e-6)         //判断结束
    {
        if(0==p.rc)                                   //中点也在窗口内，则舍弃 P1 点
            p1=p;
        else                                          //否则舍弃 P0 点
            p0=p;
        p=(p0+p1)/2;EnCode(p);
    }
    P[0]=p;
}
```

3. 绘制“金刚石”图案函数

在 CTestView 类内添加成员函数 Diamond ()，用于绘制裁剪前后的“金刚石”图案。V 数组存放的是“金刚石”图案裁剪前的顶点坐标，P 数组存放的是“金刚石”图案裁剪后的顶点坐标。bClip 是裁剪标志。当 bClip 为 TRUE 时，对“金刚石”图案进行动态裁剪。

```
void CTestView::Diamond(CDC *pDC)
{
    double thta;                                      //thta 为圆的等分角
    int n=30;                                         //定义等分点个数
    V=new CP2[n];
    double r=300;                                     //定义圆的半径
    thta=2*PI/n;
    for(int i=0;i<n;i++)                              //计算等分点坐标
    {
        V[i].x=r*cos(i*thta);
```

```
        V[i].y=r*sin(i*thta);
    }
    for(i=0;i<=n-2;i++)                                    //依次连接各等分点
    {
        for(int j=i+1;j<=n-1;j++)
        {
            if(!bClip)
            {
                pDC->MoveTo(Round(V[i].x),Round(V[i].y));
                pDC->LineTo(Round(V[j].x),Round(V[j].y));
            }
            else
            {
                P[0]=V[i];P[1]=V[j];                       //对金刚石的每段直线进行裁剪
                if(Cohen())
                {
                    pDC->MoveTo(Round(P[0].x),Round(P[0].y));
                    pDC->LineTo(Round(P[1].x),Round(P[1].y));

                }
            }
        }
    }
    delete []V;
}
```

五、案例总结

本案例中,使用鼠标绘制了动态窗口,并对“金刚石”图案进行裁剪。本案例是直线段裁剪算法的一个典型应用。“金刚石”图案由多段直线构成,依次对每段直线调用中点分割函数进行裁剪并输出裁剪后的图形。

案例 14　Liang-Barsky 直线段裁剪算法

知识要点

- 直线的参数方程表示。
- Liang-Barsky 直线段裁剪算法。
- 放大镜的绘制原理。

一、案例需求

1. 案例描述

在屏幕客户区中心绘制半径为 300、等分点个数为 30 的"金刚石"图案。以鼠标指针为中心,显示一个宽度和高度均为 100 像素的正方形作为"放大镜",如图 14-1 所示。移动放大镜显示金刚石图案的放大部分。单击鼠标左键增大放大倍数,单击鼠标右键减少放大倍数。同样的操作也可以使用"+"、"-"图标按钮来实现,默认的放大倍数为 2。设置最大放大倍数为 5,最小放大倍数为 1。要求图案的裁剪使用 Liang-Barsky 直线段裁剪算法实现。

2. 功能说明

(1) 自定义屏幕二维坐标系,原点位于客户区中心,x 轴水平向右为正,y 轴垂直向上为正。

(2) 以屏幕客户区中心为圆心绘制半径为 300、等分点个数为 30 的金刚石图案。

(3) 移动窗口(放大镜)显示指定放大倍数的金刚石图案。

3. 案例效果图

金刚石图案的 1 倍放大效果如图 14-2 所示。金刚石图案的 2 倍放大效果如图 14-3 所示。金刚石图案的 3 倍放大效果如图 14-4 所示。金刚石图案的 4 倍放大效果如图 14-5 所示。金刚石图案的 5 倍放大效果如图 14-6 所示。

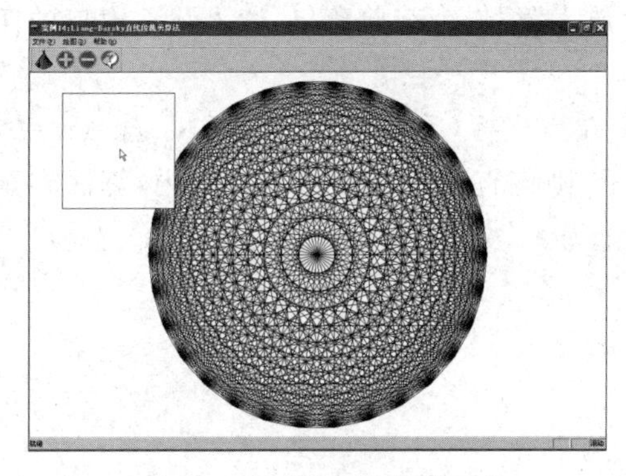

图 14-1　金刚石图案与放大镜

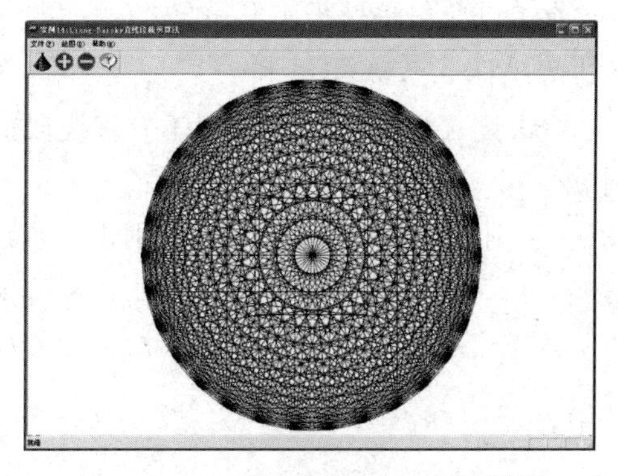

图 14-2　金刚石图案放大 1 倍效果图

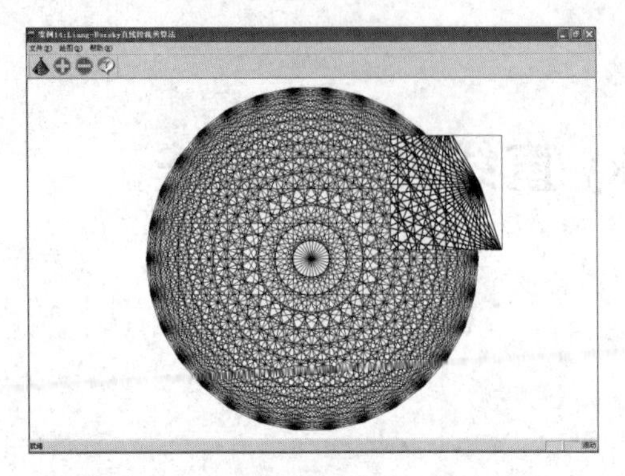

图 14-3　金刚石图案放大 2 倍效果图

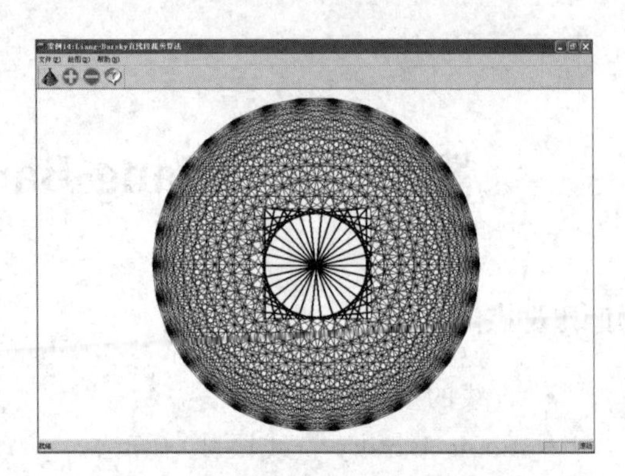

图 14-4　金刚石图案放大 3 倍效果图

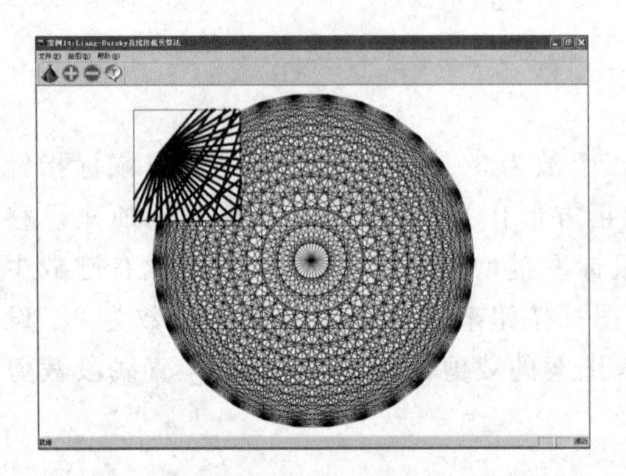

图 14-5　金刚石图案放大 4 倍效果图

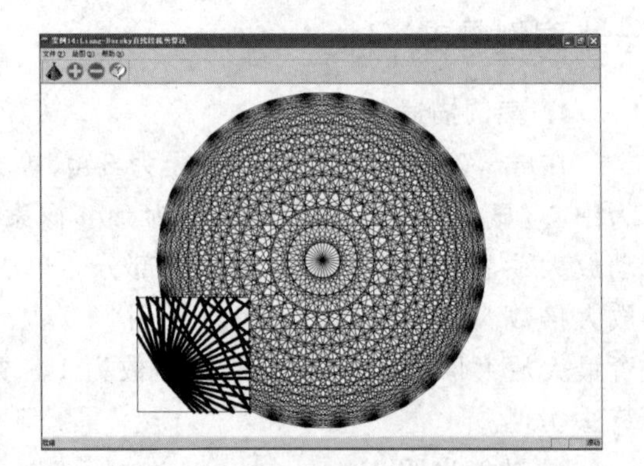

图 14-6　金刚石图案放大 5 倍效果图

二、案例分析

本案例设置放大倍数为 1 倍的“金刚石”图案为背景图形，绘制在客户区中央。使用鼠标指针移动放大镜作为裁剪窗口。图形的裁剪使用 Liang-Barsky 直线段裁剪算法实现。

三、算法设计

(1) 在屏幕客户区中心上绘制放大倍数为 1 倍的“金刚石”图案。

(2) 以鼠标指针为中心，显示一个正方形的“放大镜”作为裁剪窗口，读入裁剪窗口的四条边界坐标 w_{xl}，w_{xr}，w_{yt} 和 w_{yb}。

(3) 读入“金刚石”图案内任一直线段的两个端点坐标 (x_0, y_0) 和 (x_1, y_1)。若 $\Delta x=0$，则 $u_1=u_2=0$，进一步判断 $v_1<0$ 或 $v_2<0$，若满足，则该直线段不在裁剪窗口内，算法转至(8)。否则，满足 $v_1\geqslant 0$ 且 $v_2\geqslant 0$，则进一步计算 $t_{\max}$ 和 $t_{\min}$：

$$\begin{cases} t_{\max} = \max(0, t_n \mid u_n < 0) \\ t_{\min} = \min(t_n \mid u_n > 0, 1) \end{cases}$$

其中，$t_n=\dfrac{v_n}{u_n}(u_n\neq 0, n=3,4)$。算法转(6)。

(4) 若 $\Delta y=0$，则 $u_3=u_4=0$，进一步判断 $v_3<0$ 或 $v_4<0$，若满足，则该直线段不在裁剪窗口内，算法转至(8)。否则，满足 $v_3\geqslant 0$ 且 $v_4\geqslant 0$，则进一步计算 $t_{\max}$ 和 $t_{\min}$：

$$\begin{cases} t_{max} = \max(0, t_n \mid u_n < 0) \\ t_{min} = \min(t_n \mid u_n > 0, 1) \end{cases}$$

其中，$t_n = \frac{v_n}{u_n}(u_n \neq 0, n=1,2)$。算法转(6)。

(5) 若上述两条均不满足，则有 $u_n \neq 0(n=1,2,3,4)$，此时计算 t_{max} 和 t_{min}：

$$\begin{cases} t_{max} = \max(0, t_n \mid u_n < 0) \\ t_{min} = \min(t_n \mid u_n > 0, 1) \end{cases}$$

其中，$t_n = \frac{v_n}{u_n}(u_n \neq 0, n=1,2,3,4)$。

(6) 计算得到 t_{max} 和 t_{min} 后，再进行判断。若 $t_{max} > t_{min}$，则直线段在窗口外，算法转(8)。若 $t_{max} \leqslant t_{min}$，利用直线的参数方程：

$$\begin{cases} x = x_0 + t(x_1 - x_0) \\ y = y_0 + t(y_1 - y_0) \end{cases}$$

计算直线段与窗口的交点坐标。

(7) 放大镜内根据放大倍数绘制裁剪后的直线段构成的图形。

(8) 算法结束。

四、案例设计

1. Liang-Barsky 裁剪函数

在 CTestView 类内添加成员函数 LBLineClip()，对直线端点进行区域编码，并调用 ClipTest() 裁剪函数进行测试。为了判断“金刚石”图案中每段直线段是否被裁剪，LBLineClip() 函数的返回值定义为 BOOL 型。

```
BOOL CTestView::LBLineClip()
{
    double tmax,tmin,dx,dy;
    dx=P[1].x-P[0].x;dy=P[1].y-P[0].y;tmax=0.0,tmin=1.0;
    double Wxl=nRCenter.x-nRHWidth/nScale;                //窗口的左边界
    double Wxr=nRCenter.x+nRHWidth/nScale;                //窗口的右边界
    double Wyb=nRCenter.y-nRHHeight/nScale;               //窗口的下边界
    double Wyt=nRCenter.y+nRHHeight/nScale;               //窗口的上边界
    //按窗口边界的左、右、下、上顺序裁剪直线
    if(ClipTest(-dx,P[0].x-wxl,tmax,tmin))          //n=1,左边界 u1=-Δx,v1=x0-Wxl
    {
        if(ClipTest(dx,wxr-P[0].x,tmax,tmin))       //n=2,右边界 u2=Δx,v2=Wxr-x0
        {
            if(ClipTest(-dy,P[0].y-wyb,tmax,tmin))
                                                    //n=3,下边界 u3=-Δy,v3=y0-Wyb
            {
                if(ClipTest(dy,wyt-P[0].y,tmax,tmin))
                                                    //n=4,上边界 u4=Δy,v4=Wyt-y0
                {
                    if(tmin<1.0)                    //判断直线的终点
```

```
                {
                    P[1].x=P[0].x+tmin * dx;              //重新计算直线终点坐标
                    P[1].y=P[0].y+tmin * dy;              //x=x0+t(x1-x0)格式
                }
                if(tmax>0.0)                              //判断直线的起点
                {
                    P[0].x=P[0].x+tmax * dx;              //重新计算直线起点坐标
                    P[0].y=P[0].y+tmax * dy;              //x=x0+t(x1-x0)格式
                }
                return TRUE;
            }
        }
    }
    }
    return FALSE;
}
```

2. ClipTest()裁剪测试函数

在CTestView类内添加成员函数ClipTest()用于对直线段裁剪情况进行测试，返回t_{max}与t_{min}值。

```
BOOL CTestView::ClipTest(double u,double v,double &tmax,double &tmin)
{
    double t;
    BOOL ReturnValue=TRUE;
    if(u<0.0)                           //从裁剪窗口的外部到内部,计算起点处的 tmax
    {
        t=v/u;
        if(t>tmin)
            ReturnValue=FALSE;
        else if(t>tmax)
            tmax=t;
    }
    else
    {
        if(u>0.0)                       //从裁剪窗口的内部到外部,计算终点处的 tmin
        {
            t=v/u;
            if(t<tmax)
                ReturnValue=FALSE;
            else if(t<tmin)
                tmin=t;
        }
        else                            //平行于窗口边界的直线
```

```
        {
            if(v<0.0)                        //直线在窗口外可直接删除
                ReturnValue=FALSE;
        }
    }
    return(ReturnValue);
}
```

五、案例总结

本案例使用正方形放大镜裁剪"金刚石"图案，并在放大镜内根据放大倍数动态绘制裁剪后的金刚石图案，提高了案例的观赏性。比较 Cohen-Sutherland 直线段裁剪算法、中点分割直线段裁剪算法与 Liang-Barsky 直线段裁剪算法，Liang-Barsky 算法是效率最高的裁剪算法。这是因为只涉及参数运算，仅在必要时才进行坐标计算。以上算法只能使用矩形窗口裁剪直线段，如果以任意凸多边形作为裁剪窗口，则只能使用 Cyrus-Beck 算法，请读者参考相关的文献资料。

案例 15　Sutherland-Hodgman 多边形裁剪算法

知识要点

- 点在裁剪窗口内外的判定方法。
- 边与窗口边界交点的计算方法。

一、案例需求

1. 案例描述

在屏幕客户区中心绘制示例多边形。多边形顶点为 $P_0(50,100)$，$P_1(-150,300)$，$P_2(-250,50)$，$P_3(-150,-250)$，$P_4(0,-50)$，$P_5(100,-250)$，$P_6(300,150)$。按下"绘图"图标按钮后，使用鼠标绘制任意矩形裁剪窗口。使用 Sutherland-Hodgman 多边形裁剪算法对示例多边形进行裁剪。

2. 功能说明

(1) 自定义屏幕二维坐标系，原点位于客户区中心，x 轴水平向右为正，y 轴垂直向上为正。

(2) 工具栏上的"绘图"图标按钮有效，提示信息为"鼠标绘制窗口，剪刀进行裁剪"。工具栏上的"裁剪"图标按钮默认为无效。

(3) 通过选择左上角点和右下角点拖动鼠标绘制边界为 3 像素宽的实线、颜色为 RGB(0,128,0)的裁剪窗口。

(4) 裁剪窗口绘制完毕后，"裁剪"图标按钮变为有效。

(5) 单击"裁剪"按钮对示例多边形进行裁剪，输出裁剪后的多边形。

3. 案例效果图

示例多边形与裁剪窗口的相对位置如图 15-1 所示，裁剪后的效果如图 15-2 所示。

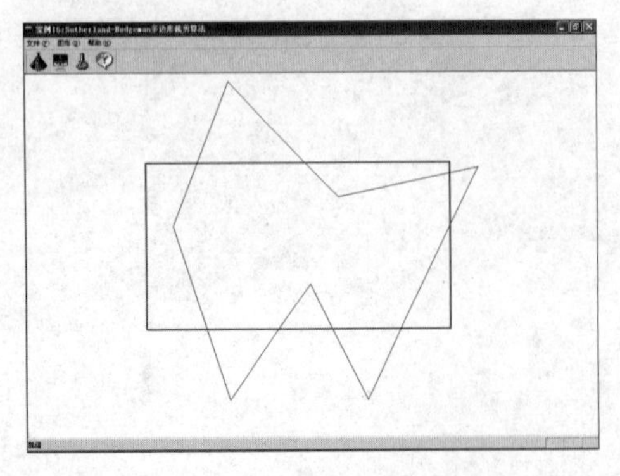

图 15-1　示例多边形与裁剪窗口

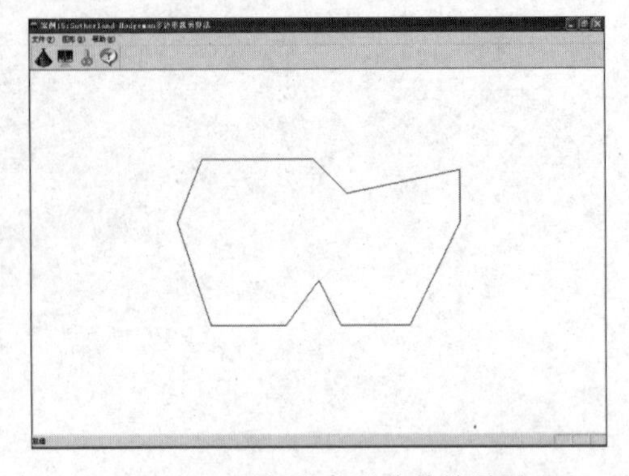

图 15-2　示例多边形裁剪效果图

二、案例分析

本案例在客户区中央绘制示例多边形。拖动鼠标绘制裁剪窗口。示例多边形的裁剪使用 Sutherland-Hodgman 多边形裁剪算法实现。

Sutherland-Hodgman 多边形裁剪算法的基本思想是依次用窗口的每条边裁剪多边形。多边形的一条边与裁剪窗口边界的位置关系只有 4 种，如图 15-3 所示。考虑多边形某条边的起点为 P_0，终点为 P_1，边与窗口边界的交点为 P。情况(1)P_0 不可见，P_1 可见；情况(2)P_0、P_1 都可见；情况(3)P_0 可见、P_1 不可见；情况(4)P_0、P_1 都不可见。将多边形的每条边与裁剪窗口边界比较之后，可以输出 0～2 个顶点。对于情况(1)输出交点 P 与终点 P_1；对于情况(2)输出 P_1；对于情况(3)输出 P；对于情况(4)无输出。

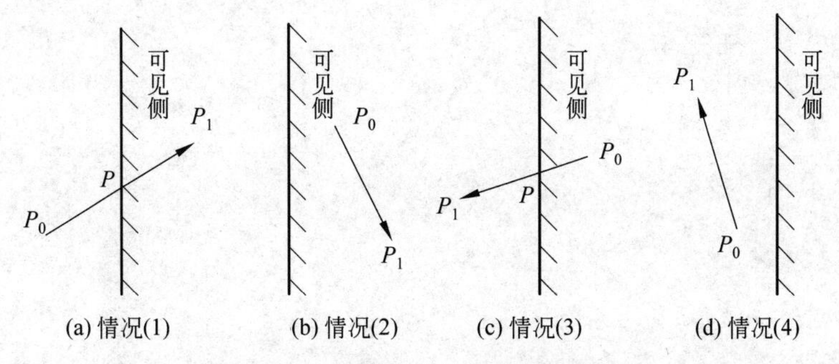

图 15-3　边与裁剪窗口边界的位置关系

建立存储多边形顶点的输入表与输出表。窗口边界采用左、右、下、上的顺序裁剪多边形。用一条裁剪窗口边界对多边形顶点的输入表进行裁剪，得到顶点的输出表，作为窗口下一条裁剪边的顶点输入表。

三、算法设计

(1) 将输入顶点数组 In 置为示例多边形顶点，将输出顶点数组 Out 置"0"。

(2) 在屏幕客户区中绘制示例多边形。

(3) 拖动鼠标绘制裁剪窗口。

(4) 在裁剪按钮映射函数中根据裁剪窗口的位置为 w_{xl}、w_{xr}、w_{yt}、w_{yb}赋值。

(5) 用左、右、下、上边界裁剪示例多边形。如果多边形边的起点 P_0 在窗口内，终点 P_1 也在窗口内，输出 P_1(处理情况(2))；如果多边形边的起点 P_0 在窗口内，终点 P_1 在窗口外，计算边与窗口边界的交点 P 并输出(处理情况(3))；如果多边形边的起点 P_0 在窗口外，终点 P_1 在窗口内，计算边与窗口边界的交点 P 并输出 P 与 P_1(处理情况(1))。

(6) 根据数组 Out 绘制裁剪后的多边形。

四、案例设计

1. 窗口边界赋值函数

在 CTestView 类内添加成员函数 ClipBoundary()，将鼠标绘制的裁剪窗口的数值赋给 w_{xl}、w_{xr}、w_{yt}、w_{yb}。

```
void CTestView::ClipBoundary(CP2 rect0,CP2 rect1)
{
    if(rect0.x>rect1.x)
    {
        Wxl=rect1.x;
        Wxr=rect0.x;
    }
    else
    {
        Wxl=rect0.x;
        Wxr=rect1.x;
    }
    if(rect0.y>rect1.y)
    {
        Wyt=rect0.y;
        Wyb=rect1.y;
    }
    else
    {
        Wyt=rect1.y;
        Wyb=rect0.y;
    }
}
```

2. 绘制多边形函数

在 CTestView 类内添加成员函数 DrawObject()，如果未按下裁剪按钮，绘制示例多边形，如果按下裁剪按钮，绘制裁剪后的多边形。

```
void CTestView::DrawObject(CDC * pDC,BOOL bclip)
{
    if(!bclip)
    {
        for(int i=0;i<InMax;i++)                    //绘制裁剪前的多边形
        {
            if(0==i)
                pDC->MoveTo(Round(In[i].x),Round(In[i].y));
                else
                    pDC->LineTo(Round(In[i].x),Round(In[i].y));
        }
            pDC->LineTo(Round(In[0].x),Round(In[0].y));
    }
    else
    {
        ClipPolygon(In,InMax,LEFT);
```

```
        ClipPolygon(Out,OutCount,RIGHT);
        ClipPolygon(Out,OutCount,BOTTOM);
        ClipPolygon(Out,OutCount,TOP);
        for(int j=0;j<OutCount;j++)            //绘制裁剪后的多边形
        {
            if(0==j)
                pDC->MoveTo(Round(Out[j].x),Round(Out[j].y));
                else
                    pDC->LineTo(Round(Out[j].x),Round(Out[j].y));
        }
        if(0!=OutCount)
            pDC->LineTo(Round(Out[0].x),Round(Out[0].y));
    }
}
```

3. 裁剪多边形函数

在 CTestView 类内添加成员函数 ClipPolygon(),使用窗口边界对多边形进行裁剪,窗口的 4 条边对多边形的每条边的裁剪方法一致。

```
void CTestView::ClipPolygon(CP2 * out,int Length,UINT Boundary)
{
    if(0==Length)
        return;
    CP2 * pTemp=new CP2[Length];
    for(int i=0;i<Length;i++)
        pTemp[i]=out[i];
    CP2 p0,p1,p;                                     //p0-起点,p1-终点,p-交点
    OutCount=0;
    p0=pTemp;Length-1];
    for(i=0;i<Length;i++)
    {
        p1=pTemp[i];
        if(Inside(p0,Boundary))                      //起点在窗口内
        {
            if(Inside(p1,Boundary))                  //终点在窗口内,属于内→内
            {
                Out[OutCount]=p1;                    //终点在窗口内
                OutCount++;
            }
            else                                     //属于内→外
            {
                p=Intersect(p0,p1,Boundary);         //求交点
                Out[OutCount]=p;
                OutCount++;
```

```
            }
        }
        else if(Inside(p1,Boundary))              //终点在窗口内,属于外→内
        {
            p=Intersect(p0,p1,Boundary);          //求交点
            Out[OutCount]=p;
            OutCount++;
            Out[OutCount]=p1;
            OutCount++;
        }
        p0=p1;
    }
    delete[ ] pTemp;
}
```

4. 交点计算函数

在 CTestView 类内添加成员函数 Intersect(),计算窗口边界与边的交点。

```
CP2 CTestView::Intersect(CP2 p0,CP2 p1,UINT Boundary)
{
    CP2 pTemp;
    double k=(p1.y-p0.y)/(p1.x-p0.x);                          //直线段的斜率
    switch(Boundary)
    {
    case LEFT:
        pTemp.x=Wxl;
        pTemp.y=k*(pTemp.x-p0.x)+p0.y;
        break;
    case RIGHT:
        pTemp.x=Wxr;
        pTemp.y=k*(pTemp.x-p0.x)+p0.y;
        break;
    case TOP:
        pTemp.y=Wyt;
        pTemp.x=(pTemp.y-p0.y)/k+p0.x;
        break;
    case BOTTOM:
        pTemp.y=Wyb;
        pTemp.x=(pTemp.y-p0.y)/k+p0.x;
        break;
    }
    return pTemp;
}
```

五、案例总结

本案例使用将多边形的边与窗口边界的位置划分为四种情况，外→内、内→内、内→外与外→外。基本思想是一次用窗口的一条边界裁剪多边形，这属于分治法(divide and conquer)。本案例使用的宏定义如下：

```
#define  InMax    7                   //裁剪前多边形的最大输入顶点数
#define  OutMax   12                  //裁剪后多边形的最大输出顶点数
#define  LEFT     1
#define  RIGHT    2
#define  TOP      3
#define  BOTTOM   4
```

案例 16　三维图形几何变换算法

知识要点

- 三维图形基本几何变换矩阵。
- 三维复合变换。
- 斜等测图的绘制方法。
- 设计三维变换类 CTransform。

一、案例需求

1. 案例描述

在屏幕客户区中心绘制原始立方体图形的斜等测图，通过工具栏的图标按钮实现平移、比例、旋转、反射和错切 5 种几何变换。

2. 功能说明

(1) 设置原始立方体的边长为 100，以屏幕客户区中心为"后面"的左下角点绘制立方体。

(2) 在屏幕客户区中心绘制水平线代表 x 坐标轴，绘制垂直线代表 y 坐标轴，绘制 45° 斜线代表 z 坐标轴。

(3) 实现向上、向下、向左、向右、向前、向后平移变换，平移参数为 10。

(4) 实现放大、缩小比例变换。放大比例系数为 2.0，缩小比例系数为 0.5。

(5) 实现绕 x 轴、y 轴和 z 轴正向的旋转变换。旋转角为 30°。

(6) 实现关于 xOy 平面、yOz 平面和 zOx 平面的反射变换。

(7) 实现沿 x 轴正向、y 轴正向和 z 轴正向的错切变换。错切参数为 1。

(8) 实现图形复位。

3. 案例效果图

三维图形几何变换效果如图 16-1 所示。

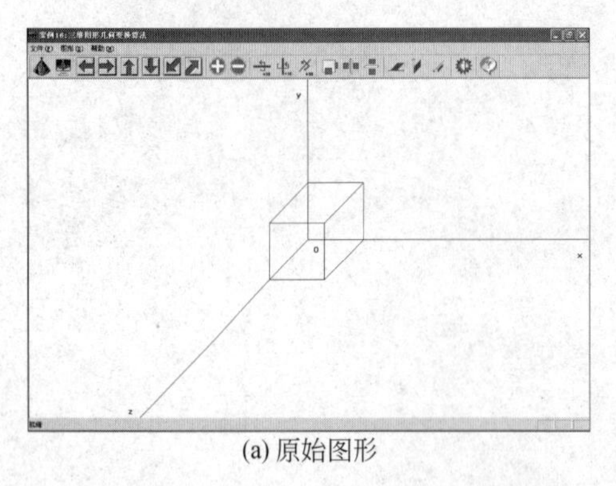

(a) 原始图形

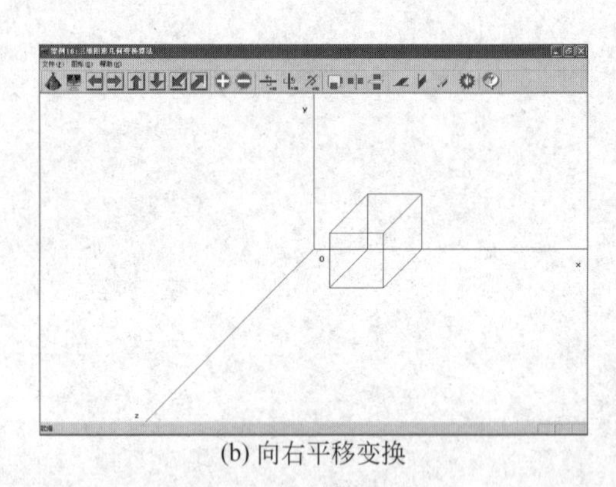

(b) 向右平移变换

图 16-1　三维几何变换效果图

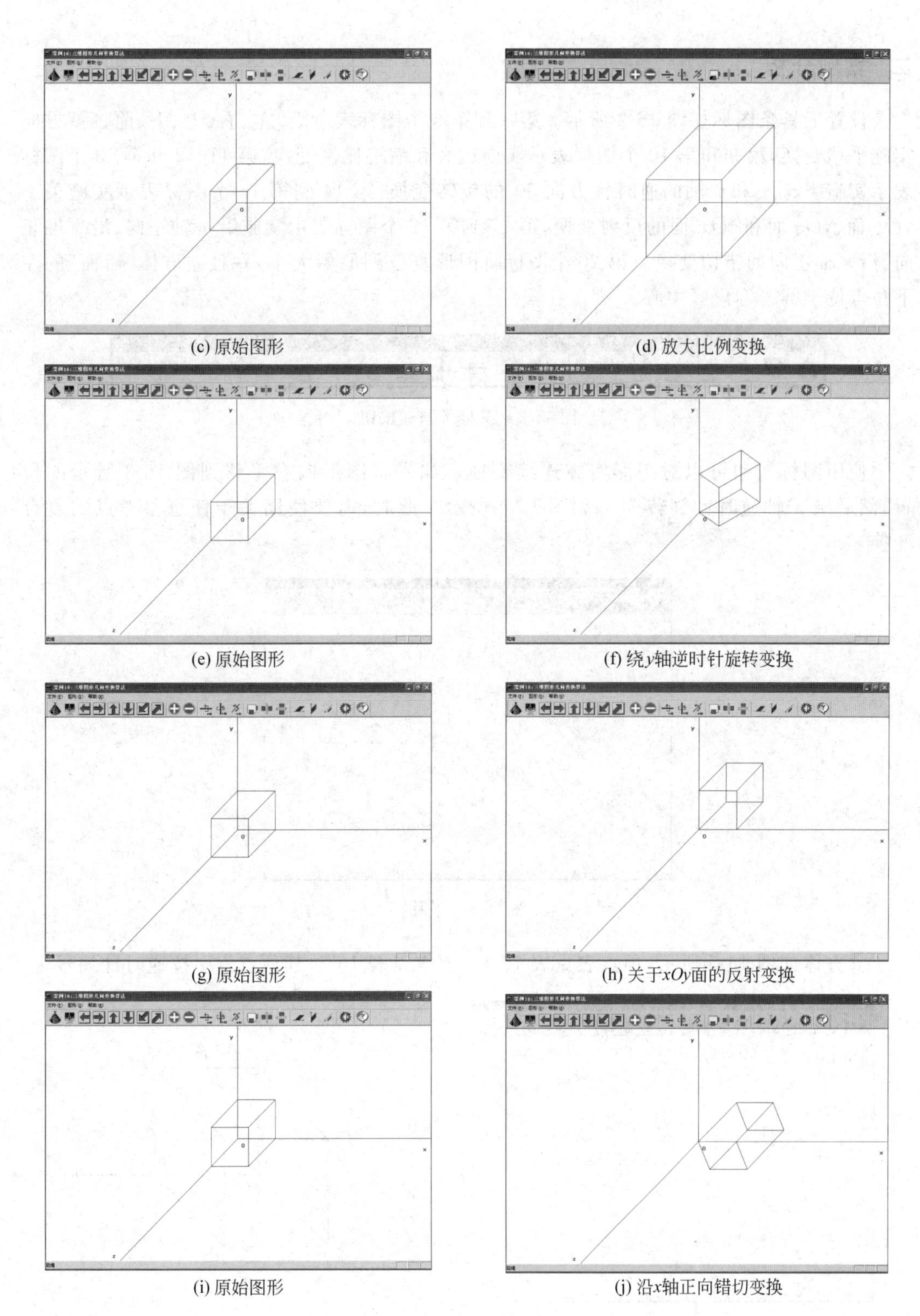

(c) 原始图形　(d) 放大比例变换

(e) 原始图形　(f) 绕y轴逆时针旋转变换

(g) 原始图形　(h) 关于xOy面的反射变换

(i) 原始图形　(j) 沿x轴正向错切变换

图 16-1 （续）

二、案例分析

设置工具条图标如图 16-2 所示。第 3 到第 8 个图标表示沿“左、右、上、下、前、后”方向实施平移变换，第 9 和第 10 个图标表示实施放大和缩小比例变换，第 11、12 和第 13 个图标表示实施绕 x、y 和 z 轴的逆时针方向 30°的旋转变换，第 14 到第 16 个图标表示实施关于 xOy 面、yOz 面和 zOx 面的反射变换，第 17 到第 19 个图标表示实施沿 x 轴正向、沿 y 轴正向、沿 z 轴正向的错切变换。第 20 个图标将图形复位到原始大小，并且立方体“后面”的左下角点位于屏幕客户区中心。

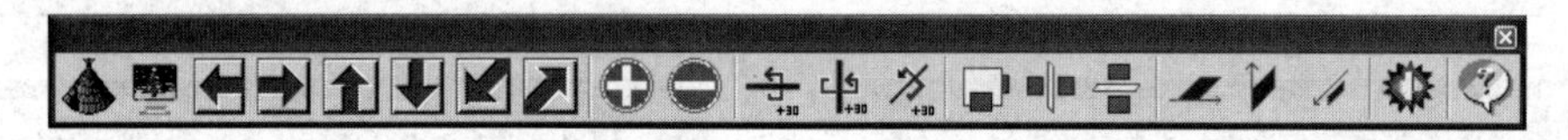

图 16-2　工具条图标按钮

使用图标按钮可以对图形实施连续变换。如先将图形向右平移到图 16-3 所示的位置，然后绕 x 轴逆时针旋转 30°，如图 16-4 所示。此时，需要使用关于任意参考点的复合变换。

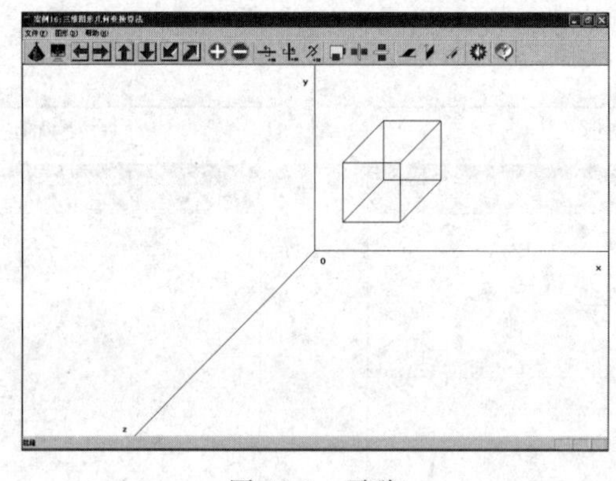

图 16-3　平移

立方体如图 16-5 所示，顶点表见表 16-1。面表见表 16-2，其顶点索引按逆时针编号。

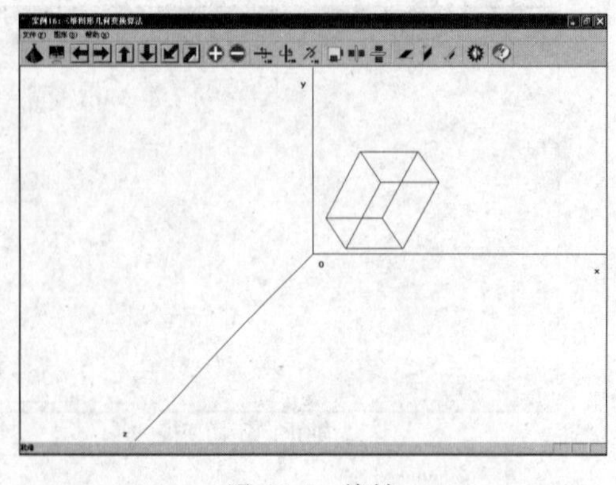

图 16-4　旋转

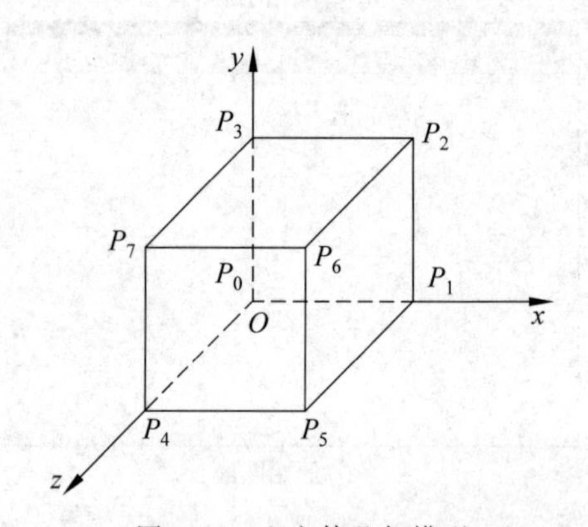

图 16-5　立方体几何模型

表 16-1　立方体顶点表

顶　点	x 坐标	y 坐标	z 坐标
P_0	$x_0=0$	$y_0=0$	$z_0=0$
P_1	$x_1=\mathrm{a}$	$y_1=0$	$z_1=0$
P_2	$x_2=\mathrm{a}$	$y_2=\mathrm{a}$	$z_2=0$
P_3	$x_3=0$	$y_3=\mathrm{a}$	$z_3=0$
P_4	$x_4=0$	$y_4=0$	$z_4=\mathrm{a}$
P_5	$x_5=\mathrm{a}$	$y_5=0$	$z_5=\mathrm{a}$
P_6	$x_6=\mathrm{a}$	$y_6=\mathrm{a}$	$z_6=\mathrm{a}$
P_7	$x_7=0$	$y_7=\mathrm{a}$	$z_7=\mathrm{a}$

表 16-2　立方体面表

面	边 数	顶点 1 序号	顶点 2 序号	顶点 3 序号	顶点 4 序号	说 明
F_0	4	4	5	6	7	前面
F_1	4	0	3	2	1	后面
F_2	4	0	4	7	3	左面
F_3	4	1	2	6	5	右面
F_4	4	2	3	7	6	顶面
F_5	4	0	1	5	4	底面

三、算法设计

(1) 设计原始图形为立方体。

(2) 读入立方体的 8 个顶点表与 6 个面的面表。

(3) 使用斜等测投影变换在屏幕上绘制立方体的斜等测图。

(4) 设计三维几何变换类 CTransform,使用类对象实施三维几何变换。

(5) 将原始立方体的顶点集合齐次坐标矩阵与变换矩阵相乘,结果赋予变换后的顶点集合齐次坐标矩阵。

(6) 根据变换后的顶点集合齐次坐标矩阵绘制变换后的新立方体。

四、案例设计

1. 定义 CP3 类

为了绘制三维图形,需要继承二维点类来定义三维点类。

```
class CP3:public CP2
{
public:
    CP3();
```

```
    virtual ~ CP3();
    CP3(double,double,double);
public:
    double z;
};
```

2. 定义三维几何变换类 CTransform

CTransform类可以实施平移、比例、旋转和反射和错切变换。相对于任意参考点的比例和旋转变换可以实施复合变换。

```
class CTransform
{
public:
    CTransform();
    virtual ~ CTransform();
    void SetMat(CP3 * ,int);
    void Identity();
    void Translate(double,double,double);          //平移变换矩阵
    void Scale(double,double,double);              //比例变换矩阵
    void Scale(double,double,double,CP3);          //相对于任意点的比例变换矩阵
    void RotateX(double);                          //旋转变换矩阵
    void RotateX(double,CP3);                      //相对于任意点的 X 旋转变换矩阵
    void RotateY(double);                          //旋转变换矩阵
    void RotateY(double,CP3);                      //相对于任意点的 Y 旋转变换矩阵
    void RotateZ(double);                          //旋转变换矩阵
    void RotateZ(double,CP3);                      //相对于任意点的 Z 旋转变换矩阵
    void ReflectX();                               //X 轴反射变换矩阵
    void ReflectY();                               //Y 轴反射变换矩阵
    void ReflectZ();                               //Z 轴反射变换矩阵
    void ReflectXOY();                             //XOY 面反射变换矩阵
    void ReflectYOZ();                             //YOZ 面反射变换矩阵
    void ReflectZOX();                             //ZOX 面反射变换矩阵
    void ShearX(double,double);                    //X 方向错切变换矩阵
    void ShearY(double,double);                    //Y 方向错切变换矩阵
    void ShearZ(double,double);                    //Z 方向错切变换矩阵
    void MultiMatrix();                            //矩阵相乘
public:
    double T[4][4];
    CP3 * POld;
    int num;
};
CTransform::CTransform()
{
}
```

```
CTransform::~ CTransform()
{
}
void CTransform::SetMat(CP3 * p,int n)
{
    POld=p;
    num=n;
}
void CTransform::Identity()                                         //单位矩阵
{
    T[0][0]=1.0;T[0][1]=0.0;T[0][2]=0.0;T[0][3]=0.0;
    T[1][0]=0.0;T[1][1]=1.0;T[1][2]=0.0;T[1][3]=0.0;
    T[2][0]=0.0;T[2][1]=0.0;T[2][2]=1.0;T[2][3]=0.0;
    T[3][0]=0.0;T[3][1]=0.0;T[3][2]=0.0;T[3][3]=1.0;
}
void CTransform::Translate(double tx,double ty,double tz)      //平移变换矩阵
{
    Identity();
    T[3][0]=tx;
    T[3][1]=ty;
    T[3][2]=tz;
    MultiMatrix();
}
void CTransform::Scale(double sx,double sy,double sz)          //比例变换矩阵
{
    Identity();
    T[0][0]=sx;
    T[1][1]=sy;
    T[2][2]=sz;
    MultiMatrix();
}
void CTransform::Scale(double sx,double sy,double sz,CP3 p)
                                                //相对于任意点的比例变换矩阵
{
    Translate(-p.x,-p.y,-p.z);
    Scale(sx,sy,sz);
    Translate(p.x,p.y,p.z);
}
void CTransform::RotateX(double beta)                 //绕 X 轴旋转变换矩阵
{
    Identity();
    double rad=beta * PI/180;
    T[1][1]=cos(rad); T[1][2]=sin(rad);
    T[2][1]=-sin(rad);T[2][2]=cos(rad);
```

```
    MultiMatrix();
}
void CTransform::RotateX(double beta,CP3 p)      //相对于任意点的绕 X 轴旋转变换矩阵
{
    Translate(-p.x,-p.y,-p.z);
    RotateX(beta);
    Translate(p.x,p.y,p.z);
}
void CTransform::RotateY(double beta)            //绕 Y 轴旋转变换矩阵
{
    Identity();
    double rad=beta*PI/180;
    T[0][0]=cos(rad);T[0][2]=-sin(rad);
    T[2][0]=sin(rad);T[2][2]=cos(rad);
    MultiMatrix();
}
void CTransform::RotateY(double beta,CP3 p)   //相对于任意点的绕 Y 轴旋转变换矩阵
{
    Translate(-p.x,-p.y,-p.z);
    RotateY(beta);
    Translate(p.x,p.y,p.z);
}
void CTransform::RotateZ(double beta)         //绕 Z 轴旋转变换矩阵
{
    Identity();
    double rad=beta*PI/180;
    T[0][0]=cos(rad); T[0][1]=sin(rad);
    T[1][0]=-sin(rad);T[1][1]=cos(rad);
    MultiMatrix();
}
void CTransform::RotateZ(double beta,CP3 p)   //相对于任意点的绕 Z 轴旋转变换矩阵
{
    Translate(-p.x,-p.y,-p.z);
    RotateZ(beta);
    Translate(p.x,p.y,p.z);
}
void CTransform::ReflectX()                   //X 轴反射变换矩阵
{
    Identity();
    T[1][1]=-1;
    T[2][2]=-1;
    MultiMatrix();
}
void CTransform::ReflectY()                   //Y 轴反射变换矩阵
```

```
{
    Identity();
    T[0][0]=-1;
    T[2][2]=-1;
    MultiMatrix();
}
void CTransform::ReflectZ()                            //Z 轴反射变换矩阵
{
    Identity();
    T[0][0]=-1;
    T[1][1]=-1;
    MultiMatrix();
}
void CTransform::ReflectXOY()                          //XOY 面反射变换矩阵
{
    Identity();
    T[2][2]=-1;
    MultiMatrix();
}
void CTransform::ReflectYOZ()                          //YOZ 面反射变换矩阵
{
    Identity();
    T[0][0]=-1;
    MultiMatrix();
}
void CTransform::ReflectZOX()                          //ZOX 面反射变换矩阵
{
    Identity();
    T[1][1]=-1;
    MultiMatrix();
}
void CTransform::ShearX(double d,double g)             //X 方向错切变换矩阵
{
    Identity();
    T[1][0]=d;
    T[2][0]=g;
    MultiMatrix();
}
void CTransform::ShearY(double b,double h)             //Y 方向错切变换矩阵
{
    Identity();
    T[0][1]=b;
    T[2][1]=h;
    MultiMatrix();
```

```
}
void CTransform::ShearZ(double c,double f)              //Z方向错切变换矩阵
{
    Identity();
    T[0][2]=c;
    T[1][2]=f;
    MultiMatrix();
}
void CTransform::MultiMatrix()                          //矩阵相乘
{
    CP3 * PNew=new CP3[num];
    for(int i=0;i<num;i++)
    {
        PNew[i]=POld[i];
    }
    for(int j=0;j<num;j++)
    {
        POld[j].x=PNew[j].x * T[0][0]+PNew[j].y * T[1][0]+PNew[j].z * T[2][0]+
       PNew[j].w * T[3][0];
        POld[j].y=PNew[j].x * T[0][1]+PNew[j].y * T[1][1]+PNew[j].z * T[2][1]+
       PNew[j].w * T[3][1];
        POld[j].z=PNew[j].x * T[0][2]+PNew[j].y * T[1][2]+PNew[j].z * T[2][2]+
       PNew[j].w * T[3][2];
        POld[j].w=PNew[j].x * T[0][3]+PNew[j].y * T[1][3]+PNew[j].z * T[2][3]+
       PNew[j].w * T[3][3];
    }
    delete[]PNew;
}
```

3. 定义 CFace 类

CFace 类用于设置表面的顶点数、表面的顶点索引号。

```
class CFace
{
public:
    CFace();
    virtual ~ CFace();
    void SetNum(int);                          //设置面的顶点数
public:
    int vN;                                    //面的顶点数
    int * vI;                                  //面的顶点索引
};
CFace::CFace()
{
```

```
    vI=NULL;
}
CFace::~ CFace()
{
    if(vI!=NULL)
    {
        delete []vI;
        vI=NULL;
    }
}
void CFace::SetNum(int en)
{
    vN=en;
    vI=new int[vN];
}
```

4. 立方体点表

在 CTestView 类内添加成员函数 ReadPoint(),读入立方体的初始顶点。

```
void CTestView::ReadPoint()
{
    double a=100;                                    //立方体边长为 a
    //顶点的三维坐标(x,y,z)
    P[0].x=0;P[0].y=0;P[0].z=0;
    P[1].x=a;P[1].y=0;P[1].z=0;
    P[2].x=a;P[2].y=a;P[2].z=0;
    P[3].x=0;P[3].y=a;P[3].z=0;
    P[4].x=0;P[4].y=0;P[4].z=a;
    P[5].x=a;P[5].y=0;P[5].z=a;
    P[6].x=a;P[6].y=a;P[6].z=a;
    P[7].x=0;P[7].y=a;P[7].z=a;
}
```

5. 立方体面表

在 CTestView 类内添加成员函数 ReadFace(),读入立方体的表面顶点数与顶点索引号。

```
void CTestView::ReadFace()
{
    //面的边数、面的顶点编号
    F[0].SetNum(4);F[0].vI[0]=4;F[0].vI[1]=5;F[0].vI[2]=6;F[0].vI[3]=7; //前面
    F[1].SetNum(4);F[1].vI[0]=0;F[1].vI[1]=3;F[1].vI[2]=2;F[1].vI[3]=1; //后面
    F[2].SetNum(4);F[2].vI[0]=0;F[2].vI[1]=4;F[2].vI[2]=7;F[2].vI[3]=3; //左面
    F[3].SetNum(4);F[3].vI[0]=1;F[3].vI[1]=2;F[3].vI[2]=6;F[3].vI[3]=5; //右面
    F[4].SetNum(4);F[4].vI[0]=2;F[4].vI[1]=3;F[4].vI[2]=7;F[4].vI[3]=6; //顶面
```

```
    F[5].SetNum(4);F[5].vI[0]=0;F[5].vI[1]=1;F[5].vI[2]=5;F[5].vI[3]=4;     //底面
}
```

6. 斜等测投影变换函数

立方体使用斜等测投影变换绘制,在 CTestView 类内添加了 ObliqueProject()函数。

```
void CTestView:: ObliqueProject (CP3 p)
{
    ScreenP.x=p.x-p.z/sqrt(2);
    ScreenP.y=p.y-p.z/sqrt(2);
}
```

7. 三维几何变换函数

在 CTestView 类内为图标按钮添加成员函数,实现三维几何变换。

```
void CTestView::OnLeft()                                    //向左平移
{
    //TODO: Add your command handler code here
    trans.Translate(-10,0,0);
    Invalidate(FALSE);
}
void CTestView::OnRight()                                   //向右平移
{
    //TODO: Add your command handler code here
    trans.Translate(10,0,0);
    Invalidate(FALSE)
}
void CTestView::OnUp()                                      //向上平移
{
    //TODO: Add your command handler code here
    trans.Translate(0,10,0);
    Invalidate(FALSE);
}
void CTestView::OnDown()                                    //向下平移
{
    //TODO: Add your command handler code here
    trans.Translate(0,-10,0);
    Invalidate(FALSE);
}
void CTestView::OnFront()                                   //向前平移
{
    //TODO: Add your command handler code here
    trans.Translate(0,0,10);
    Invalidate(FALSE);
```

```
}
void CTestView::OnBack()                                      //向后平移
{
    //TODO: Add your command handler code here
    trans.Translate(0,0,-10);
    Invalidate(FALSE);
}
void CTestView::OnIncrease()                                  //等比放大
{
    //TODO: Add your command handler code here
    trans.Scale(2,2,2);
    Invalidate(FALSE);
}
void CTestView::OnDecrease()                                  //等比缩小
{
    //TODO: Add your command handler code here
    trans.Scale(0.5,0.5,0.5);
    Invalidate(FALSE);
}
void CTestView::OnRxaxis()                                    //绕 x 轴旋转
{
    //TODO: Add your command handler code here
    trans.RotateX(30,P[0]);
    Invalidate(FALSE);
}
void CTestView::OnRyaxis()                                    //绕 y 轴旋转
{
    //TODO: Add your command handler code here
    trans.RotateY(30,P[0]);
    Invalidate(FALSE);
}
void CTestView::OnRzaxis()                                    //绕 z 轴旋转
{
    //TODO: Add your command handler code here
    trans.RotateZ(30,P[0]);
    Invalidate(FALSE);
}
void CTestView::OnRxoy()                                      //关于 xOy 面反射
{
    //TODO: Add your command handler code here
    trans.ReflectXOY();
    Invalidate(FALSE);
}
void CTestView::OnRyoz()                                      //关于 yOz 面反射
```

```
{
    //TODO: Add your command handler code here
    trans.ReflectYOZ();
    Invalidate(FALSE);
}
void CTestView::OnRzox()                                    //关于 zOx 面反射
{
    //TODO: Add your command handler code here
    trans.ReflectXOZ();
    Invalidate(FALSE);
}
void CTestView::OnSXPlus()                                  //沿 x 轴正向错切
{
    //TODO: Add your command handler code here
    trans.ShearX(1,1);
    Invalidate(FALSE);
}
void CTestView::OnSYPlus()                                  //沿 y 轴正向错切
{
    //TODO: Add your command handler code here
    trans.ShearY(1,1);
    Invalidate(FALSE);
}
void CTestView::OnSZPlus()                                  //沿 z 轴正向错切
{
    //TODO: Add your command handler code here
    trans.ShearZ(1,1);
    Invalidate(FALSE);
}
void CTestView::OnReset()                                   //复位
{
    //TODO: Add your command handler code here
    ReadPoint();
    Invalidate(FALSE);
}
```

五、案例总结

本案例自定义了 CTransform 类来实现三维几何变换。以立方体为例，实现了三维图形的平移、比例、旋转、反射和错切变换。对于旋转变换采用了相对于任意点的复合变换。立方体线框图使用自定义 CLine 类绘制，图形变换中使用了双缓冲技术，因此不需要刷新屏幕。

案例 17　立方体正交投影算法

知识要点

- 立方体的几何模型。
- 正交投影变换矩阵。
- 立方体线框模型绘制方法。
- 旋转动画设置方法。

一、案例需求

1. 案例描述

在屏幕客户区中心绘制立方体的二维正交投影线框图，通过工具栏的“动画”图标按钮或键盘上的方向键旋转立方体。

2. 功能说明

(1) 自定义屏幕二维坐标系，原点位于客户区中心，x 轴水平向右为正，y 轴垂直向上为正。

(2) 建立三维用户右手坐标系$\{O;x,y,z\}$，原点 O 位于客户区中心，x 轴水平向右，y 轴铅直向上，z 轴指向读者。

(3) 以用户坐标系的原点为立方体体心建立三维几何模型。

(4) 使用三维旋转变换矩阵计算立方体线框模型围绕三维坐标系原点变换前后的顶点坐标。

(5) 使用双缓冲技术在屏幕坐标系内绘制立方体线框模型的二维正投影图。

(6) 使用键盘方向键旋转立方体线框模型。

(7) 使用工具条上的“动画”图标按钮播放或停止立方体线框模型的旋转动画。

3. 案例效果图

立方体线框模型的正投影动画效果如图 17-1 所示。

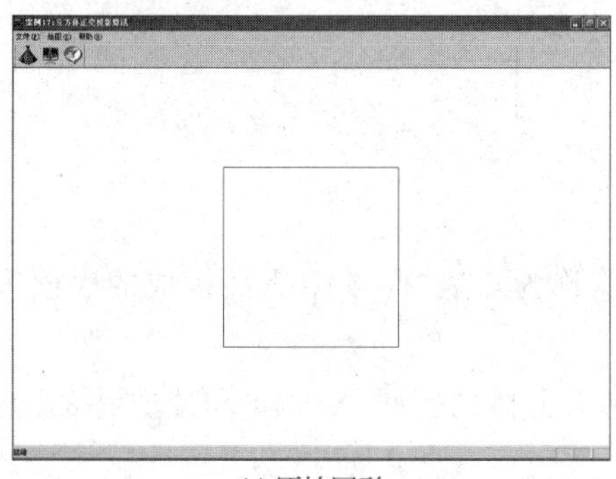

(a) 原始图形

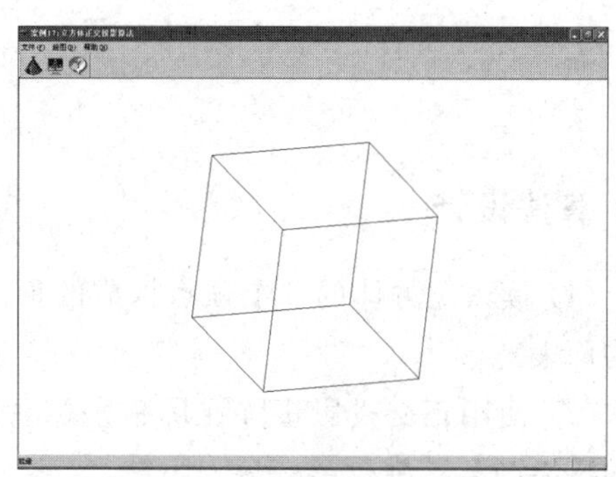

(b) 动画图形

图 17-1　立方体正交投影动画效果图

二、案例分析

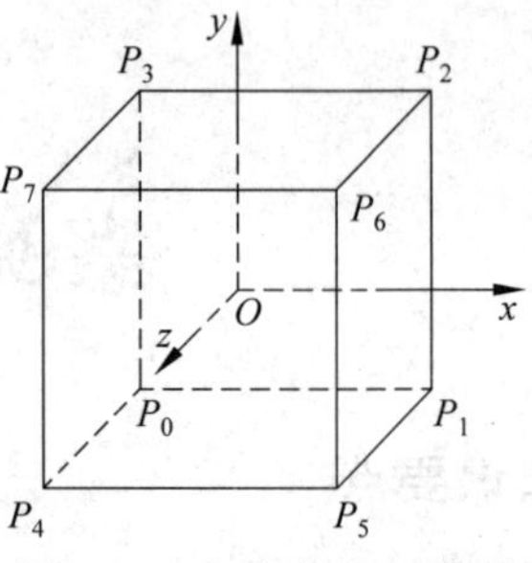

图 17-2 立方体几何模型

(1) 建立立方体的三维几何模型

设立方体的边长为 $2a$，立方体中心位于用户坐标系原点，立方体模型如图 17-2 所示。

立方体的点表和面表见表 17-1 和表 17-2。其中面表的顶点排列顺序应保持该面的外法矢量方向向外，为后续的消隐做准备。

表 17-1 立方体顶点表

顶点	x 坐标	y 坐标	z 坐标	顶点	x 坐标	y 坐标	z 坐标
P_0	$x_0=-a$	$y_0=-a$	$z_0=-a$	P_4	$x_4=-a$	$y_4=-a$	$z_4=a$
P_1	$x_1=a$	$y_1=-a$	$z_1=-a$	P_5	$x_5=a$	$y_5=-a$	$z_5=a$
P_2	$x_2=a$	$y_2=a$	$z_2=-a$	P_6	$x_6=a$	$y_6=a$	$z_6=a$
P_3	$x_3=-a$	$y_3=a$	$z_3=-a$	P_7	$x_7=-a$	$y_7=a$	$z_7=a$

表 17-2 立方体面表

面	边数	顶点 1 序号	顶点 2 序号	顶点 3 序号	顶点 4 序号	说明
F_0	4	4	5	6	7	前面
F_1	4	0	3	2	1	后面
F_2	4	0	4	7	3	左面
F_3	4	1	2	6	5	右面
F_4	4	2	3	7	6	顶面
F_5	4	0	1	5	4	底面

(2) 正交投影矩阵

$$\boldsymbol{T}=\begin{bmatrix}1&0&0&0\\0&1&0&0\\0&0&0&0\\0&0&0&1\end{bmatrix}$$

三、算法设计

(1) 读入立方体的 8 个顶点构成的顶点表(简称为点表)与 6 个表面构成的表面表(简称为面表)。

(2) 使用正交投影矩阵在屏幕坐标系内绘制立方体的正投影，也即将立方体的 z 坐标取为零绘制其二维投影。

(3) 设计三维几何变换类 CTransform，使用类对象旋转立方体。

(4) 使用双缓冲技术绘制立方体旋转动画。

四、案例设计

1. 立方体点表

在 CTestView 类内添加成员函数 ReadPoint(),读入立方体的初始顶点。

```
void CTestView::ReadPoint()
{
    //顶点的三维坐标(x,y,z),立方体边长为 2a
    double a=150;
    P[0].x=-a;P[0].y=-a;P[0].z=-a;
    P[1].x=+a;P[1].y=-a;P[1].z=-a;
    P[2].x=+a;P[2].y=+a;P[2].z=-a;
    P[3].x=-a;P[3].y=+a;P[3].z=-a;
    P[4].x=-a;P[4].y=-a;P[4].z=+a;
    P[5].x=+a;P[5].y=-a;P[5].z=+a;
    P[6].x=+a;P[6].y=+a;P[6].z=+a;
    P[7].x=-a;P[7].y=+a;P[7].z=+a;
}
```

2. 立方体面表

在 CTestView 类内添加成员函数 ReadFace(),读入立方体的表面顶点数与顶点索引号。

```
void CTestView::ReadFace()
{
    //面的顶点数和面的顶点索引
    F[0].SetNum(4);F[0].vI[0]=4;F[0].vI[1]=5;F[0].vI[2]=6;F[0].vI[3]=7; //前面
    F[1].SetNum(4);F[1].vI[0]=0;F[1].vI[1]=3;F[1].vI[2]=2;F[1].vI[3]=1; //后面
    F[2].SetNum(4);F[2].vI[0]=0;F[2].vI[1]=4;F[2].vI[2]=7;F[2].vI[3]=3; //左面
    F[3].SetNum(4);F[3].vI[0]=1;F[3].vI[1]=2;F[3].vI[2]=6;F[3].vI[3]=5; //右面
    F[4].SetNum(4);F[4].vI[0]=2;F[4].vI[1]=3;F[4].vI[2]=7;F[4].vI[3]=6; //顶面
    F[5].SetNum(4);F[5].vI[0]=0;F[5].vI[1]=1;F[5].vI[2]=5;F[5].vI[3]=4; //底面
}
```

3. 绘制立方体线框模型

立方体的线框模型使用正交投影绘制,在 CTestView 类内添加了 DrawObject()函数。

```
void CTestView::DrawObject(CDC * pDC)
{
    CP3 ScreenP,t;
    CLine * line=new CLine;
    for(int nFace=0;nFace<6;nFace++)                              //面循环
    {
        for(int nPoint=0;nPoint<F[nFace].vN;nPoint++)             //顶点循环
```

```
        {
            ScreenP=P[F[nFace].vI[nPoint]];
            if(0==nPoint)
            {
                line->MoveTo(pDC,ScreenP);
                t=ScreenP;
            }
            else
                line->LineTo(pDC,ScreenP);
        }
        line->LineTo(pDC,t);                        //闭合多边形
    }
    delete line;
}
```

4. 动画按钮函数

在 CTestView 类内为“动画”图标按钮添加成员函数,实现旋转动画。

```
void CTestView::OnPlay()
{
    //TODO: Add your command handler code here
    bPlay=bPlay? FALSE:TRUE;
    if (bPlay)                                      //设置定时器
        SetTimer(1,150,NULL);
    else
        KillTimer(1);
}
```

5. 定时器处理函数

在 CTestView 类内添加 WM_TIMER 消息响应函数,设置绕 x 轴的旋转角 α 和绕 y 轴的旋转角 β。

```
void CTestView::OnTimer(UINT nIDEvent)
{
    //TODO: Add your message handler code here and/or call default
    Alpha=5;Beta=5;
    tran.RotateX(Alpha);
    tran.RotateY(Beta);
    Invalidate(FALSE);
    CView::OnTimer(nIDEvent);
}
```

6. 键盘响应函数

在 CTestView 类内添加 WM_LBUTTONDOWN 消息响应函数,设置按下上、下、左、

右方向键时的绕 x 轴的旋转角 α 和绕 y 轴的旋转角 β。

```
void CTestView::OnKeyDown(UINT nChar, UINT nRepCnt, UINT nFlags)
{
    //TODO: Add your message handler code here and/or call default
    if(!bPlay)
    {
        switch(nChar)
        {
        case VK_UP:
            Alpha=-5;
            tran.RotateX(Alpha);
            break;
        case VK_DOWN:
            Alpha=5;
            tran.RotateX(Alpha);
            break;
        case VK_LEFT:
            Beta=-5;
            tran.RotateY(Beta);
            break;
        case VK_RIGHT:
            Beta=5;
            tran.RotateY(Beta);
            break;
        default:
            break;
        }
        Invalidate(FALSE);
    }
    CView::OnKeyDown(nChar, nRepCnt, nFlags);
}
```

7. “动画”按钮控制状态函数

在 CTestView 类内为“动画”按钮添加 UPDATE_COMMAND_UI 消息响应函数，设置按钮状态。按下“动画”按钮，立方体线框模型开始旋转；弹起“动画”按钮，立方体线框模型停止旋转。“动画”按钮是由“动画”菜单控制的，当“动画”按钮弹起时，“动画”菜单显示“开始”，提示用户可以按下；当“动画”按钮按下时，“动画”菜单显示“停止”，提示用户可以弹起。

```
void CTestView::OnUpdatePlay(CCmdUI * pCmdUI)
{
    //TODO: Add your command update UI handler code here
    if(bPlay)
    {
        pCmdUI->SetCheck(TRUE);
        pCmdUI->SetText("停止");
```

```
    }
    else
    {
        pCmdUI->SetCheck(FALSE);
        pCmdUI->SetText("开始");
    }
}
```

五、案例总结

立方体的正交投影变换就是简单地将三维顶点的 z 坐标取为 0。正交投影的特点是当表面垂直于 z 轴时,其前后相对表面的二维投影可以重合。立方体的几何模型由点表与面表确定。

案例 18　正三棱柱三视图算法

知识要点

- 正三棱柱的几何模型。
- 三视图变换矩阵。
- 斜等测变换矩阵。

一、案例需求

1. 案例描述

将屏幕静态切分为 4 个窗格。左上窗格绘制正三棱柱的主视图,左下窗格绘制正三棱柱的俯视图,右上窗格绘制正三棱柱的侧视图,右下窗格绘制正三棱柱的立体图。使用正交投影绘制主视图、俯视图和侧视图,使用斜等测投影绘制立体图。

2. 功能说明

(1) 自定义屏幕二维坐标系,原点位于客户区中心,x 轴水平向右为正,y 轴垂直向上为正。

(2) 建立三维用户右手坐标系$\{O;x,y,z\}$,原点 O 位于窗格中心,x 轴水平向右,y 轴铅直向上,z 轴指向读者。

(3) 以用户坐标系的原点为正三棱柱的体心建立三维几何模型。

(4) 使用键盘方向键旋转右下窗格的正三棱柱立体模型,其余 3 个窗格内的三视图随之动态改变。

(5) 使用工具条上的"动画"图标按钮播放或停止正三棱柱的斜等测图及三视图的旋转动画。

3. 案例效果图

正三棱柱的三视图效果如图 18-1 所示。

二、案例分析

(1) 建立正三棱柱的三维几何模型

设正三棱柱的棱长为 b,底面正三角形的边长为 a,正三棱柱的几何模型如图 18-2 所示。

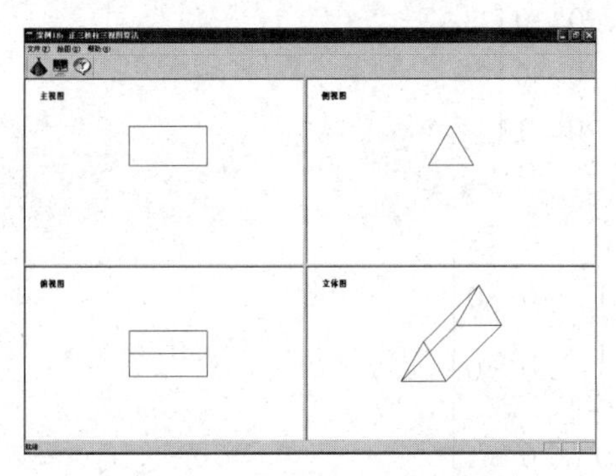

图 18-1　正三棱柱三视图效果图

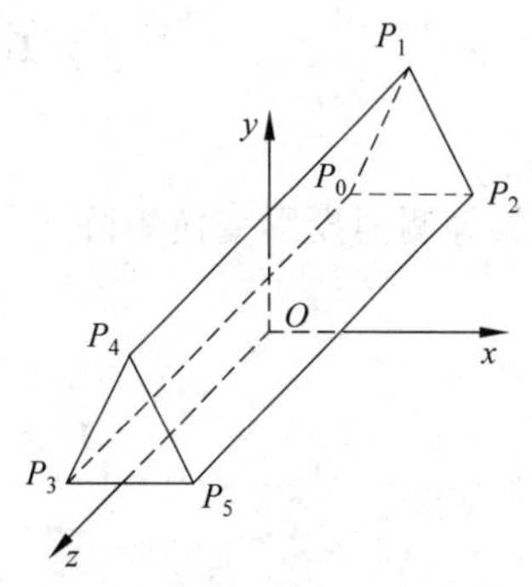

图 18-2　正三棱柱几何模型

正三棱柱的点表和面表见表 18-1 和表 18-2。其中面表的顶点排列顺序应保持该面的外法矢量方向向外,为后续的消隐做准备。

表 18-1 正三棱柱顶点表

顶点	x 坐标	y 坐标	z 坐标	顶点	x 坐标	y 坐标	z 坐标
P_0	$x_0=-a/2$	$y_0=0$	$z_0=-b/2$	P_3	$x_3=-a/2$	$y_3=0$	$z_3=b/2$
P_1	$x_1=0$	$y_1=\frac{\sqrt{3}}{2}a$	$z_1=-b/2$	P_4	$x_4=0$	$y_4=\frac{\sqrt{3}}{2}a$	$z_4=b/2$
P_2	$x_2=a/2$	$y_2=0$	$z_2=-b/2$	P_5	$x_5=a/2$	$y_5=0$	$z_5=b/2$

表 18-2 正三棱柱面表

面	边　数	顶点 1 序号	顶点 2 序号	顶点 3 序号	顶点 4 序号	说　明
F_0	4	0	3	4	1	左侧面
F_1	3	0	1	2		上底面
F_2	4	0	2	5	3	下侧面
F_3	4	1	4	5	2	右侧面
F_4	3	3	5	4		下底面

(2) 主视图投影变换矩阵

$$\boldsymbol{T}_{\mathrm{V}}=\boldsymbol{T}_{yOz}=\begin{bmatrix}0&0&0&0\\0&1&0&0\\0&0&1&0\\0&0&0&1\end{bmatrix}$$

(3) 俯视图投影变换矩阵

$$\boldsymbol{T}_{\mathrm{H}}=\begin{bmatrix}0&-1&0&0\\0&0&0&0\\0&0&1&0\\0&0&0&1\end{bmatrix}$$

(4) 侧视图投影变换矩阵

$$\boldsymbol{T}_{\mathrm{W}}=\begin{bmatrix}0&0&-1&0\\0&1&0&0\\0&0&0&0\\0&0&0&1\end{bmatrix}$$

(5) 斜等测图投影变换矩阵

$$\boldsymbol{T}=\begin{bmatrix}1&0&0&0\\0&1&0&0\\-\frac{1}{\sqrt{2}}&-\frac{1}{\sqrt{2}}&0&0\\0&0&0&1\end{bmatrix}$$

三、算法设计

(1) 将屏幕客户区静态切分为4个窗格,左上窗格编号为00,左下窗格编号为10,右上窗格编号为01,右下窗格编号为11。

(2) 读入正三棱柱的6个顶点构成的顶点表与5个表面构成的表面表。

(3) 使用主视图变换矩阵在00窗格绘制主视图。

(4) 使用俯视图变换矩阵在10窗格绘制俯视图。

(5) 使用侧视图变换矩阵在01窗格绘制侧视图。

(6) 使用斜等测变换矩阵在11窗格绘制斜等测图。

(7) 使用双缓冲技术绘制三视图及斜等测图的旋转动画。

四、案例设计

1. 正三棱柱点表

在CTestView类内添加成员函数ReadPoint(),读入正三棱柱的初始顶点。

```
void CTestView::ReadPoint()
{
    int a=80,b=140;                          //a三角形边长,b棱长
    P[0].x=-a/2;     P[0].y=0;              P[0].z=-b/2;//P0
    P[1].x=0;        P[1].y=sqrt(3)/2*a;    P[1].z=-b/2;//P1
    P[2].x=a/2;      P[2].y=0;              P[2].z=-b/2;//P2
    P[3].x=-a/2;     P[3].y=0;              P[3].z=b/2; //P3
    P[4].x=0;        P[4].y=sqrt(3)/2*a;    P[4].z=b/2; //P4
    P[5].x=a/2;      P[5].y=0;              P[5].z=b/2; //P5
}
```

2. 正三棱柱面表

在CTestView类内添加成员函数ReadFace(),读入正三棱柱的表面数据。

```
void CTestView::ReadFace()
{
    //面的顶点数和面的顶点索引
    F[0].SetNum(4);F[0].vI[0]=0;F[0].vI[1]=3;F[0].vI[2]=4;F[0].vI[3]=1;
    F[1].SetNum(3);F[1].vI[0]=0;F[1].vI[1]=1;F[1].vI[2]=2;
    F[2].SetNum(4);F[2].vI[0]=0;F[2].vI[1]=2;F[2].vI[2]=5;F[2].vI[3]=3;
    F[3].SetNum(4);F[3].vI[0]=1;F[3].vI[1]=4;F[3].vI[2]=5;F[3].vI[3]=2;
    F[4].SetNum(3);F[4].vI[0]=3;F[4].vI[1]=5;F[4].vI[2]=4;
}
```

3. 斜等测投影变换矩阵

在CTestView类内添加了TOMatrix()函数为斜等测投影变换矩阵赋值。

```
void CTestView::TOMatrix()
{
    TO[0][0]=1;              TO[0][1]=0;              TO[0][2]=0;TO[0][3]=0;
    TO[1][0]=0;              TO[1][1]=1;              TO[1][2]=0;TO[1][3]=0;
    TO[2][0]=-1/sqrt(2);  TO[2][1]=-1/sqrt(2);  TO[2][2]=0;TO[2][3]=0;
    TO[3][0]=0;              TO[3][1]=0;              TO[3][2]=0;TO[3][3]=1;
}
```

4. 主视图投影变换矩阵

在CTestView类内添加了TVMatrix()函数为主视图投影变换矩阵赋值。

```
void CTestView::TVMatrix()
{
    TV[0][0]=0;TV[0][1]=0;TV[0][2]=0;TV[0][3]=0;
    TV[1][0]=0;TV[1][1]=1;TV[1][2]=0;TV[1][3]=0;
    TV[2][0]=0;TV[2][1]=0;TV[2][2]=1;TV[2][3]=0;
    TV[3][0]=0;TV[3][1]=0;TV[3][2]=0;TV[3][3]=1;
}
```

5. 俯视图投影变换矩阵

在CTestView类内添加了THMatrix()函数为俯视图投影变换矩阵赋值。

```
void CTestView::THMatrix()
{
    TH[0][0]=0;TH[0][1]=-1;TH[0][2]=0; TH[0][3]=0;
    TH[1][0]=0;TH[1][1]=0;TH[1][2]=0;TH[1][3]=0;
    TH[2][0]=0;TH[2][1]=0;TH[2][2]=1; TH[2][3]=0;
    TH[3][0]=0;TH[3][1]=0;TH[3][2]=0; TH[3][3]=1;
}
```

6. 侧视图投影变换矩阵

在CTestView类内添加了TWMatrix()函数为侧视图投影变换矩阵赋值。

```
void CTestView::THMatrix()
{
    TH[0][0]=0;TH[0][1]=0;TH[0][2]=-1;TH[0][3]=0;
    TH[1][0]=0;TH[1][1]=1; TH[1][2]=0;TH[1][3]=0;
    TH[2][0]=0;TH[2][1]=0; TH[2][2]=0;TH[2][3]=0;
    TH[3][0]=0;TH[3][1]=0; TH[3][2]=0;TH[3][3]=1;
}
```

7. 绘制三视图线框模型函数

在CTestView类内添加了DrawTriView()函数绘制三视图线框模型。

```
void CTestView::DrawTriView(CDC *pDC,CP3 P[])
{
    for(int nFace=0;nFace<5;nFace++)
    {
        CP3 ScreenP,t;
        CLine *line=new CLine;
        for(int nVertex=0;nVertex<F[nFace].vN;nVertex++)        //顶点循环
        {
            ScreenP=P[F[nFace].vI[nVertex]];
            if(nVertex==0)
            {
                line->MoveTo(pDC,-ScreenP.z,ScreenP.y);
                t=ScreenP;
            }
            else
            {
                line->LineTo(pDC,-ScreenP.z,ScreenP.y);
            }
        }
        line->LineTo(pDC,-t.z,t.y);                              //闭合多边形
        delete line;
    }
}
```

8. 矩阵相乘函数

在 CTestView 类内添加 MultiMatrix()函数，实现两个 4×4 矩阵相乘，结果赋给 Pnew 数组。

```
void CTestView::MultiMatrix(double T[][4])
{
    for(int i=0;i<6;i++)
    {
        PNew[i].x=P[i].x*T[0][0]+P[i].y*T[1][0]+P[i].z*T[2][0]+P[i].w*
        T[3][0];
        PNew[i].y=P[i].x*T[0][1]+P[i].y*T[1][1]+P[i].z*T[2][1]+P[i].w*
        T[3][1];
        PNew[i].z=P[i].x*T[0][2]+P[i].y*T[1][2]+P[i].z*T[2][2]+P[i].w*
        T[3][2];
        PNew[i].w=P[i].x*T[0][3]+P[i].y*T[1][3]+P[i].z*T[2][3]+P[i].w*
        T[3][3];
    }
}
```

五、案例总结

三视图投影变换是将 3 个视图投影到某一个平面内绘制，本案例投影到 yOz 平面内。由于使用 4 个窗格独立绘制三视图，所以不需要对三视图进行平移变换。本案例使用斜等测投影绘制了正三棱柱的未消隐立体图。立体图一般要进行消隐，但由于现在还没有学习到线框模型的消隐方法，请以后完成。立体图消隐效果如图 18-3 所示。

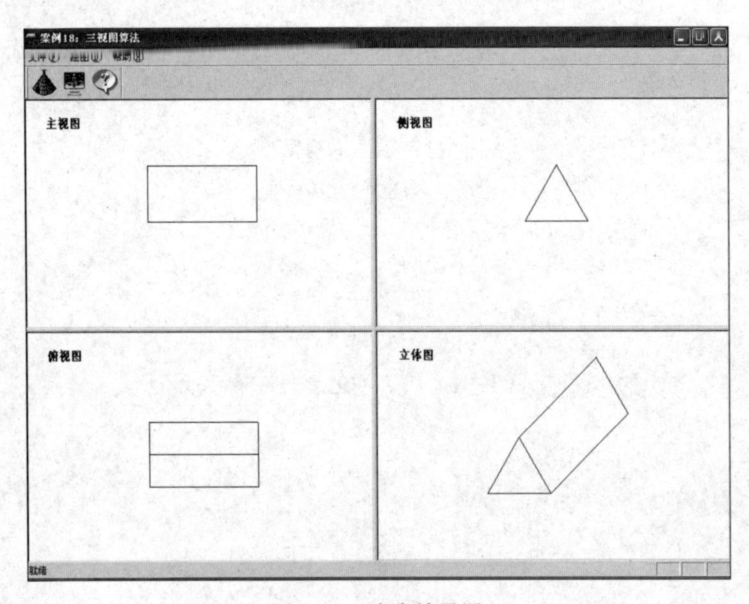

图 18-3　消隐效果图

案例19　立方体透视投影算法

知识要点

- 观察变换矩阵。
- 透视投影变换矩阵。
- 一点透视。
- 二点透视。
- 三点透视。

一、案例需求

1. 案例描述

在屏幕客户区中心绘制立方体的透视投影线框模型，使用工具栏的“动画”图标按钮或键盘上的方向键旋转视点观察立方体，生成立方体的旋转动画。选择工具栏的①②③图标按钮分别绘制立方体线框模型的一点透视图、二点透视图和三点透视图。

2. 功能说明

（1）自定义屏幕二维坐标系，原点位于客户区中心，x 轴水平向右为正，y 轴垂直向上为正。

（2）建立三维用户右手坐标系$\{O;x,y,z\}$，原点 O 位于客户区中心，x 轴水平向右，y 轴铅直向上，z 轴指向读者。

（3）以用户坐标系的原点为立方体体心建立三维几何模型。

（4）使用观察变换矩阵计算视点围绕立方体线框模型旋转前后的位置。

（5）使用双缓冲技术在屏幕坐标系内绘制立方体线框模型的二维透视投影图。

（6）使用键盘方向键旋转视点。

（7）使用工具条上的“动画”图标按钮播放或停止立方体线框模型的旋转动画。

（8）单击鼠标增加视径，右击鼠标缩短视径。

3. 案例效果图

立方体的一点透视效果如图19-1所示。立方体的二点透视效果如图19-2所示。立方体的三点透视效果如图19-3所示。

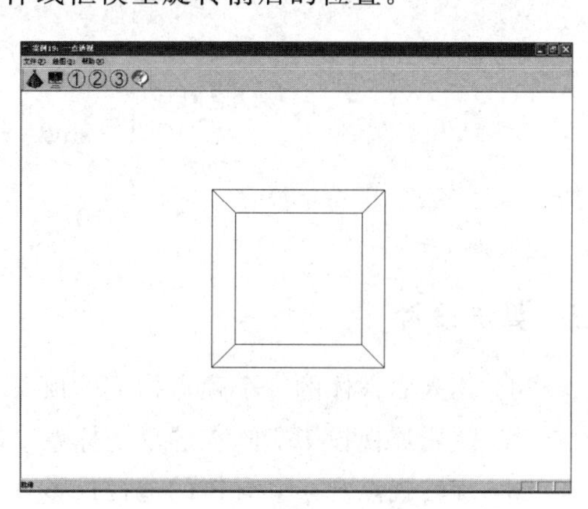

图19-1　立方体的一点透视效果图

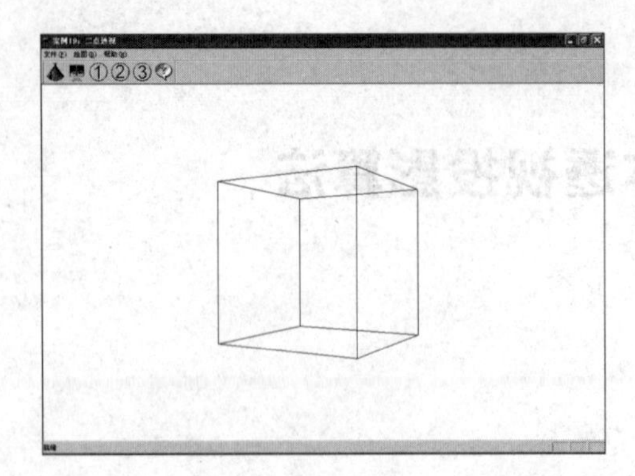

图 19-2　立方体的二点透视效果图

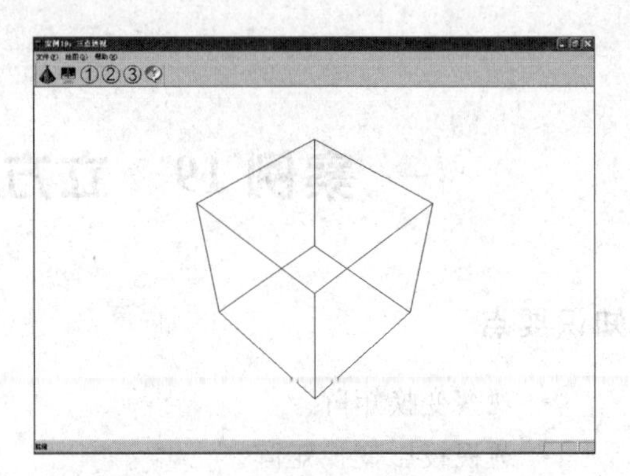

图 19-3　立方体的三点透视效果图

二、案例分析

（1）观察变换矩阵

$$\boldsymbol{T}_{\mathrm{V}}=\begin{bmatrix}\cos\theta & -\cos\varphi\sin\theta & -\sin\varphi\sin\theta & 0\\ 0 & \sin\varphi & -\cos\varphi & 0\\ -\sin\theta & -\cos\varphi\cos\theta & -\sin\varphi\cos\theta & 0\\ 0 & 0 & R & 1\end{bmatrix}$$

（2）透视投影变换矩阵

$$\boldsymbol{T}_{\mathrm{P}}=\begin{bmatrix}1 & 0 & 0 & 0\\ 0 & 1 & 0 & 0\\ 0 & 0 & 0 & 1/d\\ 0 & 0 & 0 & 0\end{bmatrix}$$

（3）从世界坐标系到屏幕坐标系的透视投影整体变换矩阵为

$$\boldsymbol{T}=\boldsymbol{T}_{\mathrm{V}}\cdot\boldsymbol{T}_{\mathrm{P}}=\begin{bmatrix}\cos\theta & -\cos\varphi\sin\theta & 0 & \dfrac{-\sin\varphi\sin\theta}{d}\\ 0 & \sin\varphi & 0 & \dfrac{-\cos\varphi}{d}\\ -\sin\theta & -\cos\varphi\cos\theta & 0 & \dfrac{-\sin\varphi\cos\theta}{d}\\ 0 & 0 & 0 & \dfrac{R}{d}\end{bmatrix}$$

三、算法设计

（1）读入立方体的 8 个顶点构成的顶点表与 6 个表面构成的表面表。

（2）使用透视投影矩阵在屏幕坐标系绘制立方体的透视投影。

（3）旋转视点观察立方体的透视投影。

（4）使用鼠标左键增加视径，缩小立方体的透视投影。

（5）使用鼠标左键减小视径，放大立方体的透视投影。

（6）使用双缓冲技术绘制立方体旋转动画。

四、案例设计

1. 透视变换参数初始化

在 CTestView 类内添加成员函数 InitParameter( )，初始化三角函数与视点坐标 ViewPoint。

```
void CTestView::InitParameter()
{
    k[1]=sin(PI * Theta/180);
    k[2]=sin(PI * Phi/180);
    k[3]=cos(PI * Theta/180);
    k[4]=cos(PI * Phi/180);
    k[5]=k[2] * k[3];
    k[6]=k[2] * k[1];
    k[7]=k[4] * k[3];
    k[8]=k[4] * k[1];
}
```

2. 透视变换

在 CTestView 类内添加成员函数 PerProject()，旋转视点并进行透视变换。变换后的视点三维坐标为 ViewP，屏幕二维坐标为 ScreenP。

```
void CTestView::PerProject(CP3 P)
{
    CP3 ViewP;
    ViewP.x=k[3] * P.x-k[1] * P.z;                            //观察坐标系三维坐标
    ViewP.y=-k[8] * P.x+k[2] * P.y-k[7] * P.z;
    ViewP.z=-k[6] * P.x-k[4] * P.y-k[5] * P.z+R;
    ScreenP.x=d * ViewP.x/ViewP.z;                            //屏幕坐标系二维坐标
    ScreenP.y=d * ViewP.y/ViewP.z;
}
```

3. 增大视径函数

在 WM_LBUTTONDOWN 消息响应函数中增大视径 R，缩小立方体的透视投影。

```
void CTestView::OnLButtonDown(UINT nFlags, CPoint point)
{
    //TODO: Add your message handler code here and/or call default
    R=R+100;
    InitParameter();
    Invalidate(FALSE);
    CView::OnLButtonDown(nFlags, point);
}
```

4. 减小视径函数

在 WM_RBUTTONDOWN 消息响应函数中减小视径 R,增大立方体的透视投影。

```
void CTestView::OnRButtonDblClk(UINT nFlags, CPoint point)
{
    //TODO: Add your message handler code here and/or call default
    R=R-100;
    InitParameter();
    Invalidate(FALSE);
    CView::OnRButtonDblClk(nFlags, point);
}
```

5. 俯视图投影变换矩阵

在 CTestView 类内分别为图标按钮①②③添加消隐映射函数,实现一点、二点和三点透视。

```
void CTestView::OnOnepoint()                              //一点透视函数
{
    //TODO: Add your command handler code here
    AfxGetMainWnd()->SetWindowText("案例 19: 一点透视");
    KillTimer(1);
    bPlay=FALSE;
    Phi=90;Theta=0;
    InitParameter();
    Invalidate(FALSE);
}
void CTestView::OnTwopoint()                              //二点透视函数
{
    //TODO: Add your command handler code here
    AfxGetMainWnd()->SetWindowText("案例 19: 二点透视");
    KillTimer(1);
    bPlay=FALSE;
    Phi=90;Theta=30;
    InitParameter();
    Invalidate(FALSE);
}
void CTestView::OnThreepoint()                            //三点透视函数
{
    //TODO: Add your command handler code here
    AfxGetMainWnd()->SetWindowText("案例 19: 三点透视");
    KillTimer(1);
    bPlay=FALSE;
    Theta=45;Phi=45;
    InitParameter();
```

```
        Invalidate(FALSE);
    }
```

五、案例总结

透视投影变换是生成真实感图形的基础,本案例绘制了立方体的透视投影动画,并给出了一点、二点和三点透视图。立方体的动画是通过旋转视点实现的,立方体在世界坐标系内的几何位置并未发生变化。假定视点位于客户区的正前方,所以取 $\varphi=90°$,$\theta=0°$。后续的案例中除非特别说明,默认的视点位置同此。

案例 20　n 次 Bezier 曲线方程定义算法

知识要点

- Bezier 曲线方程。
- 控制多边形的绘制方法。
- 阶乘函数的编程方法。

一、案例需求

1. 案例描述

使用鼠标左键在屏幕客户区绘制控制点，使用直线段连接控制点构成 Bezier 的控制多边形。根据 Bezier 曲线方程使用鼠标右键绘制 n 次 Bezier 曲线。

2. 功能说明

(1) 根据 Bezier 曲线方程绘制 n 次 Bezier 曲线。

(2) 使用鼠标左键绘制任意个数的控制点，直线段连接为控制多边形。

(3) 使用鼠标右键绘制 n 次 Bezier 曲线。

(4) 本案例将控制多边形的顶点个数的最大值限定为 21，所能绘制的最大 Bezier 阶次为 20。

(5) 使用黑色直线段绘制控制多边形，使用半径为两个像素的灰色实心圆绘制控制点，使用蓝色直线段连接控制点绘制 Bezier 曲线。

3. 案例效果图

1 次 Bezier 曲线效果如图 20-1 所示，2 次 Bezier 曲线效果如图 20-2 所示，3 次 Bezier 曲线效果如图 20-3 所示，4 次 Bezier 曲线效果如图 20-4 所示。

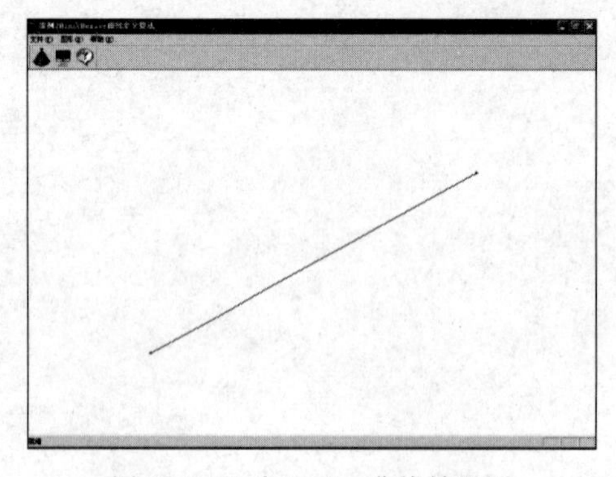

图 20-1　1 次 Bezier 曲线效果图

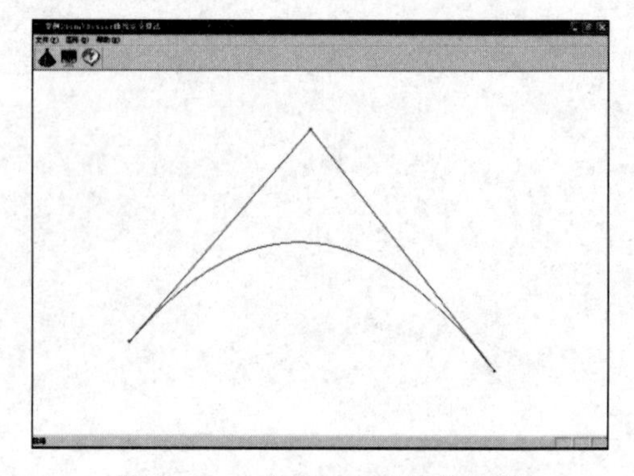

图 20-2　2 次 Bezier 曲线效果图

二、案例分析

给定 $n+1$ 个控制点 $P_i(i=0,1,2,\cdots,n)$，则 n 次 Bezier 曲线方程为

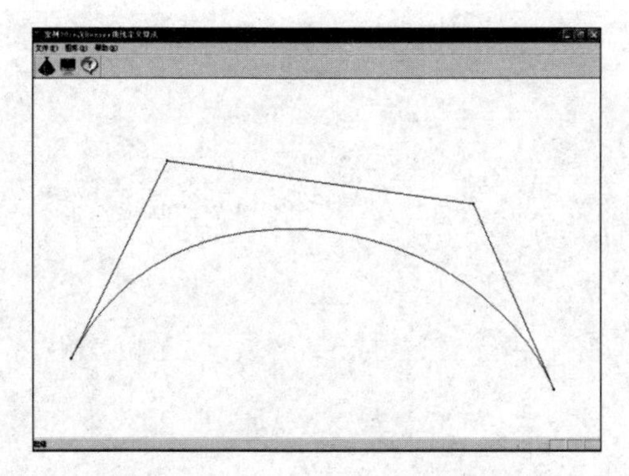

图 20-3　3 次 Bezier 曲线效果图

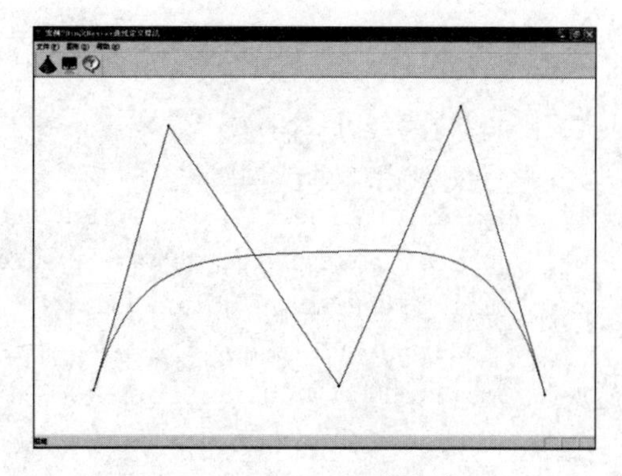

图 20-4　4 次 Bezier 曲线效果图

$$p(t)=\sum_{i=0}^{n}P_iB_{i,n}(t),\quad t\in[0,1]$$

式中，$P_i(i=0,1,2,\cdots,n)$是控制多边形的 $n+1$ 个控制点。$B_{i,n}(t)$是 Bernstein 基函数，其表达式为

$$B_{i,n}(t)=\frac{n!}{i!(n-i)!}t^i(1-t)^{n-i}=C_n^it^i(1-t)^{n-i},\quad (i=0,1,2,\cdots,n)$$

式中 $0^0=1, 0!=1$。

通过编制阶乘函数计算 Bernstein 基函数 $B_{i,n}(t)$，将结果代入 Bezier 曲线方程计算曲线上的每个点，使用直线段连接各点成为 Bezier 曲线。

三、算法设计

(1) 在屏幕上使用鼠标左键指定控制点，将控制点坐标存储在数组 P 中。

(2) 读入的顶点个数为 CtrlPointNum，Bezier 曲线的阶次 $n=$CtrlPointNum-1。

(3) 将 i 从 0 循环到 n，依次使用直线段连接 $P[i]$与 $P[i+1]$为控制多边形，以每个控制点坐标为圆心绘制半径为两个像素的灰色实心圆。

(4) 右击鼠标，调用 DrawBezier()函数绘制 Bezier 曲线。

(5) 在 DrawBezier()函数中，使用 CDC 类的成员函数 MoveTo()将直线段的当前位置置为 $P[0]$。

(6) 对参数 t 从 0 按 1/1000 的步长循环到 1。

(7) 依次访问每个顶点 $P[i]$，累加计算 Bezier 曲线上的各点坐标 $p(t)=\sum_{i=0}^{n}P_iB_{i,n}(t)$。

(8) 当 $t\leqslant 1.0$ 时，使用 CDC 类的成员函数 LineTo()连接曲线上的各点。否则，程序结束。

四、案例设计

1. 绘制控制多边形

在 CTestView 类内添加成员函数 DrawCtrlPolygon()，绘制 Bezier 曲线的控制多边形。

```
void CTestView::DrawCtrlPolygon()
{
    CDC* pDC=GetDC();
    CPen NewPen, * pOldPen;
    NewPen.CreatePen(PS_SOLID,1,RGB(0,0,0));                    //黑色控制多边形
    pOldPen=pDC->SelectObject(&NewPen);
    CBrush NewBrush, * pOldBrush;
    pOldBrush=(CBrush*)pDC->SelectStockObject(GRAY_BRUSH); //灰色实心圆控制点
    for(int i=0;i<CtrlPoint;i++)
    {
        if(0==i)
        {
            pDC->MoveTo(P[i]);
            pDC->Ellipse(P[i].x-2,P[i].y-2,P[i].x+2,P[i].y+2);
        }
        else
        {
            pDC->LineTo(P[i]);
            pDC->Ellipse(P[i].x-2,P[i].y-2,P[i].x+2,P[i].y+2);
        }
    }
    pDC->SelectObject(pOldBrush);
    pDC->SelectObject(pOldPen);
    NewPen.DeleteObject();
    ReleaseDC(pDC);
}
```

2. 绘制 Bezier 曲线函数

在 CTestView 类内添加成员函数 DrawBezier(),绘制 Bezier 曲线。

```
void CTestView::DrawBezier()
{
    CDC* pDC=GetDC();
    CPen NewPen, * pOldPen;
    NewPen.CreatePen(PS_SOLID,1,RGB(0,0,255));                 //蓝色 Bezier 曲线
    pOldPen=pDC->SelectObject(&NewPen);
    pDC->MoveTo(P[0]);
    for(double t=0.0;t<=1.0;t+=0.001)
    {
        double x=0,y=0;
        for(int i=0;i<=n;i++)
        {
            x+=P[i].x*Cni(n,i)*pow(t,i)*pow(1-t,n-i);
            y+=P[i].y*Cni(n,i)*pow(t,i)*pow(1-t,n-i);
```

```
        }
        pDC->LineTo(Round(x),Round(y));
    }
    pDC->SelectObject(pOldPen);
    NewPen.DeleteObject();
    ReleaseDC(pDC);
}
```

3. 计算 Bernstein 基函数的组合项 C_n^i

在 CTestView 类内添加成员函数 Cni(),计算 C_n^i。

```
double CTestView::Cni(const int &n, const int &i)
{
    return double(Fac(n))/(Fac(i) * Fac(n-i));
}
```

4. 计算阶乘函数

在 CTestView 类内添加成员函数 Fac(),计算阶乘。

```
long CTestView::Fac(int m)
{
    long f;
    if(m==0||m==1)
        f=1;
    else
        f=m * Fac(m-1);
    return f;
}
```

5. 鼠标左键按下函数

在 WM_LBUTTONDOWN 消息响应函数中,获得控制点坐标,并调用 DrawCtrlPolygon()成员函数绘制控制多边形。

```
void CTestView::OnLButtonDown(UINT nFlags, CPoint point)
{
    //TODO: Add your message handler code here and/or call default
    if(bFlag)
    {
        P[CtrlPointNum].x=point.x;
        P[CtrlPointNum].y=point.y;
        if(CtrlPointNum<N_MAX_POINT-1)        //N_MAX_POINT 控制点个数的最大值
            CtrlPointNum++;
        else
            bFlag=FALSE;
```

```
        n=CtrlPointNum-1;
        DrawCtrlPolygon();
    }
  CView::OnLButtonDown(nFlags, point);
  }
```

6. 鼠标右键按下函数

在 WM_RBUTTONDOWN 消息响应函数中，调用 DrawBezier()成员函数绘制 Bezier 曲线。

```
  void CTestView::OnRButtonDown(UINT nFlags, CPoint point)
  {
      //TODO: Add your message handler code here and/or call default
      bFlag=FALSE;
      if(0!=CtrlPointNum)
          DrawBezier();
      CView::OnRButtonDown(nFlags, point);
  }
```

五、案例总结

本案例使用 Bezier 曲线方程绘制了任意阶次的 Bezier 曲线，需要计算每个顶点与相应 Bernstein 基函数的累加积。由于 Bezier 曲线方程是关于 t 的参数方程，曲线上点的 x 和 y 坐标需要表示成 t 的函数。曲线上的各点之间使用了直线段连接。本案例中使用 bFlag 标志控制鼠标的绘图并初始化为假，当单击工具栏上的“绘图”图标按钮时，bFlag 置为真，同时给出图 20-5 所示的提示信息，才能使用鼠标左键绘制控制多边形。本案例给出了最大控制点的宏定义 #define N_MAX_POINT 21，修改其值可以调整最大控制点个数。

图 20-5　屏幕提示信息

案例 21　*n* 次 Bezier 曲线 de Casteljau 算法

知识要点

- de Casteljau 递推算法。
- 二维动态数组的创建与撤销。

一、案例需求

1. 案例描述

使用鼠标左键在屏幕客户区绘制控制点，使用直线段连接控制点构成 Bezier 曲线的控制多边形。根据 de Casteljau 递推算法绘制 n 次 Bezier 曲线。

2. 功能说明

(1) 根据 de Casteljau 递推算法绘制 n 次 Bezier 曲线。

(2) 使用鼠标左键绘制任意个数的顶点，连接为控制多边形。

(3) 使用鼠标右键绘制 n 次 Bezier 曲线。

(4) 本案例将控制多边形的最大顶点个数限定为 21，所能绘制的最大 Bezier 阶次为 20。

(5) 使用黑色直线绘制控制多边形，使用半径为两个像素的灰色实心圆绘制控制点，使用蓝色直线段连接控制点绘制 Bezier 曲线。

3. 案例效果图

使用 de Casteljau 递推算法绘制的 Bezier 曲线效果如图 21-1 所示。

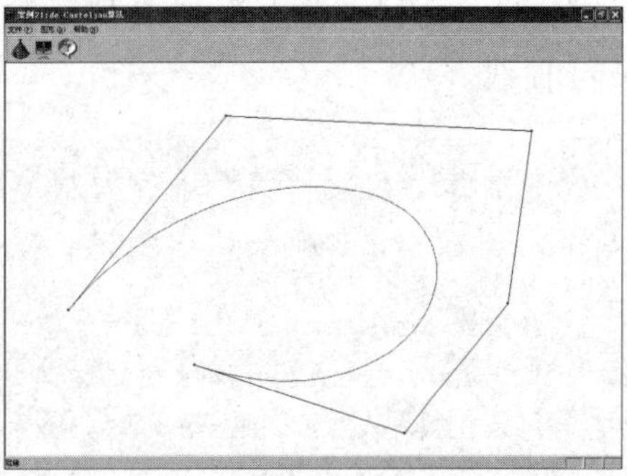

图 21-1　de Casteljau 递推算法绘制的 Bezier 曲线效果图

二、案例分析

给定空间 $n+1$ 个控制点 $P_i(i=0,1,2,\cdots,n)$ 及参数 t，de Casteljau 提出的递推公式为

$$P_i^r = \begin{cases} P_i, & r=0 \\ P_i^r(t) = (1-t)\cdot P_i^{r-1}(t) + t\cdot P_{i+1}^{r-1}(t), & r=1,2,\cdots,n;\ i=0,1,\cdots,n-r; t\in[0,1] \end{cases}$$

这里，当 $r=0$ 时，P_i^r 为 Bezier 曲线的控制多边形顶点。依次对原始控制多边形的每条边执行 $t:(1-t)$ 的定比分割，所得的分点就是第一级递推生成的中间顶点 $P_i^1(i=0,1,\cdots,n-1)$，对由这些中间顶点构成的控制多边形再执行同样的定比分割，得到第二级递推生成的中间顶点 $P_i^2(i=0,1,\cdots,n-2)$，重复进行下去，直到 $r=n$，得到一个中间顶点 P_0^n。使用直线段连接曲线上的 P_0^n 点可以绘制出 Bezier 曲线。

三、算法设计

（1）在屏幕上使用鼠标左键指定控制点，将控制点坐标存储在数组 P 中。

（2）计算读入的顶点个数 CtrlPointNum，Bezier 曲线的阶次 n=CtrlPointNum−1。

（3）将 i 从 0 循环到 n，依次使用直线段连接 $P[i]$与 $P[i+1]$为控制多边形，以每个控制点坐标为圆心绘制半径为两个像素的灰色实心圆。

（4）右击鼠标调用 DrawBezier()函数绘制 Bezier 曲线。

（5）在 DrawBezier()函数中，创建二维动态数组 pp，并使用 CDC 类的成员函数 MoveTo()将直线段的当前位置置为 P[0]。

（6）对参数 t 从 0 按 1/100 的步长循环到 1。

（7）调用 de Casteljau 函数计算每个 t 所对应的 pp_0^n。

（8）当 $t \leqslant 1.0$ 时，使用 CDC 类的成员函数 LineTo()连接曲线上的各点。否则，程序结束。

四、案例设计

1. 绘制 Bezier 曲线函数

在 CTestView 类内添加成员函数 DrawBezier()，调用 de Casteljau 递推公式绘制 Bezier 曲线。

```
void CTestView::DrawBezier()
{
    CDC * pDC=GetDC();
    CPen NewPen, * pOldPen;
    NewPen.CreatePen(PS_SOLID,1,RGB(0,0,255));          //控制多边形
    pOldPen=pDC->SelectObject(&NewPen);
    CP2 * pt=new CP2[CtrlPointNum];
    pp=new CP2 * [CtrlPointNum];                         //设置行指针
    for(int i=0;i<CtrlPointNum;i++)
        pp[i]=new CP2[CtrlPointNum];                     //分配一个一维数组为一行
    pDC->MoveTo(P[0]);
    for(int k=0;k<=n;k++)
    {
        pt[k].x=P[k].x;
        pt[k].y=P[k].y;
    }
    for(double t=0.0;t<=1.0;t+=0.01)
    {
        deCasteljau(t,pt);
        pDC->LineTo(Round(pp[0][n].x),Round(pp[0][n].y));
    }
    NewPen.DeleteObject();
    ReleaseDC(pDC);
```

```
    if(pt!=NULL)
    {
        delete []pt;
        pt=NULL;
    }
    for(int j=0;j<CtrlPointNum;j++)
    {
        delete[] pp[j];
        pp[j]=NULL;
    }
    delete[] pp;
    pp=NULL;
}
```

2. de Casteljau 递推函数

在 CTestView 类内添加成员函数 deCasteljau(),计算 pp_0^n。

```
void CTestView::deCasteljau(double t,CP2 *p)
{
    for(int k=0;k<=n;k++)
        pp[k][0]=p[k];
    for(int r=1;r<=n;r++)                          //de Casteljau 递推公式
    {
        for(int i=0;i<=n-r;i++)
        {
            pp[i][r].x=(1-t)*pp[i][r-1].x+t*pp[i+1][r-1].x;
            pp[i][r].y=(1-t)*pp[i][r-1].y+t*pp[i+1][r-1].y;
        }
    }
}
```

五、案例总结

本案例使用 de Casteljau 递推公式绘制了任意阶次的 Bezier 曲线。使用 de Casteljau 递推算法要比使用方程直接绘制 Bezier 曲线的方法简单的多,de Casteljau 递推算法已经成为绘制 Bezier 曲线的标准算法。本案例中由于控制点数 CtrlPointNum 是动态指定的,所以 pp 数组为 CP2 类型的二维动态数组。在使用动态数组时,要在堆空间上正确创建,使用完毕要正确撤销,以防造成内存泄漏。

CP2 类型的动态二维数组 pp 的第一维长度和第二维长度相等,都为 CtrlPointNum。创建方法如下:

```
CP2 **pp;
pp=new CP2 *[CtrlPointNum];                        //设置行指针
    for(int i=0;i<CtrlPointNum;i++)
```

```
        pp[i]=new CP2[CtrlPointNum];            //分配一个一维数组为一行
```

动态二维数组的撤销方法如下：

```
for(int j=0;j<CtrlPointNum;j++)
    {
        Delete []pp[j];
        pp[j]=NULL;
    }
    delete[] pp;
    pp=NULL;
```

请注意二维数组的撤销次序，与设置相反。Delete []pp 语句只删除了指针 pp 所指向目标，而没有删除 pp 本身，释放对空间后，要将 pp 置为 NULL。

案例 22　双三次 Bezier 曲面算法

知识要点

- 双三次 Bezier 曲面的定义。
- 矩阵运算方法。

一、案例需求

1. 案例描述

给定 16 个三维控制点如下：

$P_{0,0}$(20,0,200)，$P_{0,1}$(0,100,150)，$P_{0,2}$(−130, 100,50)，$P_{0,3}$(−250, 50,0)；

$P_{1,0}$(100,100,150)，$P_{1,1}$(30,100,100)，$P_{1,2}$(−40,100,50)，$P_{1,3}$(−110, 100,0)；

$P_{2,0}$(280,90,140)，$P_{2,1}$(110,120,80)，$P_{2,2}$(30,130,30)，$P_{2,3}$(−100,150,−50)；

$P_{3,0}$(350,30,150)，$P_{3,1}$(200,150,50)，$P_{3,2}$(50,200,0)，$P_{3,3}$(0, 100,−70)。

请使用斜等测投影绘制双三次 Bezier 网格曲面。

2. 功能说明

(1) 自定义屏幕二维坐标系，原点位于客户区中心，x 轴水平向右为正，y 轴垂直向上为正。

(2) 建立三维用户右手坐标系$\{O;x,y,z\}$，原点 O 位于客户区中心，x 轴水平向右，y 轴铅直向上，z 轴指向读者。

(3) 使用斜等测投影绘制双三次 Bezier 网格曲面。

(4) 绘制双三次 Bezier 曲面控制多边形，并标注出控制点编号。

3. 案例效果图

无控制多边形和有控制多边形的双三次 Bezier 网格曲面效果如图 22-1 所示。

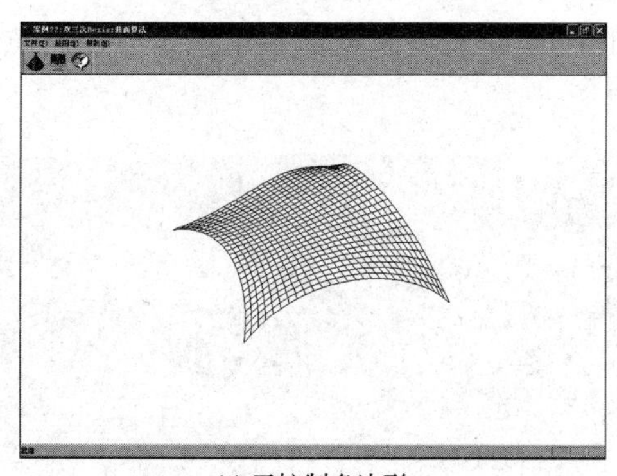

(a) 无控制多边形

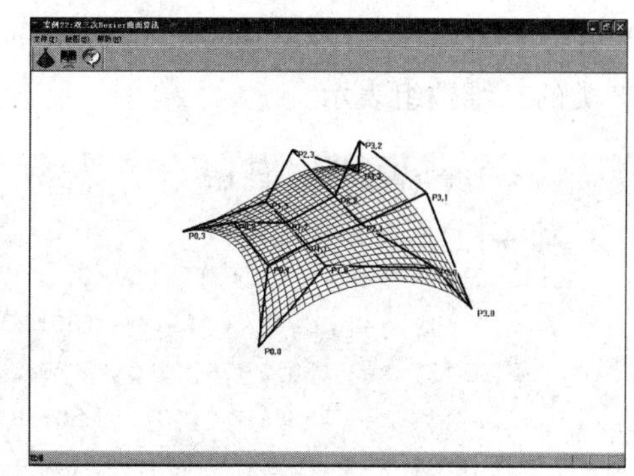

(b) 有控制多边形

图 22-1　双三次 Bezier 网格曲面效果图

二、案例分析

双三次 Bezier 曲面是由三次 Bezier 曲线拓广而来，以两组正交的三次 Bezier 曲线控制点构造空间网格来生成曲面。依次用线段连接点列 $P_{i,j}(i=0,1,2,3;j=0,1,2,3)$中相邻两点所形成的空间网格称为控制网格。

双三次 Bezier 曲面的矩阵表示为 $p(u,v)=\boldsymbol{U}\boldsymbol{M}_{\mathrm{be}}\boldsymbol{P}\boldsymbol{M}_{\mathrm{be}}^{\mathrm{T}}\boldsymbol{V}^{\mathrm{T}}$。其中

$$\boldsymbol{U}=[u^3 \quad u^2 \quad u \quad 1], \quad \boldsymbol{V}=[v^3 \quad v^2 \quad v \quad 1],$$

$$\boldsymbol{M}_{\mathrm{be}}=\begin{bmatrix}-1 & 3 & -3 & 1\\ 3 & -6 & 3 & 0\\ -3 & 3 & 0 & 0\\ 1 & 0 & 0 & 0\end{bmatrix}, \quad \boldsymbol{P}=\begin{bmatrix}P_{0,0} & P_{0,1} & P_{0,2} & P_{0,3}\\ P_{1,0} & P_{1,1} & P_{1,2} & P_{1,3}\\ P_{2,0} & P_{2,1} & P_{2,2} & P_{2,3}\\ P_{3,0} & P_{3,1} & P_{3,2} & P_{3,3}\end{bmatrix}$$

三、算法设计

(1) 读入控制网格三维顶点坐标。

(2) 为矩阵 $\boldsymbol{M}_{\mathrm{be}}=\begin{bmatrix}-1 & 3 & -3 & 1\\ 3 & -6 & 3 & 0\\ -3 & 3 & 0 & 0\\ 1 & 0 & 0 & 0\end{bmatrix}$赋值，计算 $\boldsymbol{M}_{\mathrm{be}}^{\mathrm{T}}=\begin{bmatrix}-1 & 3 & -3 & 1\\ 3 & -6 & 3 & 0\\ -3 & 3 & 0 & 0\\ 1 & 0 & 0 & 0\end{bmatrix}$。

(3) 计算 $\boldsymbol{M}=\boldsymbol{M}_{\mathrm{be}}\cdot\boldsymbol{P}\cdot\boldsymbol{M}_{\mathrm{be}}^{\mathrm{T}}$。

(4) 将三维坐标进行斜等测投影得到二维坐标。

(5) 选用适当步长，进行 $u=0$ 到 1 和 $v=0$ 到 1 的二重循环，计算 $p(u,v)=\boldsymbol{U}\cdot\boldsymbol{M}\cdot\boldsymbol{V}^{\mathrm{T}}$ 的分量坐标 x 和 y 的值，其中，$\boldsymbol{U}=[u^3 \quad u^2 \quad u \quad 1]$，$\boldsymbol{V}=[v^3 \quad v^2 \quad v \quad 1]$，使用直线段连接曲面网格上的等分点。

(6) 绘制控制多边形网格，并对控制点进行标注。

四、案例设计

1. 读入 16 个控制点的三维坐标

在 CTestView 类内添加成员函数 ReadPoint()，读入控制点的三维坐标。控制点用 CP3 类的二维数组表示。

```
void CTestView::ReadPoint()
{
    P3[0][0].x=20;  P3[0][0].y=0;  P3[0][0].z=200;          //P00
    P3[0][1].x=0;   P3[0][1].y=100;P3[0][1].z=150;          //P01
    P3[0][2].x=-130;P3[0][2].y=100;P3[0][2].z=50;           //P02
    P3[0][3].x=-250;P3[0][3].y=50; P3[0][3].z=0;            //P03
    P3[1][0].x=100; P3[1][0].y=100;P3[1][0].z=150;          //P10
    P3[1][1].x=30;  P3[1][1].y=100;P3[1][1].z=100;          //p11
    P3[1][2].x=-40; P3[1][2].y=100;P3[1][2].z=50;           //p12
    P3[1][3].x=-110;P3[1][3].y=100;P3[1][3].z=0;            //p13
```

```
    P3[2][0].x=280; P3[2][0].y=90; P3[2][0].z=140;                  //P20
    P3[2][1].x=110; P3[2][1].y=120;P3[2][1].z=80;                   //P21
    P3[2][2].x=30;  P3[2][2].y=130;P3[2][2].z=30;                   //P22
    P3[2][3].x=-100;P3[2][3].y=150;P3[2][3].z=-50;                  //P23
    P3[3][0].x=350; P3[3][0].y=30; P3[3][0].z=150;                  //P30
    P3[3][1].x=200; P3[3][1].y=150;P3[3][1].z=50;                   //P31
    P3[3][2].x=50;  P3[3][2].y=200;P3[3][2].z=0;                    //P32
    P3[3][3].x=0;   P3[3][3].y=100;P3[3][3].z=-70;                  //P33
}
```

2. 绘制双三次 Bezier 曲面函数

在 CTestView 类内添加成员函数 DrawObject(),绘制双三次 Bezier 网格曲面。

```
void CTestView::DrawObject(CDC * pDC)
{
    double x,y,u,v,u1,u2,u3,u4,v1,v2,v3,v4;
    double M[4][4];
    M[0][0]=-1;M[0][1]=3; M[0][2]=-3;M[0][3]=1;
    M[1][0]=3; M[1][1]=-6;M[1][2]=3; M[1][3]=0;
    M[2][0]=-3;M[2][1]=3; M[2][2]=0; M[2][3]=0;
    M[3][0]=1; M[3][1]=0; M[3][2]=0; M[3][3]=0;
    LeftMultiMatrix(M,P3);                              //数字矩阵左乘三维点矩阵
    TransposeMatrix(M);                                 //计算转置矩阵
    RightMultiMatrix(P3,MT);                            //数字矩阵右乘三维点矩阵
    ObliqueProjection();                                //轴侧投影
    for(u=0;u<=1;u+=0.04)
        for(v=0;v<=1;v+=0.04)
        {
            u1=u * u * u;u2=u * u;u3=u;u4=1;v1=v * v * v;v2=v * v;v3=v;v4=1;
            x=(u1 * P2[0][0].x+u2 * P2[1][0].x+u3 * P2[2][0].x+u4 * P2[3][0].x) * v1
             +(u1 * P2[0][1].x+u2 * P2[1][1].x+u3 * P2[2][1].x+u4 * P2[3][1].x) * v2
             +(u1 * P2[0][2].x+u2 * P2[1][2].x+u3 * P2[2][2].x+u4 * P2[3][2].x) * v3
             +(u1 * P2[0][3].x+u2 * P2[1][3].x+u3 * P2[2][3].x+u4 * P2[3][3].x) * v4;
            y=(u1 * P2[0][0].y+u2 * P2[1][0].y+u3 * P2[2][0].y+u4 * P2[3][0].y) * v1
             +(u1 * P2[0][1].y+u2 * P2[1][1].y+u3 * P2[2][1].y+u4 * P2[3][1].y) * v2
             +(u1 * P2[0][2].y+u2 * P2[1][2].y+u3 * P2[2][2].y+u4 * P2[3][2].y) * v3
             +(u1 * P2[0][3].y+u2 * P2[1][3].y+u3 * P2[2][3].y+u4 * P2[3][3].y) * v4;
            if(v==0)
                pDC->MoveTo(Round(x),Round(y));
            else
                pDC->LineTo(Round(x),Round(y));
        }
    for(v=0;v<=1;v+=0.04)
        for(u=0;u<=1;u+=0.04)
```

```
    {
        u1=u*u*u;u2=u*u;u3=u;u4=1;v1=v*v*v;v2=v*v;v3=v;v4=1;
        x=(u1*P2[0][0].x+u2*P2[1][0].x+u3*P2[2][0].x+u4*P2[3][0].x)*v1
         +(u1*P2[0][1].x+u2*P2[1][1].x+u3*P2[2][1].x+u4*P2[3][1].x)*v2
         +(u1*P2[0][2].x+u2*P2[1][2].x+u3*P2[2][2].x+u4*P2[3][2].x)*v3
         +(u1*P2[0][3].x+u2*P2[1][3].x+u3*P2[2][3].x+u4*P2[3][3].x)*v4;
        y=(u1*P2[0][0].y+u2*P2[1][0].y+u3*P2[2][0].y+u4*P2[3][0].y)*v1
         +(u1*P2[0][1].y+u2*P2[1][1].y+u3*P2[2][1].y+u4*P2[3][1].y)*v2
         +(u1*P2[0][2].y+u2*P2[1][2].y+u3*P2[2][2].y+u4*P2[3][2].y)*v3
         +(u1*P2[0][3].y+u2*P2[1][3].y+u3*P2[2][3].y+u4*P2[3][3].y)*v4;
        if(0==u)
            pDC->MoveTo(Round(x),Round(y));
        else
            pDC->LineTo(Round(x),Round(y));
    }
}
```

3. 矩阵左乘函数

在 CTestView 类内添加成员函数 LeftMultiMatrix(),计算 $\boldsymbol{M}\times\boldsymbol{P}$。

```
void CTestView::LeftMultiMatrix(double M0[][4],CP3 P0[][4])
{
    CP3 T[4][4];//临时矩阵
    int i,j;
    for(i=0;i<4;i++)
        for(j=0;j<4;j++)
        {
            T[i][j].x=M0[i][0]*P0[0][j].x+M0[i][1]*P0[1][j].x+M0[i][2]*P0[2]
            [j].x+M0[i][3]*P0[3][j].x;
            T[i][j].y=M0[i][0]*P0[0][j].y+M0[i][1]*P0[1][j].y+M0[i][2]*P0[2]
            [j].y+M0[i][3]*P0[3][j].y;
            T[i][j].z=M0[i][0]*P0[0][j].z+M0[i][1]*P0[1][j].z+M0[i][2]*P0[2]
            [j].z+M0[i][3]*P0[3][j].z;
        }
    for(i=0;i<4;i++)
        for(j=0;j<4;j++)
            P3[i][j]=T[i][j];
}
```

4. 矩阵转置函数

在 CTestView 类内添加成员函数 TransposeMatrix(),计算 $\boldsymbol{M}^{\mathrm{T}}$。

```
void CTestView::TransposeMatrix(double M0[][4])
{
    for(int i=0;i<4;i++)
```

```
        for(int j=0;j<4;j++)
        {
            MT[j][i]=M0[i][j];
        }
}
```

5. 矩阵右乘函数

在 CTestView 类内添加成员函数 RightMultiMatrix(),计算 $\boldsymbol{P}\times\boldsymbol{M}^{\mathrm{T}}$。

```
void CTestView::RightMultiMatrix(CP3 P0[][4],double M1[][4])
{
    CP3 T[4][4];                                        //临时矩阵
    int i,j;
    for(i=0;i<4;i++)
        for(j=0;j<4;j++)
        {
            T[i][j].x=P0[i][0].x*M1[0][j]+P0[i][1].x*M1[1][j]+P0[i][2].x*M1
            [2][j]+P0[i][3].x*M1[3][j];
            T[i][j].y=P0[i][0].y*M1[0][j]+P0[i][1].y*M1[1][j]+P0[i][2].y*M1
            [2][j]+P0[i][3].y*M1[3][j];
            T[i][j].z=P0[i][0].z*M1[0][j]+P0[i][1].z*M1[1][j]+P0[i][2].z*M1
            [2][j]+P0[i][3].z*M1[3][j];
        }
    for(i=0;i<4;i++)
        for(j=0;j<4;j++)
            P3[i][j]=T[i][j];
}
```

五、案例总结

本案例使用网格绘制了单张双三次 Bezier 曲面片,不涉及曲面片的连接问题。曲面片的投影方式采用了斜等测投影,请读者将本案例修改为透视投影实现。本案例中 u 和 v 的步长取为 0.04 可以绘制网格曲面,如果取为 1/1000,绘制结果如图 22-2 所示。

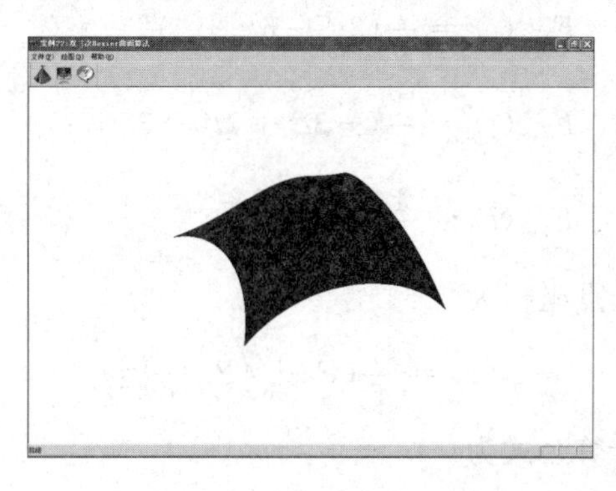

图 22-2　双三次 Bezier 曲面效果图

案例 23　三次 B 样条曲线算法

知识要点

- 三次 B 样条曲线的定义。
- 使用鼠标移动控制点的方法。

一、案例需求

1. 案例描述

给定 9 个控制点：$P_0(120,350)$，$P_1(250,250)$，$P_2(316,420)$，$P_3(428,167)$，$P_4(525,500)$，$P_5(650,250)$，$P_6(682,40)$，$P_7(850,450)$，$P_8(950,350)$。请绘制三次 B 样条曲线。

2. 功能说明

(1) 使用黑色实线绘制三次 B 样条曲线的控制多边形。

(2) 使用红色实线绘制三次 B 样条曲线。

(3) 将鼠标指针移动到控制多边形的顶点上，光标改为十字光标并显示其坐标位置。

(4) 按下鼠标左键移动控制多边形顶点，动态演示 B 样条曲线的局部修改性。

3. 案例效果图

三次 B 样条曲线效果如图 23-1 所示。

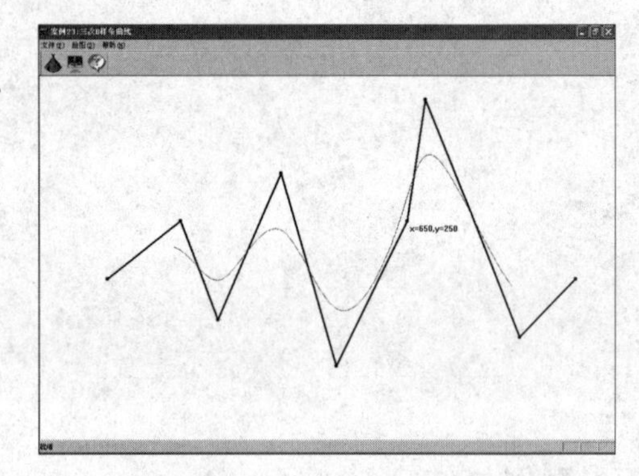

图 23-1　三次 B 样条曲线效果图

二、案例分析

9 个控制点可以绘制 6 段 B 样条曲线。对于每一段三次 B 样条曲线的基函数为

$$F_{0,3}(t) = \frac{1}{6}(-t^3 + 3t^2 - 3t + 1)$$

$$F_{1,3}(t) = \frac{1}{6}(3t^3 - 6t^2 + 4)$$

$$F_{2,3}(t) = \frac{1}{6}(-3t^3 + 3t^2 + 3t + 1)$$

$$F_{3,3}(t) = \frac{1}{6}t^3$$

三次 B 样条曲线的起点坐标为

$$p(0) = \frac{1}{6}(P_0 + 4P_1 + P_2)$$

三次 B 样条曲线的计算公式为

$$p_{i,3}(t) = P_i \cdot F_{0,3}(t) + P_{i+1} \cdot F_{1,3}(t) + P_{i+2} \cdot F_{2,3}(t) + P_{i+3} \cdot F_{3,3}(t)$$

三、算法设计

(1) 根据控制点坐标绘制控制多边形。

(2) 计算三次 B 样条基函数：

$$F_{0,3}(t)=\frac{1}{6}(-t^3+3t^2-3t+1),F_{1,3}(t)=\frac{1}{6}(3t^3-6t^2+4),$$

$$F_{2,3}(t)=\frac{1}{6}(-3t^3+3t^2+3t+1),F_{3,3}(t)=\frac{1}{6}t^3$$

(3) 进行 $i=1$ 到 6 曲线段的循环。

(4) 选取适当步长 0.01，进行 $t=0$ 到 1 的循环。

(5) 计算 $p_{i,3}(t)=P_i\cdot F_{0,3}(t)+P_{i+1}\cdot F_{1,3}(t)+P_{i+2}\cdot F_{2,3}(t)+P_{i+3}\cdot F_{3,3}(t)$，使用直线连接曲线上每一点。

(6) 当 $t\leqslant 1$，返回步骤(4)。

(7) 当 $i\leqslant 6$，返回步骤(3)。

四、案例设计

1. 读入 9 个控制点的二维坐标

在 CTestView 类的构造函数内读入控制点的二维坐标。

```
CTestView::CTestView()
{
    //TODO: add construction code here
    //初始化 9 个控制点
    P[0].x=120;P[0].y=350;
    P[1].x=250;P[1].y=250;
    P[2].x=316;P[2].y=420;
    P[3].x=428;P[3].y=167;
    P[4].x=525;P[4].y=500;
    P[5].x=650;P[5].y=250;
    P[6].x=682;P[6].y=40;
    P[7].x=850;P[7].y=450;
    P[8].x=950;P[8].y=350;
}
```

2. 绘制三次 B 样条曲线函数

在 CTestView 类内添加成员函数 B3Curves()，绘制三次 B 样条曲线。

```
void CTestView::B3Curves(CPoint q[],CDC * pDC)
{
    CPoint p;
    double F03,F13,F23,F33;
    p.x=Round((q[0].x+4.0 * q[1].x+q[2].x)/6.0);          //t=0 的起点 x 坐标
    p.y=Round((q[0].y+4.0 * q[1].y+q[2].y)/6.0);          //t=0 的起点 y 坐标
```

```
    pDC->MoveTo(p);
    CPen NewPen(PS_SOLID,1,RGB(255,0,0));                  //红笔画 B 样条曲线
    CPen * pOldPen=pDC->SelectObject(&NewPen);
    for(int i=1;i<7;i++)                                   //6 段样条曲线
    {
        for(double t=0;t<=1;t+=0.01)
        {
            F03=(-t * t * t+3 * t * t-3 * t+1)/6;          //计算 F0,3(t)
            F13=(3 * t * t * t-6 * t * t+4)/6;             //计算 F1,3(t)
            F23=(-3 * t * t * t+3 * t * t+3 * t+1)/6;      //计算 F2,3(t)
            F33=t * t * t/6;                               //计算 B3,3(t)
            p.x=Round(q[i-1].x * F03+q[i].x * F13+q[i+1].x * F23+q[i+2].x * F33);
            p.y=Round(q[i-1].y * F03+q[i].y * F13+q[i+1].y * F23+q[i+2].y * F33);
            pDC->LineTo(p);
        }
    }
    pDC->SelectObject(pOldPen);
    NewPen.DeleteObject();
}
```

3. 鼠标移动控制点函数

在 CTestView 类内响应 WM_LBUTTONDOWN 消息，将光标改为十字光标移动控制点。

```
void CTestView::OnMouseMove(UINT nFlags, CPoint point)     //鼠标移动函数
{
    //TODO: Add your message handler code here and/or call default
    if(TRUE==m_AbleToMove)
        P[m_i]=point;
    m_i=-1;
    int i;
    for(i=0;i<9;i++)
    {
        if((point.x-P[i].x) * (point.x-P[i].x)
            +(point.y-P[i].y) * (point.y-P[i].y)<50)
        {
            m_i=i;
            m_AbleToLeftBtn=TRUE;
            SetCursor(LoadCursor(NULL,IDC_SIZEALL));       //改变为十字箭头光标
            break;
        }
    }
    if(10==i)
    {
```

```
            m_i=-1;
        }
        Invalidate(FALSE);
    }
    CView::OnMouseMove(nFlags, point);
}
```

五、案例总结

本案例绘制的是多段B样条曲线。第一次计算使用$P_0P_1P_2P_3$这4个控制点生成第一段B样条曲线，然后向前移动一个控制点，使用$P_1P_2P_3P_4$这4个控制点计算生成第二段B样条曲线，两段B样条曲线会自然形成平滑连接，B样条曲线的其余部分依此类推。

本案例可以演示构造特殊的B样条曲线的效果。两顶点重合如图23-2所示，三顶点重合如图23-3所示，三顶点共线如图23-4所示，四顶点重合如图23-5所示。通过观察，可以得出以下结论：

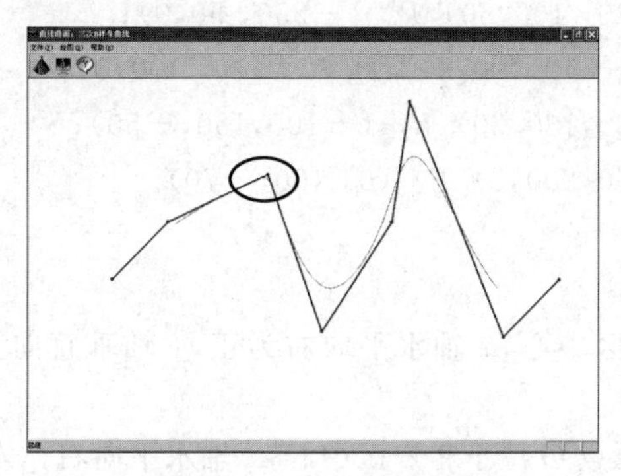

图23-2　两顶点重合

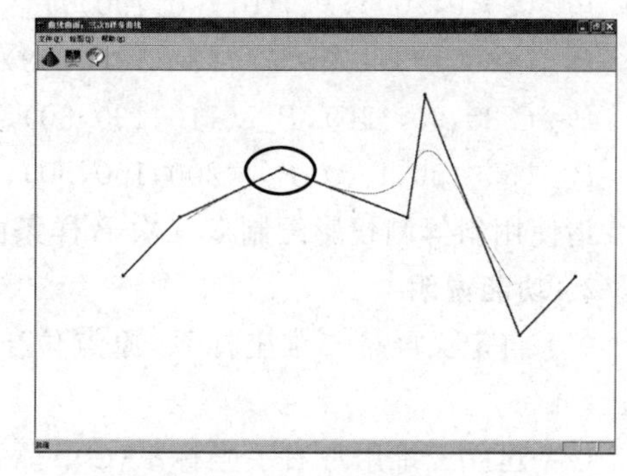

图23-3　三顶点重合

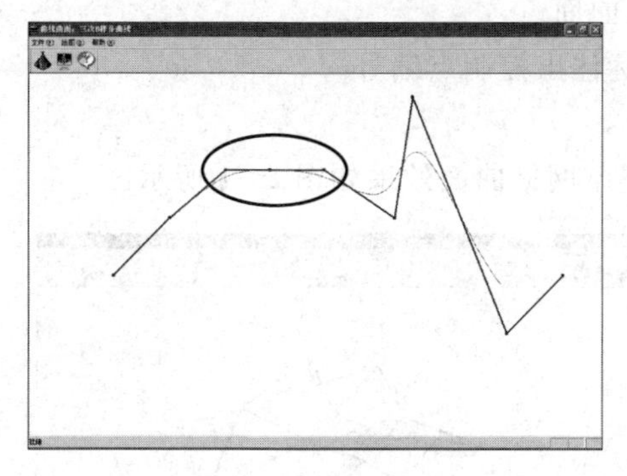

图23-4　三顶点共线

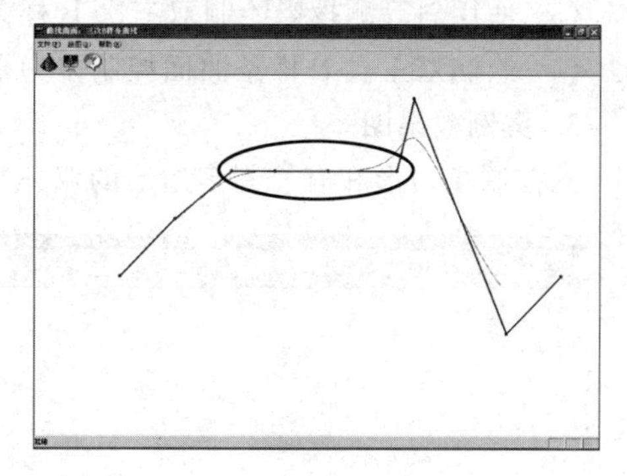

图23-5　四顶点共线

(1) 改变一个顶点，将影响相邻四段曲线的形状。

(2) 在曲线内嵌入一段直线，应用四个顶点共线的技巧。

(3) 为使曲线和特征多边形相切，应用三顶点共线或两顶点重合的技术。

(4) 为使曲线在某一顶点处形成尖角，可在该处使三个顶点相重合。

(5) 用二重点或三重点控制曲线的顶点。用二重顶点时，曲线不通过顶点；用三重顶点时，曲线通过顶点。

案例 24　双三次 B 样条曲面算法

知识要点

- 双三次 B 样条曲面的定义。
- 矩阵运算方法。

一、案例需求

1. 案例描述

给定 16 个三维控制点如下：

$P_{0,0}(20,0,200)$，$P_{0,1}(0,100,150)$，$P_{0,2}(-130,100,50)$，$P_{0,3}(-250,50,0)$；

$P_{1,0}(100,100,150)$，$P_{1,1}(30,100,100)$，$P_{1,2}(-40,100,50)$，$P_{1,3}(-110,100,0)$；

$P_{2,0}(280,90,140)$，$P_{2,1}(110,120,80)$，$P_{2,2}(30,130,30)$，$P_{2,3}(-100,150,-50)$；

$P_{3,0}(350,30,150)$，$P_{3,1}(200,150,50)$，$P_{3,2}(50,200,0)$，$P_{3,3}(0,100,-70)$。

请使用斜等测投影绘制双三次 B 样条曲面。

2. 功能说明

(1) 自定义屏幕二维坐标系，原点位于客户区中心，x 轴水平向右为正，y 轴垂直向上为正。

(2) 建立三维用户右手坐标系$\{O;x,y,z\}$，原点 O 位于客户区中心，x 轴水平向右，y 轴铅直向上，z 轴指向读者。

(3) 使用斜等测投影绘制双三次 B 样条网格曲面。

(4) 绘制双三次 B 样条曲面控制多边形，并标注出控制点编号。

3. 案例效果图

无控制多边形和有控制多边形的双三次 B 样条网格曲面效果如图 24-1 所示。

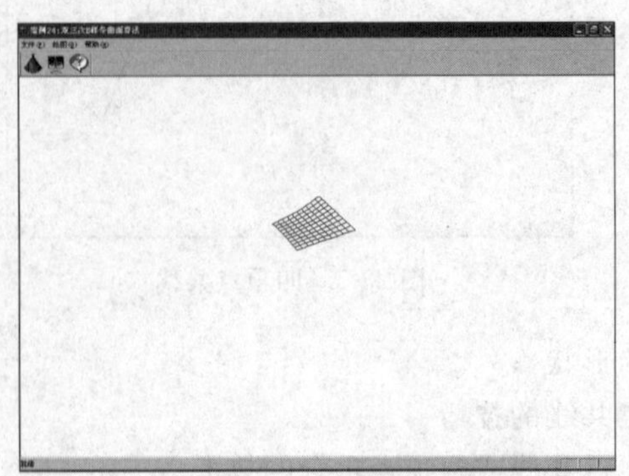

(a) 无控制多边形

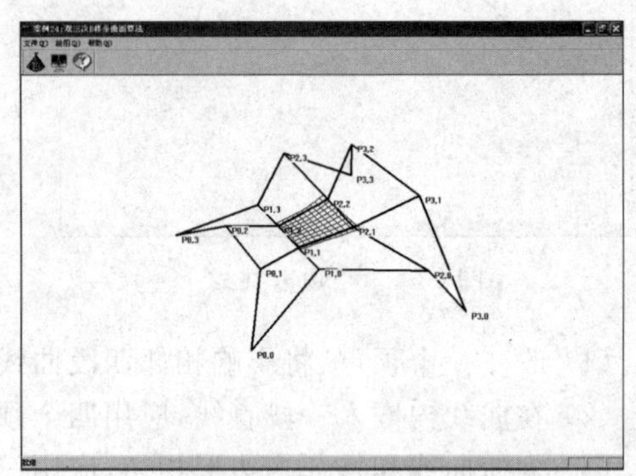

(b) 有控制多边形

图 24-1　双三次 B 样条网格曲面效果图

二、案例分析

双三次 B 样条曲面是由三次 B 样条曲线拓广而来,以两组正交的三次 B 样条曲线控制点构造空间网格来生成曲面。依次用线段连接点列 $P_{i,j}(i=0,1,2,3;j=0,1,2,3)$中相邻两点所形成的空间网格称为控制网格。

双三次 B 样条曲面的矩阵表示为 $p(u,v)=\boldsymbol{U}\cdot\boldsymbol{M}_b\cdot\boldsymbol{P}\cdot\boldsymbol{M}_b^T\cdot\boldsymbol{V}^T$。其中

$$\boldsymbol{U}=[u^3\quad u^2\quad u\quad 1],\quad \boldsymbol{V}=[v^3\quad v^2\quad v\quad 1]$$

$$\boldsymbol{M}_b=\frac{1}{6}\cdot\begin{bmatrix}-1 & 3 & -3 & 1\\ 3 & -6 & 3 & 0\\ -3 & 0 & 3 & 0\\ 1 & 4 & 1 & 0\end{bmatrix},\quad \boldsymbol{P}=\begin{bmatrix}P_{0,0} & P_{0,1} & P_{0,2} & P_{0,3}\\ P_{1,0} & P_{1,1} & P_{1,2} & P_{1,3}\\ P_{2,0} & P_{2,1} & P_{2,2} & P_{2,3}\\ P_{3,0} & P_{3,1} & P_{3,2} & P_{3,3}\end{bmatrix}$$

三、算法设计

(1) 读入控制网格三维顶点坐标。

(2) 为矩阵 $\boldsymbol{M}_b=\frac{1}{6}\cdot\begin{bmatrix}-1 & 3 & -3 & 1\\ 3 & -6 & 3 & 0\\ -3 & 0 & 3 & 0\\ 1 & 4 & 1 & 0\end{bmatrix}$赋值,计算 $\boldsymbol{M}_b^T=\frac{1}{6}\cdot\begin{bmatrix}-1 & 3 & -3 & 1\\ 3 & -6 & 0 & 4\\ -3 & 3 & 3 & 1\\ 1 & 0 & 0 & 0\end{bmatrix}$。

(3) 计算 $\boldsymbol{M}=\boldsymbol{M}_b\cdot\boldsymbol{P}\cdot\boldsymbol{M}_b^T$。

(4) 将三维坐标进行斜等测投影得到二维坐标。

(5) 选用适当步长,进行 $u=0$ 到 1 和 $v=0$ 到 1 的二重循环,计算 $p(u,v)=\boldsymbol{U}\cdot\boldsymbol{M}\cdot\boldsymbol{V}^T$ 的分量坐标 x 和 y 的值,其中,$\boldsymbol{U}=[u^3\quad u^2\quad u\quad 1]$,$\boldsymbol{V}=[v^3\quad v^2\quad v\quad 1]$,使用直线段连接曲面网格上的等分点。

(6) 绘制控制多边形网格,并对控制点进行标注。

四、案例设计

在 CTestView 类内添加成员函数 DrawObject(),绘制双三次 B 样条网格曲面。

```
void CTestView::DrawObject(CDC * pDC)
{
    double x,y,u,v,u1,u2,u3,u4,v1,v2,v3,v4;
    double M[4][4];
    M[0][0]=-1;w[0][1]=3;M[0][2]=-3;M[0][3]=1;
    M[1][0]=3;w[1][1]=-6;M[1][2]=3;M[1][3]=0;
    M[2][0]=-3;w[2][1]=0;M[2][2]=3;M[2][3]=0;
    M[3][0]=1;w[3][1]=4;M[3][2]=1;M[3][3]=0;
    LeftMultiMatrix(M,P3);                        //数字矩阵左乘三维点矩阵
    TransposeMatrix(M);                           //计算转置矩阵
    RightMultiMatrix(P3,MT);                      //数字矩阵右乘三维点矩阵
```

```
    ObliqueProjection();                                    //斜等测投影
    for(u=0;u<=1;u+=0.1)
        for(v=0;v<=1;v+=0.1)
        {
            u1=u*u*u;u2=u*u;u3=u;u4=1;v1=v*v*v;v2=v*v;v3=v;v4=1;
            x=(u1*P2[0][0].x+u2*P2[1][0].x+u3*P2[2][0].x+u4*P2[3][0].x)*v1
             +(u1*P2[0][1].x+u2*P2[1][1].x+u3*P2[2][1].x+u4*P2[3][1].x)*v2
             +(u1*P2[0][2].x+u2*P2[1][2].x+u3*P2[2][2].x+u4*P2[3][2].x)*v3
             +(u1*P2[0][3].x+u2*P2[1][3].x+u3*P2[2][3].x+u4*P2[3][3].x)*v4;
            y=(u1*P2[0][0].y+u2*P2[1][0].y+u3*P2[2][0].y+u4*P2[3][0].y)*v1
             +(u1*P2[0][1].y+u2*P2[1][1].y+u3*P2[2][1].y+u4*P2[3][1].y)*v2
             +(u1*P2[0][2].y+u2*P2[1][2].y+u3*P2[2][2].y+u4*P2[3][2].y)*v3
             +(u1*P2[0][3].y+u2*P2[1][3].y+u3*P2[2][3].y+u4*P2[3][3].y)*v4;
            x=x/36;y=y/36;
            if(v==0)
                pDC->MoveTo(Round(x),Round(y));
            else
                pDC->LineTo(Round(x),Round(y));
        }
    for(v=0;v<=1;v+=0.1)
        for(u=0;u<=1;u+=0.1)
        {
            u1=u*u*u;u2=u*u;u3=u;u4=1;v1=v*v*v;v2=v*v;v3=v;v4=1;
            x=(u1*P2[0][0].x+u2*P2[1][0].x+u3*P2[2][0].x+u4*P2[3][0].x)*v1
             +(u1*P2[0][1].x+u2*P2[1][1].x+u3*P2[2][1].x+u4*P2[3][1].x)*v2
             +(u1*P2[0][2].x+u2*P2[1][2].x+u3*P2[2][2].x+u4*P2[3][2].x)*v3
             +(u1*P2[0][3].x+u2*P2[1][3].x+u3*P2[2][3].x+u4*P2[3][3].x)*v4;
            y=(u1*P2[0][0].y+u2*P2[1][0].y+u3*P2[2][0].y+u4*P2[3][0].y)*v1
             +(u1*P2[0][1].y+u2*P2[1][1].y+u3*P2[2][1].y+u4*P2[3][1].y)*v2
             +(u1*P2[i][2].y+u2*P2[1][2].y+u3*P2[2][2].y+u4*P2[3][2].y)*v3
             +(u1*P2[0][3].y+u2*P2[1][3].y+u3*P2[2][3].y+u4*P2[3][3].y)*v4;
            x=x/36;y=y/36;
            if(u==0)
                pDC->MoveTo(Round(x),Round(y));
            else
                pDC->LineTo(Round(x),Round(y));
        }
}
```

五、案例总结

双三次 B 样条曲面的算法与双三次 Bezier 曲面算法类似，只要将 $\boldsymbol{M}_{be}$ 改为

$$M_b = \frac{1}{6} \cdot \begin{bmatrix} -1 & 3 & -3 & 1 \\ 3 & -6 & 3 & 0 \\ -3 & 0 & 3 & 0 \\ 1 & 4 & 1 & 0 \end{bmatrix}$$

即可,相关函数的解释请参看案例 22。

本案例使用网格绘制了单张双三次 B 样条曲面片,不涉及曲面片的连接问题。曲面片的投影方式采用了斜等测投影。对比双三次 Bezier 曲面与双三次 B 样条曲面,可以看出,双三次 Bezier 曲面通过控制网格的控制点,而双三次 B 样条曲面一般不通过控制网格的任何顶点,因而要小得多。

案例 25　Cantor 集算法

知识要点

- Cantor 集的定义。
- 生成元递归算法。

一、案例需求

1. 案例描述

给定不同的递归深度，绘制 Cantor 集。

2. 功能说明

（1）自定义屏幕二维坐标系，原点位于客户区中心，x 轴水平向右为正，y 轴垂直向上为正。

（2）使用对话框输入 Cantor 的递归深度。

（3）绘制相应的 Cantor 集。

3. 案例效果图

Cantor 集输入对话框和效果如图 25-1 所示。

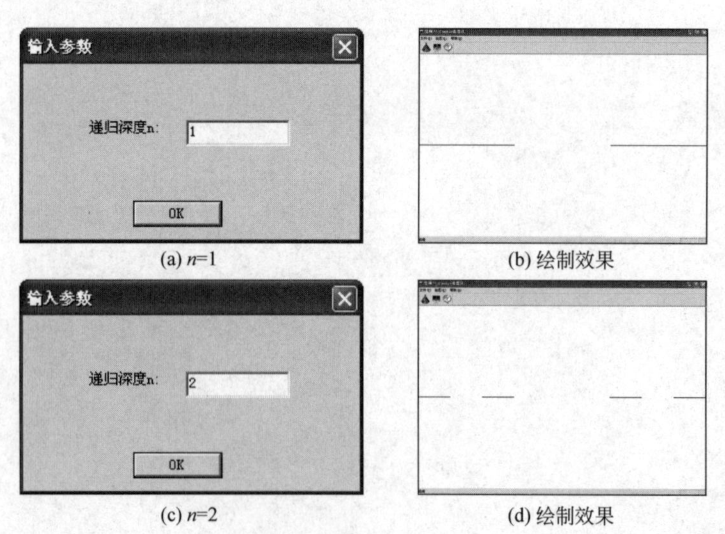

图 25-1　Cantor 集效果图

二、案例分析

Cantor 集(也称为 Cantor 灰尘)是分形，具有自相似性。假定初始直线段 P_0P_1 为水平直线，直线段三等分后，被抛弃的直线段为 T_0T_1。Cantor 集的递归调用是反复使用生成元来取代每一直线段。即使用 T_0 替换 P_1 后以 P_0 与 T_0 为端点调用 Cantor()函数绘制第一段;使用 T_1 替换 P_0 后,以 T_1 与 P_1 为端点调用 Cantor()函数绘制第二段。Cantor 的生成元如图 25-2 所示。

P_0 T_0 T_1 P_1

图 25-2 Cantor 生成元

生成元各点之间的几何关系为

$$T_0 = P_0 + \frac{P_1 - P_0}{3}, \quad T_1 = P_0 + \frac{2(P_1 - P_0)}{3}$$

三、算法设计

(1) 输入递归深度 n。

(2) 确定原始直线段起点的 x 坐标为客户区左边界,y 坐标为 0;原始直线段终点的 x 坐标为客户区右边界,y 坐标为 0。

(3) 对于每一次递归,直线段的个数是 2^n,其长度为 $1/3^n$,生成元的端点坐标为

$$T_0 = P_0 + \frac{P_1 - P_0}{3}, \quad T_1 = P_0 + \frac{2(P_1 - P_0)}{3}$$

(4) 分别绘制 P_0T_0 和 T_1P_1 直线段。

(5) 执行递归子程序,对生成元的各部分进行递归并绘制直线,直到 n 为 0。

四、案例设计

在 CTestView 类内添加成员函数 Cantor(),根据输入对话框提供的递归深度 n 绘制 Cantor 集。

```
void CTestView::Cantor(CP2 P0,CP2 P1,int n)
{
    if(0==n)
    {
        pDC->MoveTo(Round(P0.x),Round(P0.y));
        pDC->LineTo(Round(P1.x),Round(P1.y));
        return;
    }
    CP2 T0,T1;
    T0.x=P0.x+(P1.x-P0.x)/3.0;T1.y=P0.y ;
    Cantor(P0,T0,n-1);
    T1.x=P0.x+2*(P1.x-P0.x)/3.0;T0.y=P0.y ;
    Cantor(T1,P1,n-1);
}
```

五、案例总结

本案例每计算一次中间点的坐标就调用一次递归函数。因为有两个中间点,所以需要执行两次递归调用。

案例 26　Koch 曲线算法

知识要点

- Koch 曲线的定义。
- 生成元递归算法。

一、案例需求

1. 案例描述

给定不同的递归深度,绘制 Koch 曲线。

2. 功能说明

(1) 自定义屏幕二维坐标系,原点位于客户区中心,x 轴水平向右为正,y 轴垂直向上为正。

(2) 使用对话框输入 Koch 曲线的递归深度 n 和夹角 θ。

(3) 绘制相应的 Koch 曲线。

3. 案例效果图

Koch 曲线输入对话框和效果如图 26-1 所示。

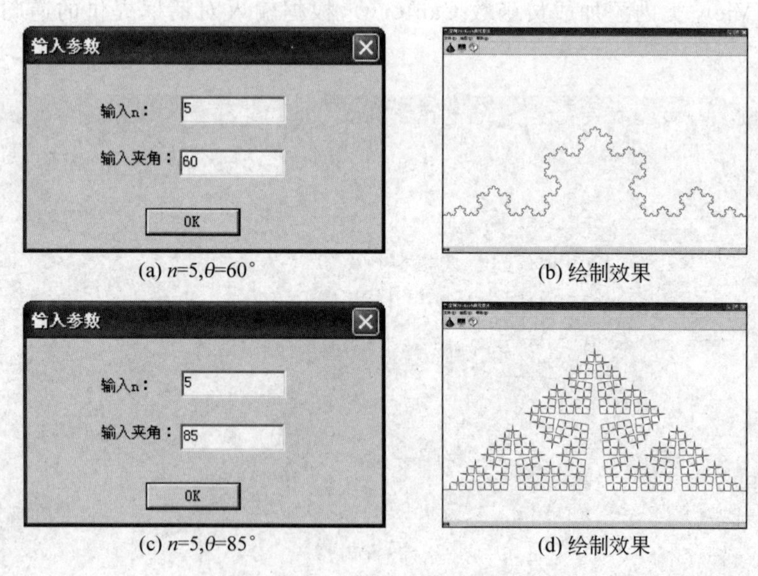

(a) n=5,θ=60°　(b) 绘制效果

(c) n=5,θ=85°　(d) 绘制效果

图 26-1　Koch 曲线效果图

二、案例分析

Koch 曲线是著名的分形曲线,具有自相似性。其中生成元如图 26-2 所示。生成元的第一段直线与第二段直线之间的夹角可以为任意角度($0° < \theta < 90°$),不同的角度生成的

Koch 曲线有很大差异。最常用的角度是 $\theta=60°$ 和 $\theta=85°$。生成元的起点和终点坐标分别为 P_0 和 P_1，Koch 生成元由 4 段直线构成。Koch 曲线的递归调用是通过反复使用生成元来取代每一段直线而实现的。

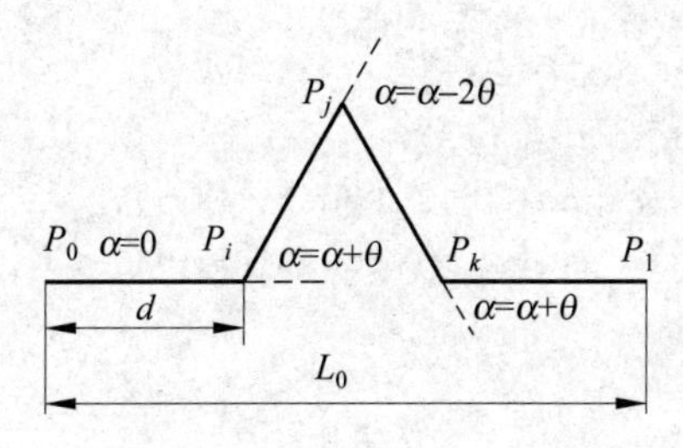

图 26-2　Koch 曲线生成元

已知初始直线段的起点坐标 P_0 与终点坐标 P_1，可以计算出长度 L_0

$$L_0=\sqrt{(P_1x-P_0x)^2+(P_1y-P_0y)^2}$$

设递归 n 次后的最小线元长度为 d，则

$$d=L_0/(2(1+\cos\theta))^n$$

生成元按以下步骤绘制。

(1) 从起点 P_0 出发，取直线段与水平轴的夹角 $\alpha=0$，根据最小线元长度 d 绘制 P_0P_i 直线段；

(2) 改变 α 为 $\alpha+\theta$，根据最小线元长度 d 绘制 P_iP_j 直线段；

(3) 改变 α 为 $\alpha-2\theta$，根据最小线元长度 d 绘制 P_jP_k 直线段；

(4) 改变 α 为 $\alpha+\theta$，根据最小线元长度 d 绘制 P_kP_1 直线段。

三、算法设计

(1) 输入递归深度 n 和夹角 θ。

(2) 取初始水平直线段的高度为距离客户区下边界 100 像素处，起点的水平坐标取自客户区左侧，终点的水平坐标取自客户区右侧。

(3) 根据初始直线段的起点坐标 P_0 和终点坐标 P_1，计算

$$L_0=\sqrt{(P_1x-P_0x)^2+(P_1y-P_0y)^2}$$

(4) 计算生成元递归 n 次后的最小线元长度 $d=L_0/(2(1+\cos\theta))^n$。

(5) 先绘制第一段直线，然后改变夹角 α，分别绘制其余 3 段直线。请注意各段之间的夹角 α 的改变：绘制第一段直线时 $\alpha=0$，绘制第二段直线时 $\alpha=\alpha+\theta$，绘制第三段直线时 $\alpha=\alpha-2\theta$，绘制第四段直线时 $\alpha=\alpha+\theta$。

(6) 执行递归子程序，对生成元的各部分进行递归并绘制直线段，直到 n 为 0。

四、案例设计

在 CTestView 类内添加成员函数 Koch()，根据输入对话框提供的递归深度 n 和夹角 θ 绘制Koch 曲线。

```
void CTestView::Koch(int n)
{
        if(0==n)
        {
            P1.x=P0.x+d*cos(Alpha);
            P1.y=P0.y+d*sin(Alpha);
            pDC->MoveTo(Round(P0.x),Round(P0.y));
            pDC->LineTo(Round(P1.x),Round(P1.y));
            P0=P1;
            return;
        }
        Koch(n-1);
        Alpha+=Theta;
        Koch(n-1);
        Alpha-=2*Theta;
        Koch(n-1);
        Alpha+=Theta;
        Koch(n-1);
}
```

五、案例总结

本案例是通过改变角度 α 执行递归调用的，先计算出最小线元长度 d，然后改变 4 次角度分别绘制直线段。本案例计算最小线元长度时，考虑了 θ 的影响，可用于绘制初始直线段为斜线的情况，如图 26-3 所示。如果以正三角形的三条边为基，递归绘制 Koch 曲线，则绘制结果为 Koch 雪花，如图 26-4 所示。

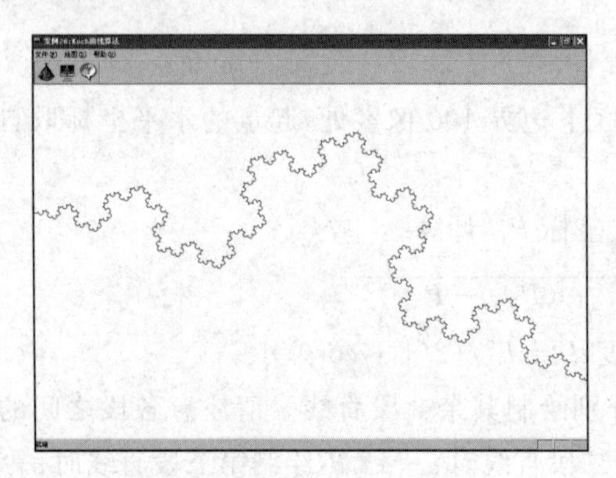

图 26-3　倾斜的 Koch 曲线

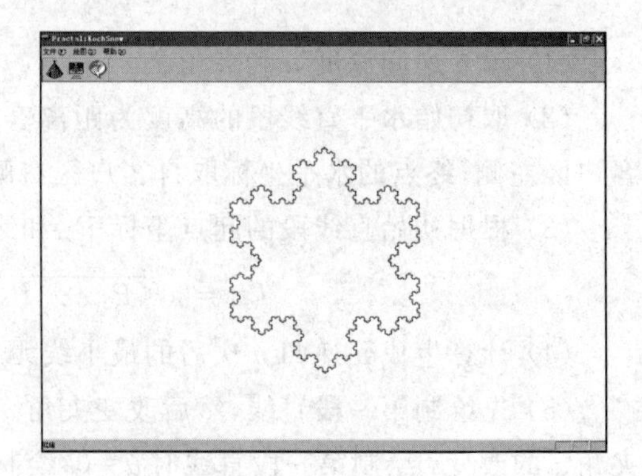

图 26-4　Koch 雪花

案例 27　Peano-Hilbert 曲线算法

知识要点

- Peano-Hilbert 曲线的定义。
- 生成元递归算法。

一、案例需求

1. 案例描述

给定不同的递归深度和开口方向，绘制 Peano-Hilbert 曲线。

2. 功能说明

（1）自定义屏幕二维坐标系，原点位于客户区中心，x 轴水平向右为正，y 轴垂直向上为正。

（2）使用对话框输入 Peano-Hilbert 曲线的递归深度和开口方向。

（3）绘制相应的 Peano-Hilbert 曲线。

3. 案例效果图

Peano-Hilbert 曲线输入对话框和效果如图 27-1 所示。

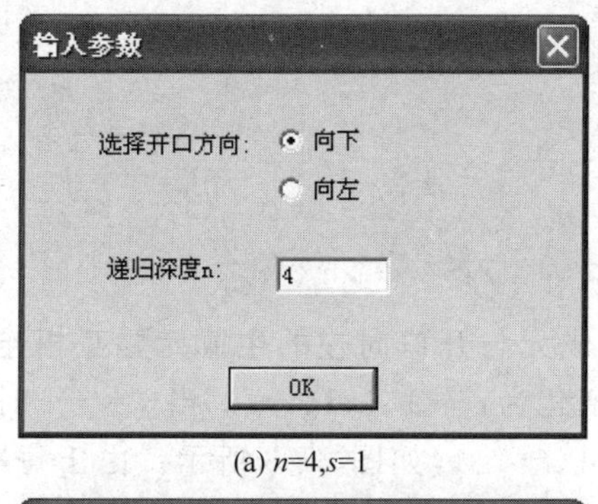

(a) n=4,s=1

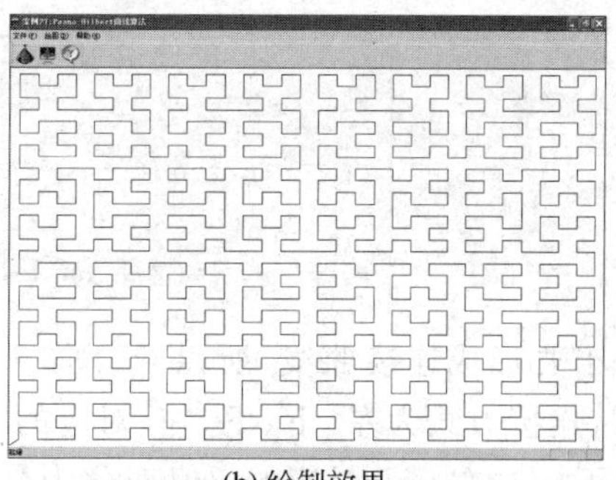

(b) 绘制效果

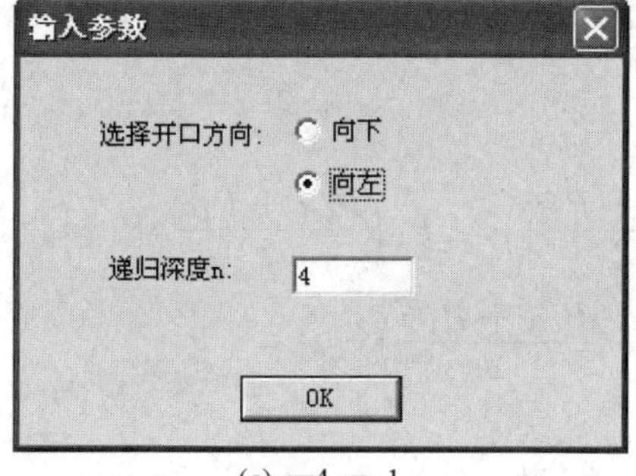

(c) n=4,s=−1

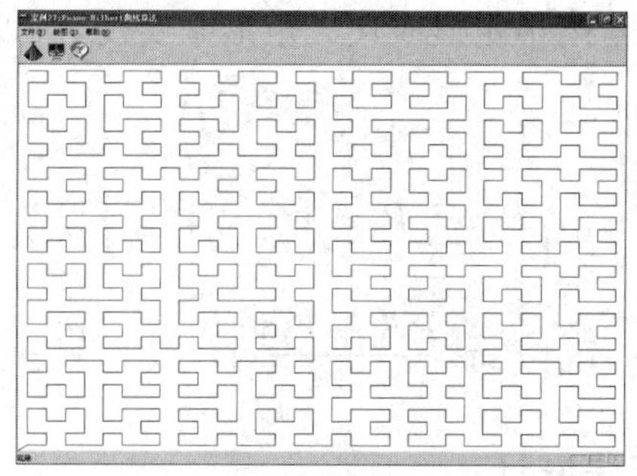

(d) 绘制效果

图 27-1　Peano-Hilbert 曲线效果图

二、案例分析

将一矩形四等分为4个小矩形，求出各个小矩形的中心并用三段直线连接起来，可以使用开口向下和开口向左两种连接方式。将各个小矩形再细分为4个小矩形，继续用三段直线连接各个小矩形的中心，也会有两种连接方式。依此类推，便形成 Peano-Hilbert 曲线。Peano-Hilbert 曲线的生成元如图27-2所示。$P_0(x_0, y_0)$和$P_1(x_1, y_1)$为矩形的左下角点和右上角点坐标。设矩形的宽和高分别为w和h，Peano-Hilbert 曲线的4个坐标分别为$P_2(x_2, y_2)$、$P_3(x_3, y_3)$、$P_4(x_4, y_4)$和$P_5(x_5, y_5)$。

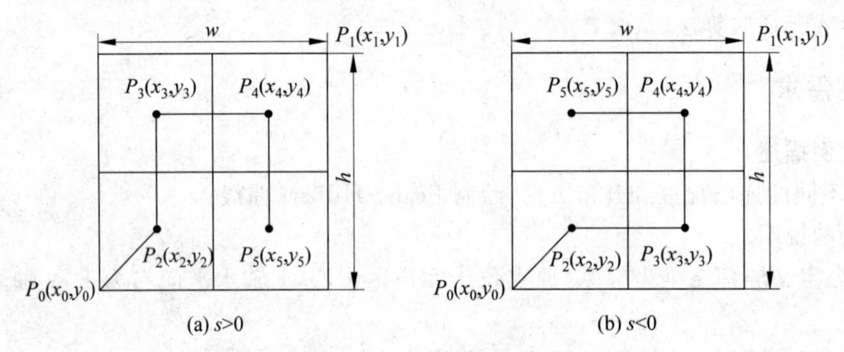

图27-2　Peano-Hilbert 生成元

对于开口向下方式，取$s=1$；对开口向左方式，取$s=-1$，则4个点可以统一表示为

$$\begin{cases} x_2 = x_0 + \dfrac{w}{4}, \quad y_2 = y_0 + \dfrac{h}{4} \\ x_3 = x_0 + (2-s) \times \dfrac{w}{4}, \quad y_3 = y_0 + (2+s) \times \dfrac{h}{4} \\ x_4 = x_0 + 3 \times \dfrac{w}{4}, \quad y_4 = y_0 + 3 \times \dfrac{h}{4} \\ x_5 = x_0 + (2+s) \times \dfrac{w}{4}, \quad y_5 = y_0 + (2-s) \times \dfrac{h}{4} \end{cases}$$

由于要形成连续曲线，所以开口向下的生成元与开口向左的生成元要互相连接，当$s=1$时，连接方式为左、下、下、左，对应的s值变化为：-1、1、1、-1。当$s=-1$时，连接方式为下、左、左、下，对应的s值变化为：1、-1、-1、1，如图27-3所示。由于每次的递归调用是用小矩形取代大矩形来实现，所以需要计算每个小矩形的左下角点和右上角点坐标。

$$P_2\left(\frac{P_0x + P_1x}{2}, P_0y\right), \quad P_3\left(P_1x, \frac{P_0y + P_1y}{2}\right), \quad P_4\left(\frac{P_0x + P_1x}{2}, P_1y\right),$$

$$P_5\left(P_0x, \frac{P_0y + P_1y}{2}\right), \quad P_6\left(\frac{P_0x + P_1x}{2}, \frac{P_0y + P_1y}{2}\right)$$

三、算法设计

(1) 输入递归深度n并选择开口方向s。

(2) 取初始矩形为客户区大小。

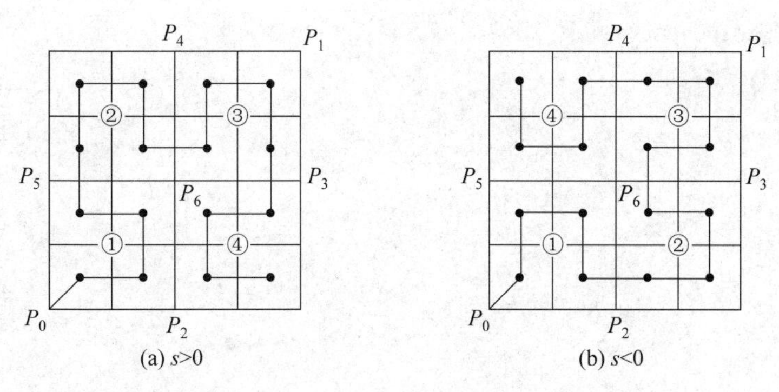

图 27-3　Peano-Hilbert 生成元的连接方式

(3) 根据开口方向确定曲线的连接方式。

(4) 确定递归小矩形的左下角点与右上角点。

(5) 执行递归子程序，对生成元的各部分进行递归并连接直线段，直到 n 为 0。

四、案例设计

在 CTestView 类内添加成员函数 Peano-Hilbert()，根据输入对话框提供的递归深度 n 和开口方向 s 绘制 Peano-Hilbert 曲线。

```
void CTestView::Peano_Hilbert(int n,int s,CP2 p0,CP2 p1)
{
    double w,h;
    if(0==n)
    {
        CP2 p2,p3,p4,p5;
        w=p1.x-p0.x;h=p1.y-p0.y;
        p2=CP2(p0.x+w/4,p0.y+h/4);
        p3=CP2(p0.x+(2-s)*w/4,p0.y+(2+s)*h/4);
        p4=CP2(p0.x+3*w/4,p0.y+3*h/4);
        p5=CP2(p0.x+(2+s)*w/4,p0.y+(2-s)*h/4);
        pDC->MoveTo(Round(P0.x),Round(P0.y));
        pDC->LineTo(Round(p2.x),Round(p2.y));
        pDC->LineTo(Round(p3.x),Round(p3.y));
        pDC->LineTo(Round(p4.x),Round(p4.y));
        pDC->LineTo(Round(p5.x),Round(p5.y));
        P0=p5;
        return;
    }
    CP2 p2,p3,p4,p5,p6;
    p2=CP2((p0.x+p1.x)/2,p0.y);
    p3=CP2(p1.x,(p0.y+p1.y)/2);
    p4=CP2((p0.x+p1.x)/2,p1.y);
```

```
    p5=CP2(p0.x,(p0.y+p1.y)/2);
    p6=(p0+p1)/2;
    if(s>0)
    {
        Peano_Hilbert(n-1,-1,p0,p6);                        //左
        Peano_Hilbert(n-1,1,p5,p4);                         //下
        Peano_Hilbert(n-1,1,p6,p1);                         //下
        Peano_Hilbert(n-1,-1,p3,p2);                        //左
    }
    else
    {
        Peano_Hilbert(n-1,1,p0,p6);                         //下
        Peano_Hilbert(n-1,-1,p2,p3);                        //左
        Peano_Hilbert(n-1,-1,p6,p1);                        //左
        Peano_Hilbert(n-1,1,p4,p5);                         //下
    }
}
```

五、案例总结

本案例所绘制的曲线只有一个起点和一个终点，蜿蜒前进，一气呵成。当递归深度 $n=9$ 时，无论开口方向如何，曲线都会充满整个客户区，如图 27-4 所示。

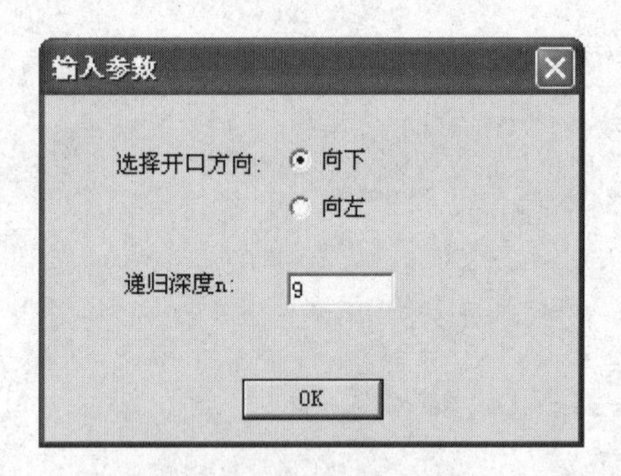

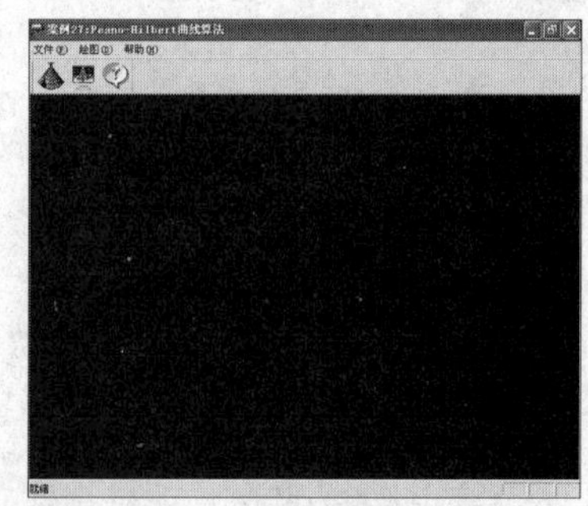

图 27-4　递归深度 $n=9$ 的 Peano-Hilbert 曲线效果图

案例 28　Sierpinski 垫片算法

知识要点

- Sierpinski 垫片的定义。
- 生成元递归算法。

一、案例需求

1. 案例描述

以客户区中心为中心绘制等边三角形,给定不同的递归深度,绘制 Sierpinski 垫片。

2. 功能说明

(1) 自定义屏幕二维坐标系,原点位于客户区中心,x 轴水平向右为正,y 轴垂直向上为正。

(2) 使用对话框输入 Sierpinski 垫片的递归深度。

(3) 原等边三角形的内部填充为黑色,被舍弃的小等边三角形的内部填充为白色,绘制相应的 Sierpinski 垫片。

3. 案例效果图

Sierpinski 垫片输入对话框和效果如图 28-1 所示。

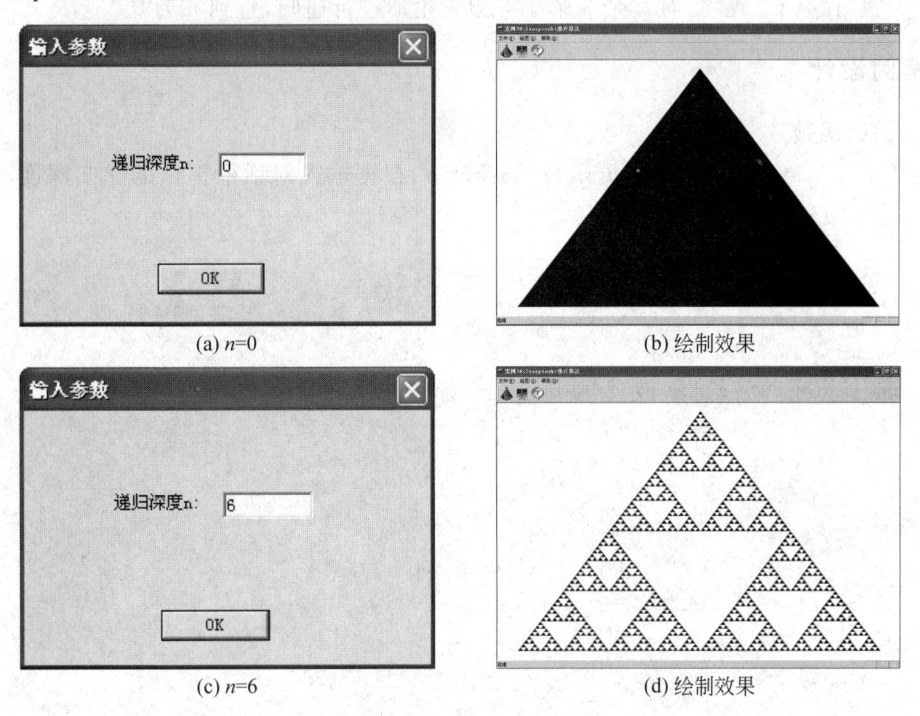

(a) n=0　　(b) 绘制效果

(c) n=6　　(d) 绘制效果

图 28-1　Sierpinski 垫片效果图

二、案例分析

取一等边三角形,连接各边中点将原等边三角形等分成4个小等边三角形,然后舍弃位于中央的一个小等边三角形,将剩余3个小等边三角形按同样方法继续分割,并舍弃位于中间的那个等边三角形。如此不断地分割与舍弃,就能得到中间有大量孔隙的 Sierpinski 垫片。

Sierpinski 垫片是平面分形,具有自相似性。其生成元是中间舍弃一个小三角形的等边三角形,如图28-2所示。外部三角形的3个顶点坐标为 $P_0(x_0, y_0)$, $P_1(x_1, y_1)$ 和 $P_2(x_2, y_2)$,内部三角形的3个顶点坐标为 $P_{01}(x_{01}, y_{01})$, $P_{12}(x_{12}, y_{12})$ 和 $P_{20}(x_{20}, y_{20})$。Sierpinski 垫片的递归调用是反复使用生成元来取代每一个小等边三角形实现的。

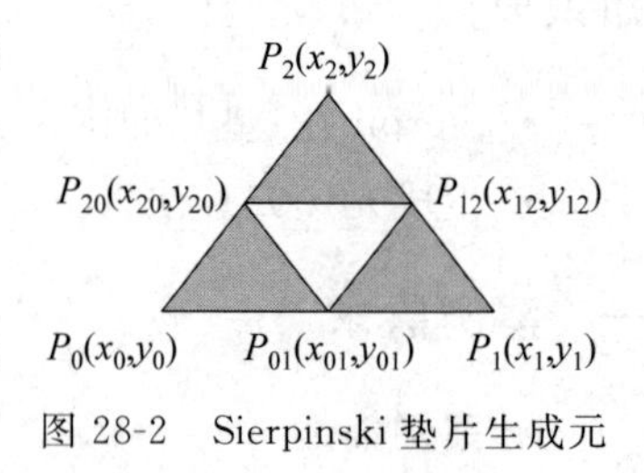

图 28-2　Sierpinski 垫片生成元

Sierpinski 垫片的生成元顶点坐标之间的几何关系为

$$P_{01} = \frac{P_0 + P_1}{2},\quad P_{12} = \frac{P_1 + P_2}{2},\quad P_{20} = \frac{P_2 + P_0}{2}$$

三、算法设计

(1) 输入递归深度 n。

(2) 以客户区中心为等边三角形的中心,绘制初始的内部填充为黑色的等边三角形。

(3) 连接条边的中点构成4个小等边三角形,舍弃位于中央的一个小等边三角形,即将其内部填充为白色。

(4) 执行递归子程序,对其余3个小等边三角形进行递归,直到 n 为0。

四、案例设计

1. 递归函数

在 CTestView 类内添加成员函数 Gasket(),根据输入对话框提供的递归深度 n 调用 FillTriangle()函数填充三角形。

```
void CTestView::Gasket(int n,CP2 p0,CP2 p1,CP2 p2)
{
    if(0==n)
    {
        FillTriangle(p0,p1,p2);
        return;
    }
    CP2 p01,p12,p20;
    p01=(p0+p1)/2;p12=(p1+p2)/2;p20=(p2+p0)/2;
    Gasket(n-1,p0,p01,p20);
    Gasket(n-1,p01,p1,p12);
    Gasket(n-1,p20,p12,p2);
}
```

2. 填充三角形函数

在 CTestView 类内添加成员函数 FillTriangle(),以黑色填充未舍弃的三角形。

```
void CTestView::FillTriangle(CP2 p0,CP2 p1,CP2 p2)
{
    CBrush NewBrush, * pOldBrush;                              //创建画刷
    NewBrush.CreateSolidBrush(RGB(0,0,0));
    pOldBrush=pDC->SelectObject(&NewBrush);
    pDC->BeginPath();
    pDC->MoveTo(Round(p0.x),Round(p0.y));                      //绘制三角形
    pDC->LineTo(Round(p1.x),Round(p1.y));
    pDC->LineTo(Round(p2.x),Round(p2.y));
    pDC->LineTo(Round(p0.x),Round(p0.y));
    pDC->EndPath();
    pDC->FillPath();
    pDC->SelectObject(pOldBrush);                              //恢复保存的画刷
    NewBrush.DeleteObject();                                   //删除新画刷
}
```

五、案例总结

本案例中的每个等边三角形被等分为 4 个小三角形,被舍弃的中间小等边三角形以白色填充。对于未舍弃的小等边三角形,重新排列顶点后再进行递归调用。

本案例是以等边三角形为基础绘制 Sierpinski 垫片,如果取为直角三角形,则绘制结果如图 28-3 所示。

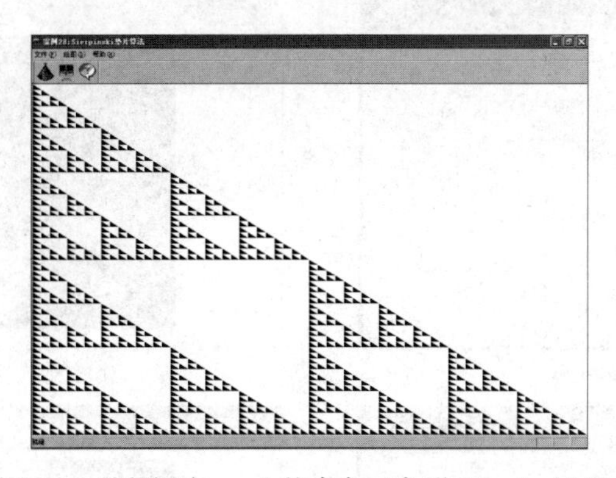

图 28-3　递归深度 $n=6$ 的直角三角形 Sierpinski 垫片

案例 29 Sierpinski 地毯算法

知识要点

- Sierpinski 地毯的定义。
- 生成元递归算法。

一、案例需求

1. 案例描述

以客户区中心为中心绘制正方形，给定不同的递归深度，绘制 Sierpinski 地毯。

2. 功能说明

(1) 自定义屏幕二维坐标系，原点位于客户区中心，x 轴水平向右为正，y 轴垂直向上为正。

(2) 使用对话框输入 Sierpinski 地毯的递归深度。

(3) 原正方形的内部填充为黑色，被舍弃的小正方形的内部填充为白色，绘制相应的 Sierpinski 地毯。

3. 案例效果图

Sierpinski 地毯输入对话框和效果如图 29-1 所示。

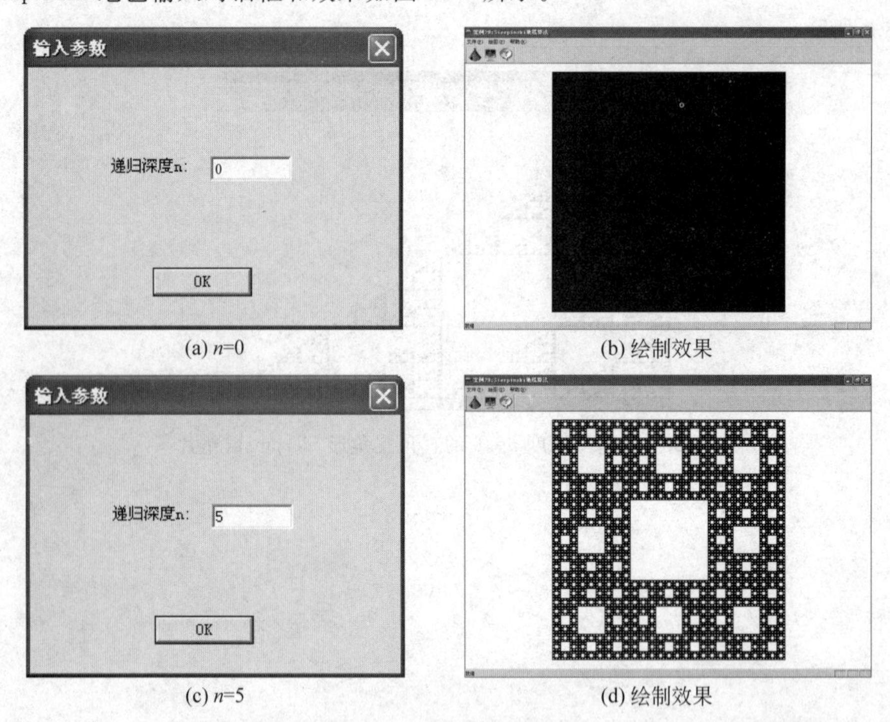

(a) n=0 (b) 绘制效果

(c) n=5 (d) 绘制效果

图 29-1 Sierpinski 地毯效果图

二、案例分析

取一正方形，将每条边三等分，正方形被等分为 9 个面积相等的小正方形，舍弃位于中间的一个小正方形，将剩下的 8 个小正方形按上面同样的方法继续分割，并舍弃位于中间的小正方形。如此不断地分割与舍弃，就能得中间有大量空隙的 Sierpinski 地毯。

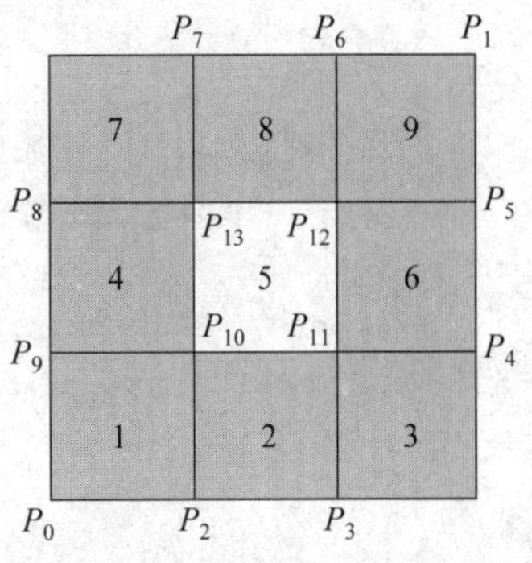

图 29-2　Sierpinski 地毯生成元

Sierpinski 地毯是二维分形，具有自相似性。其生成元是把正方形分成 9 个小正方形，编号为 1～9。舍弃中间的编号为 5 的小正方形，留下 8 个小正方形，如图 29-2 所示。正方形的左下角点和右上角点是生成元的设计顶点。Sierpinski 地毯的递归调用是通过反复使用生成元来取代每一个小正方形实现的。

8 个小正方形的左下角点和右上角点如下

编号 1：$P_0(x_0, y_0)$，　$P_{10}\left(x_0+\frac{w}{3}, y_0+\frac{h}{3}\right)$。

编号 2：$P_2\left(x_0+\frac{w}{3}, y_0\right)$，　$P_{11}\left(x_0+\frac{2w}{3}, y_0+\frac{h}{3}\right)$。

编号 3：$P_3\left(x_0+\frac{2w}{3}, y_0\right)$，　$P_4\left(x_1, y_0+\frac{h}{3}\right)$。

编号 4：$P_9\left(x_0, y_0+\frac{h}{3}\right)$，　$P_{13}\left(x_0+\frac{w}{3}, y_0+\frac{2h}{3}\right)$。

编号 6：$P_{11}\left(x_0+\frac{2w}{3}, y_0+\frac{h}{3}\right)$，　$P_5\left(x_1, y_0+\frac{2h}{3}\right)$。

编号 7：$P_8\left(x_0, y_0+\frac{2h}{3}\right)$，　$P_7\left(x_0+\frac{w}{3}, y_1\right)$。

编号 8：$P_{13}\left(x_0+\frac{w}{3}, y_0+\frac{2h}{3}\right)$，　$P_6\left(x_0+\frac{2w}{3}, y_1\right)$。

编号 9：$P_{12}\left(x_0+\frac{2w}{3}, y_0+\frac{2h}{3}\right)$，　$P_1(x_1, y_1)$。

三、算法设计

(1) 输入递归深度 n。

(2) 以客户区中心为正方形的中心，绘制初始的内部填充为黑色的正方形。

(3) 将每条边三等分，连接对应成为点 9 个小正方形，舍弃位于中央的一个小正方形，即将其内部填充为白色。

(4) 执行递归子程序，对其余 8 个小正方形进行递归，直到 n 为 0。

四、案例设计

1. 递归函数

在 CTestView 类内添加成员函数 Carpet()，根据输入对话框提供的递归深度 n 调用

FillRectangle()函数填充正方形。

```
void CTestView::Carpet(int n,CP2 p0,CP2 p1 )
{
    if(0==n)
    {
        FillRectangle(p0,p1);
        return;
    }
    double w=p1.x-p0.x,h=p1.y-p0.y;
    CP2 p2,p3,p4,p5,p6,p7,p8,p9,p10,p11,p12,p13;
    p2=CP2(p0.x+w/3,p0.y);
    p3=CP2(p0.x+2 * w/3,p0.y);
    p4=CP2(p1.x,p0.y+h/3);
    p5=CP2(p1.x,p0.y+2 * h/3);
    p6=CP2(p0.x+2 * w/3,p1.y);
    p7=CP2(p0.x+w/3,p1.y);
    p8=CP2(p0.x,p0.y+2 * h/3);
    p9=CP2(p0.x,p0.y+h/3);
    p10=CP2(p0.x+w/3,p0.y+h/3);
    p11=CP2(p0.x+2 * w/3,p0.y+h/3);
    p12=CP2(p0.x+2 * w/3,p0.y+2 * h/3);
    p13=CP2(p0.x+w/3,p0.y+2 * h/3);
    Carpet(n-1,p0,p10);
    Carpet(n-1,p2,p11);
    Carpet(n-1,p3,p4);
    Carpet(n-1,p9,p13);
    Carpet(n-1,p11,p5);
    Carpet(n-1,p8,p7);
    Carpet(n-1,p13,p6);
    Carpet(n-1,p12,p1);
}
```

2. 填充正方形函数

在 CTestView 类内添加成员函数 FillRectangle(),以黑色填充未舍弃的正方形。

```
void CTestView::FillRectangle(CP2 p0,CP2 p1)
{
    CBrush NewBrush, * pOldBrush;                          //声明画刷
    NewBrush.CreateSolidBrush(RGB(0,0,0));                 //创建黑色画刷
    pOldBrush=pDC->SelectObject(&NewBrush);                //选入画刷
    pDC->BeginPath();
    pDC->MoveTo(Round(p0.x),Round(p0.y));                  //绘制正方形
    pDC->LineTo(Round(p1.x),Round(p0.y));
    pDC->LineTo(Round(p1.x),Round(p1.y));
```

```
    pDC->LineTo(Round(p0.x),Round(p1.y));
    pDC->LineTo(Round(p0.x),Round(p0.y));
    pDC->EndPath();
    pDC->FillPath();
    pDC->SelectObject(pOldBrush);                    //恢复保存的画刷
    NewBrush.DeleteObject();                         //删除新画刷
}
```

五、案例总结

本案例中的每个正方形被等分为 9 个小正方形，被舍弃的中间小正方形以白色填充。对于未舍弃的小正方形，重新排列顶点后再进行递归调用。

本案例是以正方形为基础绘制 Sierpinski 地毯，如果取为矩形，则绘制结果如图 29-3 所示。

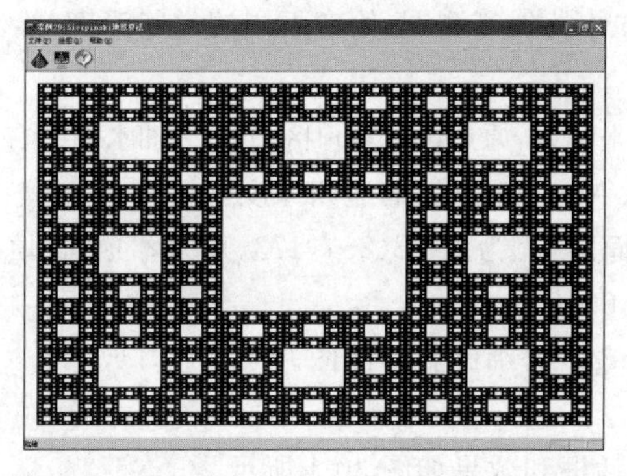

图 29-3　递归深度 $n=5$ 的矩形 Sierpinski 地毯

案例 30　Menger 海绵算法

知识要点

- Menger 海绵的定义。
- 生成元递归算法。
- 斜等测投影。

一、案例需求

1. 案例描述

在客户区内绘制立方体的斜等测图，给定不同的递归深度，绘制 Menger 海绵。

2. 功能说明

（1）自定义屏幕二维坐标系，原点位于客户区中心，x 轴水平向右为正，y 轴垂直向上为正。

（2）使用对话框输入 Menger 海绵的递归深度。

（3）原立方体的"前面"填充为 RGB(254,173,139)，"顶面"填充为 RGB(223,122,79)，"右面"填充为 RGB(177,66,66)。

（4）绘制相应的 Menger 海绵的斜等测图。

3. 案例效果图

Menger 海绵输入对话框和效果如图 30-1 所示。

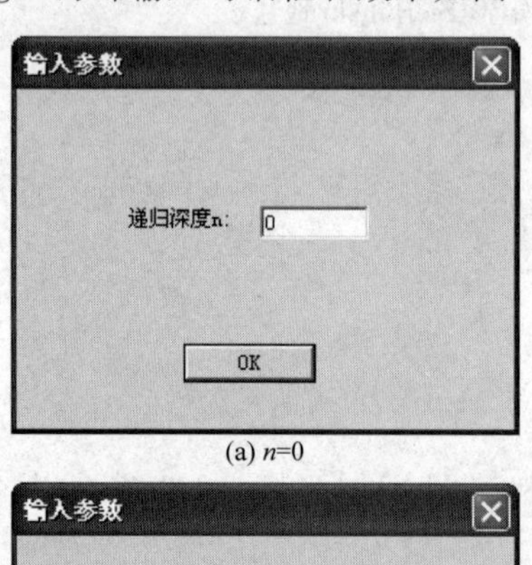

(a) n=0

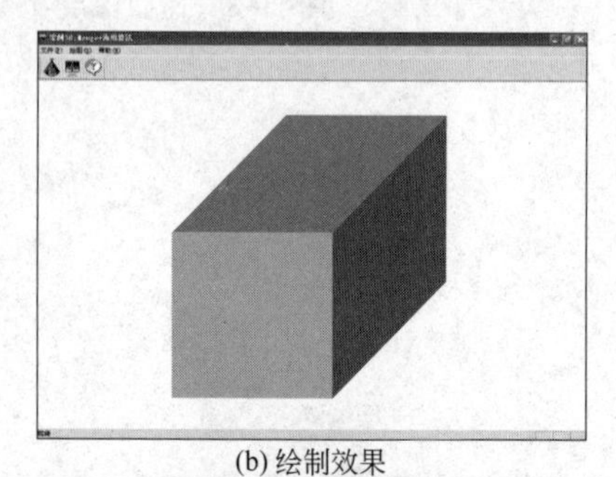
(b) 绘制效果

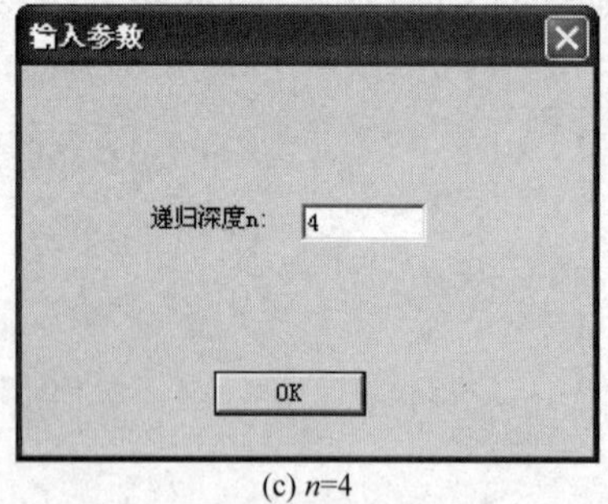

(c) n=4

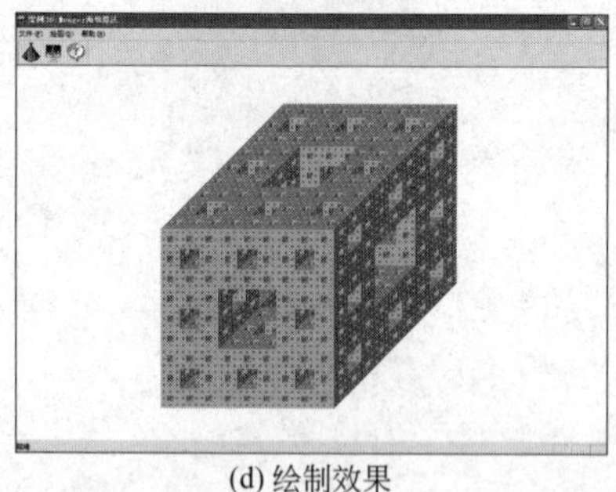
(d) 绘制效果

图 30-1　Menger 海绵效果图

二、案例分析

将一个立方体沿其各个面三等分为 27 个小立方体，舍弃位于体心的一个小立方体，以及位于立方体六个面心处的 6 个小立方体。将剩余的 20 个小立方体继续按相同的方法分割与舍弃，就能得到中间有大量空隙的 Menger 海绵。

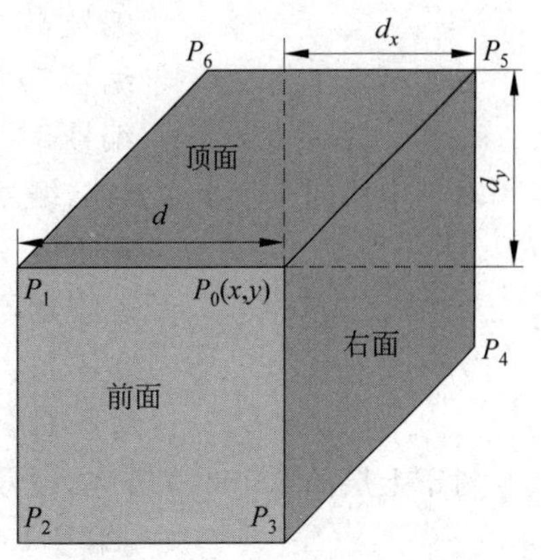

图 30-2 小立方体的斜等测图

Menger 海绵由小立方体构成，小立方体的斜等测投影图仅由“前面”、“顶面”和“右面”3 个表面就可以表示，如图 30-2 所示。

对于小立方体的“前面”，逆时针方向的 4 个顶点为：$P_0(x, y)$，$P_1(x-d, y)$，$P_2(x-d, y-d)$，$P_3(x, y-d)$。对于小立方体的“顶面”，逆时针方向的 4 个顶点为：$P_0(x,y)$，$P_5(x+d_x, y+d_y)$，$P_6(x-d+d_x, y+d_y)$，$P_1(x-d, y)$。对于小立方体的“右面”，逆时针方向的 4 个顶点为：$P_0(x, y)$，$P_3(x, y-d)$，$P_4(x+d_x, y-d+d_y)$，$P_5(x+d_x, y+d_y)$。可以看出，只要确定了小立方体“前面”的右上角点坐标 $P_0(x,y)$后，就可以计算出立方体斜等测投影的其余各点坐标，进而能完成立方体斜等测图的绘制。

生成元：Menger 海绵是典型的分形立体，具有自相似性。其生成元是把立方体分成 27 个小立方体，挖去立方体 6 个位于面心的小立方体以及位于体心的一个小立方体，共挖去7 个小立方体。Menger 海绵的递归调用是通过反复使用生成元来取代每一个小立方体来实现的。Menger 海绵可以看成是由上、中、下三层组成，如图 30-3～图 30-5 所示。其下层和上层分别由 8 个小立方体组成，每层的中间是空心的，如图 30-3 和图 30-5 所示。中层由 4 个立方体组成，这 4 个立方体分别位于 4 个边角上，如图 30-4 所示。

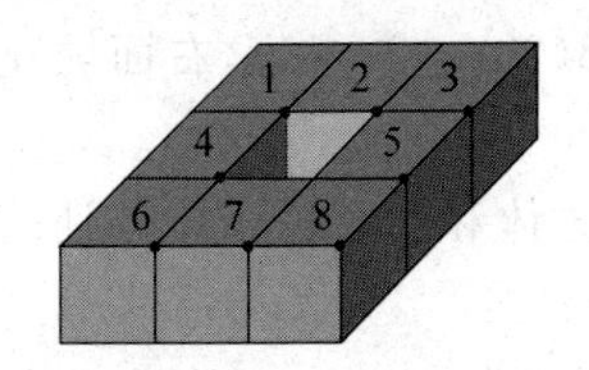

图 30-3 生成元下层结构

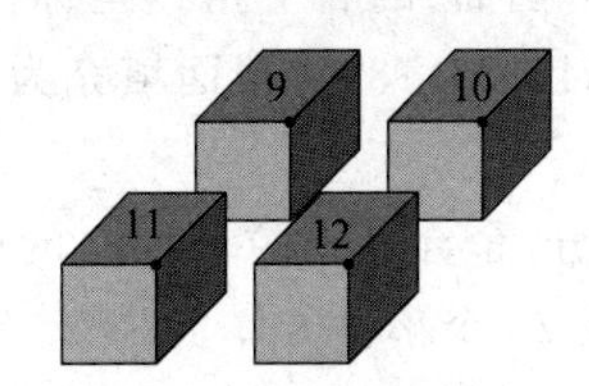

图 30-4 生成元中间层结构

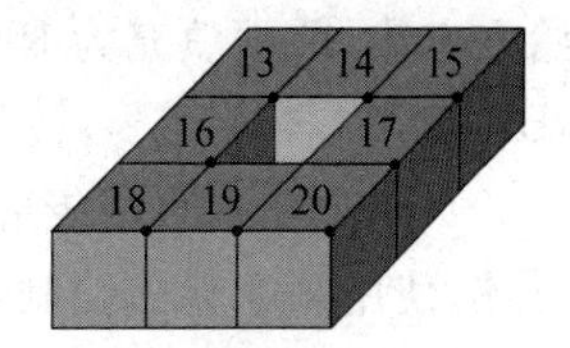

图 30-5 生成元上层结构

为了显示立体效果，必须进行消隐，可以采用“画家算法”来实现。对上下层，由下向上逐个绘制；对左右层，由左向右绘制；对前后层，由后向前逐个绘制。这个过程好像画家绘制油画那样，由远及近绘制景物，近处的景物将遮盖远处的景物。在绘制 Menger 海绵时，动画过程就像砌砖那样从下往上，一层一层地构筑，每一层从左向右，从后向前依次绘制。为了进行递归，需要分别计算生成元的 20 个小立方体的右上角点坐标，这时，小立方体的边长为递归前立方体边长的三分之一。下面给出每个小立方体“前面”的右上角点坐标。

对于下层的 8 个小立方体，按照“画家算法”绘制顺序，小立方体编号如图 30-3 所示。

编号 1：$(x-2d+2d_x, y-2d+2d_y)$。

编号 2：$(x-d+2d_x, y-2d+2d_y)$。

编号 3：$(x+2d_x, y-2d+2d_y)$。

编号 4：$(x-2d+d_x, y-2d+d_y)$。

编号 5：$(x+d_x, y-2d+d_y)$。

编号 6：$(x-2d, y-2d)$。

编号 7：$(x-d, y-2d)$。

编号 8：$(x, y-2d)$。

对于中层的 4 个小立方体，编号如图 30-4 所示。

编号 9：$(x-2d+2d_x, y-d+2d_y)$。

编号 10：$(x+2d_x, y-d+2d_y)$。

编号 11：$(x-2d, y-d)$。

编号 12：$(x, y-d)$。

对于上层的 8 个小立方体，编号如图 30-5 所示。

编号 13：$(x-2d+2d_x, y+2d_y)$。

编号 14：$(x-d+2d_x, y+2d_y)$。

编号 15：$(x+2d_x, y+2d_y)$。

编号 16：$(x-2d+d_x, y+d_y)$。

编号 17：$(x+d_x, y+d_y)$。

编号 18：$(x-2d, y)$。

编号 19：$(x-d, y)$。

编号 20：(x, y)。

三、算法设计

(1) 输入递归深度 n。

(2) 以坐标(40,40)为立方体“前面”的右上角点坐标(称为基准点)，边长 $d=300$ 绘制初始立方体，前面填充为 RGB(254,173,139)，顶面填充为 RGB(223,122,79)，右面填充为 RGB(177,66,66)。

(3) 将立方体的每条边三等分，舍弃 6 个位于面心的小立方体和 1 个位于体心处的小立方体，使用画家算法绘制余下的 20 个小立方体。

(4) 执行递归子程序，对其余 20 个小立方体进行递归，直到 n 为 0。

四、案例设计

1. 递归函数

在 CTestView 类内添加成员函数 Sponge()，根据输入对话框提供的递归深度 n 调用 CubicFront()、CubicTop()和 CubicRight()这 3 个子函数绘制海绵的“前面”、“顶面”和“右面”。

```
void CTestView::Sponge(int n,CP2 p, double d)
{
    if(0==n)
```

```
    {
        CubicFront(p,d);                                        //绘制立方体前面函数
        CubicTop(p,d);                                          //绘制立方体顶面函数
        CubicRight(p,d);                                        //绘制立方体右面函数
        return;
    }
    d=d/3;
    Sponge(n-1,CP2(p.x-2*d+2*dx,p.y-2*d+2*dy),d);               //编号 1
    Sponge(n-1,CP2(p.x-d+2*dx,p.y-2*d+2*dy),d);                 //编号 2
    Sponge(n-1,CP2(p.x+2*dx,p.y-2*d+2*dy),d);                   //编号 3
    Sponge(n-1,CP2(p.x-2*d+dx,p.y-2*d+dy),d);                   //编号 4
    Sponge(n-1,CP2(p.x+dx,p.y-2*d+dy),d);                       //编号 5
    Sponge(n-1,CP2(p.x-2*d,p.y-2*d),d);                         //编号 6
    Sponge(n-1,CP2(p.x-d,p.y-2*d),d);                           //编号 7
    Sponge(n-1,CP2(p.x,p.y-2*d),d);                             //编号 8
    Sponge(n-1,CP2(p.x-2*d+2*dx,p.y-d+2*dy),d);                 //编号 9
    Sponge(n-1,CP2(p.x+2*dx,p.y-d+2*dy),d);                     //编号 10
    Sponge(n-1,CP2(p.x-2*d,p.y-d),d);                           //编号 11
    Sponge(n-1,CP2(p.x,p.y-d),d);                               //编号 12
    Sponge(n-1,CP2(p.x-2*d+2*dx,p.y+2*dy),d);                   //编号 13
    Sponge(n-1,CP2(p.x-d+2*dx,p.y+2*dy),d);                     //编号 14
    Sponge(n-1,CP2(p.x+2*dx,p.y+2*dy),d);                       //编号 15
    Sponge(n-1,CP2(p.x-2*d+dx,p.y+dy),d);                       //编号 16
    Sponge(n-1,CP2(p.x+dx,p.y+dy),d);                           //编号 17
    Sponge(n-1,CP2(p.x-2*d,p.y),d);                             //编号 18
    Sponge(n-1,CP2(p.x-d,p.y),d);                               //编号 19
    Sponge(n-1,CP2(p.x,p.y),d);                                 //编号 20
}
```

2. 绘制立方体"前面"函数

在 CTestView 类内添加成员函数 CubicFront(),绘制立方体"前面"。

```
void CTestView::CubicFront(CP2 p, double d)
{
    CBrush brushFront;
    brushFront.CreateSolidBrush(RGB(254,173,139));
    CBrush*pbrushOld=pDC->SelectObject(&brushFront);
    CP2 front[4];
    front[0]=CP2(p.x,p.y);
    front[1]=CP2(p.x-d,p.y);
    front[2]=CP2(p.x-d,p.y-d);
    front[3]=CP2(p.x,p.y-d);
    pDC->BeginPath();
    pDC->MoveTo(Round(front[0].x),Round(front[0].y));
```

```
    pDC->LineTo(Round(front[1].x),Round(front[1].y));
    pDC->LineTo(Round(front[2].x),Round(front[2].y));
    pDC->LineTo(Round(front[3].x),Round(front[3].y));
    pDC->LineTo(Round(front[0].x),Round(front[0].y));
    pDC->EndPath();
    pDC->FillPath();
    pDC->SelectObject(pbrushOld);
    brushFront.DeleteObject();
}
```

3. 绘制立方体"顶面"函数

在 CTestView 类内添加成员函数 CubicTop(),绘制立方体"顶面"。

```
void CTestView::CubicTop(CP2 p, double d)
{
    CBrush brushTop;
    brushTop.CreateSolidBrush(RGB(223,122,79));
    CBrush * pbrushOld=pDC->SelectObject(&brushTop);
    CP2 top[4];
    top[0]=CP2(p.x,p.y);
    top[1]=CP2(p.x+dx,p.y+dx);
    top[2]=CP2(p.x-d+dx,p.y+dy);
    top[3]=CP2(p.x-d,p.y);
    pDC->BeginPath();
    pDC->MoveTo(Round(top[0].x),Round(top[0].y));
    pDC->LineTo(Round(top[1].x),Round(top[1].y));
    pDC->LineTo(Round(top[2].x),Round(top[2].y));
    pDC->LineTo(Round(top[3].x),Round(top[3].y));
    pDC->LineTo(Round(top[0].x),Round(top[0].y));
    pDC->EndPath();
    pDC->FillPath();
    pDC->SelectObject(pbrushOld);
    brushTop.DeleteObject();
}
```

4. 绘制立方体"右面"函数

在 CTestView 类内添加成员函数 CubicRight(),绘制立方体"右面"。

```
void CTestView::CubicRight(CP2 p, double d)
{
    CBrush brushRight;
    brushRight.CreateSolidBrush(RGB(177,66,66));
    CBrush * pbrushOld=pDC->SelectObject(&brushRight);
    CP2 right[4];
```

```
    right[0]=CP2(p.x,p.y);
    right[1]=CP2(p.x,p.y-d);
    right[2]=CP2(p.x+dx,p.y-d+dy);
    right[3]=CP2(p.x+dx,p.y+dy);
    pDC->BeginPath();
    pDC->MoveTo(Round(right[0].x),Round(right[0].y));
    pDC->LineTo(Round(right[1].x),Round(right[1].y));
    pDC->LineTo(Round(right[2].x),Round(right[2].y));
    pDC->LineTo(Round(right[3].x),Round(right[3].y));
    pDC->LineTo(Round(right[0].x),Round(right[0].y));
    pDC->EndPath();
    pDC->FillPath();
    pDC->SelectObject(pbrushOld);
    brushRight.DeleteObject();
}
```

五、案例总结

本案例中每个立方体的立体效果是采用斜等测投影绘制的，没有涉及三维坐标，仅使用了二维坐标。立方体的投影由前面、顶面和右面3个面构成的。设立方体的右上角点坐标为$P(x,y)$，边长为d。对于顶面和右面，由于其为平行四边形，其夹角为45°的斜边的水平投影$d_x=\frac{\sqrt{2}}{2}d$，垂直投影$d_y=\frac{\sqrt{2}}{2}d$。因为$d_x=d_y$，所以全部以d_x代替。对于没有舍弃的小立方体，重新排列顶点坐标后进行20次递归调用。

Menger海绵的数据量很大，递归深度n不能太大，n太大则递归出入堆栈很费时间，本案例规定$0\leqslant n\leqslant 6$。

Menger海绵是以立方体作为基绘制的，在绘制时使用了"画家算法"，即就像砌砖块那样从下向上，一层一层地构筑，每一层从左向右，从后向前。案例中"画家算法"是通过给小立方体的编号来实现的。

本案例在CubicFront()、CubicTop()和CubicRight()函数中使用了路径填充算法，如果直接使用画刷填充函数和默认画笔函数来绘制小立方体的3个表面，效果如图30-6所示。

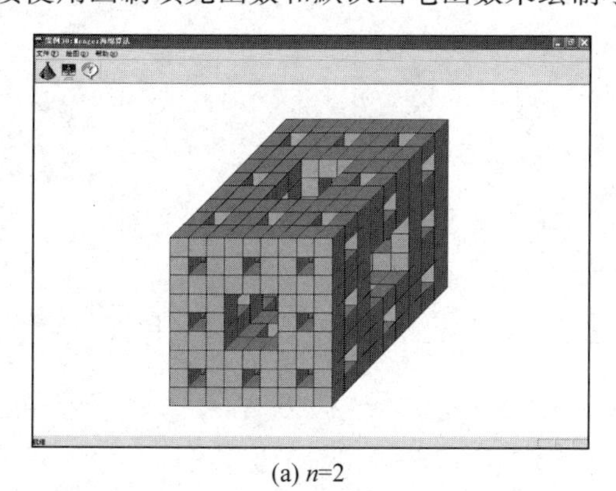

(a) n=2

(b) n=3

图30-6　使用画刷函数和默认画笔函数绘制Menger海绵

可以看出，使用默认画笔（黑色）绘制了每个小立方体的边界。这里给出 CubicFront()函数的参考代码如下：

```
void CTestView::CubicFront(CP2 p, double d)                    //绘制立方体"前面"函数
{
    CBrush brushFront;
    brushFront.CreateSolidBrush(RGB(254,173,139));
    CBrush * pbrushOld=pDC->SelectObject(&brushFront);
    CPoint front[4];
    front[0]=CPoint(p.x,p.y);
    front[1]=CPoint(p.x-d,p.y);
    front[2]=CPoint(p.x-d,p.y-d);
    front[3]=CPoint(p.x,p.y-d);
    pDC->MoveTo(Round(front[0].x),Round(front[0].y));
    pDC->LineTo(Round(front[1].x),Round(front[1].y));
    pDC->LineTo(Round(front[2].x),Round(front[2].y));
    pDC->LineTo(Round(front[3].x),Round(front[3].y));
    pDC->LineTo(Round(front[0].x),Round(front[0].y));
    pDC->Polygon(front, 4);
    pDC->SelectObject(pbrushOld);
    brushFront.DeleteObject();
}
```

案例31　C字曲线算法

知识要点

- C字曲线的定义。
- 生成元递归算法。

一、案例需求

1. 案例描述

给定不同的递归深度,绘制C字曲线。

2. 功能说明

(1) 自定义屏幕二维坐标系,原点位于客户区中心,x轴水平向右为正,y轴垂直向上为正。

(2) 使用对话框输入C字曲线的递归深度。

(3) 绘制相应的C字曲线。

3. 案例效果图

C字曲线输入对话框和效果如图31-1所示。

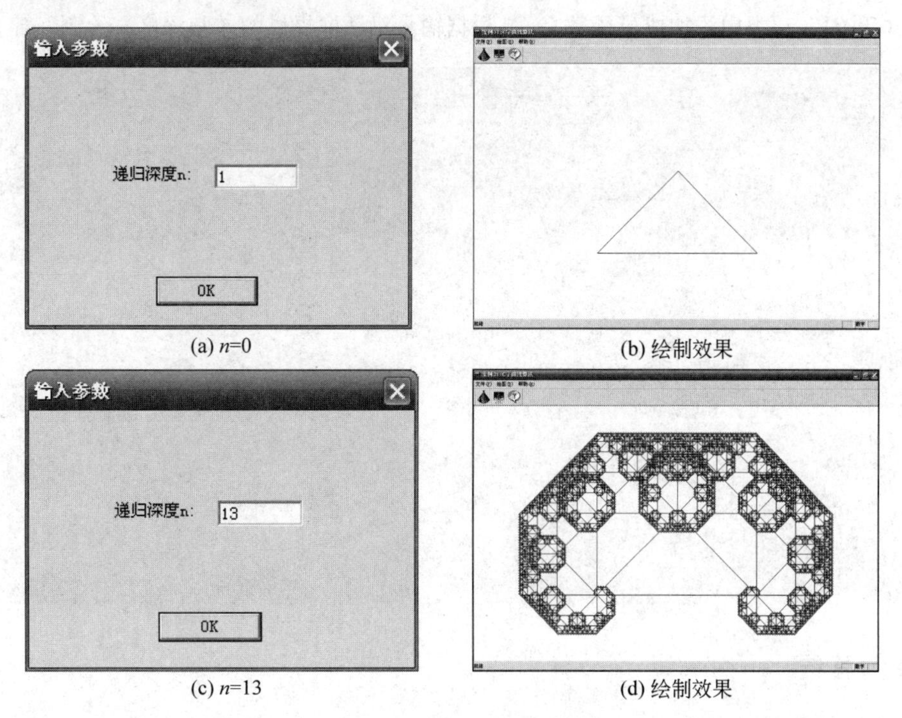

(a) n=0　　(b) 绘制效果

(c) n=13　　(d) 绘制效果

图31-1　C字曲线效果图

二、案例分析

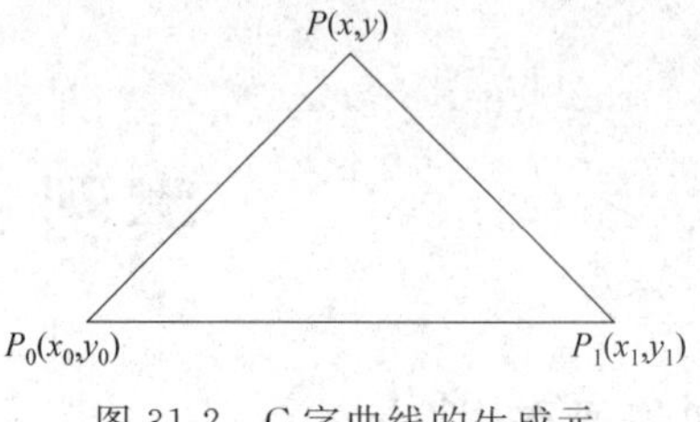

图 31-2　C 字曲线的生成元

以一条直线段为斜边，拉出一个等腰直角三角形。以等腰直角三角形的两条直角边分别为斜边，再拉出两个等腰直角三角形。依此类推，便形成了类似字母 C 的图形称为 C 字曲线。

生成元：C 字曲线具有很强的自相似性，是分形图形。生成元是等腰直角三角形，如图 31-2 所示。C 字曲线的递归是通过反复以生成元的直角边作为斜边拉出等腰直角三角形而建立起来的。

由直线段的两个顶点坐标 $P_0(x_0,y_0)$，$P_1(x_1,y_1)$容易得到第 3 个顶点坐标 $P(x,y)$为

$$x=\frac{x_0+y_0+x_1-y_1}{2},\quad y=\frac{x_1+y_1+y_0-x_0}{2}$$

三、算法设计

(1) 输入递归深度 n。

(2) 根据(x_0,y_0)，(x_1,y_1)，计算 $x=\frac{x_0+y_0+x_1-y_1}{2}$，$y=\frac{x_1+y_1+y_0-x_0}{2}$。

(3) 绘制直线 P_0P_1、P_0P 和 PP_1，形成等腰直角三角形。

(4) 执行递归子程序，直到 n 为 0。

四、案例设计

在 CTestView 类内添加成员函数 C ()，根据输入对话框提供的递归深度 n 绘制 C 字曲线。

```
void CTestView:: C (int n,CP2 p0,CP2 p1)
{
    CP2 p;
    p.x=(p0.x+p0.y+p1.x-p1.y)/2;
    p.y=(p1.x+p1.y+p0.y-p0.x)/2;
    if(0==n)
    {
        pDC->MoveTo(Round(p0.x),Round(p0.y));
        pDC->LineTo(Round(p1.x),Round(p1.y));
        return;
    }
    c(n-1,p0,p1);
    c(n-1,p0,p);
    c(n-1,p,p1);
}
```

五、案例总结

本案例中每次递归是绘制等腰直角三角形的 3 条边，虽然容易理解，但是尚存在一定的冗余度，请读者进行改进。

案例 32　Cayley 树算法

知识要点

- Cayley 树的定义。
- 生成元递归算法。

一、案例需求

1. 案例描述

给定不同的递归深度、树干长度和分支夹角，绘制 Cayley 树。

2. 功能说明

(1) 自定义屏幕二维坐标系，原点位于客户区中心，x 轴水平向右为正，y 轴垂直向上为正。

(2) 使用对话框输入 Cayley 树的递归深度、树干长度和主干分支夹角。

(3) 绘制相应的 Cayley 树。

3. 案例效果图

Cayley 树输入对话框和效果如图 32-1 所示。

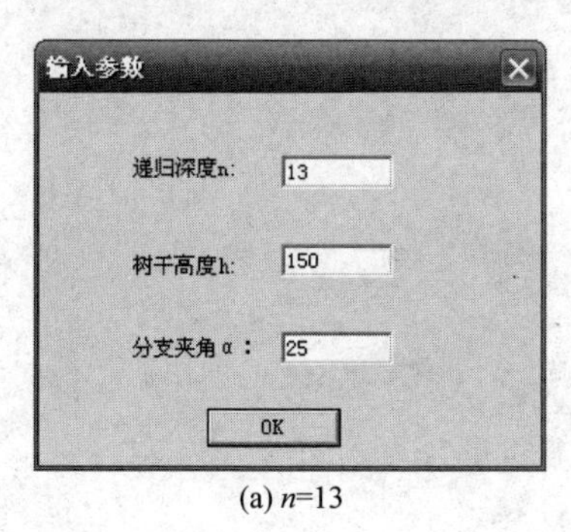

(a) n=13

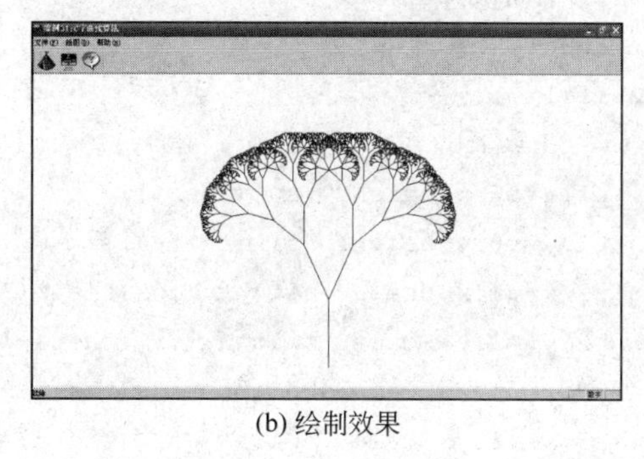

(b) 绘制效果

图 32-1　Cayley 树效果图

二、案例分析

以二叉树为基础，以每个分支为主干，按照比例递归出另一个二叉树。依此类推，便生长成疏密有致的分形树，称为 Cayley 树。

生成元：Cayley 树是完全自相似的分形结构。生成元是二叉树，如图 32-2 所示。

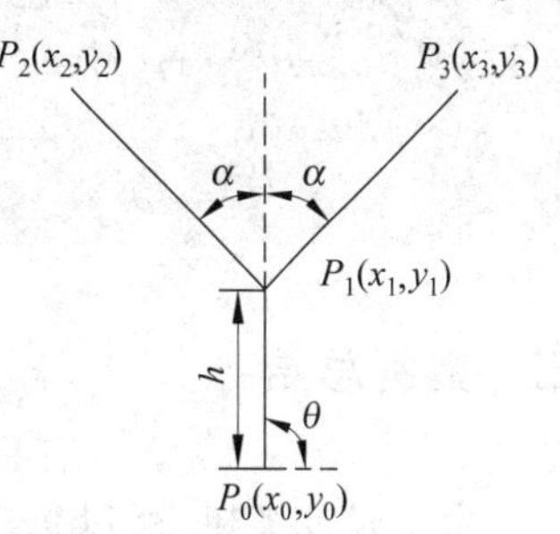

图 32-2　Cayley 树生成元

树根起点坐标为 $P_0(x_0,y_0)$，树干和地面的夹角为 θ，树干高度为 h；树叉坐标为 $P_1(x_1,y_1)$；树枝和树干的夹角为 α，树枝端点坐标为 $P_2(x_2,y_2)$ 和 $P_3(x_3,y_3)$；树干和树枝的比例为 s。Cayley 树各坐标之间的几何关系如下：

$$x_1 = x_0 + h\cos\theta,\quad y_1 = y_0 + h\sin\theta$$

$$x_2 = x_1 + sh\cos(\theta+\alpha), \quad y_2 = y_1 + sh\sin(\theta+\alpha)$$
$$x_3 = x_1 + sh\cos(\theta-\alpha), \quad y_3 = y_1 + sh\sin(\theta-\alpha)$$

三、算法设计

(1) 输入递归深度 n,主干高度 h、枝干与主干分支夹角 α。

(2) 计算主干交叉点的坐标:$x_1 = x_0 + h\cos\theta, y_1 = y_0 + h\sin\theta$。

(3) 计算左枝干顶点的坐标为

$$x_2 = x_1 + sh\cos(\theta+\alpha), \quad y_2 = y_1 + sh\sin(\theta+\alpha)。$$

(4) 计算右枝干顶点的坐标为

$$x_3 = x_1 + sh\cos(\theta-\alpha), \quad y_3 = y_1 + sh\sin(\theta-\alpha)。$$

(5) 执行递归子程序,直到 n 为 0。

四、案例设计

在 CTestView 类内添加成员函数 Cayley(),根据输入对话框提供的递归深度 n、主干高度 h、枝干与主干分支夹角 α 绘制 Cayley 树。

```
void CTestView::Cayley(int n, CP2 p0, double height, double theta)
{
    CP2 p1,p2,p3;
    double Scale=2.0/3.0;
    if(1==n)
        return;
    p1.x=p0.x+height * cos(theta);
    p1.y=p0.y+height * sin(theta);
    p2.x=p1.x+Scale * height * cos(theta+Alpha);
    p2.y=p1.y+Scale * height * sin(theta+Alpha);
    p3.x=p1.x+Scale * height * cos(theta-Alpha);
    p3.y=p1.y+Scale * height * sin(theta-Alpha);
    pDC->MoveTo(Round(p0.x),Round(p0.y));
    pDC->LineTo(Round(p1.x),Round(p1.y));
    pDC->LineTo(Round(p2.x),Round(p2.y));
    pDC->MoveTo(Round(p1.x),Round(p1.y));
    pDC->LineTo(Round(p3.x),Round(p3.y));
    Cayley(n-1,p1,Scale * height,theta+Alpha);
    Cayley(n-1,p1,Scale * height,theta-Alpha);
}
```

五、案例总结

由于是二叉树,所以每次递归调用两次。取 $n=13, h=250, \alpha=60^\circ, s=\frac{\sqrt{5}-1}{2}$ 时,可以

绘制出图 32-3 所示的黄金树。程序中，取 m_n＝13，m_height＝250.0、m_alpha＝60.0、Scale＝(sqrt(5)－1)/2。

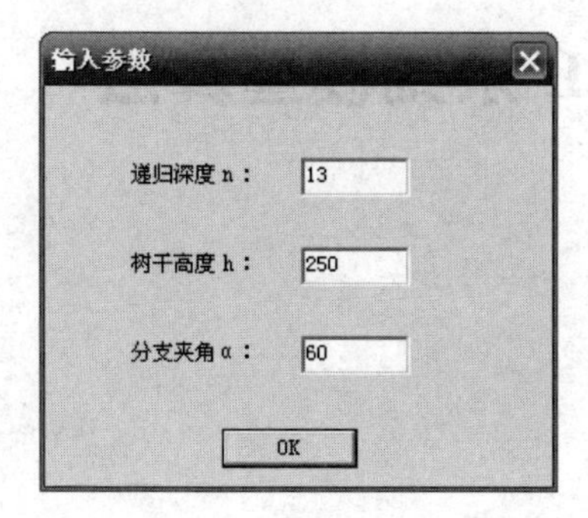

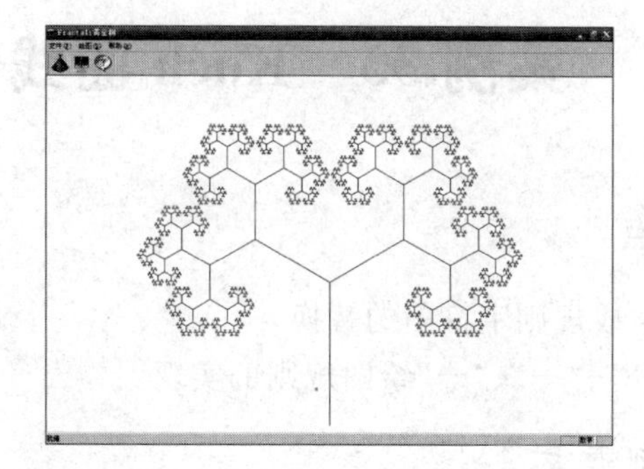

图 32-3　黄金树效果图

案例 33　Koch 曲线 L 系统模型算法

知识要点

- 生成规则字符串的替换。
- “F”、“+”、“-”绘图规则的实现。

一、案例需求

1. 案例描述

给定不同的迭代次数和夹角，使用 L 系统模型绘制 Koch 曲线。

2. 功能说明

(1) 自定义屏幕二维坐标系，原点位于客户区中心，x 轴水平向右为正，y 轴垂直向上为正。

(2) 使用对话框输入 Koch 曲线的迭代次数 n 和夹角 θ。

(3) 绘制相应的 Koch 曲线。

3. 案例效果图

Koch 曲线输入对话框和效果如图 33-1 所示。

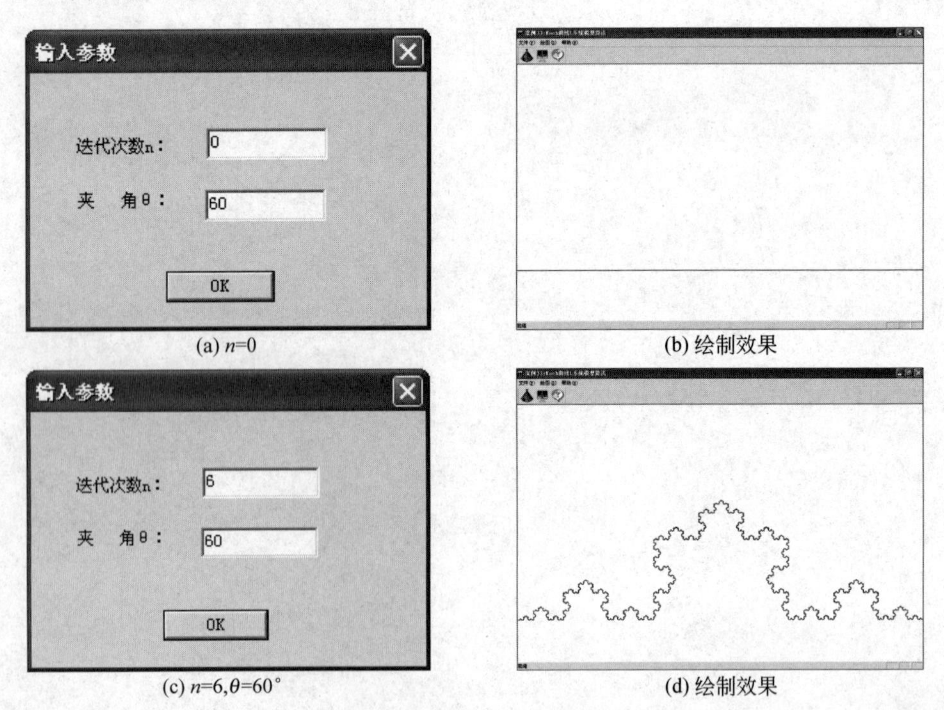

(a) n=0　(b) 绘制效果

(c) n=6,θ=60°　(d) 绘制效果

图 33-1　Koch 曲线效果图

二、案例分析

Koch 曲线是蜿蜒连续的曲线，由于 Koch 曲线没有分支，所以不需要保存中间结点，也就是说不需要使用绘图规则中的“[”和“]”，只使用“F ”、“＋”和“－”。

绘图规则如下。

(1) F：生成元最小线元长度，步长为 d。

(2) ＋：线元延伸方向，逆时针方向旋转 θ。

(3) －：线元延伸方向，顺时针方向旋转 θ。

文法模型如下。

字母表为：F，＋，－。

初始字母为：F。

生成规则：F→F＋F －－ F＋F，如图 33-2 所示。

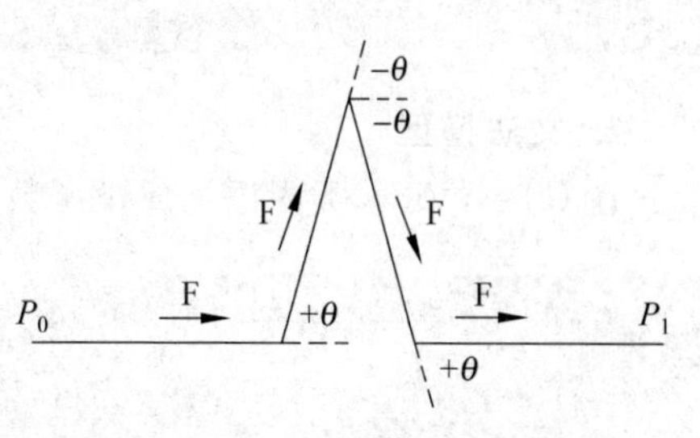

图 33-2　Koch 曲线 L 系统模型

迭代结果如下。

```
迭代 0: F。
迭代 1: F+F--F+F。
迭代 2: F+F--F+F+F+F--F+F--F+F--F+F+F+F--F+F。
…
```

三、算法设计

(1) 定义包含结点位置和角度的结点类，代表结点的状态(x ，y ，α)。

(2) 输入迭代次数 n 和夹角 θ。

(3) 取初始水平直线段的高度为距离客户区下边界 100 像素处，起点的水平坐标取自客户区左侧，终点的水平坐标取自客户区右侧。

(4) 根据初始直线段的起点坐标 P_0 和终点坐标 P_1，计算

$$L_0 = \sqrt{(P_1x - P_0x)^2 + (P_1y - P_0y)^2}。$$

(5) 计算生成元递归 n 次后的最小线元长度 $d = L_0/(2\times(1+\cos\theta))^n$。

(6) 根据 n 生成文法模型。初始字母为“F”，生成规则为“F→F＋F－－F＋F”。

解释最终公理的每一个字母，根据绘图规则绘制图形。“F”为按照步长和 α 角画线，“＋”为 $\alpha=\alpha+\theta$，“－”为 $\alpha=\alpha-\theta$。

(7) 执行递归子程序，直到 n 为 0。

四、案例设计

1. 定义结点类

自定义 CStateNode 类，用于存储结点的当前状态。

```
class CStateNode
{
public:
```

```
    CStateNode();
    virtual ~ CStateNode();
    double x;
    double y;
    double alpha;
};
```

2. 文法模型

在 CTestView 类内添加成员函数 Initial()，根据迭代次数 n 生成迭代后的字符串。

```
void CTestView::Initial(int n)
{
    Axiom="F";
    Rule="F+F--F+F";
    NewRule=Axiom;
    NewRuleTemp.Empty();
    int Length=NewRule.GetLength();
    for(int i=1;i<=n;i++)                      //从 n=1 开始替换,n=0 时,就是"F"
    {
        for(int j=0;j<Length;j++)              //规则替换
        {
            if(Axiom==NewRule[j])
                NewRuleTemp+=Rule;
            else
                NewRuleTemp+=NewRule[j];
        }
        NewRule=NewRuleTemp;
        NewRuleTemp.Empty();
        Length=NewRule.GetLength();
    }
}
```

3. 绘图规则

在 CTestView 类内添加成员函数 Koch()，根据绘图规则对迭代后的字符串进行文法解释并绘制图形。

```
void CTestView::Koch(double theta)
{
    if(NewRule.IsEmpty ())                              //字符串空返回
        return;
    else
    {
            CStateNode Currentnode,Nextnode;
            Currentnode.x=P0.x;
```

```
        Currentnode.y=P0.y;
        Currentnode.alpha=0;
        int Len=NewRule.GetLength();
        pDC->MoveTo(ROUND(Currentnode.x),ROUND(Currentnode.y));
        for(int i=0;i<Len;i++)
        {
            switch(NewRule[i])                     //访问字符串中的某个位置的字符
            {
                case 'F':                          //取出"F"字符的操作
                    Nextnode.x=Currentnode.x+d*cos(Currentnode.alpha);
                    Nextnode.y=Currentnode.y+d*sin(Currentnode.alpha);
                    Nextnode.alpha=Currentnode.alpha;
                    pDC->LineTo(ROUND(Nextnode.x),ROUND(Nextnode.y));
                    Currentnode=Nextnode;
                    break ;
                case '+':                          //取出"+"字符的操作
                    Currentnode.alpha=Currentnode.alpha+theta;
                    break;
                case '-':                          //取出"-"字符的操作
                    Currentnode.alpha=Currentnode.alpha-theta;
                    break;
                default:
                    break;
            }
        }
    }
}
```

五、案例总结

本案例只使用了“F”、“+”和“-”绘图规则。程序实现时，首先定义包含位置坐标和角度的结点类 CStateNode，可以方便对结点的整体处理。在生成规则中使用 CString 类来定义字符串，可以直接使用下标来访问每个字母。请认真阅读文法模型函数和绘图规则函数，仔细体会如何解释生成规则。

案例34　分形草L系统模型算法

知识要点

- 生成规则字符串的替换。
- “F”、“＋”、“－”、“[”和“]”绘图规则的实现。

一、案例需求

1. 案例描述

给定不同的迭代次数、分支长度和旋转角度，使用L系统模型绘制分形草。

2. 功能说明

(1) 自定义屏幕二维坐标系，原点位于客户区中心，x轴水平向右为正，y轴垂直向上为正。

(2) 使用对话框输入分形草的迭代次数n、分支长度d和旋转角度θ。

(3) 绘制相应的分形草。

3. 案例效果图

分形草“输入参数”对话框和效果如图34-1所示。

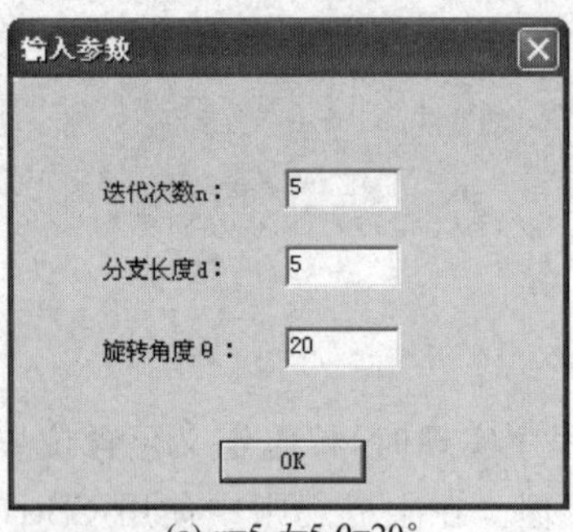

(a) n=5,d=5,θ=20°

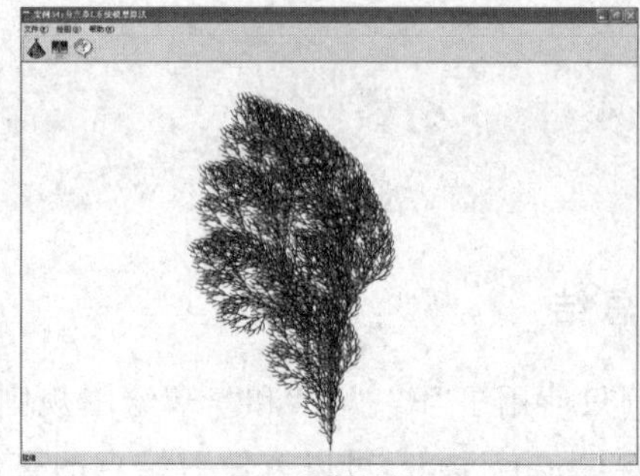

(b) 绘制效果

图34-1　分形草效果图

二、案例分析

在绘制植物时，常需要处理分支结构。在L系统文法模型中，记录分支点，需要增加“[”和“]”绘图规则。

绘图规则如下。

(1) F：代表主干和旁支，步长为d。

(2) ＋：逆时针方向旋转θ角。

(3) －：顺时针方向旋转θ角。

(4) [：存储分支点。

(5)]：恢复分支点。

文法模型如下。

字母表为：F,＋,－,[,]。

初始字母为：F。

生成规则为：F→FF[＋＋F － F－F][－F＋F＋F]，如图 34-2 所示。

迭代结果如下。

迭代 0：F。

迭代 1：FF[＋＋F－F－F][－F＋F＋F]。

迭代 2：FF[＋＋F－F－F][－F＋F＋F] FF[＋＋F－F－F][－F＋F＋F] [＋＋FF[＋＋F－F－F][－F＋F＋F]－FF[＋＋F－F－F][－F＋F＋F]－FF[＋＋F－F－F][－F＋F＋F]][－FF[＋＋F－F－F][－F＋F＋F]＋FF[＋＋F－F－F][－F＋F＋F]＋FF[＋＋F－F－F][－F＋F＋F]]。

…

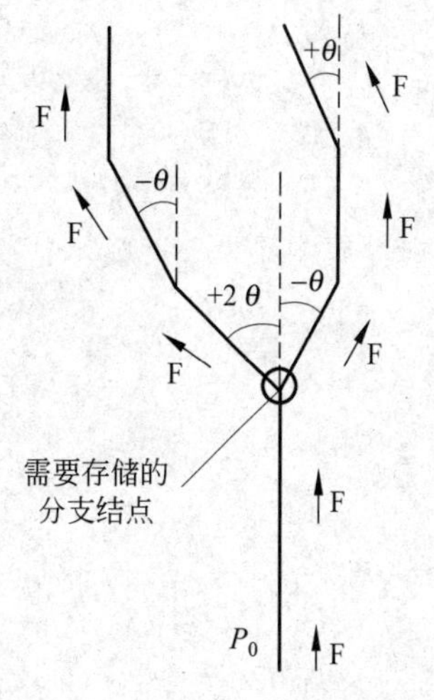

图 34-2　分形草 L 系统模型

三、算法设计

(1) 定义包含结点位置和角度的结点类，代表结点的状态(x ，y ，α)。

(2) 输入迭代次数 n、分支长度 d 和旋转角度 θ。

(3) 取分形草的初始起点为客户区底部中点，分形草向上生长。

(4) 根据 n 生成文法模型。初始字母为“F”，生成规则为“F→FF[＋＋F－F－F][－F＋F＋F]”。

(5) 解释最终公理的每一个字母，根据绘图规则绘制图形。“F”为按照步长和 α 角画线，“＋”为 $\alpha=\alpha+\theta$，“－”为 $\alpha=\alpha-\theta$，“[”为存储分支结点，“]”为恢复分支结点。

(6) 执行递归子程序，直到 n 为 0。

四、案例设计

在 CTestView 类内添加成员函数 Grass()，根据绘图规则对迭代后的字符串进行文法解释并绘制图形。

```
void CTestView::Grass(double theta,double d)
{
    if(NewRule.IsEmpty ())                              //字符串空返回
        return ;
    else
    {
        CStateNode CurrentNode,NextNode;
        CurrentNode.x=P0.x;
        CurrentNode.y=P0.y;
```

```
        CurrentNode.alpha=PI/2;
        int Len=NewRule.GetLength();
        pDC->MoveTo(Round(CurrentNode.x),Round(CurrentNode.y));
        for(int i=0;i<Len;i++)
        {
            switch(NewRule[i])                          //访问字符串中的某个位置的字符
            {
                case 'F':                               //取出"F"字符的操作
                    NextNode.x=CurrentNode.x+d*cos(CurrentNode.alpha);
                    NextNode.y=CurrentNode.y+d*sin(CurrentNode.alpha);
                    NextNode.alpha=CurrentNode.alpha;
                    pDC->LineTo(Round(NextNode.x),Round(NextNode.y));
                    CurrentNode=NextNode;
                    break ;
                case '[':                               //取出"["字符的操作
                    Stack[StackPushPos]=CurrentNode;
                    StackPushPos ++;
                    break;
                case ']':                               //取出"]"字符的操作
                    CurrentNode=Stack[StackPushPos-1];
                    StackPushPos --;
                    pDC->MoveTo(Round(CurrentNode.x),Round(CurrentNode.y));
                    break;
                case '+':                               //取出"+"字符的操作
                    CurrentNode.alpha=CurrentNode.alpha+theta;
                    break;
                case '-':                               //取出"-"字符的操作
                    CurrentNode.alpha=CurrentNode.alpha-theta;
                    break;
                default:
                    break;
            }
        }
    }
}
```

五、案例总结

分形草由两条分支构成，需要记录分支结点，以便沿着一个分支方向处理完毕后还能返回到该分支结点，接着处理另一个分支方向。本案例在“F”、“＋”、“－”绘图规则的基础上增加了“[”和“]”，用于存储分支结点。本例的栈操作使用 CStateNode 定义的静态数组 Stack[1024]实现。

案例 35　Peano-Hilbert 曲线 L 系统模型算法

知识要点

- 生成规则字符串的替换。
- 多规则的实现。

一、案例需求

1. 案例描述

给定不同的迭代次数，使用 L 系统模型绘制 Peano-Hilbert 曲线。

2. 功能说明

(1) 自定义屏幕二维坐标系，原点位于客户区中心，x 轴水平向右为正，y 轴垂直向上为正。

(2) 使用对话框输入 Peanu-Hilbert 曲线的迭代次数 n。

(3) 绘制相应的 Peano-Hilbert 曲线。

3. 案例效果图

Peano-Hilbert 曲线"输入参数"对话框和效果如图 35-1 所示。

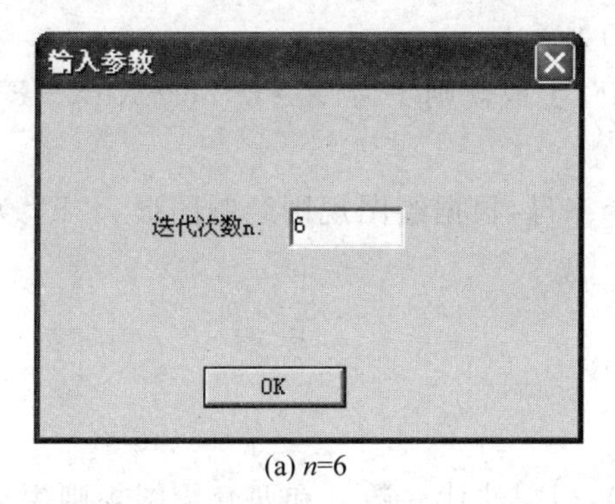

(a) n=6

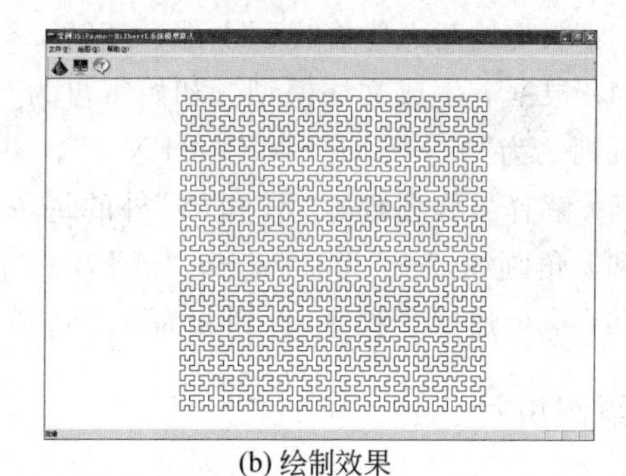

(b) 绘制效果

图 35-1　Peano-Hilbert 曲线效果图

二、案例分析

Peano-Hilbert 曲线的特点是单入单出，需要两个生成规则的嵌套来实现。这里取 $\theta=90°$。

绘图规则如下。

(1) F：向前移动一步，步长为 d。

(2) ＋：逆时针旋转 θ 角。

(3) －：顺时针旋转 θ 角。

文法模型如下。

字母表为：F，+，-，X，Y。

初始字母为：X 。

生成规则 1 为：X→-YF+XFX+FY-，如图 35-2 所示。

生成规则 2 为：Y→+XF-YFY-FX+，如图 35-3 所示。

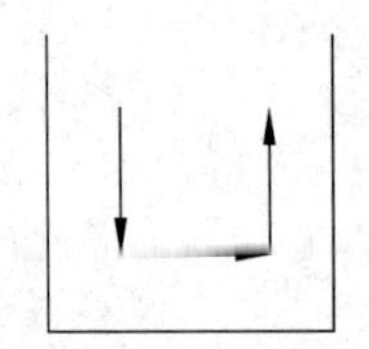

图 35-2　规则 1 的 L 系统模型

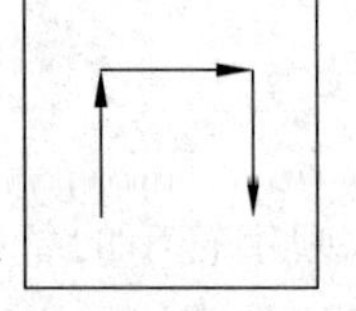

图 35-3　规则 2 的 L 系统模型

迭代结果如下。

迭代 0：X。

迭代 1：-YF+XFX+FY-。

迭代 2：-+XF-YFY-FX+F+-YF+XFX+FY-F-YF+XFX+FY-+F+XF-YFY-FX+-。

…

三、算法设计

(1) 定义包含结点位置和角度的结点类，代表结点的状态(x，y，α)。

(2) 输入迭代次数 n。

(3) 取初始起点为客户区上部(-260,284)处。

(4) 根据 n 生成文法模型。初始字母为“X”，生成规则 1 为“X→-YF+XFX+FY-”，生成规则 2 为“Y→+XF-YFY-FX+”。

(5) 解释最终公理除“X”和“Y”外的每一个字母，根据绘图规则绘制图形。“F”为按照步长和 α 角画线，“+”为 $\alpha=\alpha+\theta$，“-”为 $\alpha=\alpha-\theta$。

(6) 执行递归子程序，直到 n 为 0。

四、案例设计

在 CTestView 类内添加成员函数 Initial()，根据迭代次数 n 和两套绘图规则生成迭代后的字符串。

```
void CTestView::Initial(int n)
{
    StackPushPos=0;
    NewRule=Rule[0];
    NewRuleTemp.Empty();
    int Length=NewRule.GetLength();
    for(int i=1;i<=n;i++)
    {
        int Pos=0;
```

```
        for(int j=0;j<Length;j++)                    //规则替换
        {
            if(Axiom[1]==NewRule[j])
            {
                NewRuleTemp+=Rule[1];
                Pos=NewRuleTemp.GetLength()-1 ;
            }
            else if(Axiom[2]==NewRule[j])
            {
                NewRuleTemp+=Rule[2];
                Pos=NewRuleTemp.GetLength()-1 ;
            }
            else
            {
                NewRuleTemp+=NewRule[j];
                Pos++;
            }
        }
        NewRule=NewRuleTemp;
        NewRuleTemp.Empty();
        Length=NewRule.GetLength();
    }
}
```

五、案例总结

本案例使用两套公理 Axiom[1]="X",Axiom[2]="Y"。字母"X"和"Y"只作为替换字符,不作为绘图字符,绘图通过解释"F"、"+"和"-"规则实现。字符串从字母"X"开始替换。

案例 36　灌木丛 L 系统模型算法

知识要点

- 生成规则字符串的替换。
- 多规则的实现。

一、案例需求

1. 案例描述

给定不同的迭代次数、分支长度和旋转角度，使用 L 系统模型绘制灌木丛。

2. 功能说明

（1）自定义屏幕二维坐标系，原点位于客户区中心，x 轴水平向右为正，y 轴垂直向上为正。

（2）使用对话框输入迭代次数 n、分支长度 d 和旋转角度 θ。

（3）绘制相应的分形灌木丛。

3. 案例效果图

灌木丛“输入参数”对话框和效果如图 36-1 所示。

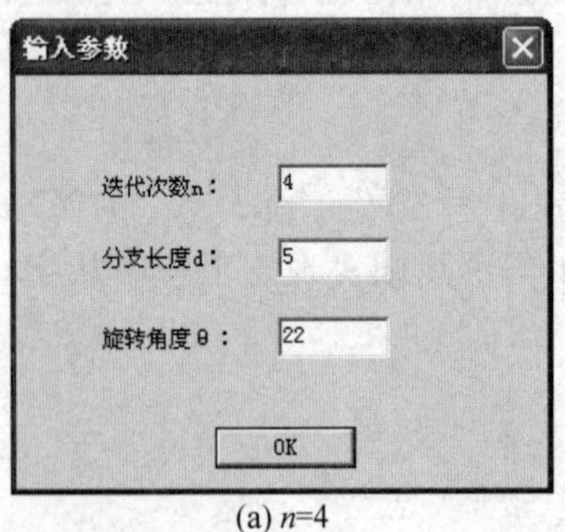

(a) n=4

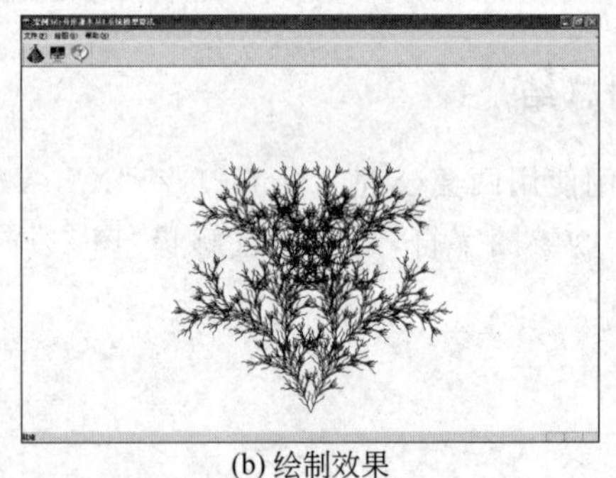

(b) 绘制效果

图 36-1　灌木丛效果图

二、案例分析

灌木丛绘图规则如下。

（1）F：向前移动一步，步长为 d。

（2）＋：逆时针旋转 θ 角。

（3）－：顺时针旋转 θ 角。

（4）[：将当前状态压栈，存储分支结点。

（5）]：将图形状态重置为栈顶的状态，恢复分支结点。

文法模型如下。

字母表为：＋，－，X，Y。

初始字母为：[＋X－X][－X＋X]，如图 36-2 所示。

生成规则 1 为：X→XX[＋X＋X－[Y－Y＋＋Y]]Y[－X－X＋[Y－Y＋＋Y]]，如图 36-3 所示。

生成规则 2 为：Y→[Y－Y＋＋Y]，如图 36-4 所示。

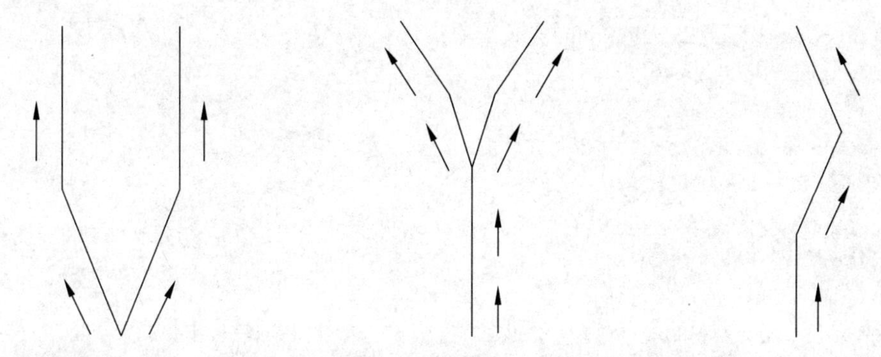

图 36-2　初始字母的 L 系统模型　　图 36-3　规则 1 的 L 系统模型　　图 36-4　规则 2 的 L 系统模型

迭代结果如下。

迭代 0：[＋X－X][－X＋X]。

迭代 1：[＋XX[＋X＋X－[Y－Y＋＋Y]]Y[－X－X＋[Y－Y＋＋Y]]－XX[＋X＋X－[Y－Y＋＋Y]]Y[－X－X＋[Y－Y＋＋Y]]][－XX[＋X＋X－[Y－Y＋＋Y]]Y[－X－X＋[Y－Y＋＋Y]]＋XX[＋X＋X－[Y－Y＋＋Y]]Y[－X－X＋[Y－Y＋＋Y]]]。

…

本文法模型中，X 和 Y 既进行字符串的替换，又进行绘图。

三、算法设计

(1) 定义包含结点位置和角度的结点类，代表结点的状态(x，y，α)。

(2) 输入迭代次数 n、分支长度 d 和旋转角度 θ。

(3) 取灌木丛的初始起点为客户区底部中点，灌木丛向上生长。

(4) 根据 n 生成文法模型。初始字母为"[＋X－X][－X＋X]"，生成规则 1 为"X→XX[＋X＋X－[Y－Y＋＋Y]]Y[－X－X＋[Y－Y＋＋Y]]"，生成规则 2 为"Y→[Y－Y＋＋Y]"。

(5) 解释最终公理的每一个字母，根据绘图规则绘制图形。"X"或"Y"为按照步长和 α 角画线，"＋"为 $\alpha=\alpha+\theta$，"－"为 $\alpha=\alpha-\theta$，"["为存储分支点，"]"为释放分支点。

(6) 执行递归子程序，直到 n 为 0。

四、案例设计

在 CTestView 类内添加成员函数 Grass()，根据绘图规则对迭代后的字符串进行文法解释并绘制图形。

```
void CTestView::Grass(double theta,double d)
{
    if(NewRule.IsEmpty ())                          //字符串空返回
        return ;
    else
    {
        CStateNode  CurrentNode,NextNode;
        CurrentNode.x=P0.x;
        CurrentNode.y=P0.y;
        CurrentNode.alpha=PI/2;
        int Len=NewRule.GetLength();
        pDC->MoveTo(Round(CurrentNode.x),Round(CurrentNode.y));
        for(int i=0;i<Len;i++)
        {
            switch(NewRule[i])                      //访问字符串中的某个位置的字符
            {
                case 'X':                           //取出"X"字符的操作
                case 'Y':                           //取出"Y"字符的操作
                    NextNode.x=CurrentNode.x+d*cos(CurrentNode.alpha);
                    NextNode.y=CurrentNode.y+d*sin(CurrentNode.alpha);
                    NextNode.alpha=CurrentNode.alpha;
                    pDC->LineTo(Round(NextNode.x),Round(NextNode.y));
                    CurrentNode=NextNode;
                    break ;
                case '[':                           //取出"["字符的操作
                    Stack[StackPushPos]=CurrentNode;
                    StackPushPos ++;
                    break;
                case ']':                           //取出"]"字符的操作
                    CurrentNode=Stack[StackPushPos-1];
                    StackPushPos --;
                    pDC->MoveTo (Round(CurrentNode.x),Round(CurrentNode.y));
                    break;
                case '+':                           //取出"+"字符的操作
                    CurrentNode.alpha=CurrentNode.alpha+theta;
                    break;
                case '-':                           //取出"-"字符的操作
                    CurrentNode.alpha=CurrentNode.alpha-theta;
                    break;
                default:
                    break;
            }
```

```
            }
        }
    }
```

五、案例总结

本案例使用两套公理 Axiom[1]="X",Axiom[2]="Y"。字母"X"和"Y"既参加字符替换,也作为绘图字符,并从字母"X"开始进行字符串替换。

案例37　Koch 曲线 IFS 算法

知识要点

- IFS 码。
- 仿射变换。
- 随机数。

一、案例需求

1. 案例描述

根据表 37-1 提供的 IFS 码编程绘制 Koch 曲线。

表 37-1　Koch 曲线的 IFS 码

ω_i	a_i	b_i	c_i	d_i	e_i	f_i	P_i
ω_1	$\frac{1}{3}$	0	0	$\frac{1}{3}$	0	0	$\frac{1}{4}$
ω_2	$\frac{1}{6}$	$-\frac{\sqrt{3}}{6}$	$\frac{\sqrt{3}}{6}$	$\frac{1}{6}$	$\frac{1}{3}$	0	$\frac{1}{4}$
ω_3	$\frac{1}{6}$	$\frac{\sqrt{3}}{6}$	$-\frac{\sqrt{3}}{6}$	$\frac{1}{6}$	$\frac{1}{2}$	$\frac{\sqrt{3}}{6}$	$\frac{1}{4}$
ω_4	$\frac{1}{3}$	0	0	$\frac{1}{3}$	$\frac{2}{3}$	0	$\frac{1}{4}$

2. 功能说明

(1) 自定义屏幕二维坐标系,原点位于客户区中心,x 轴水平向右为正,y 轴垂直向上为正。

(2) 根据 IFS 码绘制 Koch 曲线。

3. 案例效果图

Koch 曲线的绘制效果如图 37-1 所示。

二、案例分析

任选初始点 $P(x,y)$,根据伴随概率读取不同的 IFS 码,代入仿射变换公式计算变换后的点 $P'(x',y')$

$$\begin{cases} x' = ax + by + e \\ y' = cx + dy + f \end{cases}$$

使用 CDC 类的绘制像素函数 SetPixelV()绘制相应的像素点。

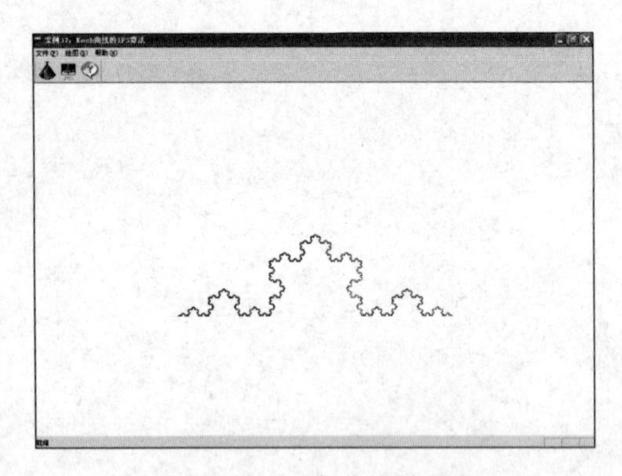

图 37-1　Koch 曲线效果图

三、算法设计

(1) 定义 double 型二维数组 Code[4][7]，读入 4 组仿射变换的 IFS 码。

(2) 任给初始点 $P(100,100)$，设定循环次数为 10^5。

(3) 生成随机数 R，并使 R 的值在 0 和 1 之间。

(4) 平均分配 $\omega_1,\omega_2,\omega_3,\omega_4$ 这 4 个仿射变换的概率空间，分别为[0,0.25]，[0.25,0.5]，[0.5,0.75]，[0.75,1.0]。

(5) 判断随机数 R 落在哪一个概率空间，并将相应仿射变换的 IFS 码赋给相应的仿射变换系数 a、b、c、d、e 和 f。

(6) 进行仿射变换 $\begin{cases} x' = ax + by + e \\ y' = cx + dy + f \end{cases}$。

(7) 根据概率调整 RGB 函数的分量，绘制点 $P'(x',y')$。

(8) 循环步骤(3)～(7)，直到循环结束。

四、案例设计

在 CTestView 类内添加成员函数 IFSCode()，根据压缩仿射变换族的伴随概率使用 SetPixelV()函数绘制图形。

```
void CTestView::IFSCode(CDC * pDC)
{
    P=CP2(100,100);
    Code[0][0]=0.333;Code[0][1]=0;Code[0][2]=0;Code[0][3]=0.333;Code[0][4]=0;
    Code[0][5]=0;Code[0][6]=0.25;
    Code[1][0]=0.167;Code[1][1]=-0.289;Code[1][2]=0.289; Code[1][3]=0.167;Code
    [1][4]=0.333;Code[1][5]=0;Code[1][6]=0.25;
    Code[2][0]=0.167;Code[2][1]=0.289; Code[2][2]=-0.289;Code[2][3]=0.167;Code
    [2][4]=0.5;  Code[2][5]=0.289;Code[2][6]=0.25;
    Code[3][0]=0.333;Code[3][1]=0;Code[3][2]=0;Code[3][3]=0.333;Code[3][4]=
    0.667;Code[3][5]=0;Code[3][6]=0.25;
    for(int i=0;i<100000;i++)                        //分形图的浓度
    {
        double R=double(rand())/RAND_MAX;            //RAND_MAX 随机数的最大值
        if(R<=Code[0][6])
        {
            a=Code[0][0];b=Code[0][1];c=Code[0][2];d=Code[0][3];e=Code[0][4];
            f=Code[0][5];
        }
        else if(R<=Code[0][6]+Code[1][6])
        {
            a=Code[1][0];b=Code[1][1];c=Code[1][2];d=Code[1][3];e=Code[1][4];
            f=Code[1][5];
```

```
            }
            else if(R<=Code[0][6]+Code[1][6]+Code[2][6])
            {
                a=Code[2][0];b=Code[2][1];c=Code[2][2];d=Code[2][3];e=Code[2][4];
                f=Code[2][5];
            }
            else
            {
                a=Code[3][0];b=Code[3][1];c=Code[3][2];d=Code[3][3];e=Code[3][4];
                f=Code[3][5];
            }
            P1.x=a*P.x+b*P.y+e;                   //仿射变换
            P1.y=c*P.x+d*P.y+f;
            P=P1;
            double k=500;                          //调节系数
            pDC->SetPixelV((Round(4/3*k*P.x)-250),(Round(k*P.y-300)+200),
                           RGB(P.x*500*R,R*100,P.y*500*R));
        }
    }
```

五、案例总结

本案例要求保证概率 $P_1+P_2+P_3+P_4=1$。当循环次数太小时，图形不清晰，需要针对不同情况根据试验确定。迭代函数系统结合了确定性算法与随机性算法。“确定性”是指用以迭代的规则是确定性的，由仿射变换族$\{\omega_i\}$构成；“随机性”是指迭代过程是不确定的，每一次迭代用哪一个规则(即选 ω_i 中的哪一个)，不是预先定好的，而是随机的。对于仿射变换，因为极限图形 M 应当是所有迭代 ω_i 的吸引子，每个仿射变换是压缩的才能保证迭代收敛到 M 上。

案例 38　正二十面体线框模型消隐算法

知识要点

- 正二十面体的数据结构。
- 凸多面体线框模型消隐算法。
- 矢量的点积与叉积。

一、案例需求

1. 案例描述

建立正二十面体的数据结构，绘制消隐后正二十面体的线框模型旋转动画。

2. 功能说明

(1) 自定义屏幕三维左手坐标系，原点位于客户区中心，x 轴水平向右为正，y 轴垂直向上为正，z 轴指向屏幕内部。

(2) 建立三维用户右手坐标系$\{O;x,y,z\}$，原点 O 位于客户区中心，x 轴水平向右，y 轴垂直向上，z 轴指向读者。

(3) 以用户坐标系的原点为正二十面体的体心建立三维数学模型。

(4) 使用三维旋转变换矩阵计算正二十面体线框模型围绕三维坐标系原点变换前后的顶点坐标。

(5) 使用双缓冲技术在屏幕坐标系内绘制正二十面体线框模型消隐后的二维透视投影图。

(6) 使用键盘方向键旋转正二十面体线框模型。

(7) 使用工具条上的“动画”图标按钮播放或停止正二十面体线框模型的旋转动画。

(8) 单击鼠标左键增加视径，相应的正二十面体变小；右击鼠标缩短视径，相应的正二十面体变大。

3. 案例效果图

正二十面体的线框模型消隐后的透视效果如图 38-1 所示。

二、案例分析

1. 正二十面体的数据结构

正二十面体有 12 个顶点、30 条边和 20 个面。每个表面为正三角形。正二十面体的对偶多面体是正十二面体。图 38-2 中 3 个黄金矩形两两正交，这些矩形的顶角是正二十面体的 12 个顶点。设黄金矩形的长边半边长为 a，则黄金矩形的短边半边长为 $b=a\varphi$。其中，$\varphi=(\sqrt{5}-1)/2=0.618$。把每一个黄金矩形与一个坐标轴对齐，可以得到表 38-1 给出的顶点表。这里是根据黄金矩形的长边边长计算黄金矩形的短边边长。容易知道，正二十面体的外接球面的半径为 $r=\sqrt{a^2+b^2}$。根据图 38-3 所示的正二十面体展开图可以得到正二十面体的面表，见表 38-2。

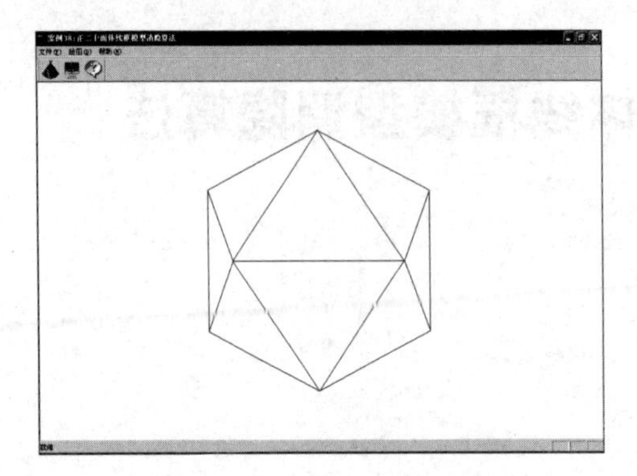

图 38-1　正二十面体消隐效果图

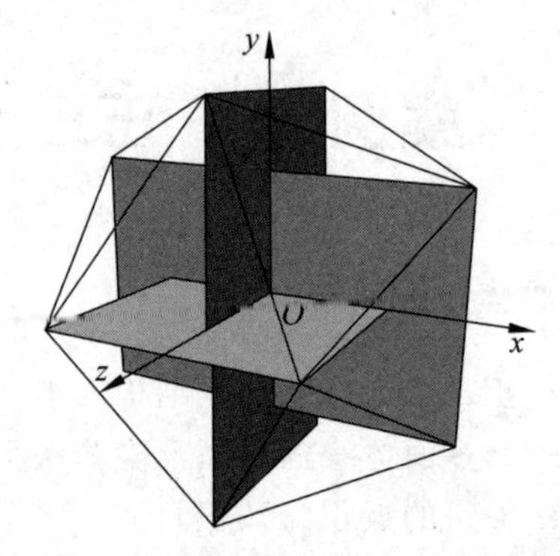

图 38-2　使用黄金矩形定义正二十面体

表 38-1　正二十面体顶点表

顶点	x 坐标	y 坐标	z 坐标	顶点	x 坐标	y 坐标	z 坐标
V_0	$x_0=0$	$y_0=a$	$z_0=b$	V_6	$x_6=b$	$y_6=0$	$z_6=a$
V_1	$x_1=0$	$y_1=a$	$z_1=-b$	V_7	$x_7=-b$	$y_7=0$	$z_7=a$
V_2	$x_2=a$	$y_2=b$	$z_2=0$	V_8	$x_8=b$	$y_8=0$	$z_8=-a$
V_3	$x_3=a$	$y_3=-b$	$z_3=0$	V_9	$x_9=-b$	$y_9=0$	$z_9=-a$
V_4	$x_4=0$	$y_4=-a$	$z_4=-b$	V_{10}	$x_{10}=-a$	$y_{10}=b$	$z_{10}=0$
V_5	$x_5=0$	$y_3=-a$	$z_5=b$	V_{11}	$x_{11}=-a$	$y_{11}=-b$	$z_{11}=0$

表 38-2　正二十面体面表

面	第一个顶点	第二个顶点	第三个顶点	面	第一个顶点	第二个顶点	第三个顶点
F_0	0	6	2	F_{10}	1	8	9
F_1	2	6	3	F_{11}	3	4	8
F_2	3	6	5	F_{12}	3	5	4
F_3	5	6	7	F_{13}	4	5	11
F_4	0	7	6	F_{14}	7	10	11
F_5	2	3	8	F_{15}	0	10	7
F_6	1	2	8	F_{16}	4	11	9
F_7	0	2	1	F_{17}	4	9	8
F_8	0	1	10	F_{18}	5	7	11
F_9	1	9	10	F_{19}	9	11	10

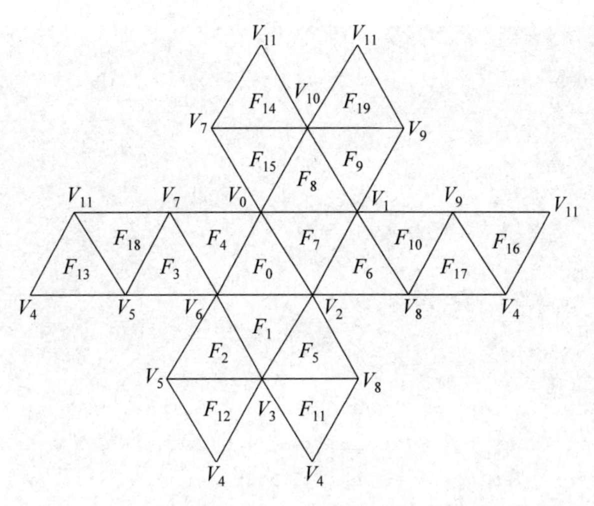

图 38-3　正二十面体展开图

通过读入正二十面体的点表和面表，对每个顶点实施透视投影，使用直线段连接可以绘制线框模型。

2. 线框模型的消隐

假定视点位于用户坐标系 z 轴的正向，对于正二十面体的任一三角形表面，如 $V_0V_1V_2$，计算$\overrightarrow{V_0V_1}=\{x_1-x_0,y_1-y_0,z_1-z_0\}$，$\overrightarrow{V_0V_2}=\{x_2-x_0,y_2-y_0,z_2-z_0\}$，该表面的法矢量 $\boldsymbol{N}=\overrightarrow{V_0V_1}\times\overrightarrow{V_0V_2}$，如图 38-4 所示。

视点的球面坐标为$(R\sin\varphi\sin\theta,R\cos\varphi,R\sin\varphi\cos\theta)$，其中：$R$ 为视径，$0\leqslant\varphi\leqslant\pi$，$0\leqslant\theta\leqslant2\pi$。

视矢量从多边形的参考点 V_0 指向视点，视矢量的计算公式为

$$\boldsymbol{S}=\{R\cdot\sin\varphi\sin\theta-x_0,R\cos\varphi-y_0,R\sin\varphi\cos\theta-z_0\}$$

将外法矢量 $\boldsymbol{N}$ 规范化为单位矢量 $\boldsymbol{n}$，视矢量 $\boldsymbol{S}$ 规范化为单位矢量$\boldsymbol{s}$ 后，则有

$$\boldsymbol{n}\cdot\boldsymbol{s}=n_x\cdot s_x+n_y\cdot s_y+n_z\cdot s_z$$

当 $\boldsymbol{n}\cdot\boldsymbol{s}\geqslant0$ 时，绘制该表面。

对正二十面体的每个表面都进行以上判断，则可绘制消隐后的图形。

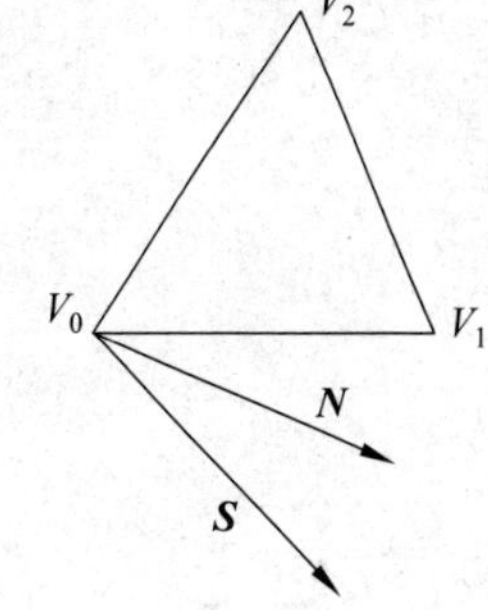

图 38-4　三角形表面的可见性检测

三、算法设计

(1) 读入正二十面体的顶点表和表面表。

(2) 循环访问每个表面内的每个顶点，使用透视投影绘制每个表面的二维投影线框图。

(3) 使用计时器改变正二十面体的转角生成旋转动画。

(4) 改变视径放大或缩小正二十面体。

四、案例设计

1. 定义矢量类

自定义 CVector 类，处理表面法矢量与视点的视矢量。

```
class CVector
{
public:
    CVector();
    virtual ~CVector();
    CVector(double x,double y,double z);
    CVector(const CP3 &);
    CVector(const CP3 &,const CP3 &);
    double Mag();                                              //矢量的模
    CVector Normalize();                                       //单位矢量
    friend CVector operator +(const CVector &,const CVector &);    //运算符重载
    friend CVector operator -(const CVector &,const CVector &);
    friend CVector operator *(const CVector &,double);
    friend CVector operator *(double,const CVector &);
    friend CVector operator /(const CVector &,double);
    friend CVector operator+=(CVector &,CVector &);
    friend CVector operator-=(CVector &,CVector &);
    friend CVector operator*=(CVector &,CVector &);
    friend CVector operator/=(CVector &,double);
    friend double Dot(const CVector &,const CVector &);           //矢量点积
    friend CVector Cross(const CVector &,const CVector &);        //矢量叉积
public:
    double x,y,z;                                   //公有数据成员,方便外部访问
};
CVector::CVector()                                  //z 轴正向
{
    x=0.0;
    y=0.0;
    z=1.0;
}
CVector::~CVector()
{
}
CVector::CVector(const CP3 &p)
{
    x=p.x;
    y=p.y;
    z=p.z;
}
CVector::CVector(double x,double y,double z)
{
    this->x=x;
    this->y=y;
    this->z=z;
```

```
}
CVector::CVector(const CP3 &p0,const CP3 &p1)
{
    x=p1.x-p0.x;
    y=p1.y-p0.y;
    z=p1.z-p0.z;
}
double CVector::Mag()                                          //矢量的模
{
    return sqrt(x * x+y * y+z * z);
}
CVector CVector::Normalize()                                   //归一化到单位矢量
{
    CVector vector;
    double Mag=sqrt(x * x+y * y+z * z);
    if(fabs(Mag)<1e-6)
        Mag=1.0;
    vector.x=x/Mag;
    vector.y=y/Mag;
    vector.z=z/Mag;
    return vector;
}
CVector operator + (const CVector &v0,const CVector &v1)    //矢量的和
{
    CVector vector;
    vector.x=v0.x+v1.x;
    vector.y=v0.y+v1.y;
    vector.z=v0.z+v1.z;
    return vector;
}
CVector operator - (const CVector &v0,const CVector &v1)    //矢量的差
{
    CVector vector;
    vector.x=v0.x-v1.x;
    vector.y=v0.y-v1.y;
    vector.z=v0.z-v1.z;
    return vector;
}
CVector operator * (const CVector &v,double k)              //矢量与常量的积
{
    CVector vector;
    vector.x=v.x * k;
    vector.y=v.y * k;
    vector.z=v.z * k;
```

```
    return vector;
}
CVector operator * (double k,const CVector &v)                    //常量与矢量的积
{
    CVector vector;
    vector.x=v.x * k;
    vector.y=v.y * k;
    vector.z=v.z * k;
    return vector;
}
CVector operator /(const CVector &v,double k)                     //矢量数除
{
    if(fabs(k)<1e-6)
        k=1.0;
    CVector vector;
    vector.x=v.x/k;
    vector.y=v.y/k;
    vector.z=v.z/k;
    return vector;
}
CVector operator +=(CVector &v0,CVector &v1)                      //+=运算符重载
{
    v1.x=v0.x+v1.x;
    v1.y=v0.y+v1.y;
    v1.z=v0.z+v1.z;
    return v1;
}
CVector operator -=(CVector &v0,CVector &v1)                      //-=运算符重载
{
    v0.x=v0.x-v1.x;
    v0.y=v0.y-v1.y;
    v0.z=v0.z-v1.z;
    return v0;
}
CVector operator *=(CVector &v0,CVector &v1)                      //*=运算符重载
{
    v0.x=v0.x * v1.x;
    v0.y=v0.y * v1.y;
    v0.z=v0.z * v1.z;
    return v0;
}
CVector operator /=(CVector &v,double k)                          ///=运算符重载
{
    v.x=v.x/k;
```

```
    v.y=v.y/k;
    v.z=v.z/k;
    return v;
}
double Dot(const CVector &v0,const CVector &v1)                //矢量的点积
{
    return(v0.x * v1.x+v0.y * v1.y+v0.z * v1.z);
}
CVector Cross(const CVector &v0,const CVector &v1)              //矢量的叉积
{
    CVector vector;
    vector.x=v0.y * v1.z-v0.z * v1.y;
    vector.y=v0.z * v1.x-v0.x * v1.z;
    vector.z=v0.x * v1.y-v0.y * v1.x;
    return vector;
}
```

2. 读入正二十面体的顶点表

在 CTestView 类内添加成员函数 ReadVertex(),读入正二十面体的顶点坐标。

```
void CTestView::ReadVertex()
{
    const double Golden_Section=(sqrt(5.0)-1.0)/2.0;           //黄金分割比例
    double a=160;                                              //黄金矩形长边的边长
    double b=a * Golden_Section;                               //黄金矩形短边的边长
    //顶点的三维坐标(x,y,z)
    V[0].x=0; V[0].y=a; V[0].z=b;
    V[1].x=0; V[1].y=a; V[1].z=-b;
    V[2].x=a; V[2].y=b; V[2].z=0;
    V[3].x=a; V[3].y=-b; V[3].z=0;
    V[4].x=0; V[4].y=-a; V[4].z=-b;
    V[5].x=0; V[5].y=-a; V[5].z=b;
    V[6].x=b; V[6].y=0; V[6].z=a;
    V[7].x=-b; V[7].y=0; V[7].z=a;
    V[8].x=b; V[8].y=0; V[8].z=-a;
    V[9].x=-b; V[9].y=0; V[9].z=-a;
    V[10].x=-a;V[10].y=b; V[10].z=0;
    V[11].x=-a;V[11].y=-b;V[11].z=0;
}
```

3. 读入正二十面体的面表

在 CTestView 类内添加成员函数 ReadFace(),读入正二十面体的表面。

```
void CTestView::ReadFace()
{
```

```
    //面的顶点数和面的顶点索引
    F[0].SetNum(3);F[0].vI[0]=0;F[0].vI[1]=6;F[0].vI[2]=2;
    F[1].SetNum(3);F[1].vI[0]=2;F[1].vI[1]=6;F[1].vI[2]=3;
    F[2].SetNum(3);F[2].vI[0]=3;F[2].vI[1]=6;F[2].vI[2]=5;
    F[3].SetNum(3);F[3].vI[0]=5;F[3].vI[1]=6;F[3].vI[2]=7;
    F[4].SetNum(3);F[4].vI[0]=0;F[4].vI[1]=7;F[4].vI[2]=6;
    F[5].SetNum(3);F[5].vI[0]=2;F[5].vI[1]=3;F[5].vI[2]=8;
    F[6].SetNum(3);F[6].vI[0]=1;F[6].vI[1]=2;F[6].vI[2]=8;
    F[7].SetNum(3);F[7].vI[0]=0;F[7].vI[1]=2;F[7].vI[2]=1;
    F[8].SetNum(3);F[8].vI[0]=0;F[8].vI[1]=1;F[8].vI[2]=10;
    F[9].SetNum(3);F[9].vI[0]=1;F[9].vI[1]=9;F[9].vI[2]=10;
    F[10].SetNum(3);F[10].vI[0]=1;F[10].vI[1]=8;F[10].vI[2]=9;
    F[11].SetNum(3);F[11].vI[0]=3;F[11].vI[1]=4;F[11].vI[2]=8;
    F[12].SetNum(3);F[12].vI[0]=3;F[12].vI[1]=5;F[12].vI[2]=4;
    F[13].SetNum(3);F[13].vI[0]=4;F[13].vI[1]=5;F[13].vI[2]=11;
    F[14].SetNum(3);F[14].vI[0]=7;F[14].vI[1]=10;F[14].vI[2]=11;
    F[15].SetNum(3);F[15].vI[0]=0;F[15].vI[1]=10;F[15].vI[2]=7;
    F[16].SetNum(3);F[16].vI[0]=4;F[16].vI[1]=11;F[16].vI[2]=9;
    F[17].SetNum(3);F[17].vI[0]=4;F[17].vI[1]=9;F[17].vI[2]=8;
    F[18].SetNum(3);F[18].vI[0]=5;F[18].vI[1]=7;F[18].vI[2]=11;
    F[19].SetNum(3);F[19].vI[0]=9;F[19].vI[1]=11;F[19].vI[2]=10;
}
```

4. 绘制正二十面体的线框模型

在 CTestView 类内添加成员函数 DrawObject(),使用直线段绘制透视投影后每个表面的线框模型。

```
void CTestView::DrawObject(CDC* pDC)
{
    for(int nFace=0;nFace<20;nFace++)
    {
        CVector ViewVector(V[F[nFace].vI[0]],ViewPoint);        //面的视矢量
        ViewVector=ViewVector.Normalize();                       //视矢量单位化
        F[nFace].SetFaceNormal(V[F[nFace].vI[0]],V[F[nFace].vI[1]],V[F[nFace].vI[2]]);
        F[nFace].fNormal.Normalize();                            //面的单位化法矢量
        if(Dot(ViewVector,F[nFace].fNormal)>=0)                  //背面剔除
        {
            CP2 t;
            CLine *line=new CLine;
            for(int nVertex=0;nVertex<F[nFace].vN;nVertex++) //顶点循环
            {
                PerProject(V[F[nFace].vI[nVertex]]);             //透视投影
                if(0==nVertex)
                {
```

```
                line->MoveTo(pDC,ScreenP);
                t=ScreenP;
            }
            else
                line->LineTo(pDC,ScreenP);
        }
        line->LineTo(pDC,t);                                //闭合多边形
    delete line;
    }
  }
}
```

五、案例总结

本案例新增了矢量类的定义,用于计算表面的法矢量和来自视点的视矢量。使用法矢量与视矢量的点积来判断表面是否绘制的方法,也称为“背面剔除”。

本案例通过设置定时器连续改变正十二面体顶点的位置,可以绘制出旋转动画。这属于“物体变换,视点不动”的方法。由于物体的消隐是在场景中考虑问题,所以增加了视点位置的定义。

本案例建立了三维凸物体的动画场景,可以绘制物体的透视投影,可以实现物体的动态消隐。通过改变物体的数据结构,也即改变物体的点表和面表,可以绘制出任何一种柏拉图多面体的旋转动画。

案例 39 球面地理划分线框模型消隐算法

知识要点

- 球面的地理划分法。
- 球面的数据结构。
- 球面线框模型的消隐方法。

一、案例需求

1. 案例描述

使用地理划分法建立球面的数据结构，绘制消隐后球面的线框模型旋转动画。

2. 功能说明

(1) 自定义屏幕三维左手坐标系，原点位于客户区中心，x 轴水平向右为正，y 轴垂直向上为正，z 轴指向屏幕内部。

(2) 建立三维用户右手坐标系$\{O;x,y,z\}$，原点 O 位于客户区中心，x 轴水平向右，y 轴垂直向上，z 轴指向读者。

(3) 以用户坐标系的原点为球心建立球面三维几何模型。

(4) 使用三维旋转变换矩阵计算球面线框模型围绕三维坐标系原点变换前后的顶点坐标。

(5) 使用双缓冲技术在屏幕坐标系内绘制球面线框模型消隐后的二维透视投影图。

(6) 使用键盘方向键旋转球面线框模型。

(7) 使用工具条上的“动画”图标按钮播放或停止球面线框模型的旋转动画。

(8) 单击鼠标左键增加视径，右击鼠标缩短视径。

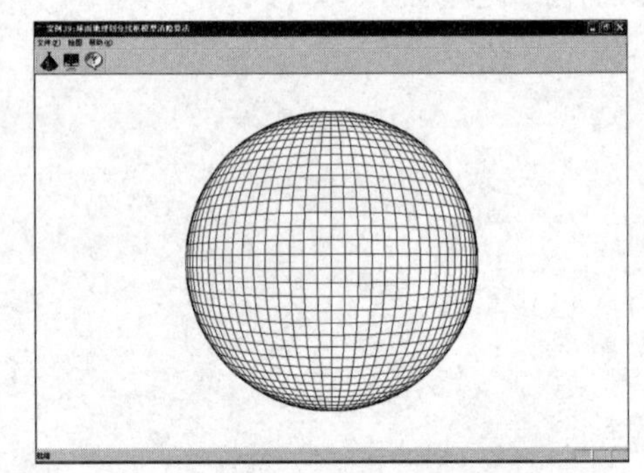

图 39-1 球面线框模型消隐效果图

3. 案例效果图

球面的线框模型消隐后的提示效果如图 39-1 所示。

二、案例分析

1. 球面的数据结构

球心在原点，半径为 r 的球面三维坐标系如图 39-2 所示。球面的参数方程表示为

$$\begin{cases} x = r\sin\alpha\sin\beta \\ y = r\cos\alpha \\ z = r\sin\alpha\cos\beta \end{cases}, \quad 0 \leqslant \alpha \leqslant \pi, 0 \leqslant \beta \leqslant 2\pi$$

球面是曲面体，可以使用经纬线划分为若干小面片。北极和南极区域使用三角形面片

逼近，其他区域使用四边形面片逼近。

通过读入球面的点表和面表，对每个顶点实施透视投影后使用直线段连接，可以绘制球面线框模型。

2. 线框模型的消隐

球面可用 α 参数簇和 β 参数曲线簇所构成的四边形经纬网格来表示，如图 39-3 所示。设相邻的两条纬线分别为 α_0、α_1，相邻的两条经线分别为 β_0、β_1，则四边形平面片 $V_0V_1V_2V_3$ 各点的坐标为：$V_0(\alpha_0,\beta_0)$、$V_1(\alpha_1,\beta_0)$、$V_2(\alpha_1,\beta_1)$、$V_3(\alpha_0,\beta_1)$。

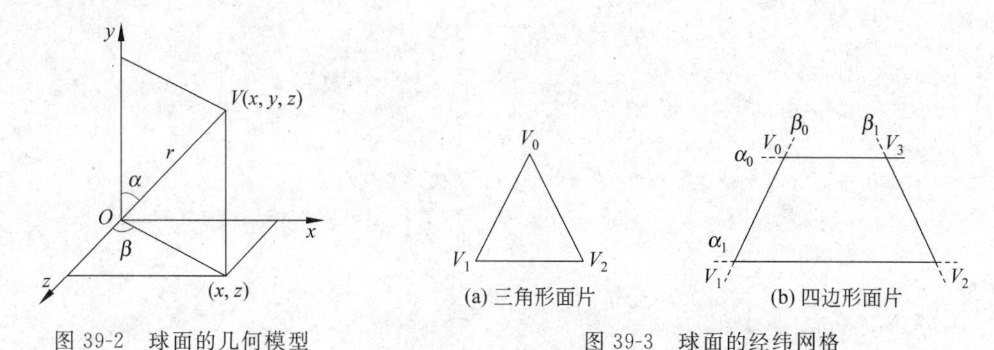

图 39-2　球面的几何模型

图 39-3　球面的经纬网格

以 V_0V_1 和 V_0V_2 为边矢量，计算四边形平面片的 $V_0V_1V_2V_3$ 外法矢量为

$$\mathbf{N}=\overrightarrow{V_0V_1}\times\overrightarrow{V_0V_2}$$

给定视点位置球面坐标表示为：$(R\sin\varphi\sin\theta, R\cos\varphi, R\sin\varphi\cos\theta)$，其中：$R$ 为视径，$0\leqslant\varphi\leqslant\pi$，$0\leqslant\theta\leqslant 2\pi$。

对于三角形平面片 $V_0V_1V_2$ 或四边形平面片 $V_0V_1V_2V_3$，取 $V_0(\alpha_0,\beta_0)$为参考点，视矢量分量的计算公式为

$$S_x = R\sin\varphi\sin\theta - r\sin\alpha_0\sin\beta_0$$
$$S_y = R\cos\varphi - r\cos\alpha_0$$
$$S_z = R\sin\varphi\cos\theta - r\sin\alpha_0\cos\beta_0$$

式中，R 为视点的矢径，φ 和 θ 为视点的位置角。r 为球面的半径，α_0 和 β_0 为球面上一点V_0 的位置角。

四边形平面片 $V_0V_1V_2V_3$ 的参考点 $V_0(\alpha_0,\beta_0)$的法矢量 $\mathbf{N}$ 的计算方法与凸多面体类似。将法矢量 $\mathbf{N}$ 规范化为单位矢量 $\boldsymbol{n}$，视矢量 $\mathbf{S}$ 规范化为单位矢量 $\boldsymbol{s}$，有

$$\boldsymbol{n}\cdot\boldsymbol{s} = n_x\cdot s_x + n_y\cdot s_y + n_z\cdot s_z$$

球面网格四边形平面片可见性检测条件为：当 $\boldsymbol{n}\cdot\boldsymbol{s}\geqslant 0$ 时，绘制该面片。

三、算法设计

(1) 构造球面的顶点表和小面表。

(2) 循环访问每个表面内的每个顶点，使用透视投影绘制每个小面的二维投影线框图。

(3) 使用每个小面一个顶点处的法矢量与视矢量的点积消隐。

(4) 使用计时器改变球面的转角生成旋转动画。

四、案例设计

1. 读入球面的顶点表

在 CTestView 类内添加成员函数 ReadVertex()，读入球面的网格顶点。设球面被划分为 n_1 个纬度区域，n_2 个纬度区域，则球面上共有 $(n_1-1)\times n_2+2$ 个顶点。这里的数字“2”指南北极点。

```
void CTestView::ReadVertex()
{
    int gAlpha=4,gBeta=4;                              //面片夹角
    N1=180/gAlpha,N2=360/gBeta;                        //分为 N1 个纬度区域,N2 为经度区域
    V=new CP3[(N1-1)*N2+2];                            //V 为球的顶点
    //纬度方向除南北极点外有"N1-1"个点,"2"代表南北极两个点
    double gAlpha1,gBeta1,r=300;                       //r 为球体半径
    //计算北极点坐标
    V[0].x=0,V[0].y=r,V[0].z=0;
    //按行循环计算球体上的点坐标
    for(int i=0;i<N1-1;i++)
    {
        gAlpha1=(i+1)*gAlpha*PI/180;
        for(int j=0;j<N2;j++)
        {
            gBeta1=j*gBeta*PI/180;
            V[i*N2+j+1].x=r*sin(gAlpha1)*sin(gBeta1);
            V[i*N2+j+1].y=r*cos(gAlpha1);
            V[i*N2+j+1].z=r*sin(gAlpha1)*cos(gBeta1);
        }
    }
    //计算南极点坐标
    V[(N1-1)*N2+1].x=0,V[(N1-1)*N2+1].y=-r,V[(N1-1)*N2+1].z=0;
}
```

2. 读入球面的面表

在 CTestView 类内添加成员函数 ReadFace()，通过创建二维动态数组读入三角形小面和四边形小面。小面数量为 $n_1\times n_2$。

```
void CTestView::ReadFace()
{
    //设置二维动态数组
    F=new CFace *[N1];                                        //设置行
    for(int n=0;n<N1;n++)
        F[n]=new CFace[N2];                                   //设置列
    for(int j=0;j<N2;j++)                                     //构造北极三角形面片
    {
```

```
        int tempj=j+1;
        if(tempj==N2) tempj=0;                              //面片的首尾连接
        int NorthIndex[3];                                  //北极三角形面片索引号数组
        NorthIndex[0]=0;
        NorthIndex[1]=j+1;
        NorthIndex[2]=tempj+1;
        F[0][j].SetNum(3);
        for(int k=0;k<F[0][j].vN;k++)
            F[0][j].vI[k]=NorthIndex[k];
    }
    for(int i=1;i<N1-1;i++)                                 //构造球面四边形面片
    {
        for(int j=0;j<N2;j++)
        {
            int tempi=i+1;
            int tempj=j+1;
            if(tempj==N2) tempj=0;
            int BodyIndex[4];                               //球面四边形面片索引号数组
            BodyIndex[0]=(i-1) * N2+j+1;
            BodyIndex[1]=(tempi-1) * N2+j+1;
            BodyIndex[2]=(tempi-1) * N2+tempj+1;
            BodyIndex[3]=(i-1) * N2+tempj+1;
            F[i][j].SetNum(4);
            for(int k=0;k<F[i][j].vN;k++)
                F[i][j].vI[k]=BodyIndex[k];
        }
    }
    for(j=0;j<N2;j++)                                       //构造南极三角形面片
    {
        int tempj=j+1;
        if(tempj==N2) tempj=0;
        int SouthIndex[3];                                  //南极三角形面片索引号数组
        SouthIndex[0]=(N1-2) * N2+j+1;
        SouthIndex[1]=(N1-1) * N2+1;
        SouthIndex[2]=(N1-2) * N2+tempj+1;
        F[N1-1][j].SetNum(3);
        for(int k=0;k<F[N1-1][j].vN;k++)
            F[N1-1][j].vI[k]=SouthIndex[k];
    }
}
```

3. 绘制球面线框模型

在 CTestView 类内添加成员函数 DrawObject(),使用直线段绘制透视投影后每个小面的线框模型,绘制时需要区分三角形小面与四边形小面。

```
void CTestView::DrawObject(CDC * pDC)
{
    CLine * line=new CLine;
    CP2 Point3[3],t3;                                              //南北极顶点数组
    CP2 Point4[4],t4;                                              //球面顶点数组
    for(int i=0;i<N1;i++)
    {
        for(int j=0;j<N2;j++)
        {
            CVector ViewVector(V[F[i][j].vI[0]],ViewPoint);        //面的视矢量
            ViewVector=ViewVector.Normalize();                     //单位化视矢量
            F[i][j].SetFaceNormal(V[F[i][j].vI[0]],V[F[i][j].vI[1]],V[F[i][j].vI
[2]]);
            F[i][j].fNormal.Normalize();                           //单位化法矢量
            if(Dot(ViewVector,F[i][j].fNormal)>=0)                 //背面剔除
            {
                if(3==F[i][j].vN)                                  //三角形面片
                {
                    for(int m=0;m<F[i][j].vN;m++)
                    {
                        PerProject(V[F[i][j].vI[m]]);
                        Point3[m]=ScreenP;
                    }
                    for(int n=0;n<3;n++)
                    {
                        if(0==n)
                        {
                            line->MoveTo(pDC,Point3[n]);
                            t3=Point3[n];
                        }
                        else
                            line->LineTo(pDC,Point3[n]);
                    }
                    line->LineTo(pDC,t3);                          //闭合多边形
                }
                else                                               //四边形面片
                {
                    for(int m=0;m<F[i][j].vN;m++)
                    {
                        PerProject(V[F[i][j].vI[m]]);
                        Point4[m]=ScreenP;
                    }
                    for(int n=0;n<4;n++)
                    {
                        if(0==n)
```

```
                    {
                        line->MoveTo(pDC,Point4[n]);
                        t4=Point4[n];
                    }
                    else
                        line->LineTo(pDC,Point4[n]);
                }
                line->LineTo(pDC,t4);                    //闭合多边形
            }
        }
    }
}
delete line;
}
```

五、案例总结

本案例使用球面参数方程计算经纬网格划分后的每个小面的顶点坐标,使用三角形小面和四边形小面绘制了球面。事实上,每个四边形小面都可以再次划分为两个三角形小面的组合,这样网格仅包含有三角形小面。旋转使用地理划分法形成的球面,可以看到南极点或北极点,如图 39-4 所示,彻底消除南(北)极点的方法是使用递归划分法构造球面。

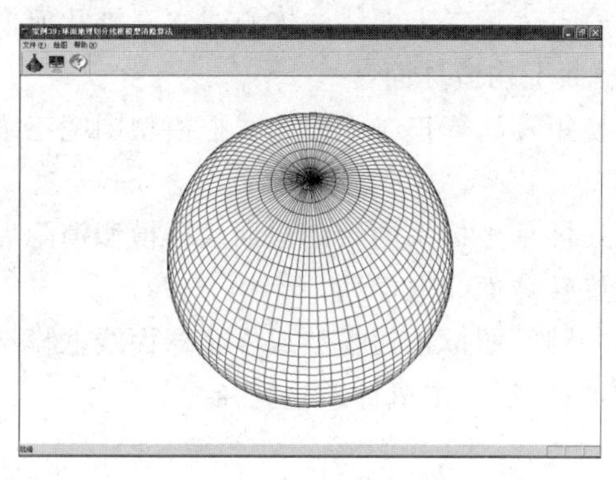

图 39-4　地理划分法构造球面出现的南(北)极点

案例40 球面递归划分线框模型消隐算法

知识要点

- 球面的递归划分法。
- 递归类球化方法。

一、案例需求

1. 案例描述

建立正二十面体的数据结构，对每个表面进行递归并将递归点拉到球面上(称为球化)，请绘制递归球面消隐后的线框模型旋转动画。

2. 功能说明

(1) 自定义屏幕三维左手坐标系，原点位于客户区中心，x 轴水平向右为正，y 轴垂直向上为正，z 轴指向屏幕内部。

(2) 建立三维用户右手坐标系$\{O;x,y,z\}$，原点 O 位于客户区中心，x 轴水平向右，y 轴垂直向上，z 轴指向读者。

(3) 以用户坐标系的原点为正二十面体的体心建立三维几何模型。对每个表面进行递归划分后，将递归点拉到球面上构造球面。

(4) 使用三维旋转变换矩阵计算正二十面体线框模型围绕三维坐标系原点变换前后的顶点坐标。

(5) 使用双缓冲技术在屏幕坐标系内绘制球面线框模型消隐后的二维透视投影图。

(6) 使用键盘方向键旋转球面线框模型。

(7) 使用工具条上的"动画"图标按钮播放或停止球面线框模型的旋转动画。

(8) 单击鼠标左键增加视径，右击鼠标缩短视径。

3. 案例效果图

递归球面线框模型消隐后的绘制效果如图 40-1 所示。

二、案例分析

首先绘制一个由等边三角形构成的正二十面体，对每个等边三角形表面，使用直线连接3条边的中点。这样一个等边三角形就由四个小等边三角形来代替，如图 40-2 所示，$\triangle V_0V_1V_2$ 被划分为$\triangle V_0V_{01}V_{20}$、$\triangle V_1V_{12}V_{01}$、$\triangle V_2V_{20}V_{12}$和$\triangle V_{01}V_{12}V_{20}$。最后把新生成的中点 V_{01}、V_{12}和 V_{20}的位置矢量单位化，并将此矢量乘以球的半径，这相当于将新增加的3个中点拉到球面上。球面不再是用正二十面体的 20 个等边三角形逼近，而是用 80 个更小的等边三角形来逼近。如此递归细分下去，直到精度满足要求为止。很显然，用递归划分法绘制的球面不需要处理"南北极点"的特殊情况。此时不存在南北两极，每个小面均处于对等状态，特别适宜于制作各向同性的球面。

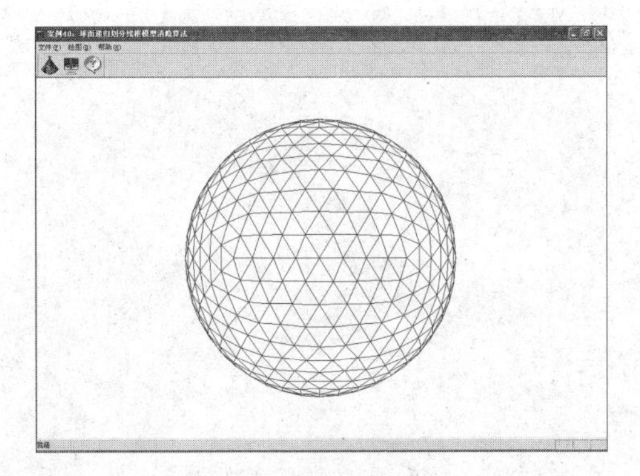

图 40-1　递归球面线框模型消隐效果图

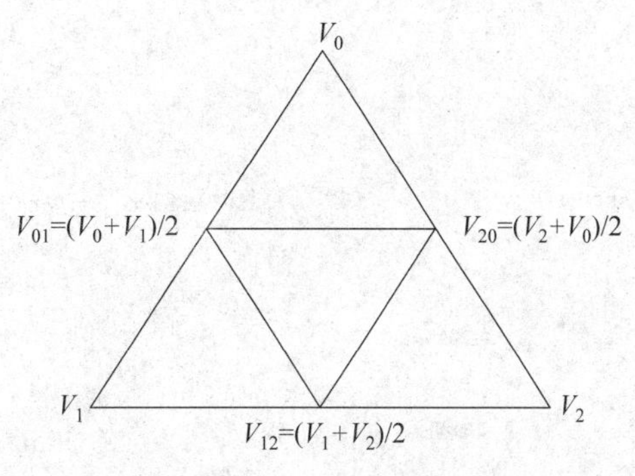

图 40-2　等边三角形的递归划分

三、算法设计

(1) 读入正二十面体的顶点表和面表。

(2) 确定递归深度。对于每次递归,循环划分每个等边三角形表面为 4 个更小的等边三角形小面。

(3) 将每次递归得到的中点位置矢量单位化后乘以球的半径,进行球化处理。

(4) 使用透视投影绘制每个三角形小面的二维投影线框图。

(5) 使用定时器改变正二十面体的转角生成递归球面旋转动画。

四、案例设计

1. 读入球面的顶点表

在 CTestView 类内添加成员函数 DrawObject(),对每个三角形表面调用递归函数 SubDivide()进行细分。

```
void CTestView::DrawObject(CDC * pDC)
{
    int n=3;                                              //递归深度
    for(int nFace=0;nFace<20;nFace++)                     //面循环
    {
        CP3 Point[3];                                     //透视投影后面的三维顶点数组
        for(int nVertex=0;nVertex<F[nFace].vN;nVertex++)      //顶点循环
        {
            Point[nVertex]=V[F[nFace].vI[nVertex]];
        }
        SubDivide(pDC,Point[0],Point[1],Point[2],n);
    }
}
```

2. 递归函数

在 CTestView 类内添加成员函数 SubDivide(),递归计算三角形的三条边的中点并调用 Normalize()函数将中点拉到球面上。

```
void CTestView::SubDivide(CDC * pDC,CP3 p0, CP3 p1, CP3 p2,int n)
{
    if(0==n)
    {
        DrawTriangle(pDC,p0,p1,p2);
        return;
    }
    else
    {
        CP3 p01,p12,p20;
        p01=(p0+p1)/2.0;
        p12=(p1+p2)/2.0;
        p20=(p2+p0)/2.0;
        Normalize(p01);                                    //扩展模长
        Normalize(p12);
        Normalize(p20);
        SubDivide(pDC,p0,p01,p20,n-1);                     //递归调用
        SubDivide(pDC,p1,p12,p01,n-1);
        SubDivide(pDC,p2,p20,p12,n-1);
        SubDivide(pDC,p01,p12,p20,n-1);
    }
}
```

3. 球化函数

在 CTestView 类内添加成员函数 Normalize(),将每个三角形中点的位置矢量单位化后再乘以球的半径进行球化处理。

```
void CTestView::Normalize(CP3 &p)
{
    if(0==p.Mag())
    {
        return;
    }
    p/=p.Mag();                              //模长单位化
    p * =Radius;                             //扩展到球面上
}
```

4. 绘制三角形

在 CTestView 类内添加成员函数 DrawTriangle(),消隐后使用直线段绘制透视投影后每个三角形小面的线框模型。

```
void CTestView::DrawTriangle(CDC * pDC,CP3 p0, CP3 p1, CP3 p2)
{
    CLine * line=new CLine;
    //先剔除背面然后透视变换
```

```
	CP3 point[3];
	CVector ViewVector(p0,ViewPoint);                    //面的视矢量
	ViewVector=ViewVector.Normalize();                   //单位化视矢量
	CVector V01(p0,p1);                                  //面的一条边矢量
	CVector V02(p0,p2);                                  //面的另一条边矢量
	CVector FNormal=Cross(V01,V02);                      //面的法矢量
	FNormal.Normalize();                                 //单位化法矢量
	if(Dot(ViewVector,FNormal)>=0)                       //背面剔除
	{
		PerProject(p0);                                  //透视投影 p0
		point[0]=ScreenP;
		PerProject(p1);                                  //透视投影 p1
		point[1]=ScreenP;
		PerProject(p2);                                  //透视投影 p2
		point[2]=ScreenP;
		line->MoveTo(pDC,point[0].x,point[0].y);
		line->LineTo(pDC,point[1].x,point[1].y);
		line->LineTo(pDC,point[2].x,point[2].y);
		line->LineTo(pDC,point[0].x,point[0].y);
	}
	delete line;
}
```

五、案例总结

本案例基于正二十面体递归绘制球面,递归深度设置为 3。对于每个三角形小面,需要将递归后边的中点拉到球面上进行球化处理。如果未正确进行球化处理,仅完成了表面的细分,效果如图 40-3 所示。由于正二十面体接近于球体,常选为球面递归划分法的基体。其他基体有正四面体和正八面体。图 40-4 所示的球面的基体使用的是正四面体。图 40-5 所示的球面的基体使用的是正八面体。

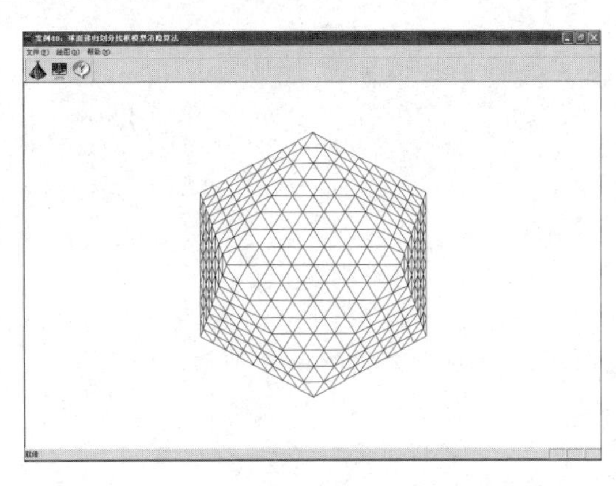

图 40-3　递归划分但未球化的正二十面体

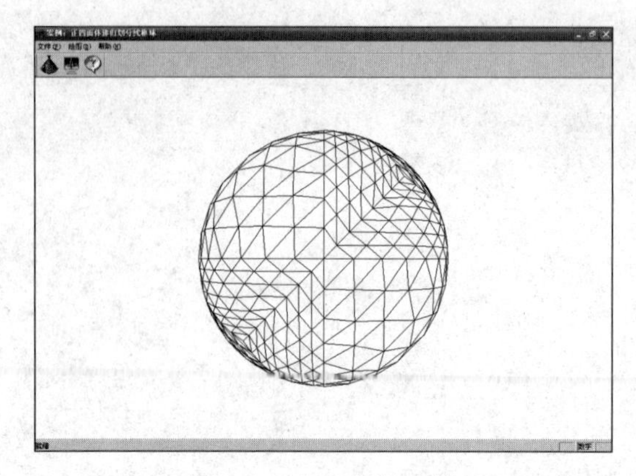

图 40-4　正四面体基体

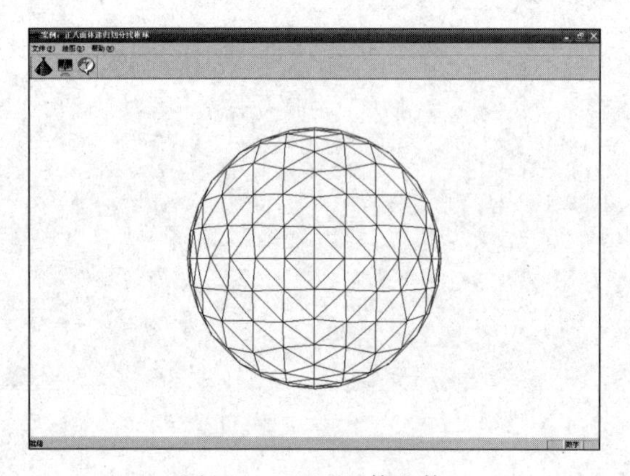

图 40-5　正八面体基体

案例 41　圆柱面线框模型消隐算法

知识要点

- 圆柱面划分法。
- 圆柱面的数据结构。
- 圆柱面线框模型的消隐方法。

一、案例需求

1. 案例描述

建立圆柱面的数据结构,绘制消隐后圆柱面的线框模型旋转动画。

2. 功能说明

(1) 自定义屏幕三维左手坐标系,原点位于客户区中心,x 轴水平向右为正,y 轴垂直向上为正,z 轴指向屏幕内部。

(2) 建立三维用户右手坐标系$\{O;x,y,z\}$,原点 O 位于客户区中心,x 轴水平向右,y 轴垂直向上,z 轴指向读者。

(3) 以用户坐标系的原点为圆柱底面中心建立三维几何模型。

(4) 使用三维旋转变换矩阵计算圆柱面线框模型围绕三维坐标系原点变换前后的顶点坐标。

(5) 使用双缓冲技术在屏幕坐标系内绘制圆柱面线框模型消隐后的二维透视投影图。

(6) 使用键盘方向键旋转圆柱面线框模型。

(7) 使用工具条上的“动画”图标按钮播放或停止圆柱面线框模型的旋转动画。

(8) 单击鼠标左键增加视径,右击鼠标缩短视径。

3. 案例效果图

圆柱面的线框模型消隐后的绘制效果如图 41-1 所示。

二、案例分析

假定圆柱的中心轴与 y 轴重合,横截面是半径为 r 的圆,圆柱的高度沿着 y 轴方向从 0 拉伸到 h,三维坐标系原点 O 位于底面中心,如图 41-2 所示。

如果不考虑顶面和底面,圆柱侧面的参数方程为

$$\begin{cases} x = r\cos\theta \\ z = r\sin\theta \end{cases},\quad 0 \leqslant y \leqslant h,\quad 0 \leqslant \theta \leqslant 2\pi$$

圆柱侧面展开后是一个矩形,使用四边形网格逼近。圆柱顶面和底面使用三角形网格逼近。假定圆柱的周向网格数 n_1,纵向网格数 n_2。圆柱侧面的顶点总数为:$n_1 \times (n_2+1)$,加上底面中心的顶点和顶面中心的顶点,圆柱面网格模型的顶点总数为:$n_1 \times (n_2+1)+2$。圆柱面网格模型的面片总数为:$n_1 \times (n_2+2)$。通过读入圆柱面的点表和面表,对每个顶点

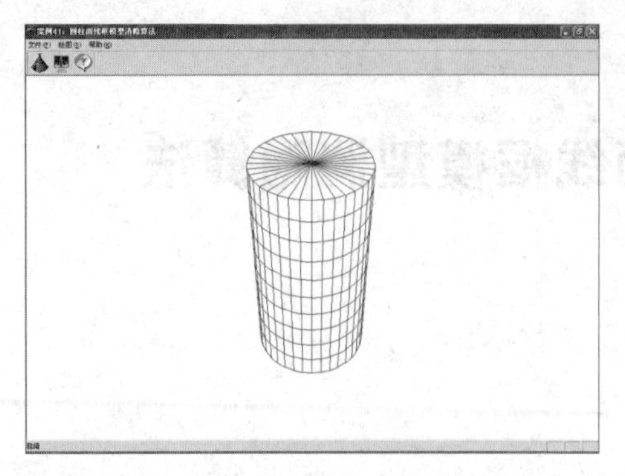

图 41-1　圆柱面线框模型消隐效果图

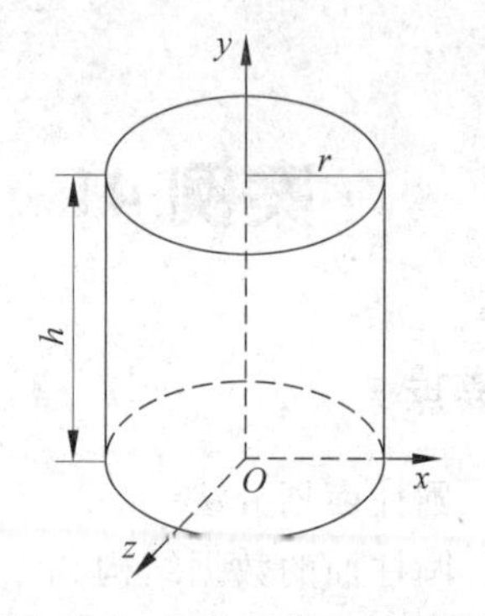

图 41-2　圆柱面的几何模型

实施透视投影,使用直线段连接可以绘制线框模型。

三、算法设计

(1) 构造圆柱面的顶点表和小面表。

(2) 循环访问每个表面内的每个顶点,使用透视投影绘制每个小面的二维投影线框图。

(3) 使用定时器改变圆柱面的转角生成旋转动画。

四、案例设计

1. 读入圆柱面的顶点表

在 CTestView 类内添加成员函数 ReadVertex(),读入圆柱面的网格顶点。

```
void CTestView::ReadVertex()
{
    r=80;                                              //圆柱底面半径
    h=300;                                             //圆柱的高
    int cTheta=10;                                     //周向夹角
    int cNum=30;                                       //纵向间距
    N1=360/cTheta;                                     //N1 周向网格数
    N2=Round(h/cNum);                                  //N2 为纵向网格数
    V=new CP3[N1 * (N2+1)+2];
    double cTheta1,cNum1;
    V[0].x=0;V[0].y=0;V[0].z=0;                        //底面中心
    for(int i=0;i<N2+1;i++)                            //纵向
    {
        cNum1=i * cNum;
        for(int j=0;j<N1;j++)                          //周向
        {
            cTheta1=j * cTheta * PI/180;
            V[i * N1+j+1].x=r * cos(cTheta1);
            V[i * N1+j+1].y=cNum1;
            V[i * N1+j+1].z=r * sin(cTheta1);
```

```
        }
    }
    V[N1 * (N2+1)+1].x=0;V[N1 * (N2+1)+1].y=h;V[N1 * (N2+1)+1].z=0;        //顶面中心
}
```

2. 读入圆柱面的面表

在CTestView类内添加成员函数ReadFace(),通过创建二维动态数组读入三角形小面和四边形小面。

```
void CTestView::ReadFace()
{
    //设置二维动态数组
    F=new CFace *[N2+2];                                        //纵向
    for(int n=0;n<N2+2;n++)
        F[n]=new CFace[N1];                                     //周向
    for(int j=0;j<N1;j++)                                       //构造底部三角形面片
    {
        int tempj=j+1;
        if(tempj==N1) tempj=0;                                  //面片的首尾连接
        int BottomIndex[3];                                     //底部三角形面片索引号数组
        BottomIndex[0]=0;
        BottomIndex[1]=j+1;
        BottomIndex[2]=tempj+1;
        F[0][j].SetNum(3);
        for(int k=0;k<F[0][j].vN;k++)                           //面片中顶点的索引
            F[0][j].vI[k]=BottomIndex[k];
    }
    for(int i=1;i<=N2;i++)                                      //构造圆柱体四边形面片
    {
        for(int j=0;j<N1;j++)
        {
            int tempi=i+1;
            int tempj=j+1;
            if(N1==tempj) tempj=0;
            int BodyIndex[4];                                   //圆柱体四边形面片索引号数组
            BodyIndex[0]=(i-1) * N1+j+1;
            BodyIndex[1]=(tempi-1) * N1+j+1;
            BodyIndex[2]=(tempi-1) * N1+tempj+1;
            BodyIndex[3]=(i-1) * N1+tempj+1;
            F[i][j].SetNum(4);
            for(int k=0;k<F[i][j].vN;k++)
                F[i][j].vI[k]=BodyIndex[k];
        }
    }
```

```
    for(j=0;j<N1;j++)                                    //构造顶部三角形面片
    {
        int tempj=j+1;
        if(tempj==N1) tempj=0;
        int TopIndex[3];                                  //顶部三角形面片索引号数组
        TopIndex[0]=N1*(N2+1)+1;
        TopIndex[1]=N1*N2+tempj+1;
        TopIndex[2]=N1*N2+j+1;
        F[N2+1][j].SetNum(3);
        for(int k=0;k<F[N2+1][j].vN;k++)
            F[N2+1][j].vI[k]=TopIndex[k];
    }
}
```

五、案例总结

本案例使用圆柱面参数方程计算网格划分后的每个小面的顶点坐标,使用三角形小面绘制了圆柱面的顶面和底面,使用四边形小面绘制了圆柱面的侧面。

案例 42　圆锥面线框模型消隐算法

知识要点

- 圆锥面划分法。
- 圆锥面的数据结构。
- 圆锥面线框模型的消隐方法。

一、案例需求

1. 案例描述

建立圆锥面的数据结构，绘制消隐后圆锥面的线框模型旋转动画。

2. 功能说明

(1) 自定义屏幕三维左手坐标系，原点位于客户区中心，x 轴水平向右为正，y 轴垂直向上为正，z 轴指向屏幕内部。

(2) 建立三维用户右手坐标系$\{O;x,y,z\}$，原点 O 位于客户区中心，x 轴水平向右，y 轴垂直向上，z 轴指向读者。

(3) 以用户坐标系的原点为圆锥底面中心建立三维几何模型。

(4) 使用三维旋转变换矩阵计算圆锥面线框模型围绕三维坐标系原点变换前后的顶点坐标。

(5) 使用双缓冲技术在屏幕坐标系内绘制圆锥面线框模型消隐后的二维透视投影图。

(6) 使用键盘方向键旋转圆锥面线框模型。

(7) 使用工具条上的“动画”图标按钮播放或停止圆锥面线框模型的旋转动画。

(8) 单击鼠标左键增加视径，单击鼠标右键缩短视径。

3. 案例效果图

圆锥面的线框模型消隐后的绘制效果如图 42-1 所示。

二、案例分析

假定圆锥的中心轴与 y 轴重合，横截面的最大半径为 r，最小半径为 0，圆锥的高度沿着 y 轴方向 0 拉伸到 h，三维坐标系原点 O 位于底面中心，如图 42-2 所示。

如果不考虑底面，圆锥侧面的参数方程为

$$\begin{cases} x = \left(1-\dfrac{y}{h}\right)r\cos\theta \\ z = \left(1-\dfrac{y}{h}\right)r\sin\theta \end{cases},\quad 0 \leqslant y \leqslant h,\quad 0 \leqslant \theta \leqslant 2\pi$$

圆锥侧面展开后是一个扇形，使用三角形网格和四边形网格逼近。圆锥底面使用三角形网格逼近。假定圆锥的周向网格数 n_1，纵向网格数 n_2。圆锥网格模型的顶点总数为

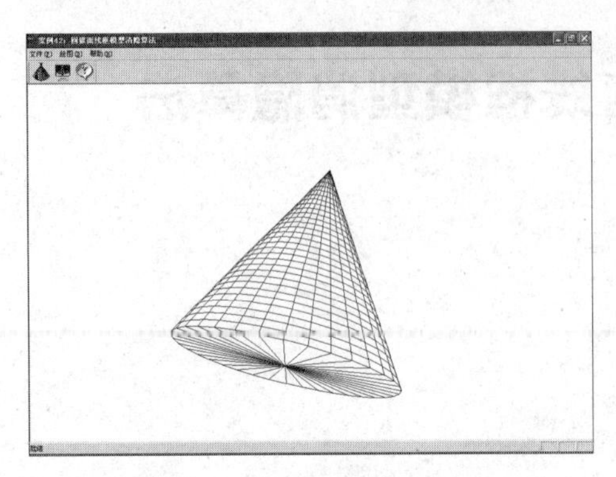

图 42-1　圆锥面线框模型消隐效果图

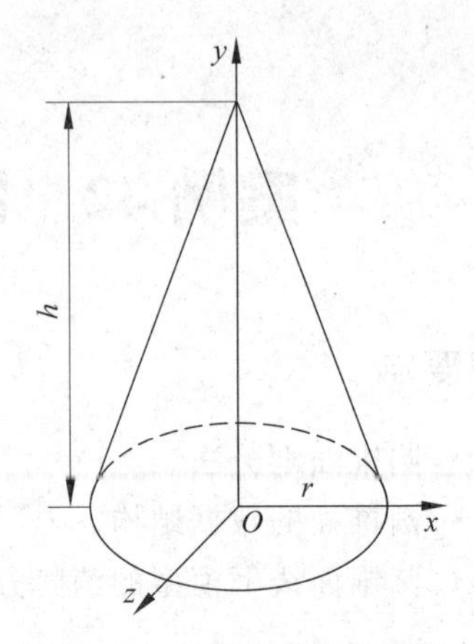

图 42-2　圆锥面的几何模型

$n_1 \times n_2 + 2$。圆锥网格模型的面片总数为 $n_1 \times (n_2 + 1)$通过读入圆锥面的点表和面表，对每个顶点实施透视投影，使用直线段连接可以绘制线框模型。

三、算法设计

(1) 构造圆锥面的顶点表和小面表。

(2) 循环访问每个表面内的每个顶点，使用透视投影绘制每个小面的二维投影线框图。

(3) 使用计时器改变圆锥面的转角生成旋转动画。

四、案例设计

1. 读入圆锥面的顶点表

在 CTestView 类内添加成员函数 ReadVertex()，读入圆锥面的网格顶点。

```
void CTestView::ReadVertex()
{
    r=160;                                          //圆锥底面半径
    h=300;                                          //圆锥的高
    int cTheta=10;                                  //面片夹角
    N1=360/cTheta;                                  //N1 周向网格
    int cNum=10;                                    //纵向间距
    N2=Round(h/cNum);                               //N2 为纵向网格数
    V=new CP3[N1*N2+2];
    V[0].x=0;V[0].y=0;V[0].z=0;                     //圆锥底面中心
    for(int i=0;i<N2;i++)                           //纵向
    {
        for(int j=0;j<N1;j++)                       //周向
        {
            double cTheta1=j*cTheta*PI/180;
            double r1=(N2-i)*r/N2;
            V[i*N1+j+1].x=r1*cos(cTheta1);
```

```
            V[i * N1+j+1].y=h-(N2-i) * h/N2;
            V[i * N1+j+1].z=r1 * sin(cTheta1);
        }
    }
    V[N1 * N2+1].x=0;V[N1 * N2+1].y=h;V[N1 * N2+1].z=0;            //圆锥顶点
}
```

2. 读入圆锥面的面表

在 CTestView 类内添加成员函数 ReadFace(),通过创建二维动态数组读入三角形小面和四边形小面。

```
void CTestView::ReadFace()
{
    //设置二维动态数组
    F=new CFace *[N2+1];                                  //设置行
    for(int n=0;n<N2+1;n++)
    {
        F[n]=new CFace[N1];                               //设置列
    }
    for(int j=0;j<N1;j++)                                 //构造底部三角形面片
    {
        int tempj=j+1;
        if(tempj==N1) tempj=0;                            //面片的首尾连接
        int BottomIndex[3];                               //底部三角形面片索引号数组
        BottomIndex[0]=0;
        BottomIndex[1]=j+1;
        BottomIndex[2]=tempj+1;
        F[0][j].SetNum(3);
        for(int k=0;k<F[0][j].vN;k++)                     //传入面中点的索引
            F[0][j].vI[k]=BottomIndex[k];
    }
    for(int i=1;i<N2;i++)                                 //构造圆锥侧面的四边形面片
    {
        for(int j=0;j<N1;j++)
        {
            int tempi=i+1;
            int tempj=j+1;
            if(tempj==N1) tempj=0;
            int BodyIndex[4];                             //圆锥体四边形面片索引号数组
            BodyIndex[0]=(i-1) * N1+j+1;
            BodyIndex[1]=(tempi-1) * N1+j+1;
            BodyIndex[2]=(tempi-1) * N1+tempj+1;
            BodyIndex[3]=(i-1) * N1+tempj+1;
            F[i][j].SetNum(4);
```

```
            for(int k=0;k<F[i][j].vN;k++)
                F[i][j].vI[k]=BodyIndex[k];
        }
    }
    for(j=0;j<N1;j++)                                    //构造侧面顶角附近的三角形面片
    {
        int tempj=j+1;
        if(tempj==N1) tempj=0;
        int TopIndex[3];                                 //顶部三角形面片索引号数组
        TopIndex[0]=N1*N2+1;
        TopIndex[1]=(N1*(N2-1))+tempj+1;
        TopIndex[2]=(N1*(N2-1))+j+1;
        F[N2][j].SetNum(3);
        for(int k=0;k<F[N2][j].vN;k++)
            F[N2][j].vI[k]=TopIndex[k];
    }
}
```

五、案例总结

本案例使用圆锥面参数方程计算网格划分后的每个小面的顶点坐标,使用三角形小面绘制了圆锥面的顶部一圈小面和底面,使用四边形小面绘制了圆锥面除顶部一圈三角形小面外的其余侧面。

案例 43　圆环面线框模型消隐算法

知识要点

- 圆环面划分法。
- 圆环面的数据结构。
- 圆环面线框模型的消隐方法。

一、案例需求

1. 案例描述

建立圆环面的数据结构,绘制消隐后圆环面的线框模型旋转动画。

2. 功能说明

(1) 自定义屏幕三维左手坐标系,原点位于客户区中心,x 轴水平向右为正,y 轴垂直向上为正,z 轴指向屏幕内部。

(2) 建立三维用户右手坐标系$\{O;x,y,z\}$,原点 O 位于客户区中心,x 轴水平向右,y 轴垂直向上,z 轴指向读者。

(3) 以用户坐标系的原点为圆环体心建立三维几何模型。

(4) 使用三维旋转变换矩阵计算圆环面线框模型围绕三维坐标系原点变换前后的顶点坐标。

(5) 使用双缓冲技术在屏幕坐标系内绘制圆环面线框模型消隐后的二维透视投影图。

(6) 使用键盘方向键旋转圆环面线框模型。

(7) 使用工具条上的"动画"图标按钮播放或停止圆环面线框模型的旋转动画。

(8) 单击鼠标左键增加视径,右击鼠标缩短视径。

3. 案例效果图

圆环面的线框模型消隐后的绘制效果如图 43-1 所示。

二、案例分析

环的中心线半径为 r_1,截面半径为 r_2。建立右手坐标系$\{O;x,y,z\}$,原点 O 位于圆环中心,x 轴水平向右,y 轴垂直向上,z 轴指向观察者。圆环在 xOz 坐标面内水平放置。沿着环体的中心线建立右手动态参考坐标系$\{O';x',y',z'\}$,O'点位于环体的中心线上,x'轴沿着矢径 $O'O$ 的方向向外,y'轴与 y 轴同向,z'轴沿着环体中心线的切线的顺时针方向,如图 43-2 所示。

圆环面的参数方程为

$$\begin{cases} x = (r_1 + r_2\sin\beta)\sin\alpha \\ y = r_2\cos\beta \\ z = (r_1 + r_2\sin\beta)\cos\alpha \end{cases},\quad 0 \leqslant \alpha \leqslant 2\pi, 0 \leqslant \beta \leqslant 2\pi$$

沿着 α 角和 β 角方向假定将圆环划分为 $n_1 \times n_2$ 个区域, 每个圆环的小面是四边形, 圆

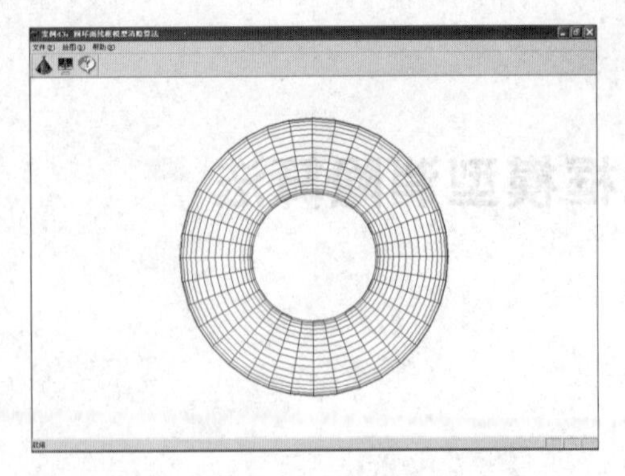

图 43-1　圆环面线框模型消隐效果图

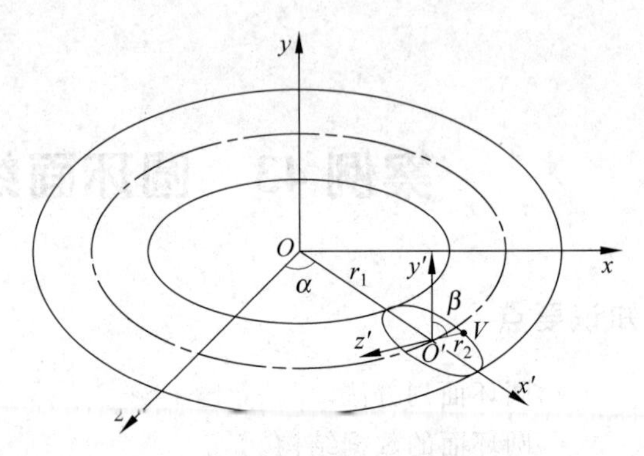

图 43-2　圆环面的几何模型

环面的顶点总数 $n_1 \times n_2$，圆环网格模型的面片总数为 $n_1 \times n_2$。通过读入圆环面的点表和面表，对每个顶点实施透视投影，使用直线段连接可以绘制线框模型。

三、算法设计

（1）构造圆环面的顶点表和小面表。

（2）循环访问每个表面内的每个顶点，使用透视投影绘制每个四边形小面的二维投影线框图。

（3）使用定时器改变圆环面的转角生成旋转动画。

四、案例设计

1. 读入圆环面的顶点表

在 CTestView 类内添加成员函数 ReadVertex()，读入圆环面的网格顶点。

```
void CTestView::ReadVertex()
{
    int tAlpha=10,tBeta=10;                          //等分角度
    int r1=220,r2=80;                                //圆环半径和环截面半径
    N1=360/tAlpha,N2=360/tBeta;                      //面片数量为 N1×N2
    V=new CP3[N1*N2];                                //顶点动态数组
    for(int i=0;i<N1;i++)                            //周向
    {
        double tAlpha1=tAlpha*i*PI/180;
        for(int j=0;j<N2;j++)                        //纵向
        {
            //计算顶点坐标
            double tBeta1=tBeta*j*PI/180;
            V[i*N2+j].x=(r1+r2*sin(tBeta1))*sin(tAlpha1);
            V[i*N2+j].y=r2*cos(tBeta1);
            V[i*N2+j].z=(r1+r2*sin(tBeta1))*cos(tAlpha1);
        }
    }
}
```

2. 读入圆环面的面表

在 CTestView 类内添加成员函数 ReadFace()，通过创建二维动态数组读入四边形小面。

```
void CTestView::ReadFace()
{
    F=new CFace *[N1];
    for(int n=0;n<N1;n++)
    {
        F[n]=new CFace[N2];
    }
    for(int i=0;i<N1;i++)
    {
        for(int j=0;j<N2;j++)
        {
            int tempi=i+1;
            int tempj=j+1;
            if(tempj==N2) tempj=0;
            if(tempi==N1) tempi=0;
            F[i][j].SetNum(4);                                //面的顶点数
            F[i][j].vI[0]=i*N2+j;                             //面的顶点索引号
            F[i][j].vI[1]=i*N2+tempj;
            F[i][j].vI[2]=tempi*N2+tempj;
            F[i][j].vI[3]=tempi*N2+j;
        }
    }
}
```

五、案例总结

本案例使用圆环面参数方程计算网格划分后的每个四边形小面的顶点坐标，使用背面剔除算法对圆环线框模型进行了消隐。由于圆环是凹多面体，当圆环转至水平面内时，会出现如图 43-3 所示的消隐错误，需要借助于考虑深度的消隐算法来对线框模型消隐。正确消隐圆环面如图 43-4 所示。

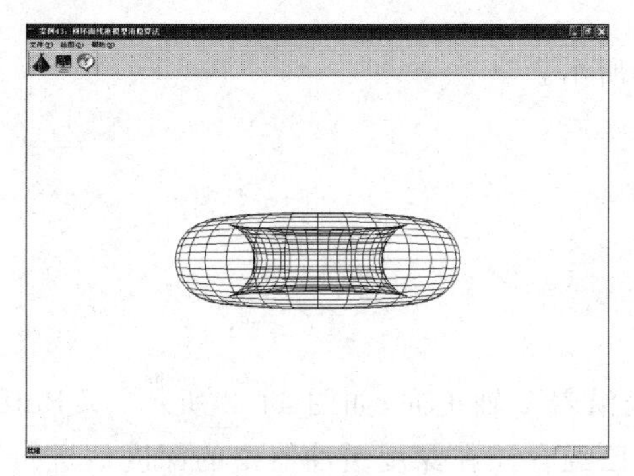

图 43-3　错误消隐圆环面

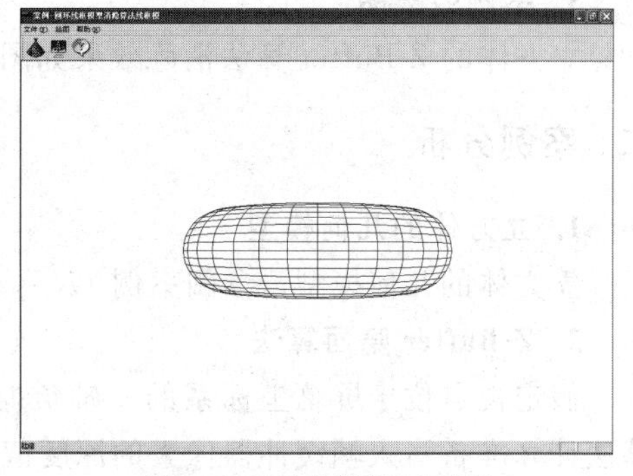

图 43-4　正确消隐圆环面

案例 44　立方体表面模型消隐 Z-Buffer 算法

知识要点

- Z-Buffer 算法。
- 平面着色模式。
- 像素深度值的计算。

一、案例需求

1. 案例描述

在屏幕客户区中心绘制立方体表面模型。立方体每个表面采用平面着色模式各填充一种颜色，使用 Z-Buffer 算法绘制动态消隐立方体。

2. 功能说明

(1) 自定义屏幕三维左手坐标系，原点位于客户区中心，x 轴水平向右为正，y 轴垂直向上为正，z 轴指向屏幕内部。

(2) 建立三维用户右手坐标系$\{O;x,y,z\}$，原点 O 位于客户区中心，x 轴水平向右，y 轴垂直向上，z 轴指向读者。

(3) 以用户坐标系的原点为立方体体心建立三维几何模型。

(4) 立方体表面使用平面着色模式绘制。6 个表面的颜色分别为红色、绿色、蓝色、黄色、品红和青色。

(5) 使用三维旋转变换矩阵计算立方体围绕三维坐标系原点变换前后的顶点坐标。

(6) 使用 Z-Buffer 算法对立方体表面模型进行消隐。

(7) 使用双缓冲技术在屏幕坐标系内绘制立方体表面模型的二维透视投影图。

(8) 使用键盘方向键旋转立方体。

(9) 使用工具条上的“动画”图标按钮播放或停止立方体的旋转动画。

(10) 单击鼠标左键增加视径，单击鼠标右键缩短视径。

3. 案例效果图

立方体的 Z-Buffer 算法消隐效果如图 44-1 所示。

二、案例分析

1. 立方体的几何模型

立方体的几何模型请参阅案例 17。

2. Z-Buffer 隐面算法

假定视点位于屏幕坐标系的 z 轴负向，视线沿着 z 轴正向，如图 44-2 所示。Z-Buffer 算法计算准备写入帧缓冲器像素的深度值，并与已经存储在深度缓冲器中的深度值进行比较。如果新像素(x_1,y_1,z_1)的深度值小于原可见像素(x_1,y_1,z_2)的深度值，表明新像素更靠近观察者且遮住了原像素，则将新像素的颜色写入帧缓冲器，同时用新像素的深度值更新深度缓冲器。否则，不作更改。

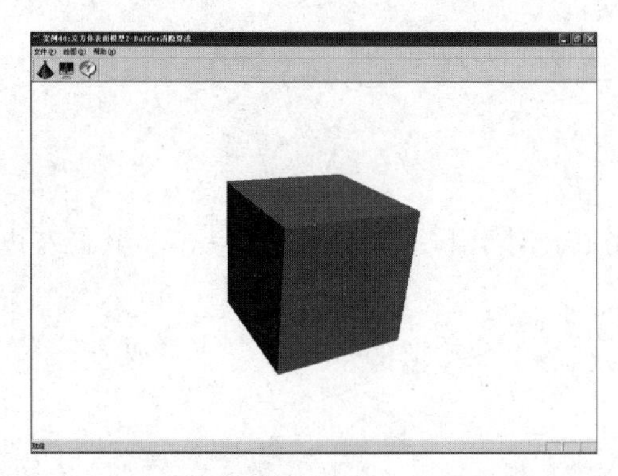

图 44-1　立方体的 Z-Buffer 算法消隐效果图

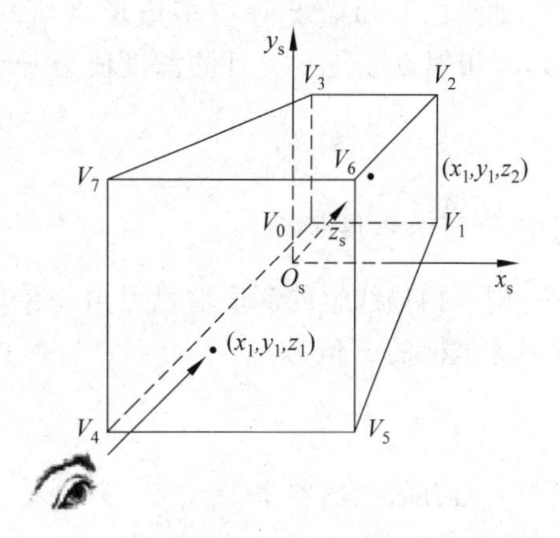

图 44-2　视线方向的定义

本案例动态绘制立方体，需要动态计算表面内每个像素的深度值。当立方体旋转到图 44-3 所示的位置时，6 个表面都不与投影面 $x_wO_wy_w$ 面平行，这时需要根据每个表面的平面方程计算四边形表面内各个像素点处的深度值。

对于图 44-4 所示的一个立方体表面 $V_0V_1V_2V_3$，其平面一般方程为：

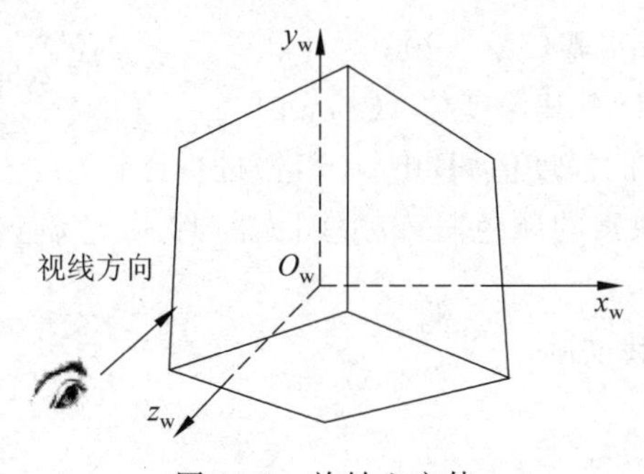

图 44-3　旋转立方体

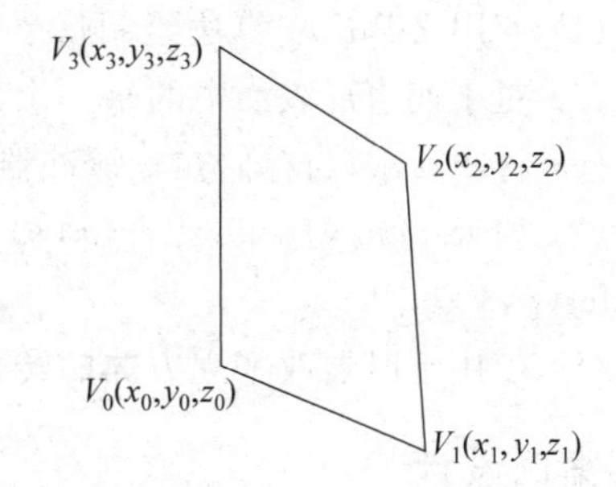

图 44-4　旋转立方体的任一表面

$$Ax + By + Cz + D = 0$$

式中系数 A,B,C 是该平面的一个法矢量 $\mathbf{N}$ 的坐标，即 $\mathbf{N}=\{A,B,C\}$

根据四边形表面顶点的坐标可以计算出两个边矢量：

$$矢量\overrightarrow{V_0V_1} = \{x_1 - x_0, y_1 - y_0, z_1 - z_0\}$$

$$矢量\overrightarrow{V_0V_2} = \{x_2 - x_0, y_2 - y_0, z_2 - z_0\}$$

根据两个边矢量的叉积，可求得表面的法矢量 $\mathbf{N}$，得到系数 A,B,C

$$A = (y_1 - y_0) \cdot (z_2 - z_0) - (z_1 - z_0) \cdot (y_1 - y_0)$$

$$B = (z_1 - z_0) \cdot (x_2 - x_0) - (x_1 - x_0) \cdot (z_2 - z_0)$$

$$C = (x_1 - x_0) \cdot (y_2 - y_0) - (y_1 - y_0) \cdot (x_2 - x_0)$$

将 A、B、C 和点 (x_0, y_0, z_0) 代入方程，得

$$D = -Ax_0 - By_0 - Cz_0$$

可以得到当前像素点 (x,y) 处的深度值

$$z(x,y)=-\frac{(Ax+By+D)}{C}$$

如果已知扫描线 y_i 与多边形表面的投影相交，左边界像素(x_i, y_i)的深度值为 $z(x_i, y_i)$，其相邻点(x_{i+1}, y_i)处的深度值为 $z(x_{i+1}, y_i)$。

$$z(x_i+1, y_i)=\frac{-A(x_i+1)-By_i-D}{C}=z(x_i, y_i)-\frac{A}{C}$$

式中，$-\frac{A}{C}$为深度步长。

同一扫描线上的深度增量可由一步加法完成。对于下一条扫描线 $y=y_{i+1}$，其最左边的像素点坐标的 x 值为

$$x(y_{i+1})=x(y_i)+\frac{1}{k}$$

式中 k 为有效边的斜率。

三、算法设计

(1) 读入立方体的顶点表和面表。

(2) 初始化 Z 缓冲器的宽度、高度和初始深度。

(3) 循环访问每个四边形表面内的每个顶点，使用三维透视投影计算表面投影的 4 个顶点坐标。

(4) 使用 Z-Buffer 算法绘制每个表面，执行步骤(5)～(7)。

(5) 对于四边形表面中的每一像素(x, y)，计算其深度值 $z(x, y)$。

(6) 将 $z(x,y)$与存储在 z 缓冲器中该位置的深度值 zBuffer(x,y)进行比较。

(7) 如果 $z(x,y) \leqslant$ zBuffer(x,y)，则将此像素的颜色写入帧缓冲器，且用 $z(x,y)$重置 zBuffer(x,y)。

(8) 使用定时器改变立方体的转角生成旋转动画。

四、案例设计

1. 设置表面的颜色

在 CTestView 类内添加成员函数 ReadFace()，设置立方体 6 个表面的顶点数、顶点索引号和面的颜色。

```
void CTestView::ReadFace()
{
    //面的顶点数、面的顶点索引号与面的颜色
    F[0].SetNum(4);F[0].vI[0]=4;F[0].vI[1]=5;F[0].vI[2]=6;F[0].vI[3]=7;F[0].
    fClr= CRGB(1.0,0.0,0.0);
    F[1].SetNum(4);F[1].vI[0]=0;F[1].vI[1]=3;F[1].vI[2]=2;F[1].vI[3]=1;F[1].
    fClr= CRGB(0.0,1.0,0.0);
    F[2].SetNum(4);F[2].vI[0]=0;F[2].vI[1]=4;F[2].vI[2]=7;F[2].vI[3]=3;F[2].
    fClr= CRGB(0.0,0.0,1.0);
```

```
    F[3].SetNum(4);F[3].vI[0]=1;F[3].vI[1]=2;F[3].vI[2]=6;F[3].vI[3]=5;F[3].
    fClr= CRGB(1.0,1.0,0.0);
    F[4].SetNum(4);F[4].vI[0]=2;F[4].vI[1]=3;F[4].vI[2]=7;F[4].vI[3]=6;F[4].
    fClr= CRGB(1.0,0.0,1.0);
    F[5].SetNum(4);F[5].vI[0]=0;F[5].vI[1]=1;F[5].vI[2]=5;F[5].vI[3]=4;F[5].
    fClr= CRGB(0.0,1.0,1.0);
}
```

2. 透视变换

在 CTestView 类内添加成员函数 PerProject(),对立方体每个表面的四边形顶点进行透视变换。为了能够使用 Z-Buffer 算法消隐,这里使用了三维屏幕坐标。

```
void CTestView::PerProject(CP3 P)
{
    CP3 ViewP;
    ViewP.x=k[3] * P.x-k[1] * P.z;                          //观察坐标系三维坐标
    ViewP.y=-k[8] * P.x+k[2] * P.y-k[7] * P.z;
    ViewP.z=-k[6] * P.x-k[4] * P.y-k[5] * P.z+R;
    ScreenP.x=Near * ViewP.x/ViewP.z;                       //屏幕坐标系三维坐标
    ScreenP.y=Round(Near * ViewP.y/ViewP.z);
    ScreenP.z=Far * (1-Near/ViewP.z)/(Far-Near);
}
```

3. 绘制立方体

在 CTestView 类内添加成员函数 DrawObject()。首先创建动态深度缓冲指针对象 zbuf,然后初始化深度缓冲为 800×800 大小,初始深度值为 1000。在读入每个表面时,从颜色数组读入每个表面的颜色值,将其设定为该表面 4 个顶点的颜色。

```
void CTestView::DrawObject(CDC * pDC)                      //绘制立方体表面
{
    CPi3 Point[4];                                          //透视投影后面的二维顶点
数组
    CZBuffer * zbuf=new CZBuffer;                           //申请内存
    zbuf->InitDeepBuffer(800,800,1000);                     //初始化深度缓冲器
    for(int nFace=0;nFace<6;nFace++)                        //面循环
    {
        for(int nVertex=0;nVertex<F[nFace].vN;nVertex++)    //顶点循环
        {
            PerProject(V[F[nFace].vI[nVertex]]);            //透视投影
            Point[nVertex]=ScreenP;
            Point[nVertex].c=F[nFace].fClr;
        }
        zbuf->SetPoint(Point,4);                            //设置顶点
        zbuf->CreateBucket();                               //建立桶表
        zbuf->CreateEdge();                                 //建立边表
```

```
        zbuf->Gouraud(pDC);                                    //填充四边形
        zbuf->ClearMemory();                                   //内存清理
    }
    delete zbuf;                                               //释放内存
}
```

4. 深度消隐

在 CZBuffer 类内添加成员函数 Gouraud()。首先根据每个表面读入的 4 个顶点建立表面的平面方程，然后计算扫描线上的深度增量。对扫描线上的每个像素点，计算其当前点的深度。如果当前点的深度小于原采样点的深度，深度缓冲器 ZB 就存储当前深度并绘制该像素点。本函数中使用了 Gouraud 双线性颜色插值算法，可以绘制立方体每个表面 4 个顶点取不同颜色的光滑着色立方体。为简单起见本案例中 4 个顶点的颜色取为同色。

```
void CZBuffer::Gouraud(CDC * pDC)
{
    double  CurDeep=0.0;                              //当前扫描线的深度
    double  DeepStep=0.0;                             //当前扫描线随着 x 增长的深度步长
    double  A,B,C,D;                                  //平面方程 Ax+By+Cz+D=0 的系数
    CVector  V01(P[0],P[1]),V02(P[0],P[2]);
    CVector  VN=Cross(V01,V02);
    A=VN.x;B=VN.y;C=VN.z;
    D=-A * P[0].x-B * P[0].y-C * P[0].z;
    DeepStep=-A/C;                                    //计算扫描线深度步长增量
    CAET * pT1, * pT2;
    pHeadE=NULL;
    for(pCurrentB=pHeadB;pCurrentB! =NULL;pCurrentB=pCurrentB->bNext)
    {
        for(pCurrentE=pCurrentB->pET;pCurrentE!=NULL;pCurrentE=pCurrentE->bNext)
        {
            pEdge=new CAET;
            pEdge->x=pCurrentE->x;
            pEdge->yMax=pCurrentE->yMax;
            pEdge->k=pCurrentE->k;
            pEdge->ps=pCurrentE->ps;
            pEdge->pe=pCurrentE->pe;
            pEdge->bNext=NULL;
            AddEt(pEdge);
        }
        ETOrder();
        pT1=pHeadE;
        if(pT1==NULL)
            return;
```

```
while(pCurrentB->ScanLine>=pT1->yMax)           //下闭上开
{
    CAET * pAETTEmp=pT1;
    pT1=pT1->bNext;
    delete pAETTEmp;
    pHeadE=pT1;
    if(pHeadE==NULL)
        return;
}
if(pT1->bNext!=NULL)
{
    pT2=pT1;
    pT1=pT2->bNext;
}
while(pT1!=NULL)
{
    if(pCurrentB->ScanLine>=pT1->yMax)          //下闭上开
    {
        CAET * pAETTemp=pT1;
        pT2->bNext=pT1->bNext;
        pT1=pT2->bNext;
        delete pAETTemp;
    }
    else
    {
        pT2=pT1;
        pT1=pT2->bNext;
    }
}
CRGB ca,cb,cf;            //ca、cb代表边上任意点的颜色,cf代表面上任意点的颜色
ca=Interpolation(pCurrentB->ScanLine,pHeadE->ps.y,pHeadE->pe.y,pHeadE->ps.
c,pHeadE->pe.c);
cb=Interpolation(pCurrentB->ScanLine,pHeadE->bNext->ps.y,pHeadE->bNext->
                pe.y,pHeadE->bNext->ps.c,pHeadE->bNext->pe.c);
BOOL bInFlag=FALSE;             //区间内外测试标志,初始值为假表示区间外部
double xleft,xright;            //扫描线和有效边相交区间的起点和终点坐标
for(pT1=pHeadE;pT1!=NULL;pT1=pT1->bNext)
{
    if (FALSE==bInFlag)
    {
        xleft=pT1->x;
        CurDeep=-(xleft * A+pCurrentB->ScanLine * B+D)/C;//z=-(Ax+By-D)/C
        bInFlag=TRUE;
    }
    else
    {
```

```
                xright=pT1->x;
                for(double x=xleft;x<xright;x++)                //左闭右开
                {
                    cf=Interpolation(x,xleft,xright,ca,cb);
                    //如果新采样点的深度小于原采样点的深度
                    if(CurDeep<=ZB[Round(x)+Width/2][pCurrentB->ScanLine+Height/2])
                    {
                        ZB[Round(x)+Width/2][pCurrentB->ScanLine+Height/2]=CurDeep;
                        pDC->SetPixelV(Round(x),pCurrentB->ScanLine,
                            RGB(cf.red*255,cf.green*255,cf.blue*255));
                    }
                    CurDeep+=DeepStep;
                }
                bInFlag=FALSE;
            }
        }
        for(pT1=pHeadE;pT1!=NULL;pT1=pT1->bNext)                //边的连续性
            pT1->x=pT1->x+pT1->k;
    }
}
```

五、案例总结

本案例假定视点位于 z 轴上，视向沿着 z 轴负向，使用深度缓冲算法对立方体进行消隐。立方体的旋转动画是使用“视点不动，物体旋转”的方法绘制的。

本案例绘制的是立方体的透视投影图。立方体每个表面的深度使用三维屏幕坐标系的伪深度(z 值)得到。立方体四边形表面使用 CZBuffer 类填充。立方体的 6 个表面全部绘制，只是根据表面中每个像素的深度来判断其可见性。

本案例绘制的是立方体的平面着色模型，每个表面一个颜色，这也称为刻面模型。由于立方体的颜色由 6 个表面的颜色确定，所以在 CFace 类中，增加了面的颜色数据成员 FClr。

```
class CFace
{
public:
    CFace();
    virtual ~CFace();
    void SetNum(int);                                   //设置面的顶点数
    void SetFaceNormal(CP3,CP3,CP3);                    //设置面法矢量
public:
    int vN;                                             //面的顶点数
    int *vI;                                            //面的顶点索引
    CVector fNormal;                                    //面的法矢量
    CRGB fClr;                                          //面的颜色
};
```

案例 45　立方体表面模型画家消隐算法

知识要点

- 画家算法。
- 平面着色模式。
- 构造深度优先级表。

一、案例需求

1. 案例描述

在屏幕客户区中心绘制立方体表面模型。每个表面采用平面着色模式各填充一种颜色，请使用画家算法绘制动态消隐立方体。

2. 功能说明

(1) 自定义屏幕三维左手坐标系，原点位于客户区中心，x 轴水平向右为正，y 轴垂直向上为正，z 轴指向屏幕内部。

(2) 建立三维用户右手坐标系$\{O;x,y,z\}$，原点 O 位于客户区中心，x 轴水平向右，y 轴垂直向上，z 轴指向读者。

(3) 以用户坐标系的原点为立方体体心建立三维几何模型。

(4) 立方体表面使用平面着色模式绘制。6 个表面的颜色分别为红色、绿色、蓝色、黄色、品红和青色。

(5) 使用三维旋转变换矩阵计算立方体围绕三维坐标系原点变换前后的顶点坐标。

(6) 使用画家算法对立方体表面模型进行消隐。

(7) 使用双缓冲技术在屏幕坐标系内绘制立方体表面模型的二维透视投影图。

(8) 使用键盘方向键旋转立方体。

(9) 使用工具条上的“动画”图标按钮播放或停止立方体的旋转动画。

(10) 单击鼠标左键增加视径，单击鼠标右键缩短视径。

3. 案例效果图

立方体的画家算法消隐效果如图 45-1 所示。

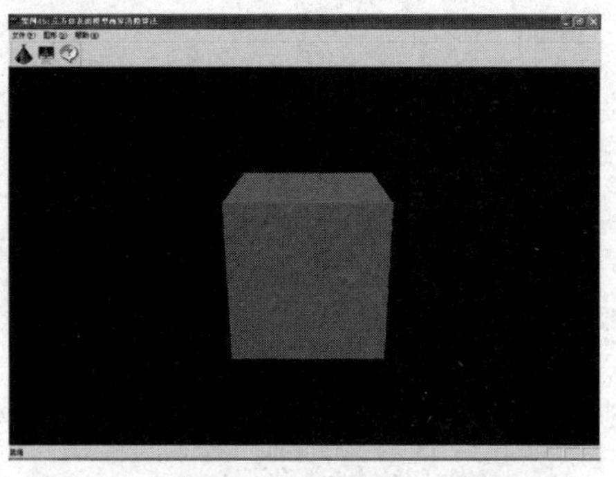

图 45-1　立方体的画家算法消隐效果图

二、案例分析

1. 立方体的几何模型

立方体的几何模型请参阅案例 17。

2. 画家隐面算法

假定视点位于屏幕坐标系的 z 轴负向，视线沿着 z 轴正向。画家算法的原理是：先把屏幕置成背景色，再把物体的各个表面按其离视点的远近或深度排序形成深度优先级表，离视点远者深度大（z 值）位于表头，离视点近者深度小（z 值）位于表尾。然后按照从表头到表尾的顺序，逐个取出多边形表面投影到屏幕上，后绘制的表面颜色取代先绘制的表面颜色，相当于消除了隐藏面。在算法上需要构造包含顶点表和面表的双表结构来实现。顶点表存放物体顶点的三维坐标；面表存放表面上顶点索引号以及表面的最大深度值。

三、算法设计

（1）读入立方体的顶点表和面表。

（2）循环访问立方体每个四边形表面的每个顶点，使用三维透视投影计算表面投影后的三维顶点。

（3）对于立方体的每个表面，比较动态旋转过程中的 4 个顶点的深度，并将顶点的最大深度值设为面的最大深度值。

（4）使用冒泡算法对 6 个表面的最大深度值进行排序来构造深度优先级表，以决定表面的绘制顺序。

（5）离视点远者深度大，位于表头，离视点近者深度小，位于表尾。按照从表头到表尾的顺序，逐个取出立方体的表面投影到屏幕上。

（6）使用定时器改变立方体的转角生成旋转动画。

四、案例设计

1. 设计表面类

修改表面类 CFace，添加数据成员 fMaxDepth，用于存储表面的最大深度。由于表面类中的小面顶点索引 vI 为指针类型，根据表面最大深度排序后交换表面的内容属于深拷贝，所以重载了拷贝构造函数和赋值运算符。

```
class CFace
{
public:
    CFace();
    CFace(const CFace &);                          //拷贝构造函数
    void operator=(const CFace &);                 //赋值运算符重载
    virtual ~CFace();
    void SetNum(int);
public:
    int vN;                                        //小面的顶点数
    int * vI;                                      //小面的顶点索引
    double fMaxDepth;                              //小面的最大深度
    CRGB fClr;                                     //小面的颜色
};
CFace::CFace()
{
    vI=NULL;
    fMaxDepth=1000.0;
```

```
    fClr=CRGB(1.0,1.0,1.0);
}
CFace::CFace(const CFace &face)                                    //拷贝构造函数
{
    vN=face.vN;
    vI=new int[face.vN];
    memcpy(vI,face.vI,sizeof(int) * vN);
    fMaxDepth=face.fMaxDepth;
    fClr=face.fClr;
}
void CFace::operator=(const CFace &face)                           //赋值运算符重载
{
    if(vI!=NULL)
    {
        delete []vI;
        vI=NULL;
    }
    vN=face.vN;
    vI=new int[vN];
    memcpy(vI,face.vI,sizeof(int) * vN);
    fMaxDepth=face.fMaxDepth;
    fClr=face.fClr;
}
CFace::~CFace()
{
    if(vI!=NULL)
    {
        delete []vI;
        vI=NULL;
    }
}
void CFace::SetNum(int n)
{
    vN=n;
    vI=new int[n];
}
```

2. 计算表面的深度

在 CTestView 类内添加成员函数 MaxDepth()，根据表面的 4 个顶点的深度数组 M，计算表面的最大深度。

```
double CTestView::MaxDepth(double * M,int n)
{
    double maxdepth=M[0];
```

```
    for(int i=1;i<n;i++)
    {
        if(maxdepth<M[i])
            maxdepth=M[i];
    }
    return maxdepth;
}
```

3. 深度优先级表

在 CTestView 类内添加成员函数 BubbleSort()，根据每个表面的最大深度，对表面使用冒泡算法进行排序，构造深度优先级表。

```
void CTestView::BubbleSort()
{
    for(int j=0;j<5;j++)
    {
        for(int i=0;i<5-j;i++)
        {
            if(F[i].fMaxDepth<F[i+1].fMaxDepth)
            {
                CFace Temp(F[i]);                    //调用拷贝构造函数
                F[i]=F[i+1];                         //重载赋值运算符
                F[i+1]=Temp;                         //重载赋值运算符
            }
        }
    }
}
```

4. 绘制立方体

在 CTestView 类内添加成员函数 DrawObject()。首先定义 DepthOfVertex 数组存储每个表面透视投影后的 4 个顶点的最大深度，然后调用 MaxDepth()得到每个表面的最大深度。对每个表面使用冒泡排序函数 BubbleSort()构造深度优先级表。按照排序结果先绘制离视点远的表面，后绘制离视点近的表面。

```
void CTestView::DrawObject(CDC* pDC)
{
    CPi2 Point[4];
    double DepthOfVertex[4];                                //表面的 4 个顶点深度
    for(int nFace=0;nFace<6;nFace++)                        //面循环
    {
        for(int nVertex=0;nVertex<F[nFace].vN;nVertex++)           //顶点循环
        {
            PerProject(V[F[nFace].vI[nVertex]]);                   //透视投影
            DepthOfVertex[nVertex]=ScreenP.z;                      //表面顶点的深度
```

```
        }
        F[nFace].fMaxDepth=MaxDepth(DepthOfVertex,F[nFace].vN);   //表面的最大深度
    }
    BubbleSort();                                            //表面冒泡算法排序
    //透视投影后面的二维顶点数组
    for(nFace=0;nFace<6;nFace++)                             //填充透视投影后面的二维表面
    {
        for(int nVertex=0;nVertex<F[nFace].vN;nVertex++)
        {
            PerProject(V[F[nFace].vI[nVertex]]);
            Point[nVertex].x=ScreenP.x;
            Point[nVertex].y=ScreenP.y;
            Point[nVertex].c=F[nFace].fClr;
        }
        CFill *fill=new CFill;                               //动态内存分配
        fill->SetPoint(Point,4);                             //设置顶点
        fill->CreateBucket();                                //建立桶表
        fill->CreateEdge();                                  //建立边表
        fill->Gouraud(pDC);                                  //填充面片
        delete fill;                                         //撤销内存
    }
}
```

五、案例总结

本案例假定视点位于 z 轴上,视向沿着 z 轴正向,首先根据每个表面的伪深度形成深度优先级表,然后通过画家算法对立方体进行消隐。

为了保证表面类的通用性,小面顶点索引 vI 采用动态数组实现,这样表面类中包含了有动态内存分配,应提供拷贝构造函数并重载赋值运算符,也就是说就要求使用深拷贝来实现表面的排序。如果读者不太熟悉深拷贝的概念,可以将表面类中的小面顶点索引 vI 定义为固定数组 vI[4],使用浅拷贝就可以进行表面的排序。简化后的表面类定义如下:

```
class CFace
{
public:
    CFace();
    virtual ~CFace();
    void SetNum(int);
public:
    int vN;                                  //小面的顶点数
    int vI[4];                               //小面的顶点索引
    double fMaxDepth;                        //小面的最大深度
    CRGB fClr;                               //小面的颜色
};
```

```
CFace::CFace()
{
    fMaxDepth=1000.0;
    fClr=CRGB(1.0,1.0,1.0);
}
CFace::~CFace()
{
}
void CFace::SetNum(int n)
{
    vN=n;
}
```

简化后的表面的冒泡排序函数为：

```
void CTestView::BubbleSort()                                    //冒泡排序
{
    for(int j=0;j<5;j++)
    {
        for(int i=0;i<5-j;i++)
        {
            if(F[i].fMaxDepth<F[i+1].fMaxDepth)
            {
                CFace Temp;
                Temp=F[i];
                F[i]=F[i+1];
                F[i+1]=Temp;
            }
        }
    }
}
```

立方体的旋转动画是使用“视点不动，物体旋转”的方法绘制的。本案例绘制的是立方体表面的透视投影图。立方体四边形表面使用 CFill 类填充。立方体的 6 个表面全部绘制，只是离视点近的表面颜色遮住了离视点远的表面颜色。

案例 46　原色系统算法

知识要点

- RGB 加色系统。
- CMY 减色系统。

一、案例需求

1. 案例描述

以屏幕客户区中心为重心绘制等边三角形，以等边三角形的 3 个顶点为圆心绘制 3 个彼此交叉的圆，如图 46-1 所示。请绘制图 46-2(a)所示的 RGB 加色系统和图 46-2(b)所示的 CMY 减色系统。

图 46-1　原色系统设计图

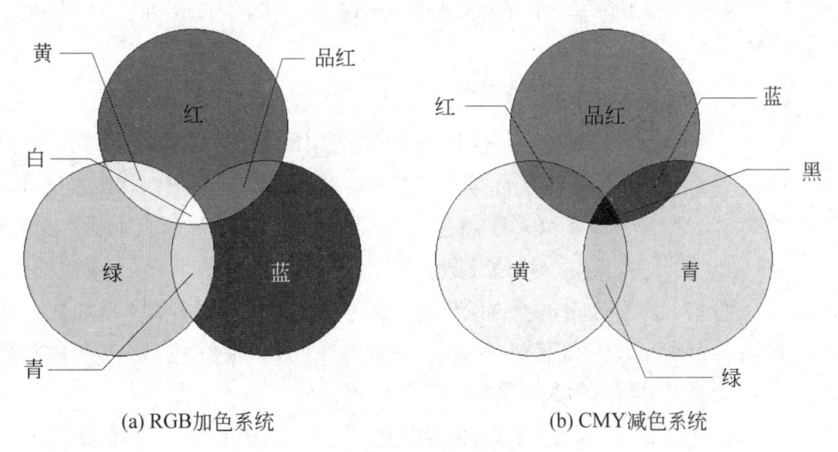

图 46-2　原色系统

2. 功能说明

(1) 自定义屏幕二维坐标系,原点位于客户区中心,x 轴水平向右为正,y 轴垂直向上为正。

(2) 以红色、绿色、蓝色为基色绘制 RGB 加色系统。

(3) 以青色、品红、黄色为基色绘制 CMY 减色系统。

(4) 弹起"绘图"图标按钮绘制 RGB 加色系统,按下"绘图"图标按钮绘制 CMY 减色系统。

3. 案例效果图

原色系统的效果图如图 46-3 所示。

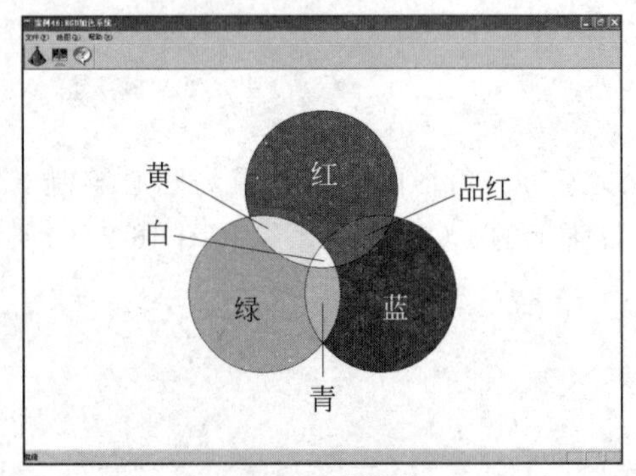

(a) RGB加色系统

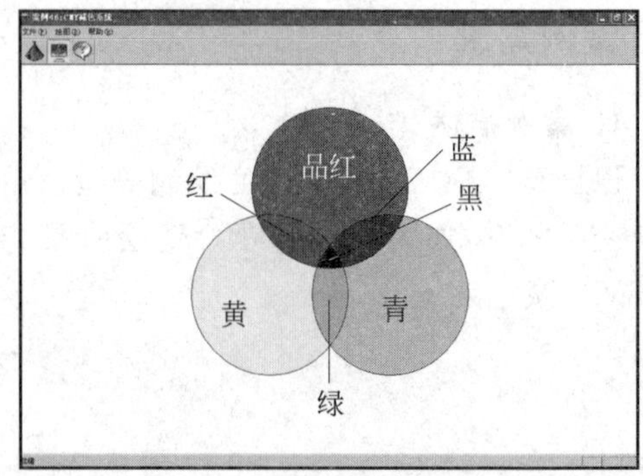

(b) CMY减色系统

图 46-3　原色系统效果图

二、案例分析

以屏幕客户区的中心为重心绘制等边三角形,如图 46-4 所示。设等边三角形的边长为 a,则等边三角形的高 $h=\frac{\sqrt{3}}{2}a$。容易计算出等边三角形 3 个顶点的坐标为:$P_0\left(0,\frac{2}{3}h\right)$,$P_1\left(-\frac{a}{2},-\frac{h}{3}\right)$,$P_2\left(\frac{a}{2},-\frac{h}{3}\right)$。

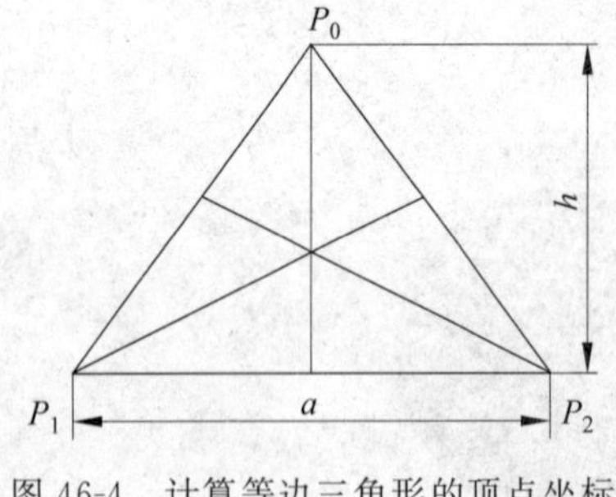

图 46-4　计算等边三角形的顶点坐标

描述发光体使用的是 RGB 加色系统,描述反射体使用的是 CMY 减色系统。屏幕上显示的图形使用的是 RGB 加色系统,而将图形输出打印为彩色图片使用的是 CMY 减色系统。

加色系统中,通过对颜色分量的叠加产生新颜色。红色和绿色等量叠加成为黄色,红色和蓝色等量叠加成为品红;绿色和蓝色等量叠加成为青色;如果红色、绿色和蓝色等量叠加,则成为白色。加色系统中颜色的叠加采用"|"运算符。

减色系统中,通过消除颜色分量来产生新颜色,这是因为光线在物体表面上反射时,有些颜色被物体吸收了。减色系统是从白光光谱中减去其补色。当在纸面上涂上品红油墨时,该纸面不反射绿光;当在纸面上涂上黄色油墨时,该纸面不反射蓝光;当在纸面上涂上青色油墨时,该纸面不反射红光;假设在纸面上涂上品红油墨和黄色油墨,纸面上将呈现红色。如果在纸面上涂上了品红油墨、黄色油墨和青色油墨,那么所有的红光、绿光和蓝光都被吸收,纸面呈现黑色。减色系统中颜色的排除采用"&"运算符。

三、算法设计

(1) 在等边三角形顶点处绘制三个交叉圆。

(2) 使用"|"运算符进行加色系统的颜色计算。

(3) 使用"&"运算符进行减色系统的颜色计算。

四、案例设计

1. RGB 加色系统

在 CTestView 类内添加成员函数 RGBModel(),绘制 RGB 加色系统。

```
void CTestView::RGBModel(CDC * pDC)
{
    AfxGetMainWnd()->SetWindowText("案例 46:RGB 加色系统");
    int r=130;                                                  //圆的半径
    int a=200;                                                  //等边三角形的边长
    int h=Round(a * sin(60 * PI/180));                          //等边三角形的高
    CPoint vr(0,2 * h/3);                                       //红圆圆心
    CPoint vg(-a/2,-h/3);                                       //绿圆圆心
    CPoint vb(a/2,-h/3);                                        //蓝圆圆心
    CPen NewPen, * OldPen;                                      //黑笔
    NewPen.CreatePen(PS_SOLID,1,BoundaryClr);
    OldPen=pDC->SelectObject(&NewPen);
    CBrush NewBrush, * pOldBrush;
    pOldBrush=(CBrush * )pDC->SelectStockObject(NULL_BRUSH);//选择透明画刷
    pDC->Ellipse(vr.x-r,vr.y-r,vr.x+r,vr.y+r);
    pDC->Ellipse(vg.x-r,vg.y-r,vg.x+r,vg.y+r);
    pDC->Ellipse(vb.x-r,vb.y-r,vb.x+r,vb.y+r);
    pDC->SelectObject(OldPen);
    NewPen.DeleteObject();
    pDC->SelectObject(pOldBrush);
    CBrush NewBrushR, * OldBrushR;                              //红色
    NewBrushR.CreateSolidBrush(RGB(255,0,0));
    OldBrushR=pDC->SelectObject(&NewBrushR);
    pDC->FloodFill(vr.x,vr.y,BoundaryClr);
    pDC->SelectObject(OldBrushR);
    NewBrushR.DeleteObject();
    CBrush NewBrushG, * OldBrushG;                              //绿色
    NewBrushG.CreateSolidBrush(RGB(0,255,0));
    OldBrushG=pDC->SelectObject(&NewBrushG);
    pDC->FloodFill(vg.x,vg.y,BoundaryClr);
```

```
    pDC->SelectObject(OldBrushG);
    NewBrushG.DeleteObject();
    CBrush NewBrushB, * OldBrushB;                              //蓝色
    NewBrushB.CreateSolidBrush(RGB(0,0,255));
    OldBrushB=pDC->SelectObject(&NewBrushB);
    pDC->FloodFill(vb.x,vb.y,BoundaryClr);
    pDC->SelectObject(OldBrushB);
    NewBrushB.DeleteObject();
    CBrush NewBrushRGB, * OldBrushRGB;                          //红色+绿色+蓝色
    NewBrushRGB.CreateSolidBrush(RGB(255,0,0)|RGB(0,255,0)|RGB(0,0,255));
    OldBrushRGB=pDC->SelectObject(&NewBrushRGB);
    pDC->FloodFill(0,0,BoundaryClr);
    pDC->SelectObject(OldBrushRGB);
    NewBrushRGB.DeleteObject();
    CBrush NewBrushRB, * OldBrushRB;                            //红色+绿色
    NewBrushRB.CreateSolidBrush(RGB(255,0,0)|RGB(0,255,0));
    OldBrushRB=pDC->SelectObject(&NewBrushRB);
    pDC->FloodFill(-a/5,0,BoundaryClr);
    pDC->SelectObject(OldBrushRB);
    NewBrushRB.DeleteObject();
    CBrush NewBrushRG, * OldBrushRG;                            //红色+蓝色
    NewBrushRG.CreateSolidBrush(RGB(255,0,0)|RGB(0,0,255));
    OldBrushRG=pDC->SelectObject(&NewBrushRG);
    pDC->FloodFill(a/5,0,BoundaryClr);
    pDC->SelectObject(OldBrushRG);
    NewBrushRG.DeleteObject();
    CBrush NewBrushBG, * OldBrushBG;                            //绿色+蓝色
    NewBrushBG.CreateSolidBrush(RGB(0,255,0)|RGB(0,0,255));
    OldBrushBG=pDC->SelectObject(&NewBrushBG);
    pDC->FloodFill(0,-a/5,BoundaryClr);
    pDC->SelectObject(OldBrushBG);
    NewBrushBG.DeleteObject();
}
```

2. CMY 减色系统

在 CTestView 类内添加成员函数 CMYModel(),绘制 CMY 减色系统。

```
void CTestView::CMYModel(CDC * pDC)
{
    AfxGetMainWnd()->SetWindowText("案例 46:CMY 减色系统");
    int r=130;                                      //圆的半径
    int a=200;                                      //等边三角形的边长
    int h=Round(a * sin(60 * PI/180));              //等边三角形的高
    CPoint vm(0,2 * h/3);                           //品红圆圆心
```

```
CPoint vy(-a/2,-h/3);                                          //黄色圆圆心
CPoint vc(a/2,-h/3);                                           //青色圆圆心
CPen NewPen, * OldPen;                                         //黑笔
NewPen.CreatePen(PS_SOLID,1,BoundaryClr);
OldPen=pDC->SelectObject(&NewPen);
CBrush NewBrush, * pOldBrush;
pOldBrush=(CBrush * )pDC->SelectStockObject(NULL_BRUSH);       //选择透明画刷
pDC->Ellipse(vm.x-r,vm.y-r,vm.x+r,vm.y+r);
pDC->Ellipse(vy.x-r,vy.y-r,vy.x+r,vy.y+r);
pDC->Ellipse(vc.x-r,vc.y-r,vc.x+r,vc.y+r);
pDC->SelectObject(OldPen);
NewPen.DeleteObject();
pDC->SelectObject(pOldBrush);
CBrush NewBrushM, * OldBrushM;                                 //品红
NewBrushM.CreateSolidBrush(RGB(255,0,255));
OldBrushM=pDC->SelectObject(&NewBrushM);
pDC->FloodFill(vm.x,vm.y,BoundaryClr);
pDC->SelectObject(OldBrushM);
NewBrushM.DeleteObject();
CBrush NewBrushY, * OldBrushY;                                 //黄色
NewBrushY.CreateSolidBrush(RGB(255,255,0));
OldBrushY=pDC->SelectObject(&NewBrushY);
pDC->FloodFill(vy.x,vy.y,BoundaryClr);
pDC->SelectObject(OldBrushY);
NewBrushY.DeleteObject();
CBrush NewBrushC, * OldBrushC;                                 //青色
NewBrushC.CreateSolidBrush(RGB(0,255,255));
OldBrushC=pDC->SelectObject(&NewBrushC);
pDC->FloodFill(vc.x,vc.y,BoundaryClr);
pDC->SelectObject(OldBrushC);
NewBrushC.DeleteObject();
CBrush NewBrushCMY, * OldBrushCMY;                             //黑色
NewBrushCMY.CreateSolidBrush(RGB(0,255,255)&RGB(255,0,255)&RGB(255,255,0));
OldBrushCMY=pDC->SelectObject(&NewBrushCMY);
pDC->FloodFill(0,0,BoundaryClr);
pDC->SelectObject(OldBrushCMY);
NewBrushCMY.DeleteObject();
CBrush NewBrushMY, * OldBrushMY;                               //红色
NewBrushMY.CreateSolidBrush(RGB(255,0,255)&RGB(255,255,0));
OldBrushMY=pDC->SelectObject(&NewBrushMY);
pDC->FloodFill(-a/5,0,BoundaryClr);
pDC->SelectObject(OldBrushMY);
NewBrushMY.DeleteObject();
CBrush NewBrushMC, * OldBrushMC;                               //蓝色
```

```
    NewBrushMC.CreateSolidBrush(RGB(255,0,255)&RGB(0,255,255));
    OldBrushMC=pDC->SelectObject(&NewBrushMC);
    pDC->FloodFill(a/5,0,BoundaryClr);
    pDC->SelectObject(OldBrushMC);
    NewBrushMC.DeleteObject();
    CBrush NewBrushYC, * OldBrushYC;                              //绿色
    NewBrushYC.CreateSolidBrush(RGB(255,255,0)&RGB(0,255,255));
    OldBrushYC=pDC->SelectObject(&NewBrushYC);
    pDC->FloodFill(0,-a/5,BoundaryClr);
    pDC->SelectObject(OldBrushYC);
    NewBrushYC.DeleteObject();
}
```

五、案例总结

本案例使用CDC类的FloodFill()函数对闭合区域进行填充，区域边界默认为黑色。FloodFill()函数的原型为：

```
BOOL FloodFill( int x, int y, COLORREF crColor );
```

参数：(x,y)为填充开始位置点，crColor为边界色。

说明：该函数从种子点(x,y)开始扩散填充色至边界色为止。

如果将crColor定义为RGB(0,0,0)，则绘制CMY减色系统后，三色交叉区域被填充为黑色，如果转换为绘制RGB加色系统，则由于三色交叉区域全部为黑色，不能填充为白色。因此，程序中将crColor定义为RGB(1,1,1)，可保证两种系统转换时，三色交叉区域填充正确。

案例 47　立方体颜色渐变线框模型算法

知识要点

- 直线段的光滑着色。
- 线性插值公式。

一、案例需求

1. 案例描述

建立立方体的几何模型。立方体 8 个顶点的颜色分别设置为黑色、红色、黄色、绿色、蓝色、品红、白色和青色。使用线性插值公式绘制消隐后立方体的光滑着色线框模型旋转动画。

2. 功能说明

(1) 自定义屏幕三维左手坐标系，原点位于客户区中心，x 轴水平向右为正，y 轴垂直向上为正，z 轴指向屏幕内部。

(2) 以用户坐标系的原点为立方体体心建立三维几何模型。设定立方体 8 个顶点的颜色分别为黑色、红色、黄色、绿色、蓝色、品红、白色和青色。

(3) 使用线性插值算法绘制光滑着色边界。

(4) 立方体线框模型使用背面剔除算法消除隐藏线。

(5) 使用三维旋转变换矩阵计算立方体线框模型围绕三维坐标系原点变换前后的顶点坐标。

(6) 使用双缓冲技术在屏幕坐标系内绘制立方体线框模型消隐后的二维透视投影图。

(7) 使用键盘方向键旋转立方体线框模型。

(8) 使用工具条上的“动画”图标按钮播放或停止立方体线框模型的旋转动画。

(9) 单击鼠标左键，增加视径，右击鼠标，缩短视径。

3. 案例效果图

光滑着色立方体线框模型消隐后的绘制效果如图 47-1 所示。

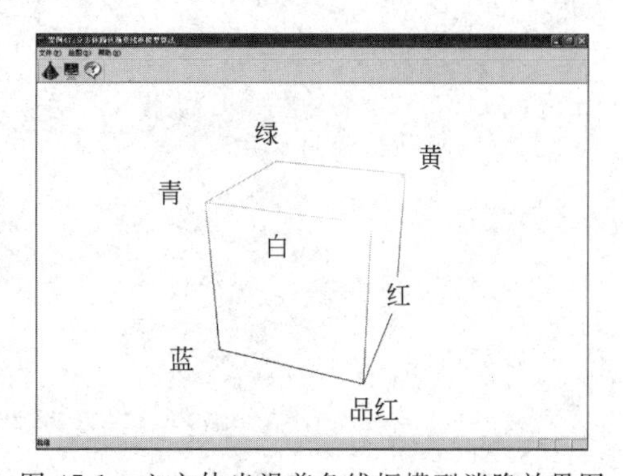

图 47-1　立方体光滑着色线框模型消隐效果图

二、案例分析

透视投影后，立方体线框模型的顶点坐标使用二维透视变换公式计算，也就是说不需要计算屏幕坐标系的深度坐标。

对于立方体的每条边，使用线性插值公式，根据每条边的两个顶点的不同颜色插值出边上每个像素点的颜色。由于绘制的是立方体的旋转动画，需要使用任意斜率直线段绘制算法来绘制每条边。

给定边界两个顶点坐标和颜色值，使用拉格朗日线性插值方法可以实现直线段颜色从起点到终点的光滑过渡。如果直线段的斜率$|k|>1$，y方向为主位移方向，有

$$c = \frac{y - y_1}{y_0 - y_1}c_0 + \frac{y - y_0}{y_1 - y_0}c_1$$

如果$0 \leqslant |k| \leqslant 1$，则$x$方向为主位移方向，有

$$c = \frac{x - x_1}{x_0 - x_1}c_0 + \frac{x - x_0}{x_1 - x_0}c_1$$

式中$P_0(x_0, y_0)$和c_0为边的起点坐标和颜色，$P_1(x_1, y_1)$和c_1为边的终点坐标和颜色；$P(x, y)$和c为边上任意点的坐标和颜色。

三、算法设计

(1) 在立方体的顶点表内指定每个顶点的颜色。

(2) 循环访问每个表面内的每个顶点，使用透视变换公式计算每个顶点的坐标和颜色。

(3) 使用自定义的颜色直线类对象绘制立方体线框的二维透视投影图。

(4) 使用定时器改变立方体线框模型的转角生成旋转动画。

四、案例设计

1. 自定义颜色直线类

自定义颜色直线类CCLine，根据直线顶点颜色进行线性插值，绘制光滑着色直线段。

```
class CCLine
{
public:
    CCLine();
    virtual ~CCLine();
    void MoveTo(CDC *,CP2);                                   //移动到指定位置
    void MoveTo(CDC *,double,double,CRGB);
    void LineTo(CDC *,CP2);                                   //绘制直线,不含终点
    void LineTo(CDC *,double,double,CRGB);
    CRGB Interpolation(double,double,double,CRGB,CRGB);  //线性插值
public:
    CP2 P0;                                                   //起点
    CP2 P1;                                                   //终点
};
CCLine::CCLine()
{
}
CCLine::~CCLine()
{
}
void CCLine::MoveTo(CDC *pDC,CP2 p0)
{
```

```
    P0=p0;
}
void CCLine::MoveTo(CDC * pDC,double x,double y,CRGB c)          //重载函数
{
    MoveTo(pDC,CP2(x,y,c));
}
void CCLine::LineTo(CDC * pDC,CP2 p1)
{
    P1=p1;
    CP2 p,t;
    if(fabs(P0.x-P1.x)<1e-6)                                      //绘制垂线
    {
        if(P0.y>P1.y)                              //交换顶点坐标,使得起始点低于终点
        {
            t=P0;P0=P1;P1=t;
        }
        for(p=P0;p.y<P1.y;p.y++)
        {
            p.c=Interpolation(p.y,P0.y,P1.y,P0.c,P1.c);
            pDC->SetPixelV(Round(p.x),Round(p.y),RGB(p.c.red * 255,p.c.green *
            255,p.c.blue * 255));
        }
    }
    else
    {
        double k,d;
        k=(P1.y-P0.y)/(P1.x-P0.x);
        if(k>1)                                                   //绘制 k>1
        {
            if(P0.y>P1.y)
            {
                t=P0;P0=P1;P1=t;
            }
            d=1-0.5 * k;
            for(p=P0;p.y<P1.y;p.y++)
            {
                p.c=Interpolation(p.y,P0.y,P1.y,P0.c,P1.c);
                pDC->SetPixelV(Round(p.x),Round(p.y),
                            RGB(p.c.red * 255,p.c.green * 255,p.c.blue * 255));
            if(d>=0)
                {
                    p.x++;
                    d+=1-k;
                }
```

```
        else
            d+=1;
    }
}
if(0<=k && k<=1)                                          //绘制 0≤k≤1
{
    if(P0.x>P1.x)
    {
        t=P0;P0=P1;P1=t;
    }
    d=0.5-k;
    for(p=P0;p.x<P1.x;p.x++)
    {
        p.c=Interpolation(p.x,P0.x,P1.x,P0.c,P1.c);
        pDC->SetPixelV(Round(p.x),Round(p.y),
                         RGB(p.c.red*255,p.c.green*255,p.c.blue*255));
    if(d<0)
        {
            p.y++;
            d+=1-k;
        }
        else
            d-=k;
    }
}
if(k>=-1 && k<0)                                          //绘制-1≤k<0
{
    if(P0.x>P1.x)
    {
        t=P0;P0=P1;P1=t;
    }
    d=-0.5-k;
    for(p=P0;p.x<P1.x;p.x++)
    {
        p.c=Interpolation(p.x,P0.x,P1.x,P0.c,P1.c);
        pDC->SetPixelV(Round(p.x),Round(p.y),
                         RGB(p.c.red*255,p.c.green*255,p.c.blue*255));
    if(d>0)
        {
            p.y--;
            d-=1+k;
        }
        else
            d-=k;
```

```
            }
        }
        if(k<-1)                                                    //绘制 k<-1
        {
            if(P0.y<P1.y)
            {
                t=P0;P0=P1;P1=t;
            }
            d=-1-0.5*k;
            for(p=P0;p.y>P1.y;p.y--)
            {
                p.c=Interpolation(p.y,P0.y,P1.y,P0.c,P1.c);
                pDC->SetPixelV(Round(p.x),Round(p.y),
                                RGB(p.c.red*255,p.c.green*255,p.c.blue*255));
                if(d<0)
                {
                    p.x++;
                    d-=1+k;
                }
                else
                    d-=1;
            }
        }
    }
    P0=p1;
}
void CCLine::LineTo(CDC *pDC,double x,double y,CRGB c)     //重载函数
{
     LineTo(pDC,CP2(x,y,c));
}
CRGB CCLine::Interpolation(double t,double t0,double t1,CRGB clr0,CRGB clr1)
                                                            //颜色线性插值
{
    CRGB color;
    color=(t-t1)/(t0-t1)*clr0+(t-t0)/(t1-t0)*clr1;
    return color;
}
```

2. 读入立方体的顶点表

在 CTestView 类内添加成员函数 ReadVertex(),读入立方体的顶点。这里每个顶点包含了坐标和颜色。

```
void CTestView::ReadVertex()
{
```

```
    //顶点的三维坐标(x,y,z),立方体边长为 2a
    double a=150;
    V[0].x=-a;V[0].y=-a;V[0].z=-a;V[0].c=CRGB(0.0,0.0,0.0);           //黑色
    V[1].x=+a;V[1].y=-a;V[1].z=-a;V[1].c=CRGB(1.0,0.0,0.0);           //红色
    V[2].x=+a;V[2].y=+a;V[2].z=-a;V[2].c=CRGB(1.0,1.0,0.0);           //黄色
    V[3].x=-a;V[3].y=+a;V[3].z=-a;V[3].c=CRGB(0.0,1.0,0.0);           //绿色
    V[4].x=-a;V[4].y=-a;V[4].z=+a;V[4].c=CRGB(0.0,0.0,1.0);           //蓝色
    V[5].x=+a;V[5].y=-a;V[5].z=+a;V[5].c=CRGB(1.0,0.0,1.0);           //品红
    V[6].x=+a;V[6].y=+a;V[6].z=+a;V[6].c=CRGB(1.0,1.0,1.0);           //白色
    V[7].x=-a;V[7].y=+a;V[7].z=+a;V[7].c=CRGB(0.0,1.0,1.0);           //青色
}
```

3. 绘制立方体的线框模型

在 CTestView 类内添加成员函数 DrawObject(),首先使用背面剔除算法,对立方体的线框模型进行消隐,然后使用 CCLine 类对象绘制立方体光滑着色的线框模型。

```
void CTestView::DrawObject(CDC * pDC)
{
    CP2 t;
    CCLine * line=new CCLine;
    for(int nFace=0;nFace<6;nFace++)                                  //面循环
    {
        CVector ViewVector(V[F[nFace].vI[0]],ViewPoint);              //面的视矢量
        ViewVector=ViewVector.Normalize();                            //单位化视矢量
        F[nFace].SetFaceNormal(V[F[nFace].vI[0]],V[F[nFace].vI[1]],V[F[nFace].vI[2]]);
        F[nFace].fNormal.Normalize();                                 //单位化法矢量
        if(Dot(ViewVector,F[nFace].fNormal)>=0)                       //背面剔除
        {
            for(int nVertex=0;nVertex<F[nFace].vN;nVertex++)          //顶点循环
            {
                PerProject(V[F[nFace].vI[nVertex]]);
                if(0==nVertex)
                {
                    line->MoveTo(pDC,ScreenP);
                    t=ScreenP;
                }
                else
                    line->LineTo(pDC,ScreenP);
            }
            line->LineTo(pDC,t);                                      //闭合多边形
        }
    }
    delete line;
```

```
}
```

五、案例总结

本案例使用了直线段的线性插值公式，对立方体线框模型的每条边根据顶点的颜色插值出边上每个像素点的颜色。这里，立方体边界的绘制使用了任意斜率的中点 Bresenham 算法，并增加了颜色线性插值公式。

案例 48　RGB 颜色模型算法

知识要点

- RGB 颜色模型的定义。
- 双线性插值公式。

一、案例需求

1. 案例描述

建立立方体的几何模型。立方体 8 个顶点的颜色分别设置为黑色、红色、黄色、绿色、蓝色、品红、白色和青色。使用双线性插值公式绘制 RGB 立方体颜色模型消隐后的旋转动画。

2. 功能说明

(1) 自定义屏幕三维左手坐标系，原点位于客户区中心，x 轴水平向右为正，y 轴垂直向上为正，z 轴指向屏幕内部。

(2) 以用户坐标系的原点为立方体体心建立三维几何模型。设定立方体 8 个顶点的颜色分别为黑色、红色、黄色、绿色、蓝色、品红、白色和青色。

(3) 使用双线性插值算法绘制光滑着色表面。

(4) 立方体使用背面剔除算法消隐。

(5) 使用三维旋转变换矩阵计算立方体围绕三维坐标系原点变换前后的顶点坐标。

(6) 使用双缓冲技术在屏幕坐标系内绘制立方体表面模型消隐后的二维透视投影图。

(7) 使用键盘方向键旋转立方体。

(8) 使用工具条上的“动画”图标按钮播放或停止立方体的旋转动画。

(9) 单击鼠标左键增加视径，右击鼠标缩短视径。

3. 案例效果图

RGB 立方体颜色模型的绘制效果如图 48-1 所示。

二、案例分析

透视投影后，立方体的表面模型可以使用背面剔除算法消隐，也就是说不需要计算屏幕坐标系的深度坐标。

对于立方体的每个表面，使用双线性插值公式，根据面的三个顶点的不同颜色插值出面内每个像素点的颜色。这里使用的是 Gouraud 明暗处理方法。

在图 48-2 中，三角形的顶点为 $A(x_A, y_A)$，光强为 I_A；$B(x_B, y_B)$，光强为 I_B；$C(x_C, y_C)$，光强为 I_C。任一扫描线与边 AC 的交点为 $D(x_D, y_D)$，光强为 I_D；与边 BC 的交点为 $E(x_E, y_E)$，光强为 I_E，扫描线与三角形相交的 DE 区间内的任一点为 $F(x_F, y_F)$，光强为 I_F。Gouraud 明暗处理要求根据顶点 A、B、C 的光强插值计算三角形内点 F 的光强。

图 48-1　RGB 立方体颜色模型效果图

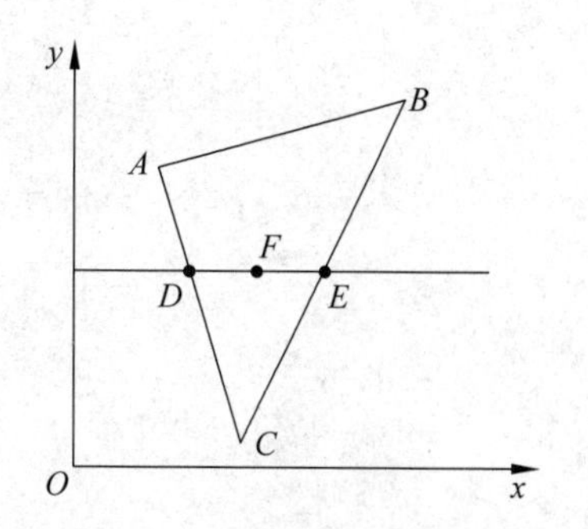

图 48-2　Gouraud 双线性光强插值模型

边 AC 上的 D 点的光强为

$$I_D = \frac{y_D - y_C}{y_A - y_C} I_A + \frac{y_D - y_A}{y_C - y_A} I_C$$

边 BC 上的 E 点的光强为

$$I_E = \frac{y_E - y_C}{y_B - y_C} I_B + \frac{y_E - y_B}{y_C - y_B} I_C$$

DE 上的 F 点的光强为

$$I_F = \frac{x_F - x_E}{x_D - x_E} I_D + \frac{x_F - x_D}{x_E - x_D} I_E$$

在有效边表剔除算法中，加入双线性插值公式，可以根据多边形表面的顶点颜色计算面内每一点的颜色。

三、算法设计

(1) 在立方体的顶点表内指定每个顶点的颜色。

(2) 循环访问每个表面内的每个顶点，使用透视变换公式计算每个顶点的二维坐标。

(3) 使用自定义的填充类对象填充多边形表面的二维透视投影。

(4) 使用定时器改变立方体的转角生成旋转动画。

四、案例设计

1. 自定义填充类

在案例 6 的基础上修改 CFill 类，增加双线性插值的计算功能。成员函数 Interpolation()是线性插值函数。Gouraud()函数是填充函数。

```
void CFill::Gouraud(CDC * pDC)
{
    CAET * pT1=NULL, * pT2=NULL;
    pHeadE=NULL;
    for(pCurrentB=pHeadB;pCurrentB!=NULL;pCurrentB=pCurrentB->pNext)
    {
        for(pCurrentE=pCurrentB->pET;pCurrentE!=NULL;pCurrentE=pCurrentE->pNext)
```

```
{
    pEdge=new CAET;
    pEdge->x=pCurrentE->x;
    pEdge->yMax=pCurrentE->yMax;
    pEdge->k=pCurrentE->k;
    pEdge->ps=pCurrentE->ps;
    pEdge->pe=pCurrentE->pe;
    pEdge->pNext=NULL;
    AddET(pEdge);
}
ETOrder();
pT1=pHeadE;
if(pT1==NULL)
    return;
while(pCurrentB->ScanLine>=pT1->yMax)                    //下闭上开
{
    CAET * pAETTEmp=pT1;
    pT1=pT1->pNext;
    delete pAETTEmp;
    pHeadE=pT1;
    if(pHeadE==NULL)
        return;
}
if(pT1->pNext!=NULL)
{
    pT2=pT1;
    pT1=pT2->pNext;
}
while(pT1!=NULL)
{
    if(pCurrentB->ScanLine>=pT1->yMax)           //下闭上开
    {
        CAET *pAETTemp=pT1;
        pT2->pNext=pT1->pNext;
        pT1=pT2->pNext;
        delete pAETTemp;
    }
    else
    {
        pT2=pT1;
        pT1=pT2->pNext;
    }
}
CRGB ca,cb,cf;              //ca、cb代表边上任意点的颜色,cf代表面上任意点的颜色
```

```
        ca=Interpolation(pCurrentB->ScanLine,pHeadE->ps.y,pHeadE->pe.y
                          ,pHeadE->ps.c,pHeadE->pe.c);
        cb=Interpolation(pCurrentB->ScanLine,pHeadE->pNext->ps.y,pHeadE->pNext-
                        >pe.y,pHeadE->pNext->ps.c,pHeadE->pNext->pe.c);
        BOOL bInFlag=FALSE;               //区间内外测试标志,初始值为假表示区间外部
        double xb,xe;                     //扫描线与有效边相交区间的起点和终点坐标
        for(pT1=pHeadE;pT1!=NULL;pT1=pT1->pNext)
        {
            if(FALSE==bInFlag)
            {
                xb=pT1->x;
                bInFlag=TRUE;
            }
            else
            {
                xe=pT1->x;
                for(double x=xb;x<xe;x++)                         //左闭右开
                {
                    cf=Interpolation(x,xb,xe,ca,cb);
                    pDC->SetPixelV(Round(x),pCurrentB->ScanLine,
                        RGB(cf.red*255,cf.green*255,cf.blue*255));
                }
                bInFlag=FALSE;
            }
        }
        for(pT1=pHeadE;pT1!=NULL;pT1=pT1->pNext)                 //边的连续性
            pT1->x=pT1->x+pT1->k;
    }
}
CRGB CFill::Interpolation(double t,double t1,double t2,CRGB clr1,CRGB clr 2)
                                                               //颜色线性插值
{
    CRGB color;
    color=(t-t2)/(t1-t2)*clr1+(t-t1)/(t2-t1)*clr2;
    return color;
}
```

2. 绘制立方体表面

在 CTestView 类内添加成员函数 DrawObject(),首先使用背面剔除算法对立方体的表面模型进行消隐,然后使用 CFill 类对象填充每个表面,来绘制光滑着色的 RGB 立方体。

```
void CTestView::DrawObject(CDC* pDC)
{
    CPi2 Point[4];                                 //透视投影后面的二维顶点数组
    for(int nFace=0;nFace<6;nFace++)               //面循环
    {
```

```
        CVector ViewVector(V[F[nFace].vI[0]],ViewPoint);                    //面的视矢量
        ViewVector=ViewVector.Normalize();                                  //单位化视矢量
        F[nFace].SetFaceNormal(V[F[nFace].vI[0]],V[F[nFace].vI[1]],V[F[nFace].vI[2]]);
        F[nFace].fNormal.Normalize();                                       //单位化法矢量
        if(Dot(ViewVector,F[nFace].fNormal)>=0)                             //背面剔除
        {
            for(int nVertex=0;nVertex<F[nFace].vN;nVertex++)                //顶点循环
            {
                PerProject(V[F[nFace].vI[nVertex]]);                        //透视投影
                Point[nVertex].x=ScreenP.x;
                Point[nVertex].y=Round(ScreenP.y);
                Point[nVertex].c=ScreenP.c;
            }
            CFill * fill=new CFill;                                         //动态分配内存
            fill->SetPoint(Point,4);                                        //设置顶点
            fill->CreateBucket();                                           //建立桶表
            fill->CreateEdge();                                             //建立边表
            fill->Gouraud(pDC);                                             //填充面片
            delete fill;                                                    //撤销内存
        }
    }
}
```

五、案例总结

本案例使用了双线性值公式计算立方体每个表面内的像素点颜色。由于立方体在动态旋转,表面会从正方形旋转为任意四边形,这要求有效边表填充算法能够填充任意多边形。为了实现表面的光滑着色,本案例在有效边表填充算法(案例 6 的 CFill 类)的基础上增加了颜色的双线性插值算法,提高了程序的通用性。

本案例中通过定义立方体 8 个顶点的颜色来进行面的光滑着色,需要为 CP2 类添加颜色信息的定义。

```
class CP2
{
public:
    CP2();
    virtual ~CP2();
    CP2(double,double);
    CP2(double,double,CRGB);
public:
    double x;
    double y;
    double w;
    CRGB c;
};
```

案例 49 HSV 颜色模型算法

知识要点

- HSV 颜色模型的定义。
- 六棱锥的数据结构。

一、案例需求

1. 案例描述

建立 HSV 六棱锥的几何模型。六棱锥顶点的颜色为黑色，底面 6 个顶点的颜色分别设置为红色、黄色、绿色、青色、蓝色和品红，六棱锥底面中心的颜色为白色，如图 49-1 所示。使用双线性插值公式绘制 HSV 六棱锥颜色模型消隐后的旋转动画。

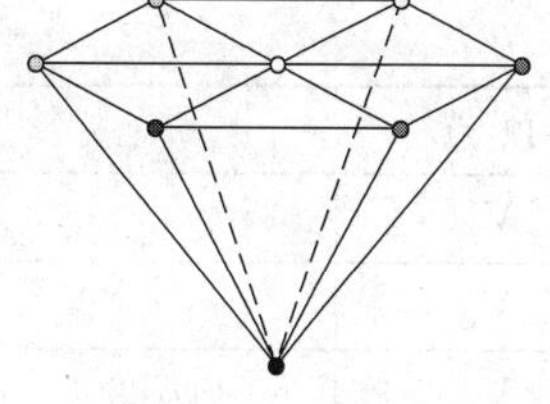

图 49-1 HSV 六棱锥的颜色设置

2. 功能说明

(1) 自定义屏幕三维左手坐标系，原点位于客户区中心，x 轴水平向右为正，y 轴垂直向上为正，z 轴指向屏幕内部。

(2) 以用户坐标系的原点为六棱锥 2/3 高度中心建立三维几何模型，六棱锥的底面在上，顶点在下。设定六棱锥顶点的颜色为黑色，底面 6 个顶点的颜色分别为红色、黄色、绿色、青色、蓝色、品红，六棱锥的底面中心的颜色为白色。

(3) 使用双线性插值算法绘制光滑着色表面。

(4) 六棱锥使用背面剔除算法消隐。

(5) 使用三维旋转变换矩阵计算六棱锥围绕三维坐标系原点变换前后的顶点坐标。

(6) 使用双缓冲技术在屏幕坐标系内绘制六棱锥表面模型消隐后的二维透视投影图。

(7) 使用键盘方向键旋转六棱锥。

(8) 使用工具条上的"动画"图标按钮播放或停止六棱锥的旋转动画。

(9) 单击鼠标左键增加视径，右击鼠标缩短视径。

3. 案例效果图

HSV 六棱锥颜色模型消隐后的绘制效果如图 49-2 所示。

二、案例分析

透视投影后，六棱锥的表面模型可以使用背面剔除算法消隐，也就是说不需要计算屏幕坐标系的深度坐标。

建立六棱锥的几何模型如图 49-3 所示。设 r 为六棱锥底面的外接圆半径，h 为六棱锥的高度。六棱锥顶点表见表 49-1。六棱锥面表见表 49-2。

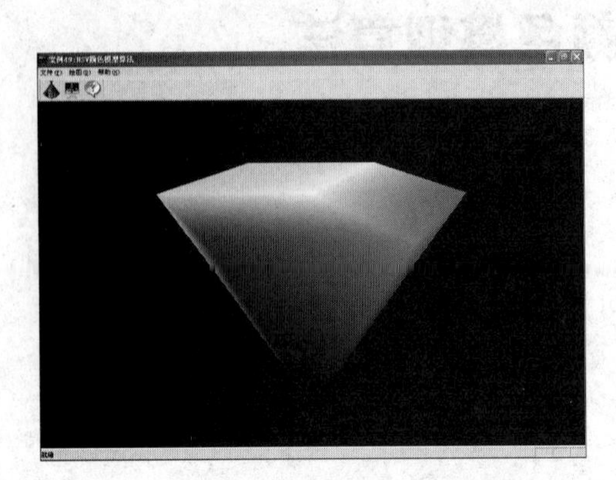

图 49-2　HSV 六棱锥颜色模型消隐效果图

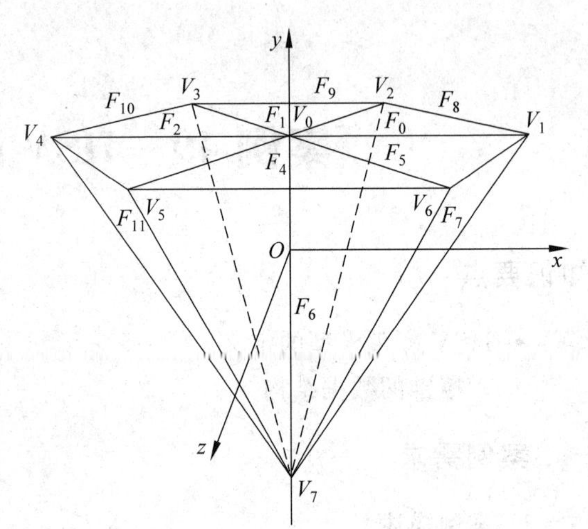

图 49-3　六棱锥几何模型

表 49-1　六棱锥顶点表

顶 点	x 坐标	y 坐标	z 坐标	颜　色
V_0	$x_0=0$	$y_0=h/3$	$z_0=0$	RGB(1.0,1.0,1.0)
V_1	$x_1=r$	$y_1=h/3$	$z_1=0$	RGB(1.0,0.0,0.0)
V_2	$x_2=r\cos 60°$	$y_2=h/3$	$z_2=-r\sin 60°$	RGB(1.0,1.0,0.0)
V_3	$x_3=-r\cos 60°$	$y_3=h/3$	$z_3=-r\sin 60°$	RGB(0.0,1.0,0.0)
V_4	$x_4=-r$	$y_4=h/3$	$z_4=0$	RGB(0.0,1.0,1.0)
V_5	$x_5=-r\cos 60°$	$y_5=h/3$	$z_5=r\sin 60°$	CRGB(0.0,0.0,1.0)
V_6	$x_6=r\cos 60°$	$y_6=h/3$	$z_6=r\sin 60°$	RGB(1.0,0.0,1.0)
V_7	$x_7=0$	$y_7=2h/3$	$z_7=0$	RGB(0.0,0.0,0.0)

表 49-2　六棱锥面表

面	第一个顶点	第二个顶点	第三个顶点	面	第一个顶点	第二个顶点	第三个顶点
F_0	0	1	2	F_6	1	7	2
F_1	0	2	3	F_7	2	7	3
F_2	0	3	4	F_8	3	7	4
F_3	0	4	5	F_9	4	7	5
F_4	0	5	6	F_{10}	5	7	6
F_5	0	6	1	F_{11}	6	7	1

三、算法设计

(1) 读入六棱锥的顶点表和面表。

(2) 循环访问三角形表面内的每个顶点，使用透视变换公式计算每个顶点的二维坐标。

(3) 使用自定义的填充类对象填充三角形表面的二维透视投影。

(4) 使用定时器改变六棱锥的转角生成旋转动画。

四、案例设计

1. 读入六棱锥顶点表

在 CTestView 类内添加成员函数 ReadVertex(),读入六棱锥的 8 个顶点坐标与颜色。

```
void CTestView::ReadVertex()
{
    //顶点的三维坐标(x,y,z)
    double r=300,h=500;
    V[0].x=0;V[0].y=h/3; V[0].z=0; V[0].c=CRGB(1.0,1.0,1.0);          //六棱锥白色底面中心
    V[1].x=r;V[1].y=h/3; V[1].z=0;V[1].c=CRGB(1.0,0.0,0.0);  //右侧红色顶点
    V[2].x=r*cos(PI/3); V[2].y=h/3; V[2].z=-r*sin(PI/3);V[2].c=CRGB(1.0,1.0,0.0);
    V[3].x=-r*cos(PI/3); V[3].y=h/3; V[3].z=-r*sin(PI/3);V[3].c=CRGB(0.0,1.0,0.0);
    V[4].x=-r;V[4].y=h/3; V[4].z=0;V[4].c=CRGB(0.0,1.0,1.0);
    V[5].x=-r*cos(PI/3); V[5].y=h/3; V[5].z=r*sin(PI/3); V[5].c=CRGB(0.0,0.0,1.0);
    V[6].x=r*cos(PI/3); V[6].y=h/3; V[6].z=r*sin(PI/3); V[6].c=CRGB(1.0,0.0,1.0);
    V[7].x=0;V[7].y=-2*h/3;V[7].z=0;V[7].c=CRGB(0.0,0.0,0.0);       //六棱锥黑色顶点
}
```

2. 读入六棱锥的面表

在 CTestView 类内添加成员函数 ReadFace(),读入六棱锥的 12 个表面。

```
void CTestView::ReadFace()
{
    //面的顶点数和面的顶点索引
    F[0].SetNum(3); F[0].vI[0]=0; F[0].vI[1]=1; F[0].vI[2]=2;        //底面
    F[1].SetNum(3); F[1].vI[0]=0; F[1].vI[1]=2; F[1].vI[2]=3;
    F[2].SetNum(3); F[2].vI[0]=0; F[2].vI[1]=3; F[2].vI[2]=4;
    F[3].SetNum(3); F[3].vI[0]=0; F[3].vI[1]=4; F[3].vI[2]=5;
    F[4].SetNum(3); F[4].vI[0]=0; F[4].vI[1]=5; F[4].vI[2]=6;
    F[5].SetNum(3); F[5].vI[0]=0; F[5].vI[1]=6; F[5].vI[2]=1;
    F[6].SetNum(3); F[6].vI[0]=1; F[6].vI[1]=7; F[6].vI[2]=2;        //侧面
    F[7].SetNum(3); F[7].vI[0]=2; F[7].vI[1]=7; F[7].vI[2]=3;
    F[8].SetNum(3); F[8].vI[0]=3; F[8].vI[1]=7; F[8].vI[2]=4;
    F[9].SetNum(3); F[9].vI[0]=4; F[9].vI[1]=7; F[9].vI[2]=5;
    F[10].SetNum(3);F[10].vI[0]=5;F[10].vI[1]=7;F[10].vI[2]=6;
    F[11].SetNum(3);F[11].vI[0]=6;F[11].vI[1]=7;F[11].vI[2]=1;
}
```

五、案例总结

本案例绘制了 HSV 颜色模型正六棱锥,形象地展示了 HSV 颜色模型的整体结构。六棱锥的消隐使用的是背面剔除算法,六棱锥表面的光滑着色使用的是 Gouraud 明暗处理。

案例 50　球面光源与材质交互作用算法

知识要点

- 材质模型。
- 光源模型。
- 光照模型。

一、案例需求

1. 案例描述

将屏幕客户区划分为左、右窗格。左窗格为控制窗格，可以选择光照模型、物体材质和光源位置。右窗格绘制光源与材质的交互作用后的球面。材质属性如表 50-1 所示。

表 50-1　常用物体的材质属性

材质名称	RGB 分量	环境光反射率	漫反射光反射率	镜面反射光反射率	高光指数
	R	0.247	0.752	0.628	
金	G	0.200	0.606	0.556	50
	B	0.075	0.226	0.366	
	R				
银	G	0.192	0.508	0.508	50
	B				
	R	0.175	0.614	0.728	
红宝石	G	0.012	0.041	0.527	30
	B	0.012	0.041	0.527	
	R	0.022	0.076	0.633	
绿宝石	G	0.175	0.614	0.728	30
	B	0.023	0.075	0.633	

2. 功能说明

(1) 自定义屏幕三维左手坐标系，原点位于右窗格客户区中心，x 轴水平向右为正，y 轴垂直向上为正，z 轴指向屏幕内部。

(2) 建立三维用户右手坐标系$\{O;x,y,z\}$，原点 O 位于右窗格客户区中心，x 轴水平向右，y 轴垂直向上，z 轴指向读者。

(3) 使用静态切分视图，将窗口切分为左、右窗格。左窗格为继承于 CFormView 类的表单视图类 CLeftPortion，右窗格为一般视图类 CTestView。

(4) 左窗格放置代表“光照模型”、“物体材质”和“光源位置”3 个组框控件。“光照模型”组框提供“环境光”、“漫反射光”和“镜面反射光”3 个复选框;“物体材质”组框提供“金”、“银”、“红宝石”和“绿宝石”4 个单选按钮;“光源位置”分类组框提供“左上”、“左下”、“右上”和“右下”4 个单选按钮。

(5) 使用 Gouraud 双线性光强插值算法绘制单光源照射下的球面,光源的颜色为白色,材质取自表 50-1。

(6) 右窗格使用双缓冲技术在屏幕坐标系中央绘制光源与材质交互作用后的球面二维透视投影图。

(7) 假定视点位于右窗格的正前方。

(8) 使用工具条上的“动画”图标按钮播放或停止球面的旋转动画。

3. 案例效果图

(1) 默认材质为“红宝石”,默认光源位置为“右上”。环境光模型效果如图 50-1 所示。增加了漫反射光的效果如图 50-2 所示。增加了镜面反射光的效果如图 50-3 所示。

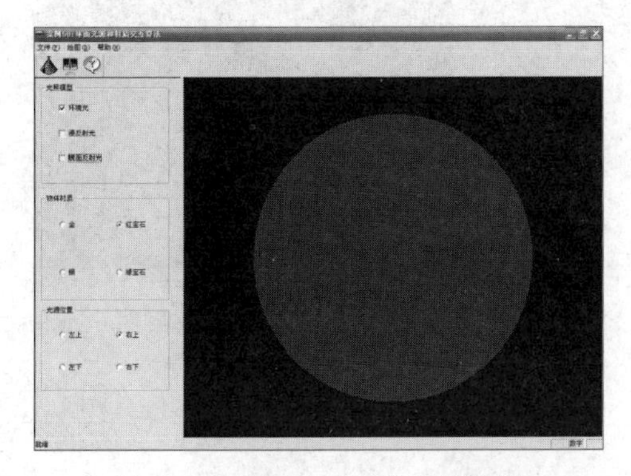

图 50-1 “红宝石”环境光效果图

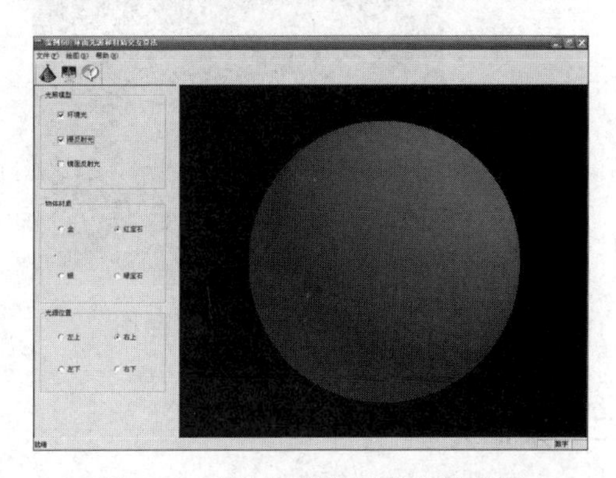

图 50-2 “红宝石”漫反射光效果图

(2) 材质为“金”,默认光源位置为“右上”。光照效果如图 50-4 所示。

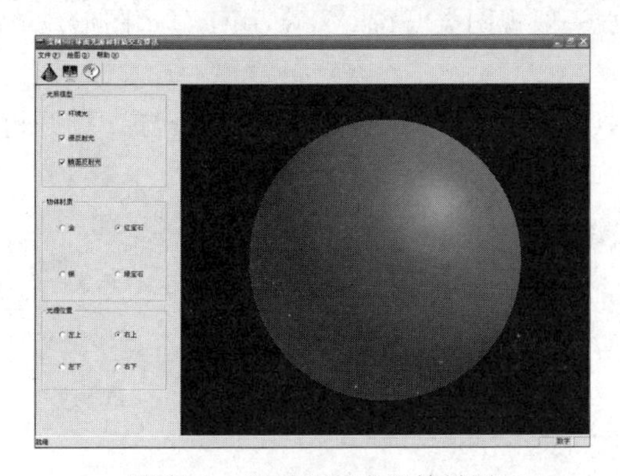

图 50-3 “红宝石”光照效果图

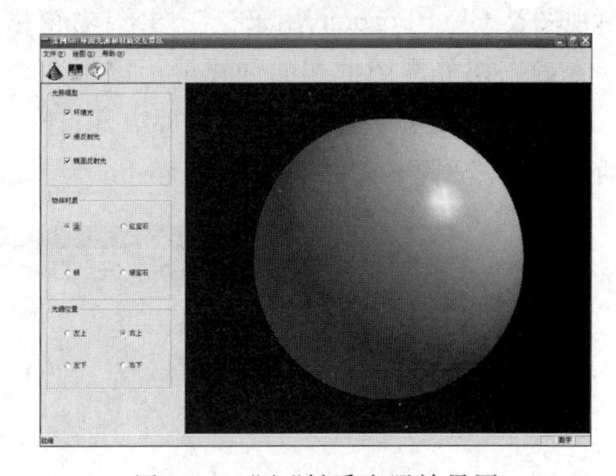

图 50-4 “金”材质光照效果图

(3) 材质为“银”,默认光源位置为“右上”。光照效果如图 50-5 所示。

(4) 材质为“绿宝石”,默认光源位置为“右上”。光照效果如图 50-6 所示。

(5) 材质为“红宝石”,光源位置为“左上”。光照效果如图 50-7 所示。

(6) 材质为“红宝石”,光源位置为“左下”。光照效果如图 50-8 所示。

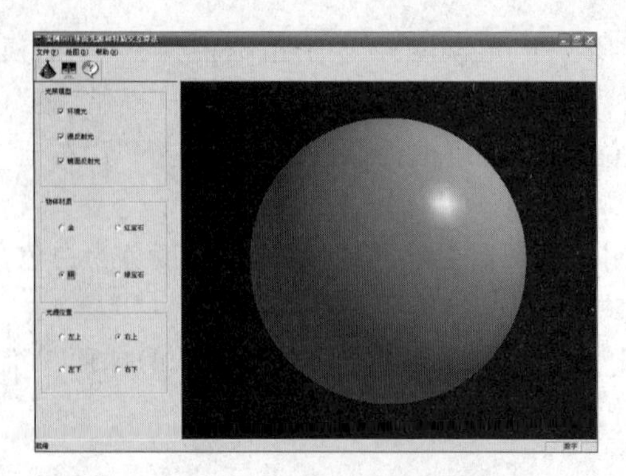

图 50-5 “银”材质光照效果图

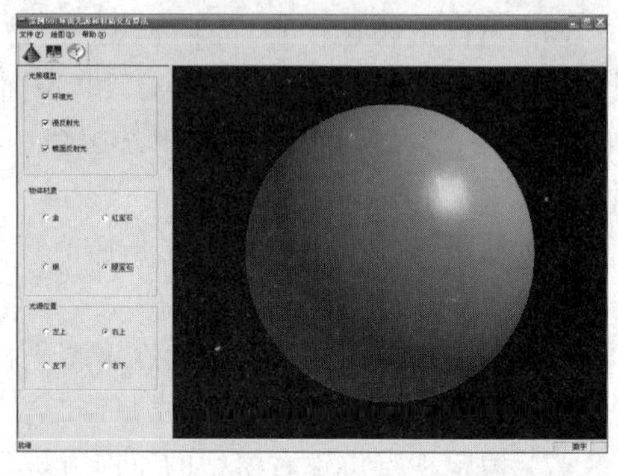

图 50-6 “绿宝石”材质光照效果图

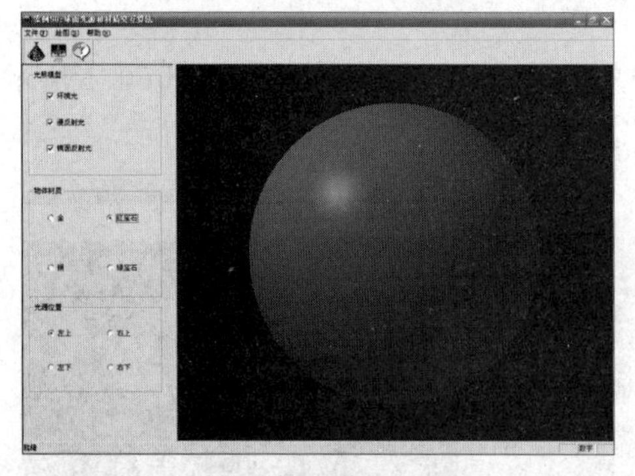

图 50-7 “左上”光源光照效果图

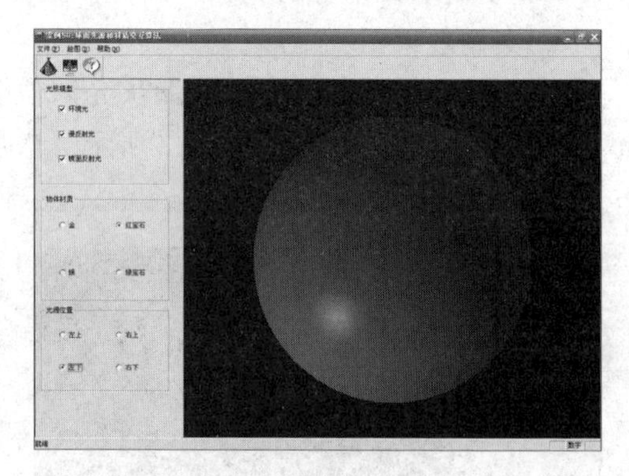

图 50-8 “左下”光源光照效果图

二、案例分析

“静态切分”是指文档窗口在第一次创建时，窗格的次序和数目就已经切分好了，不能再改变，但是可以缩放窗格大小。每个窗格通常代表不同的视图类对象。本案例中，左窗格代表表单视图类 CLeftPortion，用于控制图形；右窗格代表一般视图类 CTestView，用于显示图形。

静态切分视图框架的创建分为以下几个步骤。

(1) 在 ResourceView 标签页中，新建默认 ID 为 IDD_DIALOG1 对话框资源。打开对话框属性，设置 Style 为 Child，Border 为 None，如图 50-9 所示。

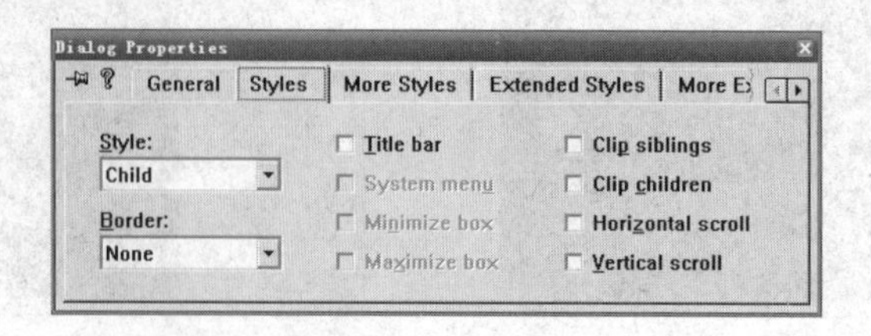

图 50-9 对话框 Styles 属性设置

(2) 为对话框添加 3 个 Group Box 控件、3 个 CheckBox 控件和 8 个 RadioButton 控件，如图 50-10 所示。

(3) 双击对话框，创建继承于 CFormView 类的 CLeftPortion 类，如图 50-11 所示。CFormView 类具有许多无模态对话框的特点，并且可以包含控件。

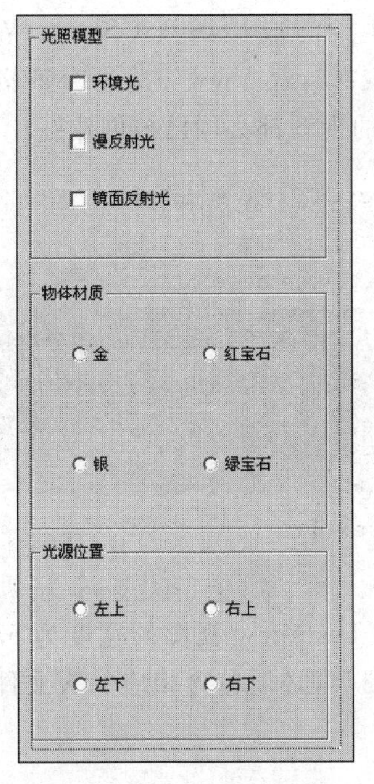

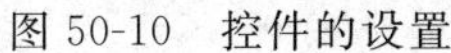

图 50-10 控件的设置

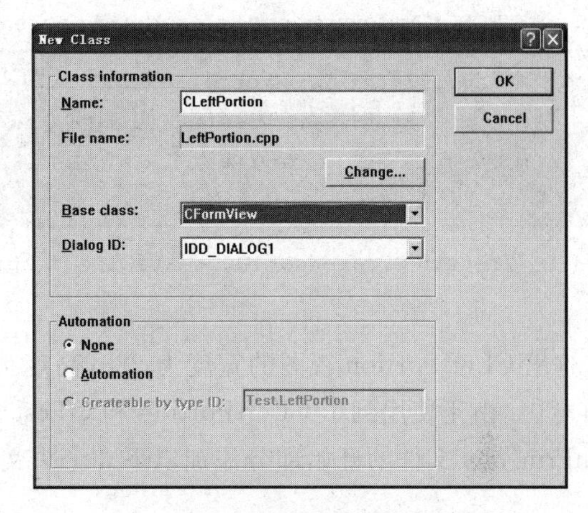

图 50-11 继承于表单类的对话框

(4) 在 CMainFrame 框架窗口类中声明一个 CSplitterWnd 类的成员变量 m_wndSplitter。定义如下：

```
protected:  //control bar embedded members
    CStatusBar  m_wndStatusBar;
    CToolBar  m_wndToolBar;
    CSplitterWnd  m_wndSplitter;          //分割器
```

(5) 使用 ClassWizard 向导为 CMainFrame 类添加 OnCreateClient()函数。这里是使用 ClassWizard 重写基类的虚函数，而不是添加消息处理，如图 50-12 所示。

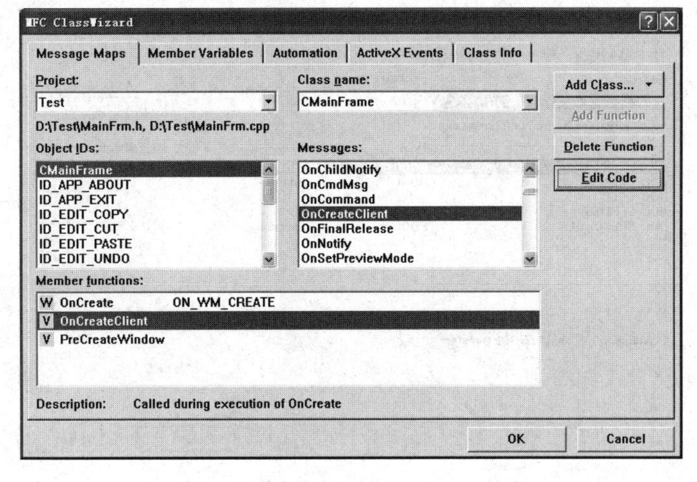

图 50-12 添加 OnCreateClient 函数

(6) 在 OnCreateClient()函数中调用 CSplitterWnd 类的成员函数 CSplitterWnd::CreateStatic()创建静态切分窗格。并调用 CSplitterWnd::CreateView()为每个窗格创建视图窗口。在主框架显示静态切分窗格口之前,每个窗格的视图都必须已被创建好。

```
BOOL CMainFrame::OnCreateClient(LPCREATESTRUCT lpcs, CCreateContext * pContext)
{
    //TODO: Add your specialized code here and/or call the base class
    m_wndSplitter.CreateStatic(this,1,2);              //产生 1×2 的静态切分窗格
    m_wndSplitter.CreateView(0,0,RUNTIME_CLASS(CLeftPortion),CSize(220,600),pContext);
    m_wndSplitter.CreateView(0,1,RUNTIME_CLASS(CTestView),CSize(520,600),pContext);
    return TRUE;
    //return CFrameWnd::OnCreateClient(lpcs, pContext);
}
```

这里 CLeftPortion 视图的宽度为 220,高度为 600。CTestView 视图的宽度为 530,高度为 600。由于使用到了 CLeftPortion 和 CTestView 视图类,必须包含相应的头文件。在 MainFrm.cpp 文件的开始部分添加以下 3 个头文件:

```
#include "LeftPortion.h"
#include "TestDoc.h"
#include "TestView.h"
```

产生静态切分后,就不能再调用默认情况下基类的 OnCreateClient 函数,因此,应该将下面的代码行删除或者注释掉。

```
return CFrameWnd::OnCreateClient(lpcs, pContext);
```

1. 设计左窗格

控件的数据交换是将控件和数据成员变量相连接,用于获得控件的当前值。图 50-13 给出本案例所用到的需要进行数据交换的 3 个复选框控件和 2 个单选按钮控件,详细解释见表 50-2。

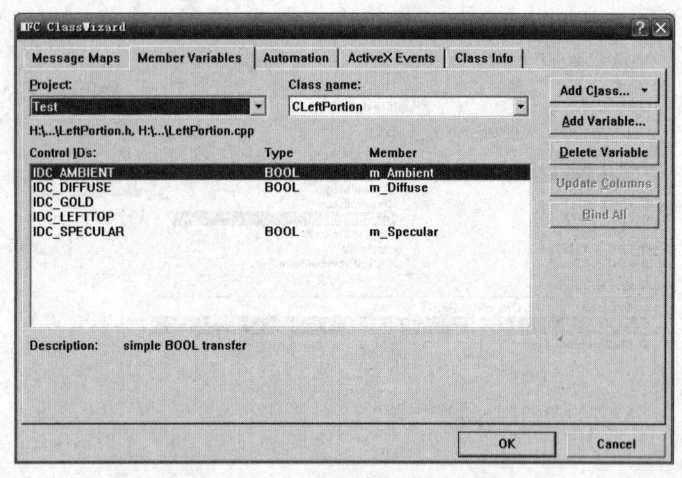

图 50-13　Member Variable 页面

表 50-2　控件变量

ID	含　　义	变量类别	变量类型	变 量 名
IDC_AMBIENT	环境光	Value	BOOL	m_Ambient
IDC_DIFFUSE	漫反射光	Value	BOOL	m_Diffuse
IDC_SPCULAR	镜面反射光	Value	BOOL	m_Specular
IDC_GOLD	“金”材质			
IDC_LEFTTOP	“左上”光源			

2. 设计右窗格

设置光源类 CLight、材质类 CMaterial 和光照类 CLighting，分别处理光源、材质以及进行光照计算。

球面被细分为网格，南北极处使用三角形面片，其余位置使用四边形面片。对于三角形或四边形面片的每一个顶点，调用 CLight 类的成员函数计算从指定位置的光源所获得的光强。球面上面片内部的像素点的光强使用 Gouraud 明暗处理算法进行双线性插值计算。

调整左窗格的控件值，选择相应的光源和材质参数，然后更新视图。窗口的左、右窗格的通信是通过 CTestDoc 类实现的。

三、算法设计

(1) 读入球面的顶点表和面表。

(2) 循环访问三角形面片和四边形面片的每个顶点，调用光照函数计算所获得的光强。

(3) 使用双缓冲技术绘制球面小面片的二维透视投影图。

(4) 使用有效边表算法填充三角形面片和四边形面片。

(5) 使用深度缓冲算法对球面进行动态消隐。

(6) 使用定时器改变球面的转角生成旋转动画。

四、案例设计

1. 初始化左窗格控件

为了设置控件的初始值，需要在 CLeftPortion 类内添加 OnInitialUpdate 消息映射函数。

```
void CLeftPortion::OnInitialUpdate()
{
    CFormView::OnInitialUpdate();
    //TODO: Add your specialized code here and/or call the base class
    //设置左窗格滑动条的范围及初始值
    CheckRadioButton(IDC_GOLD,IDC_BERYL,IDC_RUBY);
    CheckRadioButton(IDC_LEFTTOP,IDC_RIGHTDOWN,IDC_RIGHTTOP);
    m_Ambient=TRUE;
    m_Diffuse=TRUE;
    m_Specular=TRUE;
```

```
    UpdateData(FALSE);
}
```

2. 左窗格控件响应函数

为了改变控件的状态,需要在 CLeftPortion 类内添加相应的消息映射函数。

```
void CLeftPortion::OnAmbient()                                  //环境光
{
    //TODO: Add your control notification handler code here
    CTestDoc * pDoc= (CTestDoc * )CFormView::GetDocument();
    pDoc->UpdateAllViews(NULL,1);
}
void CLeftPortion::OnDiffuse()                                  //漫反射光
{
    //TODO: Add your control notification handler code here
    CTestDoc * pDoc= (CTestDoc * )CFormView::GetDocument();
    pDoc->UpdateAllViews(NULL,2);
}
void CLeftPortion::OnSpecular()                                 //镜面反射光
{
    //TODO: Add your control notification handler code here
    CTestDoc * pDoc= (CTestDoc * )CFormView::GetDocument();
    pDoc->UpdateAllViews(NULL,3);
}
void CLeftPortion::OnGold()                                     //"金"材质
{
    //TODO: Add your control notification handler code here
    CTestDoc * pDoc= (CTestDoc * )CFormView::GetDocument();
    pDoc->UpdateAllViews(NULL,4);
}
void CLeftPortion::OnSilver()                                   //"银"材质
{
    //TODO: Add your control notification handler code here
    CTestDoc * pDoc= (CTestDoc * )CFormView::GetDocument();
    pDoc->UpdateAllViews(NULL,5);
}
void CLeftPortion::OnRuby()                                     //"红宝石"材质
{
    //TODO: Add your control notification handler code here
    CTestDoc * pDoc= (CTestDoc * )CFormView::GetDocument();
    pDoc->UpdateAllViews(NULL,6);
}
void CLeftPortion::OnBeryl()                                    //"绿宝石"材质
{
```

```
    //TODO: Add your control notification handler code here
    CTestDoc * pDoc=(CTestDoc * )CFormView::GetDocument();
    pDoc->UpdateAllViews(NULL,7);
}
void CLeftPortion::OnLefttop()                          //光源位于“左上”
{
    //TODO: Add your control notification handler code here
    CTestDoc * pDoc=(CTestDoc * )CFormView::GetDocument();
    pDoc->UpdateAllViews(NULL,8);
}
void CLeftPortion::OnLeftdown()                         //光源位于“左下”
{
    //TODO: Add your control notification handler code here
    CTestDoc * pDoc=(CTestDoc * )CFormView::GetDocument();
    pDoc->UpdateAllViews(NULL,9);
}
void CLeftPortion::OnRighttop()                         //光源位于“右上”
{
    //TODO: Add your control notification handler code here
    CTestDoc * pDoc=(CTestDoc * )CFormView::GetDocument();
    pDoc->UpdateAllViews(NULL,10);
}
void CLeftPortion::OnRightdown()                        //光源位于“右下”
{
    //TODO: Add your control notification handler code here
    CTestDoc * pDoc=(CTestDoc * )CFormView::GetDocument();
    pDoc->UpdateAllViews(NULL,11);
}
```

3. 设计光源类

定义光源类 CLight 可以设置：

(1) 光源的位置。

(2) 光源的漫反射光颜色和镜面反射光颜色。

(3) 光强衰减的线性衰减系数和二次衰减系数。

(4) 光源的开启状态。

```
class CLight
{
public:
    CLight();
    virtual ~CLight();
    void SetDiffuse(CRGB);                              //设置光源的漫反射光
    void SetSpecular(CRGB);                             //设置光源的镜面反射光
```

```
    void SetPosition(double,double,double);                 //设置光源的直角坐标位置
    void SetGlobal(double,double,double);                   //设置光源的球坐标位置
    void SetCoef(double,double,double);                     //设置光强的衰减系数
    void SetOnOff(BOOL);                                    //设置光源开关状态
    void GlobalToXYZ();                                     //球坐标转换为直角坐标
public:
    CRGB L_Diffuse;                                         //光的漫反射颜色
    CRGB L_Specular;                                        //光的镜面高光颜色
    CP3 L_Position;                                         //光源的位置
    double L_R,L_Phi,L_Theta;                               //光源球坐标
    double L_C0;                                            //常数衰减系数
    double L_C1;                                            //线性衰减系数
    double L_C2;                                            //二次衰减系数
    BOOL L_OnOff;                                           //光源开关
};
CLight::CLight()
{
    L_Diffuse=CRGB(0.0,0.0,0.0);                            //光源的漫反射颜色
    L_Specular=CRGB(1.0,1.0,1.0);                           //光源镜面高光颜色
    L_Position.x=0.0,L_Position.y=0.0,L_Position.z=1000;//光源位置直角坐标
    L_R=1000,L_Phi=0,L_Theta=0;                             //光源位置球坐标
    L_C0=1.0;                                               //常数衰减系数
    L_C1=0.0;                                               //线性衰减系数
    L_C2=0.0;                                               //二次衰减系数
    L_OnOff=TRUE;                                           //光源开启
}
CLight::~CLight()
{
}
void CLight::SetDiffuse(CRGB dif)
{
    L_Diffuse=dif;
}
void CLight::SetSpecular(CRGB spe)
{
    L_Specular=spe;
}
void CLight::SetPosition(double x,double y,double z)
{
    L_Position.x=x;
    L_Position.y=y;
    L_Position.z=z;
}
void CLight::SetGlobal(double r,double phi,double theta)
```

```
{
    L_R=r;
    L_Phi=phi;
    L_Theta=theta;
}
void CLight::SetOnOff(BOOL onoff)
{
    L_OnOff=onoff;
}
void CLight::SetCoef(double c0,double c1,double c2)
{
    L_C0=c0;
    L_C1=c1;
    L_C2=c2;
}
void CLight::GlobalToXYZ()
{
    L_Position.x=L_R*sin(L_Phi*PI/180)*cos(L_Theta*PI/180);
    L_Position.y=L_R*sin(L_Phi*PI/180)*sin(L_Theta*PI/180);
    L_Position.z=L_R*cos(L_Phi*PI/180);
}
```

4. 设计材质类

定义材质类 CMaterial 可以设置：

(1) 材质对环境光的反射率。

(2) 材质对漫反射光的反射率。

(3) 材质对镜面反射光的反射率。

(4) 材质自身辐射的颜色。

(5) 材质的高光指数。

```
class CMaterial
{
public:
    CMaterial();
    virtual ~CMaterial();
    void SetAmbient(CRGB);                          //设置材质对环境光的反射率
    void SetDiffuse(CRGB);                          //设置材质对漫反射光的反射率
    void SetSpecular(CRGB);                         //设置材质对镜面反射光的反射率
    void SetEmit(CRGB);                             //设置材质自身辐射的颜色
    void SetExp(double);                            //设置材质的高光指数
public:
    CRGB M_Ambient;                                 //材质对环境光的反射率
    CRGB M_Diffuse;                                 //材质对漫反射光的反射率
    CRGB M_Specular;                                //材质对镜面反射光的反射率
```

```
    CRGB M_Emit;                                    //材质自身辐射的颜色
    double M_n;                                     //材质的高光指数
};
CMaterial::CMaterial()
{
    M_Ambient=CRGB(0.2,0.2,0.2);                    //材质对环境光的反射率
    M_Diffuse=CRGB(0.8,0.8,0.8);                    //材质对漫反射光的反射率
    M_Specular=CRGB(0.0,0.0,0.0);                   //材质对镜面反射光的反射率
    M_Emit=CRGB(0.0,0.0,0.0);                       //材质自身发散的颜色
    M_n=1.0;                                        //高光指数
}
CMaterial::~CMaterial()
{
}
void CMaterial::SetAmbient(CRGB c)
{
    M_Ambient=c;
}
void CMaterial::SetDiffuse(CRGB c)
{
    M_Diffuse=c;
}
void CMaterial::SetSpecular(CRGB c)
{
    M_Specular=c;
}
void CMaterial::SetEmit(CRGB emi)
{
    M_Emit=emi;
}
void CMaterial::SetExp(double n)
{
    M_n=n;
}
```

5. 设计光照类

定义材质类 CLighting 可以设置：

(1) 光源数量。

(2) 光照计算函数 Lighting()。

(3) 环境光颜色。

```
class CLighting
{
public:
```

```
    CLighting();
    CLighting(int);
    virtual ~CLighting();
    void SetLightNumber(int);                                   //设置光源数量
    CRGB Lighting(CP3,CP3,CVector,CMaterial *);                 //计算光照
public:
    int LightNum;                                               //光源数量
    CLight * Light;                                             //光源数组
    CRGB Ambient;                                               //环境光
};
CLighting::CLighting()
{
    LightNum=1;
    Light=new CLight[LightNum];
    Ambient=CRGB(1.0,1.0,1.0);                                  //环境光恒定不变
}
CLighting::~CLighting()
{
    if(Light)
    {
        delete []Light;
        Light=NULL;
    }
}
void CLighting::SetLightNumber(int lnum)
{
    if(Light)
        delete []Light;
    LightNum=lnum;
    Light=new CLight[lnum];
}
CLighting::CLighting(int lnum)
{
    LightNum=lnum;
    Light=new CLight[lnum];
    Ambient=CRGB(0.3,0.3,0.3);
}
CRGB CLighting::Lighting(CP3 ViewPoint,CP3 Point,CVector Normal,CMaterial * pMaterial)
{
    CRGB LastC=pMaterial->M_Emit;                       //材质自身发散色为初始值
    for(int i=0;i<LightNum;i++)                         //来自光源
    {
        if(Light[i].L_OnOff)
        {
```

```
        CRGB InitC;
        InitC.red=0.0,InitC.green=0.0,InitC.blue=0.0;
        CVector VL(Point,Light[i].L_Position);  //指向光源的矢量
        double d=VL.Mag();                      //光传播的距离,等于矢量 VL 的模
        VL=VL.Normalize();                      //单位化光矢量
        CVector VN=Normal;
        VN=VN.Normalize();                      //单位化法矢量
        //第 1 步,加入漫反射光
        double CosTheta=MAX(Dot(VL,VN),0);
        InitC.red+=Light[i].L_Diffuse.red*pMaterial->M_Diffuse.red*CosTheta;
        InitC.green+=Light[i].L_Diffuse.green*pMaterial->M_Diffuse.green
        *CosTheta;
        InitC.blue+=Light[i].L_Diffuse.blue*pMaterial->M_Diffuse.blue*
        CosTheta;
        //第 2 步,加入镜面反射光
        CVector VV(Point,ViewPoint);            //VV 视矢量
        VV=VV.Normalize();                      //单位化视矢量
        CVector VH=(VL+VV)/(VL+VV).Mag();       //平分矢量
        double nHN=pow(MAX(Dot(VH,VN),0),pMaterial->M_n);
        InitC.red+=Light[i].L_Specular.red*pMaterial->M_Specular.red*nHN;
        InitC.green+=Light[i].L_Specular.green*pMaterial->M_Specular.green*nHN;
        InitC.blue+=Light[i].L_Specular.blue*pMaterial->M_Specular.blue*nHN;
        //第 3 步,光强衰减
        double c0=Light[i].L_C0;                //c0 为常数衰减因子
        double c1=Light[i].L_C1;                //c1 为线性衰减因子
        double c2=Light[i].L_C2;                //c2 为二次衰减因子
        double f=(1.0/(c0+c1*d+c2*d*d));        //光强衰减函数
        f=MIN(1.0,f);
        LastC+=InitC*f;
    }
    else
    {
        LastC+=Point.c;                         //物体自身颜色
    }
  }
  //第 4 步,加入环境光
  LastC+=Ambient*pMaterial->M_Ambient;
  //第 5 步,颜色归一化到[0,1]区间
  LastC.Normalize();
  //第 6 步,返回所计算顶点的光强颜色
  return LastC;
}
```

6. 右窗格内更新视图

在 CTeestView 内添加 OnUpdate 消息映射函数 OnUpdate()来响应左窗格内控件值的变化,读入相应的材质和光源参数并更新视图。

```
void CTestView::OnUpdate(CView* pSender, LPARAM lHint, CObject* pHint)
{
    //TODO: Add your specialized code here and/or call the base class
    switch(lHint)
    {
    case 1:                                                    //环境光
        pLight->Light[0].b_Ambient=!pLight->Light[0].b_Ambient;
        break;
    case 2:                                                    //漫反射光
        pLight->Light[0].b_Diffuse=!pLight->Light[0].b_Diffuse;
        break;
    case 3:                                                    //镜面反射光
        pLight->Light[0].b_Specular=!pLight->Light[0].b_Specular;
        break;
    case 4:                                                    //金
        pMaterial->SetAmbient(CRGB(0.247,0.2,0.075));      //材质对环境光的反射率
        pMaterial->SetDiffuse(CRGB(0.752,0.606,0.226));
                                             //材质对环境光和漫反射光的反射率相等
        pMaterial->SetSpecular(CRGB(1.0,1.0,1.0));       //材质对镜面反射光的反射率
        pMaterial->SetEmit(CRGB(0.2,0.2,0.0));           //材质自身发散的颜色
        pMaterial->SetExp(50);                           //高光指数
        break;
    case 5:                                                //银
        pMaterial->SetAmbient(CRGB(0.192,0.192,0.192));//材质对环境光的反射率
        pMaterial->SetDiffuse(CRGB(0.508,0.508,0.508));
                                             //材质对环境光和漫反射光的反射率相等
        pMaterial->SetSpecular(CRGB(1.0,1.0,1.0));     //材质对镜面反射光的反射率
        pMaterial->SetEmit(CRGB(0.2,0.2,0.2));         //材质自身发散的颜色
        pMaterial->SetExp(50);                         //高光指数
        break;
    case 6:                                                //红宝石
        pMaterial->SetAmbient(CRGB(0.175,0.012,0.012));//材质对环境光的反射率
        pMaterial->SetDiffuse(CRGB(0.614,0.041,0.041));
                                             //材质对环境光和漫反射光的反射率相等
        pMaterial->SetSpecular(CRGB(1.0,1.0,1.0));       //材质对镜面反射光的反射率
        pMaterial->SetEmit(CRGB(0.2,0.0,0.0));           //材质自身发散的颜色
        pMaterial->SetExp(30);                           //高光指数
        break;
    case 7:                                                  //绿宝石
        pMaterial->SetAmbient(CRGB(0.022,0.175,0.023));    //材质对环境光的反射率
        pMaterial->SetDiffuse(CRGB(0.076,0.614,0.075));
                                             //材质对环境光和漫反射光的反射率相等
        pMaterial->SetSpecular(CRGB(1.0,1.0,1.0));       //材质对镜面反射光的反射率
        pMaterial->SetEmit(CRGB(0.0,0.2,0.0));           //材质自身发散的颜色
        pMaterial->SetExp(30);                           //高光指数
        break;
```

```
    case 8:                                                      //左上
        pLight->Light[0].SetPosition(-800,800,800);              //设置光源位置坐标
        break;
    case 9:                                                      //左下
        pLight->Light[0].SetPosition(-800,-800,800);             //设置光源位置坐标
        break;
    case 10:                                                     //右上
        pLight->Light[0].SetPosition(800,800,800);               //设置光源位置坐标
        break;
    case 11:                                                     //右下
        pLight->Light[0].SetPosition(800,-800,800);              //设置光源位置坐标
        break;
    default:
        break;
    }
    Invalidate(FALSE);
}
```

五、案例总结

本案例演示了光源模型与材质参数的交互作用。左窗格是控制窗格，右窗格是显示窗格。用户可以在左窗格内选择“金”、“银”、“红宝石”和“绿宝石”材质，光源可以放置在球面的“左上”、“左下”、“右上”和“右下”位置来观察右窗格内球面的“环境光”、“漫反射光”和“镜面反射光”的交互作用。左、右窗格通过文档类通信。

球面使用 Z-Buffer 算法消隐，为了提高效率，在消隐前先进行背面剔除，避免不可见表面参与深度消隐。本案例的 CMaterial 类中提供了数据成员 M_Emit 代表材质自身的辐射光。当 M_Emit＝CRGB(0.2,0.0,0.0)时，绘制的球面如图 50-14(a)所示。如果材质无辐射色，则背向光源的位置全部为黑色。取 M_Emit＝CRGB(0.0,0.0,0.0)时，绘制的球面如图 50-14(b)所示。使用 M_Emit 参数可以适当调整材质的基础色。

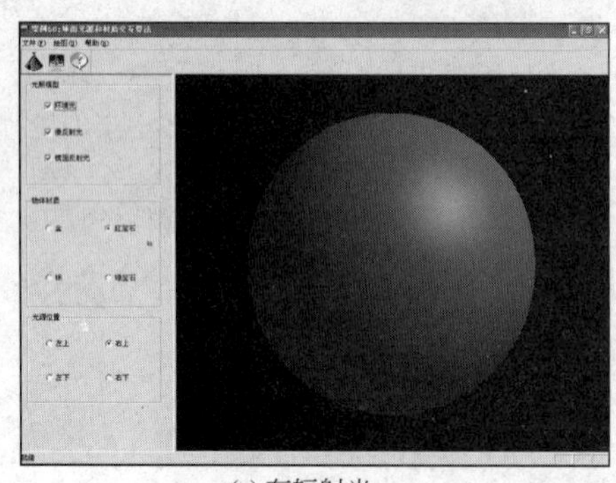

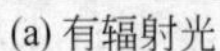

(a) 有辐射光

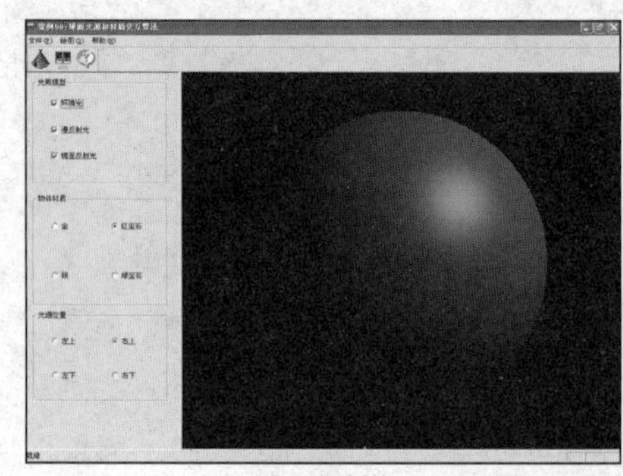

(b) 无辐射光

图 50-14　材质自身辐射光的影响

假定视点位于右窗格客户区的正前方，而光源位置使用左窗格可以动态改变。由于视点位置与光源位置不重合，球体会产生阴影，本案例忽略了阴影的绘制。

案例 51　球面 Phong 明暗处理算法

知识要点

- Phong 明暗处理。
- 矢量插值公式。

一、案例需求

1. 案例描述

以屏幕客户区中心为体心建立球面的几何模型。使用案例 50 给出的"红宝石"材质参数，根据 Phong 明暗处理模型绘制单光源光照球面。

2. 功能说明

(1) 自定义屏幕三维左手坐标系，原点位于客户区中心，x 轴水平向右为正，y 轴垂直向上为正，z 轴指向屏幕内部。

(2) 建立三维用户右手坐标系$\{O;x,y,z\}$，原点 O 位于客户区中心，x 轴水平向右，y 轴垂直向上，z 轴指向读者。

(3) 使用 Phong 双线性法矢量插值算法绘制光滑着色球面。

(4) 使用三维旋转变换矩阵计算球面围绕三维坐标系原点变换前后的顶点坐标。

(5) 使用双缓冲技术在屏幕坐标系内绘制球面的二维透视投影图。

(6) 使用背面剔除算法结合深度缓冲器算法对球面消隐。

(7) 使用键盘方向键旋转球面。

(8) 使用工具条上的"动画"图标按钮播放或停止球面的旋转动画。

(9) 单击鼠标左键增加视径，单击鼠标右键缩短视径。

3. 案例效果图

使用 Phong 明暗处理绘制的单光源光照球面效果如图 51-1 所示。

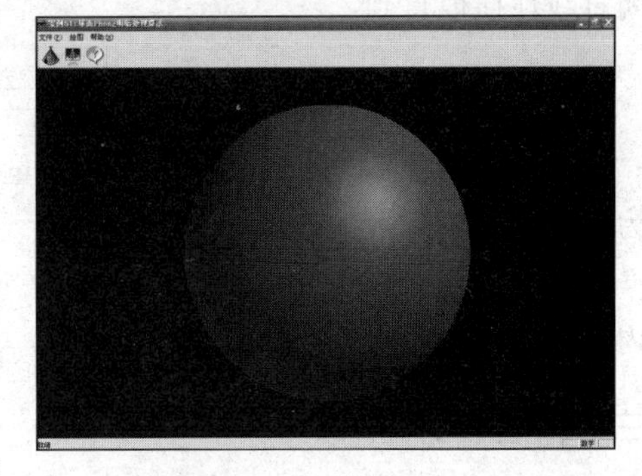

图 51-1　球面 Phong 明暗处理消隐效果图

二、案例分析

Phong 明暗处理首先计算多边形面片的每个顶点的平均法矢量，然后使用双线性插值计算多边形内部各点的法矢量。最后才使用各点的法矢量调用简单光照模型计算所获得的光强。Phong 明暗处理的实现步骤如下。

(1) 计算多边形顶点的平均法矢量。

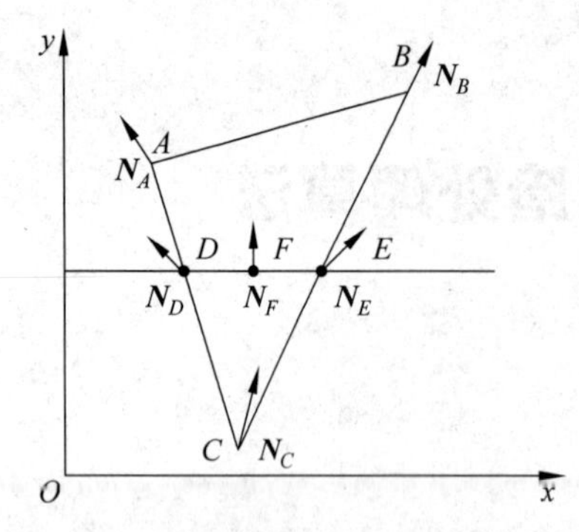

图 51-2　Phong 双线性法矢量插值模型

$$\boldsymbol{N} = \frac{\sum_{i=0}^{n-1} \boldsymbol{N}_i}{\left| \sum_{i=0}^{n-1} \boldsymbol{N}_i \right|}$$

式中，$\boldsymbol{N}_i$ 为共享顶点的多边形面片的法矢量，$\boldsymbol{N}$ 为平均法矢量。

(2) 线性插值计算多边形内部各点的法矢量。

在图 51-2 中，三角形的顶点坐标为 $A(x_A, y_A)$，法矢量为 $\boldsymbol{N_A}$；$B(x_B, y_B)$，法矢量为 $\boldsymbol{N_B}$；$C(x_C, y_C)$，法矢量为 $\boldsymbol{N_C}$。任一扫描线与三角形边 AC 的交点为 $D(x_D, y_D)$，法矢量为 $\boldsymbol{N_D}$；与边 BC 的交点为 $E(x_E, y_E)$，法矢量为 $\boldsymbol{N_E}$；$F(x_F, y_F)$ 为 DE 内的任意一点，法矢量为 $\boldsymbol{N_F}$。Phong 明暗处理是根据三角形顶点 A、B、C 的法矢量进行双线性插值计算三角形内点 F 的法矢量。

边 AC 上任意一点 D 的法矢量 $\boldsymbol{N_D}$，可由 A 点的法矢量 $\boldsymbol{N_A}$ 和 C 点的法矢量 $\boldsymbol{N_C}$ 使用拉格朗日线性插值得到

$$\boldsymbol{N_D} = \frac{y_D - y_C}{y_A - y_C}\boldsymbol{N_A} + \frac{y_D - y_A}{y_C - y_A}\boldsymbol{N_C}$$

边 BC 上任意一点 E 的法矢量 $\boldsymbol{N_E}$，可由 C 点的法矢量 $\boldsymbol{N_C}$ 和 B 点的法矢量 $\boldsymbol{N_B}$ 使用拉格朗日线性插值得到

$$\boldsymbol{N_E} = \frac{y_E - y_C}{y_B - y_C}\boldsymbol{N_B} + \frac{y_E - y_B}{y_C - y_B}\boldsymbol{N_C}$$

扫描线 DE 上 F 点的法矢量 $\boldsymbol{N_F}$ 可由 D 点的法矢量 $\boldsymbol{N_D}$ 和 E 点的法矢量 $\boldsymbol{N_E}$ 使用拉格朗日线性插值得到

$$\boldsymbol{N_F} = \frac{x_F - x_E}{x_D - x_E}\boldsymbol{N_D} + \frac{x_F - x_D}{x_E - x_D}\boldsymbol{N_E}$$

(3) 对多边形内的每一点使用法矢量调用简单光照模型计算光强，然后再将光强分解为该点的 RGB 颜色。

在有效边表算法中，增加顶点的法矢量信息，使用与光强插值类似的公式插值出多边形内各点的法矢量。

三、算法设计

(1) 读入球面的顶点表和面表。

(2) 循环访问每个三角形面片内和四边形面片，计算透视变换后的三维顶点坐标及其法矢量。

(3) 对每个多边形表面进行法矢量的双线性插值。

(4) 调用光照函数计算多边形表面内各点所获得的光强。

(5) 使用有效边表算法填充多边形表面的二维透视投影。

(6) 使用深度缓冲算法对球面进行动态消隐。

(7) 使用定时器改变球面的转角生成旋转动画。

四、案例设计

1. 为 CAET 添加顶点法矢量

在 CAET 类内添加顶点法矢量数据成员,用于法矢量插值运算。

```
class CAET
{
public:
    CAET();
    virtual ~CAET();
public:
    double x;                                           //当前 x
    int yMax;                                           //边的最大 y 值
    double k;                                           //斜率的倒数(x 的增量)
    CPi2 ps;                                            //起点坐标
    CPi2 pe;                                            //终点坐标
    CVector ns;                                         //起点法矢量
    CVector ne;                                         //终点法矢量
    CAET * pNext;
};
```

2. 修改填充函数

在 CZBuffer 类内添加成员函数 Phong(),根据顶点法矢量使用线性插值公式计算小面内每一个像素点的法矢量。对面内的每一个像素点调用光照函数计算所获得的光强。

```
void CZBuffer::Phong(CDC * pDC, CP3 ViewPoint, CLighting * pLight, CMaterial *
pMaterial)
{
    double z=0.0;                                       //当前扫描线的 z
    double zStep=0.0;                                   //当前扫描线随着 x 增长的 z 步长
    double A,B,C,D;                                     //平面方程 Ax+By+Cz+D=0 的系数
    CVector V01(P[0],P[1]),V02(P[0],P[2]);
    CVector VN=Cross(V01,V02);
    A=VN.x;B=VN.y;C=VN.z;
    D=-A * P[1].x-B * P[1].y-C * P[1].z;
    zStep=-A/C;                                         //计算直线 z 增量
    CAET * pT1, * pT2;
    pHeadE=NULL;
    for(pCurrentB=pHeadB;pCurrentB!=NULL;pCurrentB=pCurrentB->pNext)
    {
        for(pCurrentE=pCurrentB->pET;pCurrentE!=NULL;pCurrentE=pCurrentE->pNext)
        {
            pEdge=new CAET;
```

```
        pEdge->x=pCurrentE->x;
        pEdge->yMax=pCurrentE->yMax;
        pEdge->k=pCurrentE->k;
        pEdge->ps=pCurrentE->ps;
        pEdge->pe=pCurrentE->pe;
        pEdge->ns=pCurrentE->ns;
        pEdge->ne=pCurrentE->ne;
        pEdge->pNext=NULL;
        AddEt(pEdge);
    }
    ETOrder();
    pT1=pHeadE;
    if(pT1==NULL)
        return;
    while(pCurrentB->ScanLine>=pT1->yMax)                    //下闭上开
    {
        CAET * pAETTEmp=pT1;
        pT1=pT1->pNext;
        delete pAETTEmp;
        pHeadE=pT1;
        if(pHeadE==NULL)
            return;
    }
    if(pT1->pNext!=NULL)
    {
        pT2=pT1;
        pT1=pT2->pNext;
    }
    while(pT1!=NULL)
    {
        if(pCurrentB->ScanLine>=pT1->yMax)                   //下闭上开
        {
            CAET * pAETTemp=pT1;
            pT2->pNext=pT1->pNext;
            pT1=pT2->pNext;
            delete pAETTemp;
        }
        else
        {
            pT2=pT1;
            pT1=pT2->pNext;
        }
    }
    CVector na,nb,nf;    //na、nb代表边上任意点的法矢量,nf代表面上任意点的法矢量
```

```
        na=Interpolation(pCurrentB->ScanLine,pHeadE->ps.y,pHeadE->pe.y,pHeadE->ns,
        pHeadE->ne);
        nb=Interpolation(pCurrentB->ScanLine,pHeadE->pNext->ps.y,pHeadE->
        pNext->pe.y,pHeadE->pNext->ns,pHeadE->pNext->ne);
        BOOL bInFlag=FALSE;                    //区间内外测试标志,初始值为假表示区间外部
        double xb,xe;                          //扫描线和有效边相交区间的起点和终点坐标
        for(pT1=pHeadE;pT1!=NULL;pT1=pT1->pNext)
        {
            if(FALSE==bInFlag)
            {
                xb=pT1->x;
                z=-(xb*A+pCurrentB->ScanLine*B+D)/C;           //z=-(Ax+By+D)/C
                bInFlag=TRUE;
            }
            else
            {
                xe=pT1->x;
                for(double x=xb;x<xe;x++)                      //左闭右开
                {
                    nf=Interpolation(x,xb,xe,na,nb);
                    CRGB c=pLight->Lighting(ViewPoint,CP3(Round(x),
                                   pCurrentB->ScanLine,z),nf,pMaterial);
                    if(z<=zBuffer[Round(x)+Width/2][pCurrentB->ScanLine+Height/2])
                    {
                        zBuffer[Round(x)+Width/2][pCurrentB->ScanLine+Height/2]=z;
                        pDC->SetPixelV(Round(x),pCurrentB->ScanLine,
                                 RGB(c.red*255,c.green*255,c.blue*255));
                    }
                        z+=zStep;
                }
                bInFlag=FALSE;
            }
        }
        for(pT1=pHeadE;pT1!=NULL;pT1=pT1->pNext)               //边的连续性
            pT1->x=pT1->x+pT1->k;
    }
}
```

3. 绘制球面函数

在 CTestView 类内添加成员函数 DrawObject()绘制球面。首先计算面片的顶点坐标与顶点法矢量,再使用深度缓冲算法消隐,然后使用有效边表算法填充可见的三角形面片和四边形面片。

```
void CTestView::DrawObject(CDC *pDC)
```

```
{
    CZBuffer * zbuf=new CZBuffer;                                      //申请内存
    zbuf->InitDeepBuffer(800,800,1000);                                //初始化深度缓冲器
    CPi3 Point3[3];                                                    //南北极顶点数组
    CVector Normal3[3];                                                //南北极法矢量数组
    CPi3 Point4[4];                                                    //球体顶点数组
    CVector Normal4[4];                                                //球体法矢量数组
    for(int i=0;i<N1;i++)
    {
        for(int j=0;j<N2;j++)
        {
            CVector ViewVector(V[F[i][j].vI[0]],ViewPoint);    //面的视矢量
            ViewVector=ViewVector.Normalize();                         //单位化视矢量
            F[i][j].SetFaceNormal(V[F[i][j].vI[0]],V[F[i][j].vI[1]],V[F[i][j].vI[2]]);
            F[i][j].fNormal.Normalize();                               //单位化法矢量
            if(Dot(ViewVector,F[i][j].fNormal)>=0)                     //背面剔除
            {
                if(3==F[i][j].vN)
                {
                    for(int m=0;m<F[i][j].vN;m++)
                    {
                        PerProject(V[F[i][j].vI[m]]);
                        Point3[m]=ScreenP;
                        Normal3[m]=CVector(V[F[i][j].vI[m]]);
                    }
                    zbuf->SetPoint(Point3,Normal3,3);          //初始化
                    zbuf->CreateBucket();                              //创建桶表
                    zbuf->CreateEdge();                                //创建边表
                    zbuf->Phong(pDC,ViewPoint,pLight,pMaterial);
                                                                       //颜色渐变填充三角形
                    zbuf->ClearMemory();
                }
                else
                {
                    for(int m=0;m<F[i][j].vN;m++)
                    {
                        PerProject(V[F[i][j].vI[m]]);
                        Point4[m]=ScreenP;
                        Normal4[m]=CVector(V[F[i][j].vI[m]]);
                    }
                    zbuf->SetPoint(Point4,Normal4,4);          //设置顶点
                    zbuf->CreateBucket();                              //创建桶表
                    zbuf->CreateEdge();                                //创建边表
                    zbuf->Phong(pDC,ViewPoint,pLight,pMaterial);   //填充四边形
```

```
				zbuf->ClearMemory();
			}
		}
	}
    }
    delete zbuf;
}
```

五、案例总结

本案例使用Phong双线性法矢量插值的明暗处理模型绘制了“红宝石”光照球面。光照计算分两步进行，首先根据小面片的顶点法矢量插值出多边形面片内每一点的法矢量，然后再调用光照模型计算每一点所获得的光强。

案例 52 简单透明模型算法

知识要点

- 颜色缓冲区。
- Phong 明暗处理。
- 透明处理公式。

一、案例需求

1. 案例描述

以屏幕客户区中心为体心建立球体的几何模型与立方体的几何模型。球体放置在立方体中，如图 52-1 所示。球体固定不动，立方体围绕球面旋转。使用 Phong 明暗处理算法为球面添加红色材质，为立方体添加绿色材质。请绘制立方体和球体的透明模型。

2. 功能说明

(1) 自定义屏幕三维左手坐标系，原点位于客户区中心，x 轴水平向右为正，y 轴垂直向上为正，z 轴指向屏幕内部。

(2) 建立三维用户右手坐标系$\{O;x,y,z\}$，原点 O 位于客户区中心，x 轴水平向右，y 轴垂直向上，z 轴指向读者。

(3) 设置屏幕背景色为黑色。球面不透明，立方体透明。透明颜色的 alpha 分量可以选为 0.7。

(4) 为深度缓冲算法添加颜色缓冲来保存球面的颜色。

(5) 使用透明处理公式来计算球面和立方体颜色的融合。

(6) 使用键盘方向键旋转立方体。

(7) 使用工具条上的"动画"图标按钮播放或停止立方体的旋转动画。

3. 案例效果图

立方体和球体的透明效果如图 52-2 所示。

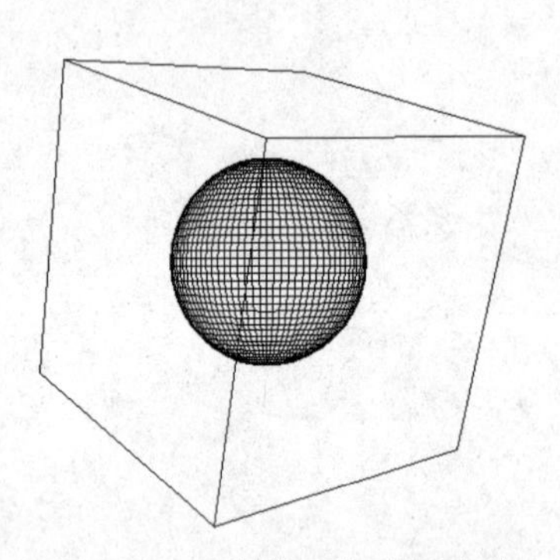

图 52-1 立方体内部放置球体

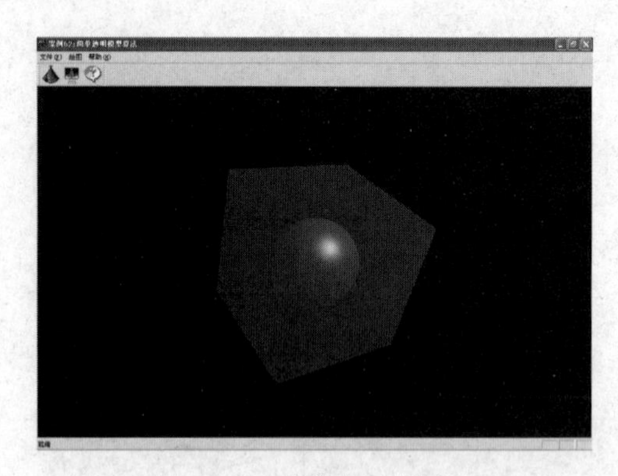

图 52-2 透明处理效果图

二、案例分析

简单透明模型是一个应用非常广泛的经验模型。该模型简单地将物体 A 上各像素处的光强与其后的另一个物体 C 上相应像素处的光强作线性插值以确定物体 A 上各像素最终显示的光强。

$$I=(1-t)\cdot I_A+t\cdot I_C,\quad t\in[0,1]$$

式中，I_A 为物体 A 上某一像素的光强，I_C 为物体 C 上相应像素的光强。t 是透明度，其值通常取自 CRGB 类的 alpha 分量。当 $t=1.0$ 时，物体 A 透明，可以完全看到物体 C；当 $t=0.0$ 时，物体 A 完全不透明，物体 C 被物体 A 遮挡。当 t 的取值位于[0.0,1.0]内时，如 $t=0.5$，物体的最终颜色是物体 A 的颜色与物体 C 的颜色的融合，即物体 A 的颜色与物体 C 的颜色各占 50%，绘制效果表明：如果物体 A 是透明的，透过物体 A 可以看到物体 C。将上式颜色化，有

$$\begin{cases}I_R=(1-t)I_{AR}+tI_{CR}\\I_G=(1-t)I_{AG}+tI_{CG}\\I_B=(1-t)I_{AB}+tI_{CB}\end{cases}$$

三、算法设计

(1) 读入球面的顶点表和面表。

(2) 读入立方体的顶点表和面表。

(3) 初始化深度缓冲器的深度为 1000，初始化颜色缓冲器为黑色。

(4) 根据法矢量双线性插值结果调用光照函数计算球面与立方体表面内各点所获得的光强。

(5) 先绘制球面，将颜色保存到颜色缓冲器中。

(6) 再绘制立方体，将立方体表面的颜色与颜色缓冲器中的颜色进行融合。

(7) 使用 Z-Buffer 算法对球面与立方体表面进行动态消隐。

(8) 使用计时器改变立方体的转角生成旋转动画。

四、案例设计

1. 初始化深度与颜色缓冲区

在 CZBuffer 类内添加颜色缓冲 cBuffer 来保存颜色。

```
void CZBuffer::InitDeepBuffer(int Width,int Height,double Depth,CRGB BkClr)
{
    this->Width=Width,this->Height=Height;
    zBuffer=new double *[Width];                          //深度缓冲器
    cBuffer=new CRGB *[Width];                            //颜色缓冲器
    for(int i=0;i<Width;i++)
    {
        zBuffer[i]=new double[Height];
```

```
        cBuffer[i]=new CRGB[Height];
    }
    for(i=0;i<Width;i++)                              //初始化深度缓冲
        for(int j=0;j<Height;j++)
        {
            zBuffer[i][j]=Depth;
            cBuffer[i][j]=BkClr;
        }
}
```

2. 透明处理函数

在 CZBuffer 类内添加成员函数 GetTransColor(),计算两种颜色融合后产生的新颜色,透明度使用颜色的 alpha 分量。

```
CRGB CZBuffer::GetTransColor(CRGB clr1,CRGB clr2)
{
    CRGB color;
    double t=P[0].c.alpha;                            //透射系数
    color=(1-t) * clr1+t * clr2;
    return color;
}
```

3. 填充函数

在 CZBuffer 类内修改成员函数 Phong()绘制球面和立方体表面。绘制球面时,将颜色直接写入颜色缓冲区与帧缓冲区。绘制立方体表面时,先调用 GetTransColor()函数计算立方体表面的颜色与颜色缓冲区的融合结果,然后再写入帧缓冲区。

```
void CZBuffer::Phong(CDC * pDC,CP3 ViewPoint,CLighting * pLight,CMaterial
* pMaterial,int Sign)
{
    double z=0.0;                                 //当前扫描线的 z
    double zStep=0.0;                             //当前扫描线随着 x 增长的 z 步长
    double A,B,C,D;                               //平面方程 Ax+By+Cz+D=0 的系数
    CVector V01(P[0],P[1]),V02(P[0],P[2]);
    CVector VN=Cross(V01,V02);
    A=VN.x;B=VN.y;C=VN.z;
    D=-A * P[1].x-B * P[1].y-C * P[1].z;
    zStep=-A/C;                                   //计算直线 z 增量
    CAET * pT1, * pT2;
    pHeadE=NULL;
    for(pCurrentB=pHeadB;pCurrentB!=NULL;pCurrentB=pCurrentB->pNext)
    {
        for(pCurrentE=pCurrentB->pET;pCurrentE!=NULL;pCurrentE=pCurrentE->pNext)
        {
```

```
        pEdge=new CAET;
        pEdge->x=pCurrentE->x;
        pEdge->yMax=pCurrentE->yMax;
        pEdge->k=pCurrentE->k;
        pEdge->ps=pCurrentE->ps;
        pEdge->pe=pCurrentE->pe;
        pEdge->ns=pCurrentE->ns;
        pEdge->ne=pCurrentE->ne;
        pEdge->pNext=NULL;
        AddEt(pEdge);
    }
    ETOrder();
    pT1=pHeadE;
    if(pT1==NULL)
        return;
    while(pCurrentB->ScanLine>=pT1->yMax)                    //下闭上开
    {
        CAET * pAETTEmp=pT1;
        pT1=pT1->pNext;
        delete pAETTEmp;
        pHeadE=pT1;
        if(pHeadE==NULL)
            return;
    }
    if(pT1->pNext!=NULL)
    {
        pT2=pT1;
        pT1=pT2->pNext;
    }
    while(pT1!=NULL)
    {
        if(pCurrentB->ScanLine>=pT1->yMax)                   //下闭上开
        {
            CAET * pAETTemp=pT1;
            pT2->pNext=pT1->pNext;
            pT1=pT2->pNext;
            delete pAETTemp;
        }
        else
        {
            pT2=pT1;
            pT1=pT2->pNext;
        }
    }
```

```
CVector na,nb,nf;   //na、nb代表边上任意点的法矢量,nf代表面上任意点的法矢量
na=Interpolation(pCurrentB->ScanLine,pHeadE->ps.y,pHeadE->pe.y,pHeadE->
            ns,pHeadE->ne);
nb=Interpolation(pCurrentB->ScanLine,pHeadE->pNext->ps.y,pHeadE->pNext->
            pe.y,pHeadE->pNext->ns,pHeadE->pNext->ne);
BOOL bInFlag=FALSE;              //区间内外测试标志,初始值为假表示区间外部
double xb,xe;                    //扫描线和有效边相交区间的起点和终点坐标
for(pT1=pHeadE;pT1!=NULL;pT1=pT1->pNext)
{
    if(FALSE==bInFlag)
    {
        xb=pT1->x;
        z=-(xb*A+pCurrentB->ScanLine*B+D)/C;       //z=-(Ax+By+D)/C
        bInFlag=TRUE;
    }
    else
    {
        xe=pT1->x;
        for(double x=xb;x<xe;x++)                          //左闭右开
        {
            nf=Interpolation(x,xb,xe,na,nb);
            CRGB c=pLight->Lighting(ViewPoint,CP3(Round(x),
                                   pCurrentB -> ScanLine, z ), nf,
                                   pMaterial);
            if(z<=zBuffer[Round(x)+Width/2][pCurrentB->ScanLine+Height/2])
            {
                if(SPHERE==Sign)                           //球不透明,写入帧缓冲
                {
                    cBuffer[Round(x)+Width/2][pCurrentB->ScanLine+Height/2]=c;
                    zBuffer[Round(x)+Width/2][pCurrentB->ScanLine+Height/2]=z;
                    pDC->SetPixelV(Round(x),pCurrentB->ScanLine,
                              RGB(c.red*255,c.green*255,c.blue*255));
                }
                else
                {
                    CRGB ctrsns=GetTransColor(c,cBuffer[Round(x)+Width/2]
                                   [pCurrentB->ScanLine+Height/2]);
                    zBuffer[Round(x)+Width/2][pCurrentB->ScanLine+Height/2]=z;
                    pDC->SetPixelV(Round(x),pCurrentB->ScanLine,
                      RGB(ctrsns.red*255,ctrsns.green*255,ctrsns.blue*255));
                }
            }
            z+=zStep;
        }
        bInFlag=FALSE;
```

```
            }
        }
        for(pT1=pHeadE;pT1!=NULL;pT1=pT1->pNext)            //边的连续性
            pT1->x=pT1->x+pT1->k;
    }
}
```

五、案例总结

本案例使用透明处理公式绘制了绿色立方体与内置红色球体的颜色融合。透明度取自CRGB类的alpha分量。当alpha＝0.0时，只显示绿色的立方体，如图52-3所示；当alpha＝1.0时，只显示红色的球体，如图52-4所示。本案例中球体不透明，所以使用了背面剔除算法，而立方体未进行背面剔除，以实现前后表面颜色的融合。

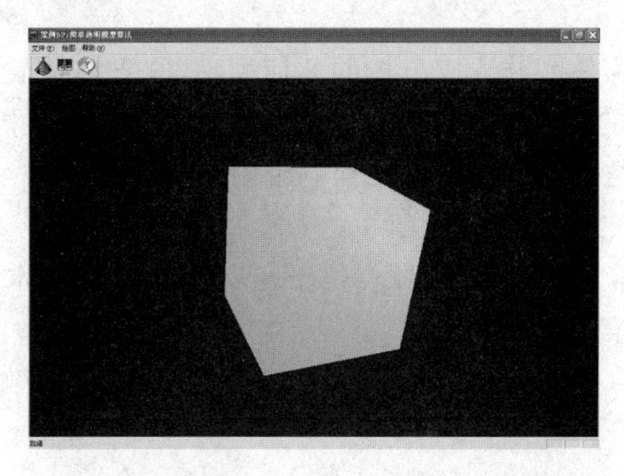

图52-3　alpha＝0.0

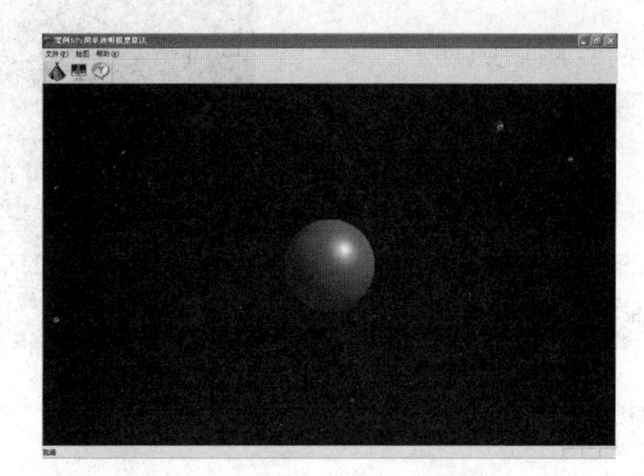

图52-4　alpha＝1.0

案例 53　简单阴影算法

知识要点

- 光源消隐。
- Gouraud 明暗处理。
- 空间直线与平面的求交公式。

一、案例需求

1. 案例描述

以屏幕客户区中心为体心建立立方体的几何模型，立方体放置在地面上。视点位于正前方，光源位于立方体的右上方。立方体绕铅垂轴旋转，阴影随之发生变化。请使用 Gouraud 明暗处理模型结合 Z-Buffer 算法绘制带阴影的立方体。

2. 功能说明

（1）自定义屏幕三维左手坐标系，原点位于客户区中心，x 轴水平向右为正，y 轴垂直向上为正，z 轴指向屏幕内部。

（2）建立三维用户右手坐标系$\{O;x,y,z\}$，原点 O 位于客户区中心，x 轴水平向右，y 轴垂直向上，z 轴指向读者。

（3）设置屏幕背景色为黑色。不透明立方体放置在地面上。

（4）立方体绕 y 轴旋转，阴影随动。

（5）使用 Gouraud 明暗处理模型绘制立方体及其阴影。

（6）使用键盘方向键旋转立方体。

（7）使用工具条上的“动画”图标按钮播放或停止立方体的旋转动画。

3. 案例效果图

光照立方体及其阴影效果如图 53-1 所示。

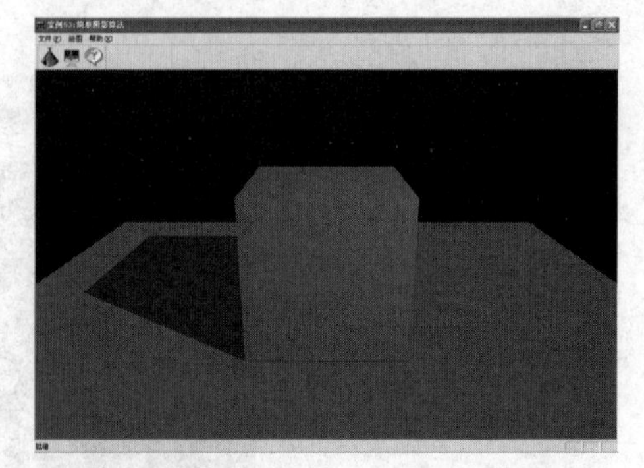

图 53-1　立方体及其阴影效果图

二、案例分析

对于单点光源，阴影算法和隐面算法相似。隐面算法确定哪些表面从视点看过去是不可见的；阴影算法确定哪些表面从光源看过去是不可见的。从光源位置看过去不可见的区域就是阴影区域。计算阴影相当于两次消隐过程。对于物体的多边形表面，如果是自身阴影，则该多边形的光强就只有环境光一项；否则就用正常的光照模型计算光强。透射阴影使用较深的灰度表示。

已知光源的位置 P_0 和背光面的一个顶点 P_1 位置，投射光线的参数方程为

$$P.x = P_0.x + t(P_1.x - P_0.x)$$
$$P.y = P_0.y + t(P_1.y - P_0.y)$$
$$P.z = P_0.z + t(P_1.z - P_0.z)$$

代入“地面”的平面方程

$$Ax + By + Cz + D = 0$$

解得

$$t = -\frac{AP_0.x + BP_0.y + CP_0.z + D}{A(P_1.x - P_0.x) + B(P_1.y - P_0.y) + C(P_1.z - P_0.z)}$$

根据背光面的投影点可以绘制出投射阴影。

三、算法设计

(1) 根据视点原来的观察位置，对物体实施隐面算法，使用正常的光照模型计算光强来绘制可见表面。

(2) 将视点移到光源的位置。从光源处向物体所有背光面投射光线，建立光线的参数方程，计算该光线与投影面(地面)的交点，使用较深的灰度填充投影交点所构成的阴影多边形，形成投射阴影。

(3) 对于背光面使用环境光着色。

四、案例设计

1. 读入立方体顶点表

在 CTestView 类内添加成员函数 ReadCubeVertex()，读入立方体的顶点。

```
void CTestView::ReadCubeVertex()
{
    //顶点的三维坐标(x,y,z),立方体边长为 2a
    double a=160;
    VCube[0].x=-a;VCube[0].y=-a;VCube[0].z=-a;
    VCube[1].x=+a;VCube[1].y=-a;VCube[1].z=-a;
    VCube[2].x=+a;VCube[2].y=+a;VCube[2].z=-a;
    VCube[3].x=-a;VCube[3].y=+a;VCube[3].z=-a;
    VCube[4].x=-a;VCube[4].y=-a;VCube[4].z=+a;
    VCube[5].x=+a;VCube[5].y=-a;VCube[5].z=+a;
    VCube[6].x=+a;VCube[6].y=+a;VCube[6].z=+a;
    VCube[7].x=-a;VCube[7].y=+a;VCube[7].z=+a;
}
```

2. 读入立方体的面表

在 CTestView 类内添加成员函数 ReadCubeFace()，读入立方体的表面。

```
void CTestView::ReadCubeFace()
{
    //面的顶点数、面的顶点索引号与面的颜色
    FCube[0].SetNum(4);FCube[0].vI[0]=4;FCube[0].vI[1]=5;FCube[0].vI[2]=6;FCube[0].
    vI[3]=7;
```

```
    FCube[1].SetNum(4);FCube[1].vI[0]=0;FCube[1].vI[1]=3;FCube[1].vI[2]=2;
    FCube[1].vI[3]=1;
    FCube[2].SetNum(4);FCube[2].vI[0]=0;FCube[2].vI[1]=4;FCube[2].vI[2]=7;
    FCube[2].vI[3]=3;
    FCube[3].SetNum(4);FCube[3].vI[0]=1;FCube[3].vI[1]=2;FCube[3].vI[2]=6;
    FCube[3].vI[3]=5;
    FCube[4].SetNum(4);FCube[4].vI[0]=2;FCube[4].vI[1]=3;FCube[4].vI[2]=7;
    FCube[4].vI[3]=6;
    FCube[5].SetNum(4);FCube[5].vI[0]=0;FCube[5].vI[1]=1;FCube[5].vI[2]=5;
    FCube[5].vI[3]=4;
}
```

3. 读入地面顶点表

在 CTestView 类内添加成员函数 ReadGroundVertex(),读入“地面”的顶点。“地面”是水平面,其 y 坐标取为立方体的底面 y 坐标。

```
void CTestView::ReadGroundVertex()
{
    int Length=800,Width=800,Depth=160;
    VGround[0].x=-Length; VGround[0].y=-Depth;VGround[0].z=-Width;VGround[0].c
    = CRGB(0.5,0.5,0.5);
    VGround[1].x=-Length; VGround[1].y=-Depth;VGround[1].z=Width;VGround[1].c
    = CRGB(0.5,0.5,0.5);
    VGround[2].x=Length; VGround[2].y=-Depth;VGround[2].z=Width;VGround[2].c=
    CRGB(0.5,0.5,0.5);
    VGround[3].x=Length; VGround[3].y=-Depth;VGround[3].z=-Width;VGround[3].c
    = CRGB(0.5,0.5,0.5);
}
```

4. 绘制阴影函数

在 CTestView 类内添加成员函数 DrawShadow(),绘制阴影。

```
void CTestView::DrawShadow(CDC *pDC,CZBuffer *zbuffer)
{
    CPi3 Point[4];                                    //面的二维顶点数组
    for(int nFace=0;nFace<6;nFace++)                  //遍历表面
    {
        //光源做为视点
        CVector ViewVector(VCube[FCube[nFace].vI[0]],pLight->Light[0].L_Position);
                                                      //面的视矢量
        ViewVector=ViewVector.Normalize();            //单位化视矢量
        FCube[nFace].SetFaceNormal(VCube[FCube[nFace].vI[0]],
                VCube[FCube[nFace].vI[1]],VCube[FCube[nFace].vI[2]]);
        FCube[nFace].fNormal.Normalize();             //单位化法矢量
```

```
        if(Dot(ViewVector,FCube[nFace].fNormal)<0)                    //绘制阴影
        {
            for(int nVertex=0;nVertex<FCube[nFace].vN;nVertex++)      //顶点循环
            {
                VCube[FCube[nFace].vI[nVertex]].c=CRGB(0.2,0.2,0.2);  //阴影颜色
                //计算该背光面上的顶点和光线连线和地面的交点
                PerProject(CalculateCrossPoint(pLight->Light[0].L_Position,
                                                  VCube[FCube[nFace].vI[nVertex]]));
                Point[nVertex]=ScreenP;
            }
            zbuffer->SetPoint(Point,4);                    //设置顶点
            zbuffer->CreateBucket();                       //创建桶表
            zbuffer->CreateEdge();                         //创建边表
            zbuffer->Gouraud(pDC);                         //填充四边形
            zbuffer->ClearMemory();
        }
    }
}
```

5. 投射光线与地面的交点计算函数

在 CTestView 类内添加成员函数 CalculateCrossPoint(),计算光线和地面的交点,函数的第一个参数是光源,第二个参数是物体顶点。

```
CP3 CTestView::CalculateCrossPoint(CP3 p0,CP3 p1)
{
    CP3 p;
    double A,B,C,D;                               //平面方程 Ax+By+Cz+D=0 的系数
    CVector V01(VGround[0],VGround[1]),V02(VGround[0],VGround[2]);
    CVector VN=Cross(V01,V02);
    A=VN.x;B=VN.y;C=VN.z;
    D=-A*VGround[0].x-B*VGround[0].y-C*VGround[0].z;
    double t;                                     //计算直线参数方程的公共系数 t
    t=-(A*p0.x+B*p0.y+C*p0.z+D)/(A*(p1.x-p0.x)+B*(p1.y-p0.y)+C*(p1.z-p0.z));
    p.x=p0.x+t*(p1.x-p0.x);                       //代入参数方程计算交点坐标
    p.y=p0.y+t*(p1.y-p0.y);
    p.z=p0.z+t*(p1.z-p0.z);
    p.c=CRGB(p1.c.red,p1.c.green,p1.c.blue);
    return p;
}
```

五、案例总结

本案例绘制了立方体的动态阴影,算法难点在于绘制立方体的投射阴影。以光源为视点,先计算从光源角度看不可见的表面顶点,然后计算光线与地面的交点所构成的投射阴

影。本案例可以改变立方体的转角来获得动态阴影,如图 53-2 所示。

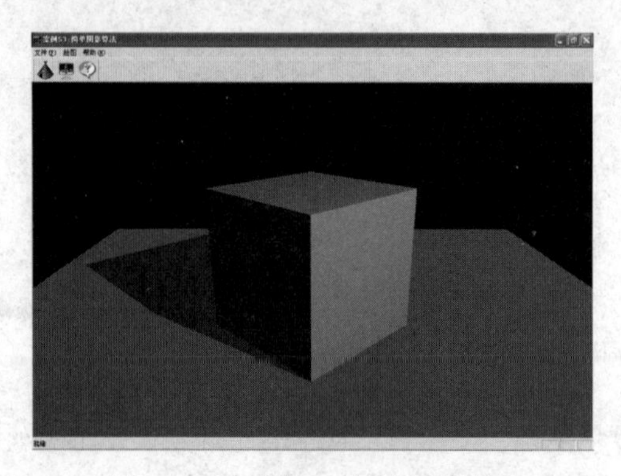

图 53-2　立方体动态阴影效果图

案例 54　立方体函数纹理映射算法

知识要点

- 国际象棋棋盘函数纹理。
- 纹理绑定。
- Phong 明暗处理。

一、案例需求

1. 案例描述

以屏幕客户区中心为体心建立立方体的几何模型。制作二维国际象棋棋盘纹理,并将纹理绑定到立方体的各个表面上。使用材质漫反射率设置纹理颜色,光源颜色设置为白色。请使用 Phong 明暗处理绘制光照纹理立方体动画。

2. 功能说明

(1) 自定义屏幕三维左手坐标系,原点位于客户区中心,x 轴水平向右为正,y 轴垂直向上为正,z 轴指向屏幕内部。

(2) 建立三维用户右手坐标系$\{O;x,y,z\}$,原点 O 位于客户区中心,x 轴水平向右,y 轴垂直向上,z 轴指向读者。

(3) 设置屏幕背景色为黑色。

(4) 制作二维国际象棋棋盘纹理。

(5) 将纹理绑定到立方体的每个表面上。

(6) 使用 Phong 明暗处理模型绘制立方体的纹理。

(7) 使用键盘方向键旋转立方体。

(8) 使用工具条上的“动画”图标按钮播放或停止立方体的旋转动画。

3. 案例效果图

国际象棋棋盘纹理映射立方体的光照效果如图 54-1 所示。

图 54-1　函数纹理映射立方体效果图

二、案例分析

国际象棋棋盘纹理函数模拟了国际象棋棋盘的黑白相间方格，如图 54-2 所示。

$$g(u,v)=\begin{cases}a, & \lfloor u\times 8\rfloor+\lfloor v\times 8\rfloor\text{为偶数}\\ b, & \lfloor u\times 8\rfloor+\lfloor v\times 8\rfloor\text{为奇数}\end{cases}$$

式中，a 和 b 是 RGB 宏的颜色分量，$0\leqslant a<b\leqslant 1$，$\lfloor x\rfloor$表示小于 x 的最大整数。

图 54-2　国际象棋棋盘纹理函数

二、算法设计

（1）制作二维国际象棋棋盘函数纹理。

（2）将函数纹理绑定到立方体的 6 个表面上。

（3）将纹理颜色设置为材质的漫反射率和环境光反射率。

（4）使用 Phong 明暗处理绘制光照纹理立方体。

四、案例设计

1. 修改 CAET 类

在 CAET 类中添加起点纹理坐标与终点纹理坐标，用于存储顶点的纹理坐标。其中 CT2 类为纹理二维点类，其定义类似于 CP2，只是将(x,y)换作(u,v)。

```
class CAET
{
public:
    CAET();
    virtual ~CAET();
public:
    double x;                                    //当前 x
    int yMax;                                    //边的最大 y 值
    double k;                                    //斜率的倒数(x 的增量)
    CPi2 ps;                                     //起点坐标
    CPi2 pe;                                     //终点坐标
    CVector ns;                                  //起点法矢量
    CVector ne;                                  //终点法矢量
    CT2 ts;                                      //起点纹理坐标
    CT2 te;                                      //终点纹理坐标
    CAET *pNext;
};
```

2. 修改面表类

在面表结构中添加 t 动态数组，保存表面顶点的纹理坐标。

```
class CFace
```

```
{
public:
    CFace();
    virtual ~CFace();
    void SetNum(int);
    void SetFaceNormal(CP3,CP3,CP3);                    //设置小面法矢量
public:
    int vN;                                             //小面的顶点数
    int * vI;                                           //小面的顶点索引
    CVector fNormal;                                    //小面的法矢量
    CT2 * t;                                            //纹理顶点动态数组
};
```

3. 读入立方体的面表

在 CTestView 类内添加成员函数 ReadFace(),将函数纹理绑定到立方体的各个表面上。

```
void CTestView::ReadFace()
{
    //面的边数、面的顶点编号
    F[0].SetNum(4);F[0].vI[0]=4;F[0].vI[1]=5;F[0].vI[2]=6;F[0].vI[3]=7;    //前面顶点索引
    F[0].t[0]=CT2(0,0);F[0].t[1]=CT2(1,0);F[0].t[2]=CT2(1,1);F[0].t[3]=CT2(0,1);
                                                                          //前面纹理坐标
    F[1].SetNum(4);F[1].vI[0]=0;F[1].vI[1]=3;F[1].vI[2]=2;F[1].vI[3]=1;    //后面顶点索引
    F[1].t[0]=CT2(1,0);F[1].t[1]=CT2(1,1);F[1].t[2]=CT2(0,1);F[1].t[3]=CT2(0,0);
                                                                          //后面纹理坐标
    F[2].SetNum(4);F[2].vI[0]=0;F[2].vI[1]=4;F[2].vI[2]=7;F[2].vI[3]=3;    //左面顶点索引
    F[2].t[0]=CT2(0,0);F[2].t[1]=CT2(1,0);F[2].t[2]=CT2(1,1);F[2].t[3]=CT2(0,1);
                                                                          //左面纹理坐标
    F[3].SetNum(4);F[3].vI[0]=1;F[3].vI[1]=2;F[3].vI[2]=6;F[3].vI[3]=5;    //右面顶点索引
    F[3].t[0]=CT2(1,0);F[3].t[1]=CT2(1,1);F[3].t[2]=CT2(0,1);F[3].t[3]=CT2(0,0);
                                                                          //右面纹理坐标
    F[4].SetNum(4);F[4].vI[0]=2;F[4].vI[1]=3;F[4].vI[2]=7;F[4].vI[3]=6;    //顶面顶点索引
    F[4].t[0]=CT2(0,0);F[4].t[1]=CT2(1,0);F[4].t[2]=CT2(1,1);F[4].t[3]=CT2(0,1);
                                                                          //顶面纹理坐标
    F[5].SetNum(4);F[5].vI[0]=0;F[5].vI[1]=1;F[5].vI[2]=5;F[5].vI[3]=4;    //底面顶点索引
    F[5].t[0]=CT2(0,0);F[5].t[1]=CT2(1,0);F[5].t[2]=CT2(1,1);F[5].t[3]=CT2(0,1);
                                                                          //底面纹理坐标
}
```

4. 修改填充函数

在 CZBuffer 类内修改成员函数 Phong(),将纹理值设为材质的漫反射率,然后再调用光照模型计算光照颜色,而镜面反射光不受纹理颜色的影响。

```
void CZBuffer:: Phong (CDC  * pDC, CP3 ViewPoint, CLighting  * pLight, CMaterial  *
pMaterial,CRGB * * Image)
{
    double z=0.0;                                        //当前扫描线的 z
    double zStep=0.0;                                    //当前扫描线随着 x 增长的 z 步长
    double A,B,C,D;                                      //平面方程 Ax+By+Cz+D=0 的系数
    CVector V01(P[0],P[1]),V02(P[0],P[2]);
    CVector VN=Cross(V01,V02);
    A=VN.x;B=VN.y;C=VN.z;
    D=-A * P[1].x-B * P[1].y-C * P[1].z;
    zStep=-A/C;                                          //计算直线 z 增量
    CAET * pT1, * pT2;
    pHeadE=NULL;
    for(pCurrentB=pHeadB;pCurrentB!=NULL;pCurrentB=pCurrentB->pNext)
    {
        for(pCurrentE=pCurrentB->pET;pCurrentE!=NULL;pCurrentE=pCurrentE->pNext)
        {
            pEdge=new CAET;
            pEdge->x=pCurrentE->x;
            pEdge->yMax=pCurrentE->yMax;
            pEdge->k=pCurrentE->k;
            pEdge->ps=pCurrentE->ps;
            pEdge->pe=pCurrentE->pe;
            pEdge->ns=pCurrentE->ns;
            pEdge->ne=pCurrentE->ne;
            pEdge->ts=pCurrentE->ts;
            pEdge->te=pCurrentE->te;
            pEdge->pNext=NULL;
            AddEt(pEdge);
        }
        ETOrder();
        pT1=pHeadE;
        if(pT1==NULL)
            return;
        while(pCurrentB->ScanLine>=pT1->yMax)    //下闭上开
        {
            CAET * pAETTEmp=pT1;
            pT1=pT1->pNext;
            delete pAETTEmp;
            pHeadE=pT1;
            if(pHeadE==NULL)
                return;
        }
        if(pT1->pNext!=NULL)
```

```
{
    pT2=pT1;
    pT1=pT2->pNext;
}
while(pT1!=NULL)
{
    if(pCurrentB->ScanLine>=pT1->yMax)          //下闭上开
    {
        CAET * pAETTemp=pT1;
        pT2->pNext=pT1->pNext;
        pT1=pT2->pNext;
        delete pAETTemp;
    }
    else
    {
        pT2=pT1;
        pT1=pT2->pNext;
    }
}
CVector na,nb,nf;   //na、nb代表边上任意点的法矢量,nf代表面上任意点的法矢量
na=Interpolation(pCurrentB->ScanLine,pHeadE->ps.y,pHeadE->pe.y,pHeadE->
                ns,pHeadE->ne);
nb=Interpolation(pCurrentB->ScanLine,pHeadE->pNext->ps.y,pHeadE->pNext-
                > pe.y,pHeadE->pNext->ns,pHeadE->pNext->ne);
CT2 ta,tb,tf;          //ta和tb代表边上任意点的纹理,tf代表面上任意点的纹理
ta=Interpolation(pCurrentB->ScanLine,pHeadE->ps.y,pHeadE->pe.y,pHeadE->
                ts,pHeadE->te);
tb=Interpolation(pCurrentB->ScanLine,pHeadE->pNext->ps.y,pHeadE->pNext-
> pe.y,pHeadE->pNext->ts,pHeadE->pNext->te);
BOOL bInFlag=FALSE;          //区间内外测试标志,初始值为假表示区间外部
double xb,xe;                //扫描线和有效边相交区间的起点和终点坐标
for(pT1=pHeadE;pT1!=NULL;pT1=pT1->pNext)
{
    if(FALSE==bInFlag)
    {
        xb=pT1->x;
        z=-(xb * A+pCurrentB->ScanLine * B+D)/C;          //z=-(Ax+By+D)/C
        bInFlag=TRUE;
    }
    else
    {
        xe=pT1->x;
        for(double x=xb;x<xe;x++)                          //左闭右开
        {
```

```
                    nf=Interpolation(x,xb,xe,na,nb);
                    tf=Interpolation(x,xb,xe,ta,tb);
                    CRGB Textureclr=GetTextureColor(tf.u,tf.v);
                    pMaterial->SetDiffuse(Textureclr);
                                              //用纹理颜色作为材质的漫反射光反射率
                    pMaterial->SetAmbient(Textureclr);
                                                //用纹理颜色作为材质的环境光反射率
                    CRGB c=pLight->Lighting(ViewPoint,CP3(Round(x),
                        pCurrentB->ScanLine,z),nf,pMaterial);
                    if(z<=zBuffer[Round(x)+Width/2][pCurrentB->ScanLine+Height/2])
                    {
                        zBuffer[Round(x)+Width/2][pCurrentB->ScanLine+Height/2]=z;
                        pDC->SetPixelV(Round(x),pCurrentB->ScanLine,
                                    RGB(c.red*255,c.green*255,c.blue*255));
                    }
                        z+=zStep;
                }
                bInFlag=FALSE;
            }
        }
        for(pT1=pHeadE;pT1!=NULL;pT1=pT1->pNext)          //边的连续性
            pT1->x=pT1->x+pT1->k;
    }
}
```

5. 国际象棋棋盘纹理函数

在 CZBuffer 类内添加成员函数 GetTextureColor(),计算国际象棋棋盘纹理颜色。

```
CRGB CZBuffer::GetTextureColor(double u,double v)
{
    if(0==(int(floor(u*8.0))+int(floor(v*8.0)))%2)
        return CRGB(0.1,0.1,0.1);
    else
        return CRGB(0.9,0.9,0.9);
}
```

五、案例总结

本案例绘制了国际象棋棋盘函数映射的纹理立方体,修改了面表类结构,新增了顶点纹理坐标数组。由于立方体有 6 个表面,需要绑定 6 幅纹理图像,所以将纹理绑定到了物体的表面上。对于球面、圆柱面、圆锥面、圆环面等物体,一般仅需绑定一幅图像,可以直接将纹理绑定到物体的顶点上。在填充立方体表面时,使用纹理颜色设置材质的漫反射率和环境光反射率,而镜面高光则不受纹理颜色的影响。

案例 55　长方体图像纹理映射算法

知识要点

- 读入图像纹理。
- 绑定纹理。
- Phong 明暗处理。

一、案例需求

1. 案例描述

以屏幕客户区中心为体心建立长方体的几何模型。读入图 55-1 所示 6 幅代表月饼盒的二维位图图像纹理，按照顺序将纹理绑定到长方体的各个表面上。使用材质漫反射率设置纹理颜色，光源颜色设置为白色。请使用 Phong 明暗处理绘制光照纹理长方体动画。

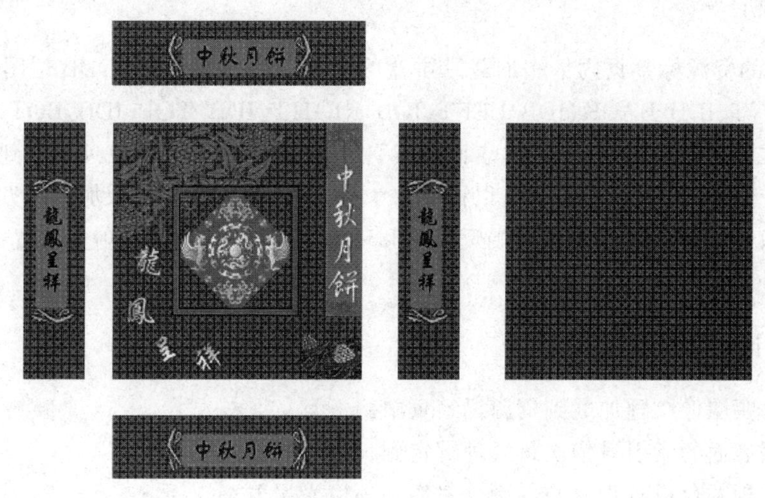

图 55-1　月饼盒图像纹理

2. 功能说明

（1）自定义屏幕三维左手坐标系，原点位于客户区中心，x 轴水平向右为正，y 轴垂直向上为正，z 轴指向屏幕内部。

（2）建立三维用户右手坐标系$\{O;x,y,z\}$，原点 O 位于客户区中心，x 轴水平向右，y 轴垂直向上，z 轴指向读者。

（3）设置屏幕背景色为黑色。

（4）读入 6 幅二维图像纹理，图像格式为 BMP。

（5）将纹理绑定到长方体的每个表面上。

（6）使用 Phong 明暗处理模型绘制长方体的纹理。

(7) 使用键盘方向键旋转长方体。

(8) 使用工具条上的“动画”图标按钮播放或停止长方体的旋转动画。

3. 案例效果图

长方体图像纹理的光照效果如图 55-2 所示。

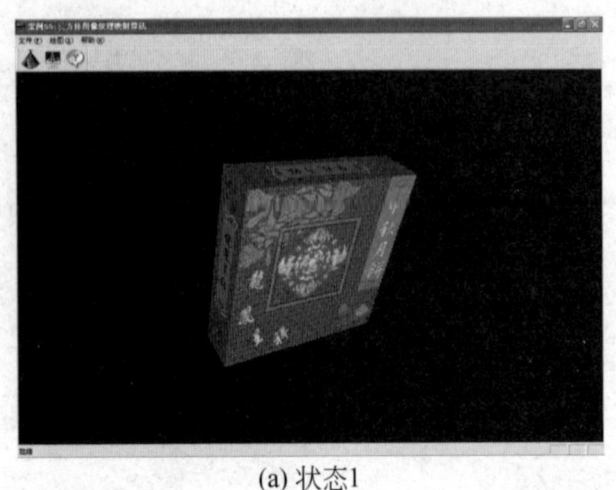

(a) 状态1

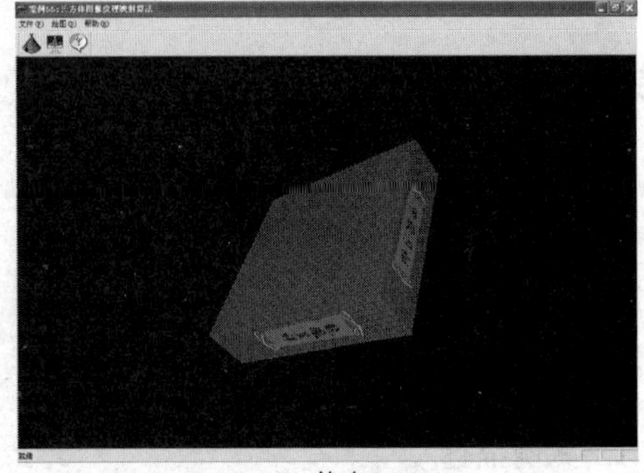

(b) 状态2

图 55-2　长方体图像纹理效果图

二、案例分析

在 MFC 的资源标签页内依次加载月饼盒的 6 幅二维图像纹理，DDB 位图的标识依次为 IDB_FRONT、IDB_BACK、IDB_LEFT、IDB_RIGHT、IDB_TOP、IDB_BOTTOM。将图像纹理读入二维数组中，根据长方体表面的索引号，分别将 6 幅图像纹理加载到长方体对应的 6 个表面上，由于 6 幅图像纹理可以构成一个月饼盒，所以要求图像加载的方位与顺序正确。将图像纹理的颜色值作为材质漫反射率和环境光反射率，镜面反射光设置为白光，使用 Phong 明暗处理绘制光照纹理长方体。

三、算法设计

(1) 将 6 幅图像纹理加载到资源标签页中。

(2) 根据表面的索引号依次将纹理绑定到长方体的对应表面上。

(3) 将纹理颜色设置为材质的漫反射率和环境光反射率。

(4) 使用 Phong 明暗处理绘制光照纹理长方体。

四、案例设计

1. 读入图像纹理

在 CTestView 类中添加成员函数 ReadImage()，用于根据长方体表面的索引号读入对应的位图图像纹理。

```
void CTestView::ReadImage(int nface)
{
    BYTE Texture[]={IDB_FRONT,IDB_BACK,IDB_LEFT,IDB_RIGHT,IDB_TOP,IDB_BOTTOM};
    CBitmap NewBitmap;
```

```
    NewBitmap.LoadBitmap(Texture[nface]);    //调入 DDB 位图
    NewBitmap.GetBitmap(&bmp);                 //将 CBitmap 的信息保存到 Bitmap 结构
体中
    int nbytesize=bmp.bmWidthBytes * bmp.bmHeight;
    im=new BYTE[nbytesize];
    NewBitmap.GetBitmapBits(nbytesize,(LPVOID)im);
    Image=new COLORREF * [bmp.bmHeight];
    for(int n1=0;n1<bmp.bmHeight;n1++)
        Image[n1]=new COLORREF[bmp.bmWidth];
    for(n1=0;n1<bmp.bmHeight;n1++)
    {
        for(int n2=0;n2<bmp.bmWidth;n2++)
        {
            int pos=n1 * bmp.bmWidthBytes+4 * n2;          //颜色分量位置
            n1=bmp.bmHeight-1-n1;                          //位图从左下角向右上角绘制
            Image[n1][n2]=RGB(im[pos+2],im[pos+1],im[pos]);
        }
    }
    delete []im;
}
```

2. 读入长方体的面表

在 CTestView 类内添加成员函数 ReadFace(),将纹理绑定到长方体的表面上。

```
void CTestView::ReadFace()
{
    //面的边数、面的顶点编号
    F[0].SetNum(4);F[0].vI[0]=4;F[0].vI[1]=5;F[0].vI[2]=6;F[0].vI[3]=7;    //前面顶点索引
    F[0].t[0]=CT2(0,0);F[0].t[1]=CT2(437,0);F[0].t[2]=CT2(437,437);
    F[0].t[3]=CT2(0,437);                                                   //前面纹理坐标
    F[1].SetNum(4);F[1].vI[0]=0;F[1].vI[1]=3;F[1].vI[2]=2;F[1].vI[3]=1;    //后面顶点索引
    F[1].t[0]=CT2(437,0);F[1].t[1]=CT2(437,437);F[1].t[2]=CT2(0,437);
    F[1].t[3]=CT2(0,0);                                                     //后面纹理坐标
    F[2].SetNum(4);F[2].vI[0]=0;F[2].vI[1]=4;F[2].vI[2]=7;F[2].vI[3]=3;    //左面顶点索引
    F[2].t[0]=CT2(0,0);F[2].t[1]=CT2(107,0);F[2].t[2]=CT2(107,437);
    F[2].t[3]=CT2(0,437);                                                   //左面纹理坐标
    F[3].SetNum(4);F[3].vI[0]=1;F[3].vI[1]=2;F[3].vI[2]=6;F[3].vI[3]=5;    //右面顶点索引
    F[3].t[0]=CT2(107,0);F[3].t[1]=CT2(107,437);F[3].t[2]=CT2(0,437);
    F[3].t[3]=CT2(0,0);                                                     //右面纹理坐标
    F[4].SetNum(4);F[4].vI[0]=2;F[4].vI[1]=3;F[4].vI[2]=7;F[4].vI[3]=6;    //顶面顶点索引
    F[4].t[0]=CT2(0,0);F[4].t[1]=CT2(437,0);F[4].t[2]=CT2(437,107);
    F[4].t[3]=CT2(0,107);                                                   //顶面纹理坐标
    F[5].SetNum(4);F[5].vI[0]=0;F[5].vI[1]=1;F[5].vI[2]=5;F[5].vI[3]=4;    //底面顶点索引
    F[5].t[0]=CT2(0,0);F[5].t[1]=CT2(437,0);F[5].t[2]=CT2(437,107);
```

```
    F[5].t[3]=CT2(0,107);                                       //底面纹理坐标
}
```

五、案例总结

本案例通过映射图像纹理到长方体的6个表面上来制作月饼盒。在ReadImage()函数中对于不同的长方体表面分别读入了相应的位图。注意位图读入的顺序是从左下角开始到右上角结束,这与表面的绑定顺序一致。

案例 56　圆柱面图像纹理映射算法

知识要点

- 读入图像纹理。
- 绑定纹理。
- 处理图像接缝。
- Phong 明暗处理。

一、案例需求

1. 案例描述

以屏幕客户区中心为体心建立圆柱面的几何模型。读入图 56-1 所示的二维位图图像纹理，将纹理绑定到圆柱面上。使用材质漫反射率设置纹理颜色，光源颜色设置为白色。请使用 Phong 明暗处理绘制光照纹理圆柱面动画。

图 56-1　圆柱面图像纹理

2. 功能说明

（1）自定义屏幕三维左手坐标系，原点位于客户区中心，x 轴水平向右为正，y 轴垂直向上为正，z 轴指向屏幕内部。

（2）建立三维用户右手坐标系$\{O;x,y,z\}$，原点 O 位于客户区中心，x 轴水平向右，y 轴垂直向上，z 轴指向读者。

（3）设置屏幕背景色为黑色。

（4）读入二维图像纹理，图像格式为 BMP。

（5）将纹理绑定到圆柱面网格的顶点上。

（6）使用 Phong 明暗处理模型绘制圆柱面的纹理。

（7）使用键盘方向键旋转圆柱面。

（8）使用工具条上的“动画”图标按钮播放或停止圆柱面的旋转动画。

3. 案例效果图

圆柱面图像纹理的光照效果如图 56-2 所示。

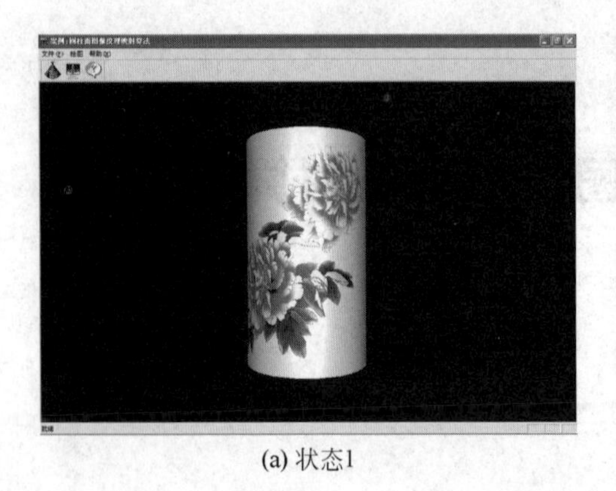

(a) 状态1

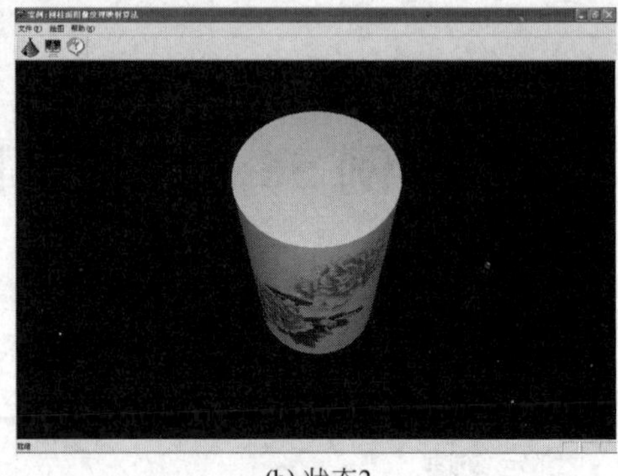

(b) 状态2

图 56-2　圆柱面图像纹理效果图

二、案例分析

圆柱面侧面采用平面四边形小面逼近，需要根据周向相邻 2 个小面的法矢量计算平均法矢量。对于索引号(i,j)的顶点，其相邻顶点的索引号如图 56-3 所示。图中箭头所示为每个小面的边矢量，两个边矢量的叉积得到小面的法矢量 $\boldsymbol{N}_i$。小面的平均法矢量 $\boldsymbol{N}$ 的计算公式如下：

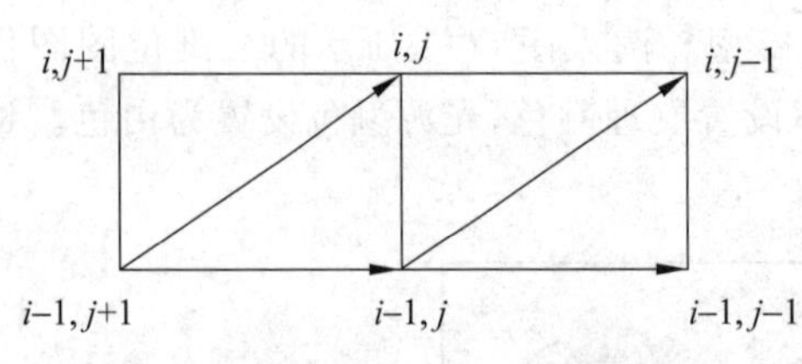

图 56-3　圆柱面平均法矢量的计算

$$\boldsymbol{N} = \frac{\sum_{i=0}^{1}\boldsymbol{N}_i}{\left|\sum_{i=0}^{1}\boldsymbol{N}_i\right|}$$

使用 MFC 的资源标签页加载图 56-1 所示的二维图像纹理，DDB 位图的标识取为 IDB_TEXTURE。将图像纹理读入二维数组中，将纹理图像绑定到圆柱面的侧面网格顶点上。将图像纹理的颜色值做为材质漫反射率和环境光反射率，镜面反射光设置为白光，使用 Phong 明暗处理绘制光照纹理圆柱面。

三、算法设计

（1）将图像纹理加载到资源标签页中。

（2）将纹理绑定到圆柱面侧面的顶点上，圆柱面的底面和顶面使用图像背景色（白色）绘制。

（3）将纹理颜色设置为材质的漫反射率和环境光反射率。

（4）使用 Phong 明暗处理绘制光照纹理圆柱面。

四、案例设计

1. 读入圆柱面的顶点表

在 CTestView 类内添加成员函数 ReadVertex()，将纹理绑定到圆柱面侧面的顶点上。CT2 类定义了纹理坐标的(u,v)。由于底面和顶面不进行纹理映射，所以闲置了纹理坐标。

```
void CTestView::ReadVertex()
{
```

```
    double r=144;                                              //圆柱底面半径
    h=500;                                                     //圆柱的高
    cTheta=10;                                                 //周向夹角
    cNum=10;                                                   //纵向间距
    N1=360/cTheta;                                             //N1 周向网格数
    N2=Round(h/cNum);                                          //N2 纵向网格数
    V=new CP3[N1 * (N2+1)+2];                                  //顶点动态数组
    T=new CT2[N1 * (N2+1)+2];                                  //纹理动态数组
    N=new CVector[N1 * (N2+1)+2];                              //法矢量动态数组
    double cTheta1,cNum1;
    V[0].x=0;V[0].y=0;V[0].z=0;                                //底面中心
    T[0].u=0;T[0].v=0;                                         //闲置
    for(int i=0;i<N2+1;i++)                                    //纵向
    {
        cNum1=i * cNum;
        for(int j=0;j<N1;j++)                                  //周向
        {
            cTheta1=j * cTheta * PI/180;
            V[i * N1+j+1].x=r * cos(cTheta1);
            V[i * N1+j+1].y=cNum1;
            V[i * N1+j+1].z=r * sin(cTheta1);
            T[i * N1+j+1].u=(2 * PI-cTheta1)/(2 * PI) * (bmp.bmWidth-1);  //u(0->1)
            T[i * N1+j+1].v=V[i * N1+j+1].y/h * (bmp.bmHeight-1);         //v(0->1)
        }
    }
    V[N1 * (N2+1)+1].x=0;V[N1 * (N2+1)+1].y=h;V[N1 * (N2+1)+1].z=0;   //顶面中心
    T[N1 * (N2+1)+1].u=0;T[N1 * (N2+1)+1].v=0;                        //闲置
}
```

2. 计算顶点平均法矢量

在 CTestView 类内添加成员函数 CalNormal()计算顶点平均法矢量,用于绘制光滑着色圆柱面。由于圆柱侧面纵向平直,仅需对沿周向计算平均法矢量。

```
void CTestView::CalNormal()
{
    for(int i=0;i<N2+1;i++)                                    //周向
    {
        for(int j=0;j<N1;j++)                                  //纵向
        {
            //计算顶点的平均法矢量
            int Beforei=i-1,Afteri=i+1;
            int Beforej=j-1,Afterj=j+1;
            if(0==i) continue;
            if(0==j) Beforej=N1-1;
```

```
            if(N2+1==Afteri) continue;
            if(N1==Afterj) Afterj=0;
            CVector vN0,vN1,AveN;                    //相邻 2 个面片的法矢量及平均法矢量
            CVector vEdge01(V[Beforei * N1+Afterj+1],V[Beforei * N1+j+1]);
            CVector vEdge02(V[Beforei * N1+Afterj+1],V[i * N1+j+1]);
            vN0=Cross(vEdge01,vEdge02);
            CVector vEdge11(V[Beforei * N1+j+1],V[Beforei * N1+Beforej+1]);
            CVector vEdge12(V[Beforei * N1+j+1],V[i * N1+Beforej+1]);
            vN1=Cross(vEdge11,vEdqe12);
            AveN=(vN0+vN1)/AveN.Mag();               //顶点法矢量的平均值
            N[i * N1+j+1]=AveN;
        }
    }
}
```

3. 绘制圆柱面

在 CTestView 类内添加成员函数 DrawObject()来绘制圆柱面。由于圆柱的侧面采用四边形网格逼近,底面和顶面采用三角形网格逼近,所以使用 CT2 类定义了 Texture4 和 Texture3 纹理数组。圆柱的侧面使用周向平均法矢量计算光照。填充顶面和底面的三角形面片时,进行了特殊处理。

```
void CTestView::DrawObject(CDC * pDC)
{
    CalNormal();
    CZBuffer * zbuf=new CZBuffer;                           //申请内存
    zbuf->InitDeepBuffer(800,800,1000);                     //初始化深度缓冲器
    CPi3 Point3[3];                                         //底面与顶面三角形顶点数组
    CT2 Texture3[3];                                        //底面与顶面三角形纹理数组
    CVector Normal3[3];                                     //底面与顶面三角形法矢量数组
    CPi3 Point4[4];                                         //侧面四边形顶点数组
    CT2 Texture4[4];                                        //侧面四边形纹理数组
    CVector Normal4[4];                                     //侧面四边形法矢量数组
    for(int i=0;i<N2+2;i++)
    {
        for(int j=0;j<N1;j++)
        {
            CVector ViewVector(V[F[i][j].vI[0]],ViewPoint);       //面的视矢量
            ViewVector=ViewVector.Normalize();                    //单位化视矢量
            F[i][j].SetFaceNormal(V[F[i][j].vI[0]],V[F[i][j].vI[1]],V[F[i][j].vI[2]]);
                                                                  //计算小面片法矢量
            F[i][j].fNormal.Normalize();                          //单位化法矢量
            if(Dot(ViewVector,F[i][j].fNormal)>=0)
            {
                if(3==F[i][j].vN)                                 //处理三角形面片
```

```
            {
                for(int m=0;m<F[i][j].vN;m++)
                {
                    PerProject(V[F[i][j].vI[m]]);
                    Point3[m]=ScreenP;
                    Normal3[m]=F[i][j].fNormal;
                }
                double tempj=j+1;                          //对三角形面片进行特殊处理
                Texture3[0].u=cTheta*(j+0.5)/360.0;Texture3[0].v=0.0;
                Texture3[1].u=cTheta*(j+0.5)/360.0;Texture3[1].v=0.0;
                Texture3[2].u=cTheta*tempj/360.0; Texture3[2].v=0.0;
                zbuf->SetPoint(Point3,Normal3,Texture3,3);            //初始化
                zbuf->CreateBucket();                                 //创建桶表
                zbuf->CreateEdge();                                   //创建边表
                zbuf->Phong(pDC,ViewPoint,pLight,pMaterial,Image);    //填充三角形
                zbuf->ClearMemory();
            }
            else                                           //处理四边形面片
            {
                for(int m=0;m<F[i][j].vN;m++)
                {
                    PerProject(V[F[i][j].vI[m]]);
                    Point4[m]=ScreenP;
                    Normal4[m]=N[F[i][j].vI[m]];
                    Texture4[m]=T[F[i][j].vI[m]];
                }
                if(N1-1==j)                                //消除图像纹理的接缝
                {
                    Texture4[2].u=0.0;
                    Texture4[3].u=0.0;
                }
                zbuf->SetPoint(Point4,Normal4,Texture4,4);            //初始化
                zbuf->CreateBucket();                                 //创建桶表
                zbuf->CreateEdge();                                   //创建边表
                zbuf->Phong(pDC,ViewPoint,pLight,pMaterial,Image);    //填充四边形
                zbuf->ClearMemory();
            }
        }
    }
}
delete zbuf;
}
```

五、案例总结

本案例将一幅位图映射到圆柱面上,并进行了光照计算。由于圆柱面侧面的展开图是长方形,如果取图像大小为侧面展开图的大小,则圆柱面上的像素与图像上的像素有一一对应关系。本案例在点表中进行图像纹理绑定。对于单幅图像映射,一般在点表中绑定;对于多幅图像映射,一般在面表中绑定。侧面四边形顶点的法矢量取为周向 2 个表面的平均法矢量。圆柱面是闭合的二次曲面,这要求对图像纹理闭合处进行特殊处理,处理方法参见 DrawObject()函数。

案例 57　圆环面图像纹理映射算法

知识要点

- 读入图像纹理。
- 绑定纹理。
- 处理图像接缝。
- Phong 明暗处理。

一、案例需求

1. 案例描述

以屏幕客户区中心为体心建立圆环面的几何模型。读入图 57-1 所示的二维位图图像纹理，将纹理绑定到圆环面上。使用材质漫反射率设置纹理颜色，光源颜色设置为白色。请使用 Phong 明暗处理绘制光照纹理圆环面动画。

图 57-1　圆环面图像纹理

2. 功能说明

（1）自定义屏幕三维左手坐标系，原点位于客户区中心，x 轴水平向右为正，y 轴垂直向上为正，z 轴指向屏幕内部。

（2）建立三维用户右手坐标系$\{O;x,y,z\}$，原点 O 位于客户区中心，x 轴水平向右，y 轴垂直向上，z 轴指向读者。

（3）设置屏幕背景色为黑色。

（4）读入二维图像纹理，图像格式为 BMP。

（5）将纹理绑定到圆环面网格的顶点上。

（6）使用 Phong 明暗处理模型绘制圆环面的纹理。

（7）使用键盘方向键旋转圆环面。

（8）使用工具条上的“动画”图标按钮播放或停止圆环面的旋转动画。

3. 案例效果图

圆环面图像纹理的光照效果如图 57-2 所示。

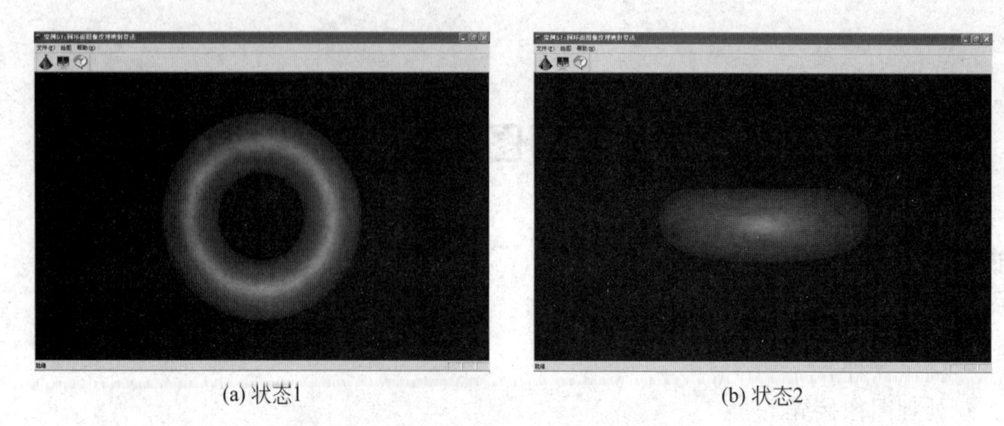

(a) 状态1　　(b) 状态2

图 57-2　圆环面图像纹理效果图

二、案例分析

圆环面采用平面四边形小面逼近，需要根据相邻 4 个小面的法矢量计算平均法矢量。对于索引号(i,j)的顶点，其相邻顶点的索引号如图 57-3 所示。图中箭头所示为每个小面的边矢量，两条边的叉积得到小面的法矢量 $\boldsymbol{N}_i$。小面的平均法矢量 $\boldsymbol{N}$ 计算公式如下：

$$\boldsymbol{N}=\frac{\sum_{i=0}^{3}\boldsymbol{N}_i}{\left|\sum_{i=0}^{3}\boldsymbol{N}_i\right|}$$

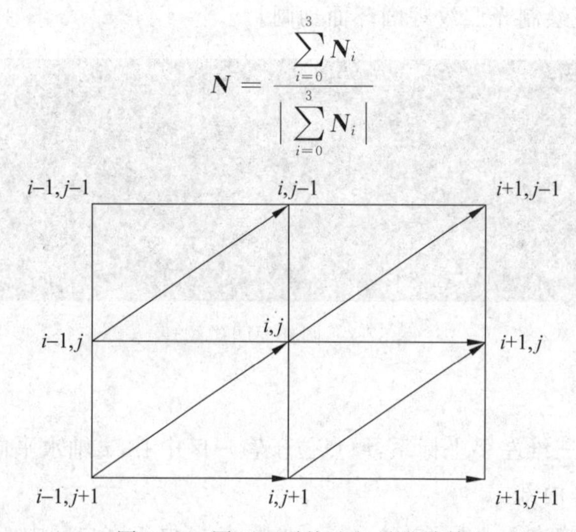

图 57-3　圆环面平均法矢量的计算

使用 MFC 的资源标签页加载图 57-1 所示的二维图像纹理，DDB 位图的标识取为 IDB_TEXTURE。将图像纹理读入二维数组中，将纹理图像绑定到圆环面网格顶点上。将图像纹理的颜色值做为材质漫反射率和环境光反射率，镜面反射光置为白光，使用 Phong 明暗处理绘制光照纹理圆环面。

三、算法设计

(1) 将图像纹理加载到资源标签页中。

(2) 将位图纹理绑定到圆环面的顶点上。

(3) 将纹理颜色设置为材质的漫反射率和环境光反射率。

(4) 使用 Phong 明暗处理绘制光照纹理圆环面。

四、案例设计

1. 读入圆环面的顶点表

在 CTestView 类内添加成员函数 ReadVertex(),将纹理绑定到圆环面的顶点上。CT2 类定义了纹理坐标的(u,v)。

```
void CTestView::ReadVertex()
{
    int tAlpha=10,tBeta=10;                              //等分角度
    int r1=200,r2=80;                                    //圆环半径和环截面半径
    N1=360/tAlpha,N2=360/tBeta;                          //面片数量为 N1×N2
    V=new CP3[N1*N2];                                    //顶点动态数组
    T=new CT2[N1*N2];                                    //纹理动态数组
    N=new CVector[N1*N2];                                //法矢量动态数组
    for(int i=0;i<N1;i++)
    {
        double tAlpha1=tAlpha*i*PI/180;
        for(int j=0;j<N2;j++)                            //顶点赋值
        {
            double tBeta1=tBeta*j*PI/180;
            V[i*N2+j].x=(r1+r2*sin(tBeta1))*sin(tAlpha1);
            V[i*N2+j].y=r2*cos(tBeta1);
            V[i*N2+j].z=(r1+r2*sin(tBeta1))*cos(tAlpha1);
            //计算顶点的纹理
            T[i*N2+j].u=(2*PI-tAlpha1)/(2*PI)*(bmp.bmWidth-1);
            T[i*N2+j].v=tBeta1/(2*PI)*(bmp.bmHeight-1);
        }
    }
}
```

2. 计算平均法矢量

在 CTestView 类内添加成员函数 CalNormal(),根据相邻圆环小面的顶点计算平均法矢量。

```
void CTestView::CalNormal()
{
    for(int i=0;i<N1;i++)                               //周向
    {
        for(int j=0;j<N2;j++)                           //纵向
        {
            //计算顶点的平均法矢量
            int Beforei=i-1,Afteri=i+1;
            int Beforej=j-1,Afterj=j+1;
```

```
            if(0==i) Beforei=N1-1;
            if(0==j) Beforej=N2-1;
            if(N1==Afteri) Afteri=0;
            if(N2==Afterj) Afterj=0;
            CVector vN0,vN1,vN2,vN3,AveN;         //相邻 4 个面片的法矢量及平均法矢量
            CVector vEdge01(V[Beforei * N2+Afterj],V[i * N2+Afterj]);
            CVector vEdge02(V[Beforei * N2+Afterj],V[i * N2+j]);
            vN0=Cross(vEdge01,vEdge02);
            CVector vEdge11(V[i * N2+Afterj],V[Afteri * N2+Afterj]);
            CVector vEdge12(V[i * N2+Afterj],V[Afteri * N2+j]);
            vN1=Cross(vEdge11,vEdge12);
            CVector vEdge21(V[i * N2+j],V[Afteri * N2+j]);
            CVector vEdge22(V[i * N2+j],V[Afteri * N2+Beforej]);
            vN2=Cross(vEdge21,vEdge22);
            CVector vEdge31(V[Beforei * N2+j],V[i * N2+j]);
            CVector vEdge32(V[Beforei * N2+j],V[i * N2+Beforej]);
            vN3=Cross(vEdge31,vEdge32);
            AveN=(vN0+vN1+vN2+vN3)/AveN.Mag();          //顶点法矢量的平均值
            N[i * N2+j]=AveN;
        }
    }
}
```

3. 绘制圆环面

在 CTestView 类内添加成员函数 DrawObject()绘制圆环面,其中四边形小面的顶点法矢量是通过相邻 4 个小面的法矢量平均后得到。

```
void CTestView::DrawObject(CDC * pDC)
{
    CalNormal();
    CZBuffer * zbuf=new CZBuffer;                          //申请内存
    zbuf->InitDeepBuffer(800,800,1000);                    //初始化深度缓冲器
    CPi3 Point3[3];                                        //底面与顶面三角形顶点数组
    CT2 Texture3[3];                                       //底面与顶面三角形纹理数组
    CVector Normal3[3];                                    //底面与顶面三角形法矢量数组
    CPi3 Point4[4];                                        //侧面四边形顶点数组
    CT2 Texture4[4];                                       //侧面四边形纹理数组
    CVector Normal4[4];                                    //侧面四边形法矢量数组
    for(int i=0;i<N1;i++)
    {
        for(int j=0;j<N2;j++)
        {
            CVector ViewVector(V[F[i][j].vI[0]],ViewPoint);          //面的视矢量
            ViewVector=ViewVector.Normalize();                      //单位化视矢量
```

```
            F[i][j].SetFaceNormal(V[F[i][j].vI[0]],V[F[i][j].vI[1]],V[F[i][j].vI[2]]);
                                                                                  //计算小面片法矢量
            F[i][j].fNormal.Normalize();                                          //单位化法矢量
            if(Dot(ViewVector,F[i][j].fNormal)>=0)
            {
                for(int m=0;m<F[i][j].vN;m++)
                {
                    PerProject(V[F[i][j].vI[m]]);
                    Point4[m]=ScreenP;
                    Normal4[m]=N[F[i][j].vI[m]];
                    Texture4[m]=T[F[i][j].vI[m]];
                }
                if((N2-1)==j)                                                     //消除函数纹理的接缝
                {
                    Texture4[1].v=bmp.bmHeight-1;
                    Texture4[2].v=bmp.bmHeight-1;
                }
                if ((N1-1)==i)
                {
                    Texture4[2].u=1.0;
                    Texture4[3].u=1.0;
                }
                zbuf->SetPoint(Point4,Normal4,Texture4,4);                        //初始化
                zbuf->CreateBucket();                                             //创建桶表
                zbuf->CreateEdge();                                               //创建边表
                zbuf->Phong(pDC,ViewPoint,pLight,pMaterial,Image);                //填充四边形
                zbuf->ClearMemory();
            }
        }
    }
    delete zbuf;
}
```

五、案例总结

本案例将一幅位图映射到圆环面上,并进行了光照计算。对于圆环表面,为了实现光滑着色,需要根据相邻 4 个小面的法矢量计算顶点的平均法矢量。

案例 58　三维纹理映射算法

知识要点

- 制作三维同轴圆柱面纹理。
- 绑定木纹纹理到长方体表面。
- Phong 明暗处理。

一、案例需求

1. 案例描述

以屏幕客户区中心为体心建立长方体的几何模型。制作三维同轴圆柱面纹理，对纹理施加扰动、扭曲和倾斜等处理，使其成为不规则的木纹纹理。使用材质漫反射率设置纹理颜色，光源颜色设置为白色。请使用 Phong 明暗处理绘制光照木纹纹理动画。

2. 功能说明

(1) 自定义屏幕三维左手坐标系，原点位于客户区中心，x 轴水平向右为正，y 轴垂直向上为正，z 轴指向屏幕内部。

(2) 建立三维用户右手坐标系$\{O;x,y,z\}$，原点 O 位于客户区中心，x 轴水平向右，y 轴垂直向上，z 轴指向读者。

(3) 制作同轴圆柱面纹理。

(4) 对纹理施加扰动、扭曲和倾斜等处理，使其成为不规则的木纹纹理。

(5) 将纹理绑定到长方体表面上。

(6) 使用 Phong 明暗处理模型绘制长方体的木纹纹理。

(7) 使用键盘方向键旋转长方体。

(8) 使用工具条上的“动画”图标按钮播放或停止木纹长方体的旋转动画。

3. 案例效果图

长方体三维木纹纹理映射光照效果如图 58-1 所示。

二、案例分析

取同轴圆柱面的轴向为 y 轴，横截面为 x 和 z 轴，如图 58-2 所示。则对于半径为 r_1 的圆柱，参数方程为

$$r_1 = \sqrt{x^2 + z^2}$$

使用 $2\sin\alpha\theta$ 作为木纹的不规则扰动函数，并在 y 轴方向附加$\frac{y}{b}$的扭曲量，得到

$$r_2 = r_1 + 2\sin\left(a\theta + \frac{y}{b}\right)$$

式中，a、b 为常数，$\theta=\arctan(x/z)$。取 $a=20$，$b=150$ 时，可以绘制出长方体的三维木纹纹理。

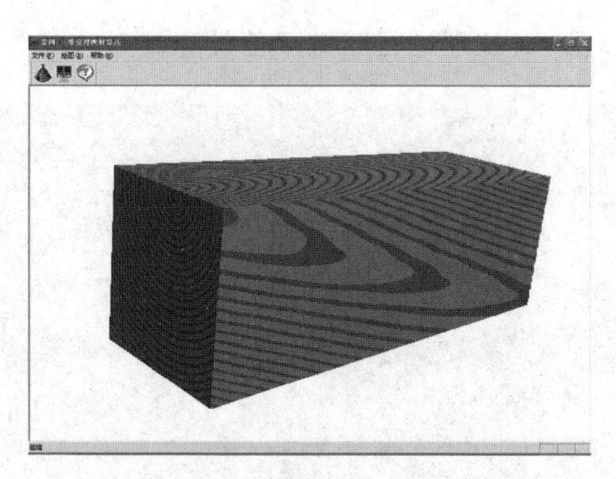

图 58-1　长方体三维木纹纹理映射效果图

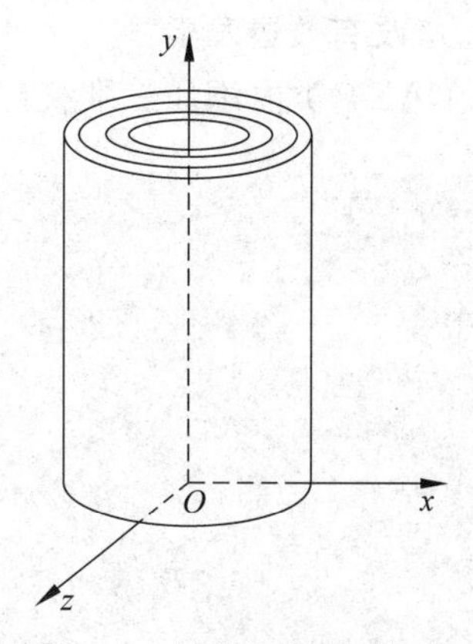

图 58-2　同轴圆柱面坐标系

将木纹纹理的颜色值做为材质漫反射率和环境光反射率，镜面反射光置为白光，使用 Phong 明暗处理绘制光照木纹长方体。

三、算法设计

(1) 绑定长方体的顶点纹理坐标。

(2) 对长方体的三维顶点坐标进行双线性纹理插值。

(3) 为长方体面上的每一点的读取同轴圆柱面上的纹理值。

(4) 对同轴圆柱面纹理进行扰动、扭曲和倾斜，使其不规则地映射到长方体表面上。

(5) 使用 Phong 明暗处理绘制光照木纹纹理长方体。

四、案例设计

1. 读入长方体的顶点坐标与顶点纹理

在 CTestView 类内添加成员函数 ReadVertex()，将三维纹理绑定到长方体的顶点上。动态数组 T 定义了长方体的三维纹理坐标。

```
void CTestView::ReadVertex()
{
    //顶点的三维坐标(x,y,z)
    int a=150,b=400,c=150;                              //长方体边长
    V[0].x=-a;V[0].y=-b;V[0].z=-c;
    V[1].x=+a;V[1].y=-b;V[1].z=-c;
    V[2].x=+a;V[2].y=+b;V[2].z=-c;
    V[3].x=-a;V[3].y=+b;V[3].z=-c;
    V[4].x=-a;V[4].y=-b;V[4].z=+c;
    V[5].x=+a;V[5].y=-b;V[5].z=+c;
    V[6].x=+a;V[6].y=+b;V[6].z=+c;
    V[7].x=-a;V[7].y=+b;V[7].z=+c;
    for(int i=0;i<8;i++)
        T[i]=V[i]*8;
}
```

2. 修改有效边表类

在 CAET 类内添加三维纹理成员变量 *ts*、*te*，对纹理进行三维插值计算。

```
class CAET
{
public:
    CAET();
    virtual ~CAET();
public:
    double x;                                    //当前 x
    int yMax;                                    //边的最大 y 值
    double k;                                    //斜率的倒数(x 的增量)
    CPi2 ps;                                     //起点坐标
    CPi2 pe;                                     //终点坐标
    CVector ns;                                  //起点法矢量
    CVector ne;                                  //终点法矢量
    CP3 ts;                                      //起点三维纹理坐标
    CP3 te;                                      //终点三维纹理坐标
    CAET * pNext;
};
```

3. 三维纹理线性插值

在 CZBuffer 类内添加成员函数 Interpolation()，对三维纹理进行线性插值。

```
CP3 CZBuffer::Interpolation(double t,double t1,double t2,CP3 tex1,CP3 tex2)
{
    CP3 texture;
    texture=(t-t2)/(t1-t2) * tex1+(t-t1)/(t2-t1) * tex2;
    return texture;
}
```

4. 读取三维木纹纹理

在 CZBuffer 类内添加成员函数 ReadWoodTexture()，对同轴圆柱面纹理进行扰动、扭曲和倾斜形成三维木纹纹理。

```
CRGB CZBuffer::ReadWoodTexture(CP3 t)
{
    CTransform tran;
    tran.SetMat(&t,1);
    tran.RotateX(17);
    tran.RotateZ(2);
    double Radius,Angle;
    int Tex;
    Radius=sqrt(t.x * t.x+t.z * t.z);
```

```
    if(0==t.z)
        Angle=PI/2;
    else
        Angle=atan(t.x/t.z);
    Radius=Radius+2 * sin(20 * Angle+t.y/150);
    Tex=Round(Radius)% 60;
    if(Tex<40)
        return CRGB(0.8,0.6,0.0);
    else
        return CRGB(0.5,0.3,0.0);
}
```

五、案例总结

本案例制作了三维木纹纹理,并将其映射到长方体上形成木纹长方体。设计的难点在于三维纹理的三维双线性插值。从图 58-1 可以看出在长方体的公共边界处,三维木纹纹理具有连续性,这是使用二维纹理映射技术难以实现的。

案例 59　球面几何纹理映射算法

知识要点

- 制作 8 位高度场文字位图。
- 扰动球面法向。
- Phong 明暗处理。

一、案例需求

1. 案例描述

以屏幕客户区中心为体心建立球面的几何模型。使用图 59-1 所示的 8 位高度场文字位图对球面法向进行扰动生成凹凸纹理。请使用 Phong 明暗处理绘制光照凹凸文字球面。

博创研究所

11 精心 精业 精品 20

图 59-1　高度场文字位图

2. 功能说明

(1) 自定义屏幕三维左手坐标系，原点位于客户区中心，x 轴水平向右为正，y 轴垂直向上为正，z 轴指向屏幕内部。

(2) 建立三维用户右手坐标系$\{O;x,y,z\}$，原点 O 位于客户区中心，x 轴水平向右，y 轴垂直向上，z 轴指向读者。

(3) 制作灰度文字位图，要求对文字进行描边。图 59-1 中，由于高度场位图映射至完整球面，所以显示的文字是"博创研究所"与"精心精业精品 2011"。

(4) 使用高度场位图对球面法向进行扰动，使文字高出球面。

(5) 使用 Phong 明暗处理模型绘制凹凸纹理。

(6) 使用键盘方向键旋转球面。

(7) 使用工具条上的"动画"图标按钮播放或停止球面的旋转动画。

3. 案例效果图

球面几何纹理的光照效果如图 59-2 所示。

二、案例分析

高度场凹凸纹理的 B_u 和 B_v 是使用 8 位灰度图像定义的。灰度图像中白色纹理表示高的区域，黑色纹理表示低的区域。高度场中的 B_u 和 B_v 需要使用中心差分计算，相邻列的差得到 B_u，相邻行的差得到 B_v。

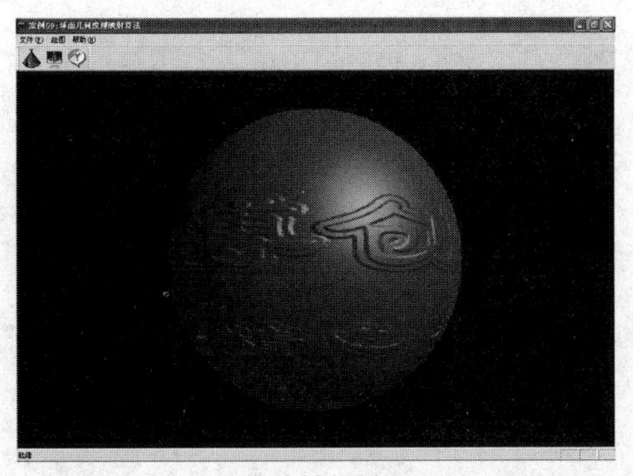

(a) 旋转位置1

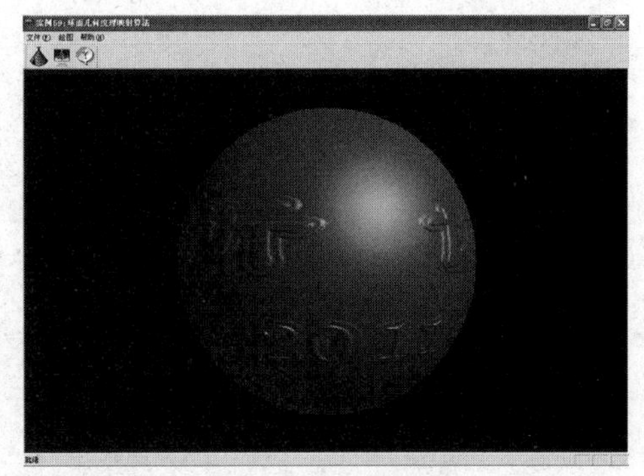

(b) 旋转位置2

图 59-2　球面几何纹理效果图

$$\begin{cases} B_u = P(x_i+1,y_i) - P(x_i-1,y_i) \\ B_v = P(x_i,y_i+1) - P(x_i,y_i-1) \end{cases}$$

扰动后法矢量的计算方法为

$$\textbf{New\_Normal} = \textbf{Old\_Normal} + (\boldsymbol{U} \times B_u + \boldsymbol{V} \times B_v)$$

有了新的法线向量后，就可以通过 Phong 明暗处理计算出球面的多边形小面内每一点的亮度。

三、算法设计

(1) 绑定球面的顶点纹理坐标。

(2) 对球面的三维顶点坐标进行双线性纹理插值。

(3) 为球面上的每一点读取高度场位图的扰动值。

(4) 使用一阶中心差分计算扰动量 B_u 和 B_v，并将其叠加到该点的法矢量上，最后对法矢量进行归一化处理。

(5) 使用 Phong 明暗处理绘制光照文字凹凸球面。

四、案例设计

1. 读入 8 位高度场文字位图

在 CTestView 类内添加成员函数 ReadBumpMap()，读入高度场位图，使用中心差分计算 B_u 和 B_v。结果存储在 Imgx_Gradient 和 Imgy_Gradient 二维数组中。

```
void CTestView::ReadBumpMap()
{
    CBitmap NewBitmap;
    NewBitmap.LoadBitmap(IDB_BUMPTEXTURE);  //导入 DDB 位图
    NewBitmap.GetBitmap(&bmp);                //将 CBitmap 的信息保存到 Bitmap 结构体中
    int nbytesize=bmp.bmWidthBytes * bmp.bmHeight;
    im=new BYTE[nbytesize];
    NewBitmap.GetBitmapBits(nbytesize,(LPVOID)im);
    Image=new COLORREF * [bmp.bmHeight];
```

```
    Imgx_Gradient=new double*[bmp.bmHeight];
    Imgy_Gradient=new double*[bmp.bmHeight];
    for(int n1=0;n1<bmp.bmHeight;n1++)
    {
        Image[n1]=new COLORREF[bmp.bmWidth];
        Imgx_Gradient[n1]=new double[bmp.bmWidth];
        Imgy_Gradient[n1]=new double[bmp.bmWidth];
    }
    for(n1=0;n1<bmp.bmHeight;n1++)
    {
        for(int n2=0;n2<bmp.bmWidth;n2++)
        {
            int pos=n1*bmp.bmWidthBytes+4*n2;           //颜色分量位置
            n1=bmp.bmHeight-1-n1;                       //位图从左下角向右上角绘制
            Image[n1][n2]=RGB(im[pos+2],im[pos+1],im[pos]);
        }
    }
    for(n1=0;n1<bmp.bmHeight;n1++)
    {
        for(int n2=0;n2<bmp.bmWidth;n2++)
        {
            int fontx,backx,fonty,backy;                //一阶中心差分
            fontx=n1+1;backx=n1-1;
            fonty=n2+1;backy=n2-1;
            //检测图片的边界,防止越界
            if(backx<0)
               backx=0;
            if(backy<0)
               backy=0;
            if(fontx>bmp.bmHeight-1)
               fontx=bmp.bmHeight-1;
            if(fonty>bmp.bmWidth-1)
               fonty=bmp.bmWidth-1;
            //分别得到每个点的x与y的偏移量
            Imgx_Gradient[n1][n2]=(GetRValue(Image[n1][fonty])-
            GetRValue(Image[n1][backy]));
            Imgy_Gradient[n1][n2]=(GetRValue(Image[fontx][n2])-
            GetRValue(Image[backx][n2]));
        }
    }
    delete []im;
}
```

2. 读取扰动量数组

在 CZBuffer 类内添加成员函数 ReadGradient(),读入扰动量数组的存储地址。

```
void CZBuffer::ReadGradient(double * * x_gra,double * * y_gra )
{
    this->x_gra=x_gra;
    this->y_gra=y_gra;
}
```

3. 绘制凹凸纹理

在 CZBuffer 类内添加成员函数 Phong(),将扰动量 B_u 和 B_v 叠加到小面内各点的法矢量上。

```
void CZBuffer::Phong(CDC * pDC,CP3 ViewPoint,CLighting * pLight,CMaterial *
pMaterial)
{
    double z=0.0;                                   //当前扫描线的 z
    double zStep=0.0;                               //当前扫描线随着 x 增长的 z 步长
    double A,B,C,D;                                 //平面方程 Ax+By+Cz+D=0 的系数
    CVector V01(P[0],P[1]),V02(P[0],P[2]);
    CVector VN=Cross(V01,V02);
    A=VN.x;B=VN.y;C=VN.z;
    D=-A * P[1].x-B * P[1].y-C * P[1].z;
    zStep=-A/C;                                     //计算直线 z 增量
    CAET * pT1, * pT2;
    pHeadE=NULL;
    for(pCurrentB=pHeadB;pCurrentB!=NULL;pCurrentB=pCurrentB->pNext)
    {
        for(pCurrentE=pCurrentB->pET;pCurrentE!=NULL;pCurrentE=pCurrentE->pNext)
        {
            pEdge=new CAET;
            pEdge->x=pCurrentE->x;
            pEdge->yMax=pCurrentE->yMax;
            pEdge->k=pCurrentE->k;
            pEdge->ps=pCurrentE->ps;
            pEdge->pe=pCurrentE->pe;
            pEdge->ns=pCurrentE->ns;
            pEdge->ne=pCurrentE->ne;
            pEdge->ts=pCurrentE->ts;
            pEdge->te=pCurrentE->te;
            pEdge->pNext=NULL;
            AddEt(pEdge);
        }
        ETOrder();
        pT1=pHeadE;
        if(pT1==NULL)
            return;
```

```
while(pCurrentB->ScanLine>=pT1->yMax)                    //下闭上开
{
    CAET * pAETTEmp=pT1;
    pT1=pT1->pNext;
    delete pAETTEmp;
    pHeadE=pT1;
    if(pHeadE==NULL)
        return;
}
if(pT1->pNext!=NULL)
{
    pT2=pT1;
    pT1=pT2->pNext;
}
while(pT1!=NULL)
{
    if(pCurrentB->ScanLine>=pT1->yMax)                   //下闭上开
    {
        CAET * pAETTemp=pT1;
        pT2->pNext=pT1->pNext;
        pT1=pT2->pNext;
        delete pAETTemp;
    }
    else
    {
        pT2=pT1;
        pT1=pT2->pNext;
    }
}
CVector na,nb,nf;
                    //na、nb 代表边上任意点的法矢量,nf 代表面上任意点的法矢量
na=Interpolation(pCurrentB->ScanLine,pHeadE->ps.y,pHeadE->pe.y,pHeadE->
                ns,pHeadE->ne);
nb=Interpolation(pCurrentB->ScanLine,pHeadE->pNext->ps.y,pHeadE->pNext-
                >pe.y,pHeadE->pNext->ns,pHeadE->pNext->ne);
CT2 ta,tb,tf;           //ta 和 tb 代表边上任意点的纹理,tf 代表面上任意点的纹理
ta=Interpolation(pCurrentB->ScanLine,pHeadE->ps.y,pHeadE->pe.y,pHeadE->
                ts,pHeadE->te);
tb=Interpolation(pCurrentB->ScanLine,pHeadE->pNext->ps.y,pHeadE->pNext-
                > pe.y,pHeadE->pNext->ts,pHeadE->pNext->te);
BOOL bInFlag=FALSE;                  //区间内外测试标志,初始值为假表示区间外部
double xb,xe;                        //扫描线和有效边相交区间的起点和终点坐标
for(pT1=pHeadE;pT1!=NULL;pT1=pT1->pNext)
{
    if(FALSE==bInFlag)
    {
```

```
            xb=pT1->x;
            z=-(xb*A+pCurrentB->ScanLine*B+D)/C;             //z=-(Ax+By+D)/C
            bInFlag=TRUE;
        }
        else
        {
            xe=pT1->x;
            for(double x=xb;x<xe;x++)                         //左闭右开
            {
                nf=Interpolation(x,xb,xe,na,nb);
                tf=Interpolation(x,xb,xe,ta,tb);
                CVector n1,n2;
                n1=CVector(x_gra[Round(tf.v)][Round(tf.u)],0,0);
                n2=CVector(0,y_gra[Round(tf.v)][Round(tf.u)],0);
                nf+=n1+n2;
                CRGB c=pLight->Lighting(ViewPoint,
                    CP3(Round(x),pCurrentB->ScanLine,z),nf,pMaterial);
                if(z<=zBuffer[Round(x)+Width/2][pCurrentB->ScanLine+Height/2])
                {
                    zBuffer[Round(x)+Width/2][pCurrentB->ScanLine+Height/2]=z;
                    pDC->SetPixelV(Round(x),pCurrentB->ScanLine,
                        RGB(c.red*255,c.green*255,c.blue*255));
                }
                    z+=zStep;
            }
            bInFlag=FALSE;
        }
    }
    for(pT1=pHeadE;pT1!=NULL;pT1=pT1->pNext)                  //边的连续性
        pT1->x=pT1->x+pT1->k;
  }
}
```

五、案例总结

几何纹理是对顶点法向进行扰动，导致原光滑表面的法向发生变化，从而呈现明暗变化，造成凹凸的假象。表面法矢量的扰动如图 59-3 所示。本案例通过读入高度场位图制作了文字凹凸纹理。设计的难点在于使用位图的相邻像素计算 B_u 和 B_v。

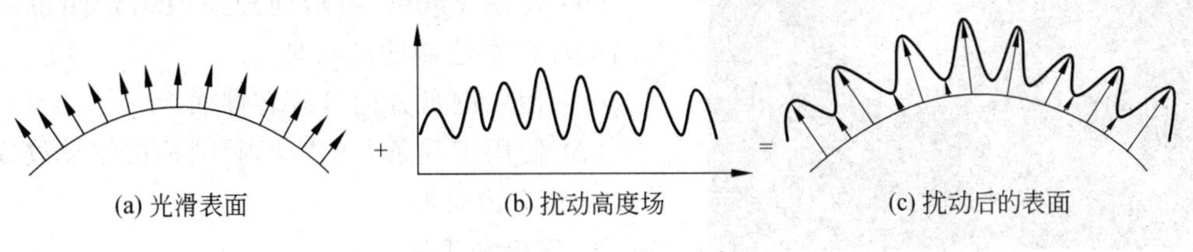

图 59-3　凹凸纹理映射

案例 60　球面几何纹理映射反走样算法

知识要点

- 双线性内插反走样算法。
- Phong 明暗处理。

一、案例需求

1. 案例描述

以屏幕客户区中心为体心建立球面的几何模型。使用图 60-1(a)所示的 8 位高度场位图对图 60-1(b)映射的球面法向进行扰动生成凹凸纹理。使用材质漫反射率设置纹理颜色，光源颜色设置为白色。请使用 Phong 明暗处理绘制光照凹凸球面。

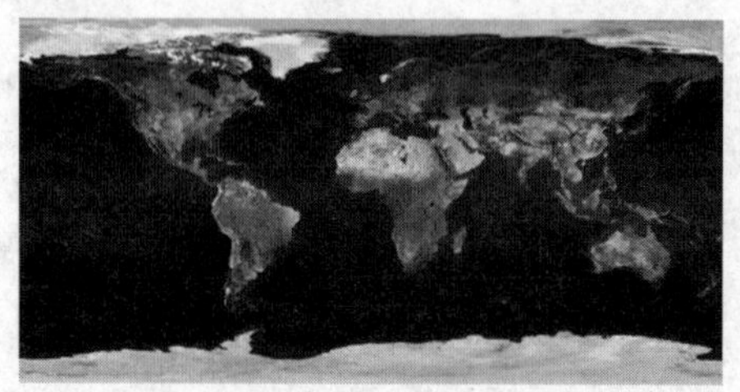

(a) 灰度高度场位图

(b) 颜色位图

图 60-1　纹理图

2. 功能说明

(1) 自定义屏幕三维左手坐标系，原点位于客户区中心，x 轴水平向右为正，y 轴垂直向上为正，z 轴指向屏幕内部。

(2) 建立三维用户右手坐标系$\{O;x,y,z\}$，原点 O 位于客户区中心，x 轴水平向右，y 轴垂直向上，z 轴指向读者。

(3) 制作颜色位图纹理映射球面。

(4) 对颜色位图和高度场位图进行双线性内插反走样处理。

(5) 使用高度场位图对球面法向进行扰动，使高度突变区域的法向发生变化。

(6) 使用 Phong 明暗处理模型结合颜色位图与高度场位图绘制凹凸纹理。

(7) 使用键盘方向键旋转球面。

(8) 使用工具条上的“动画”图标按钮播放或停止球面的旋转动画。

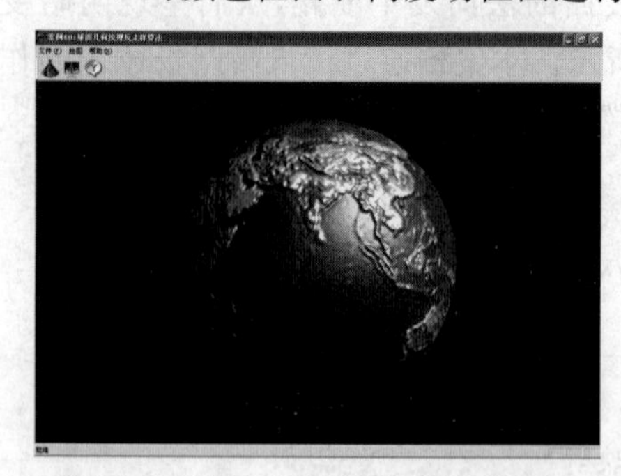

图 60-2　球面几何纹理反走样效果图

3. 案例效果图

球面几何纹理反走样后的光照效果如图 60-2

所示。

二、案例分析

简单地将矩形颜色位图映射到球面上，图像的像素被拉伸，出现了严重的锯齿，如图 60-3 所示。

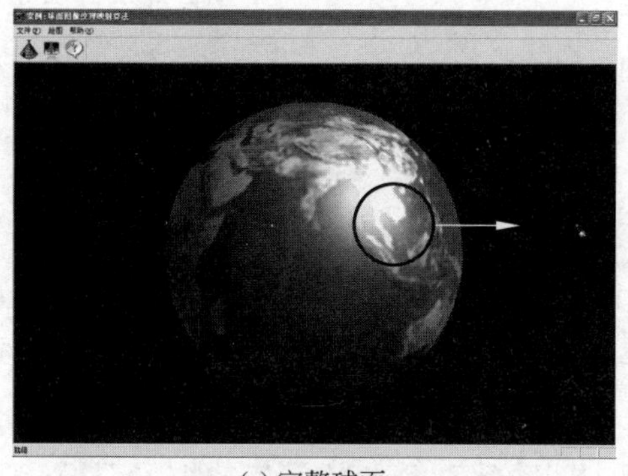

(a) 完整球面

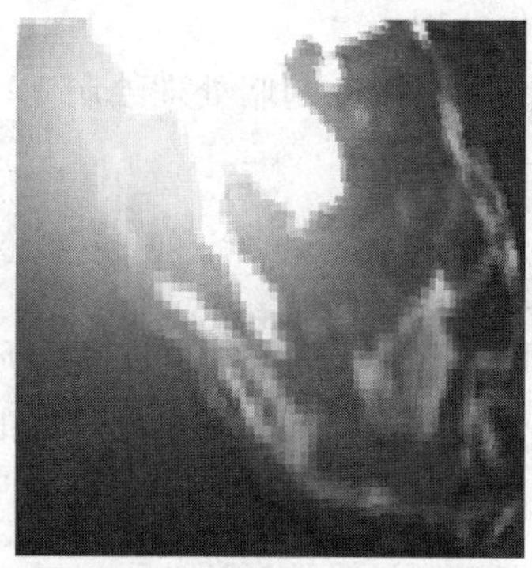

(b) 局部放大图

图 60-3　球面光照纹理效果图

对于一个目的像素，设其通过透视投影变换得到的坐标为(u,v)，u 和 v 位于$[0,1]$区间内，则目的像素的颜色 $f(u,v)$可由原图形中的坐标为(i,j)、$(i+1,j)$、$(i,j+1)$、$(i+1,j+1)$所对应的 4 个像素的颜色来决定。

$$f(u,v)=(1-u)(1-v)f(i,j)+(1-u)vf(i,j+1)+u(1-v)f(i+1,j)+uvf(i+1,j+1)$$

式中，$f(i,j)$为(i,j)处的像素值。

反走样后的效果如图 60-4 所示。双线性内插法可能会使图像在一定程度上变得模糊，但实践已经证明，插值算法对于缩放比例较小的情况是完全可以接受的。

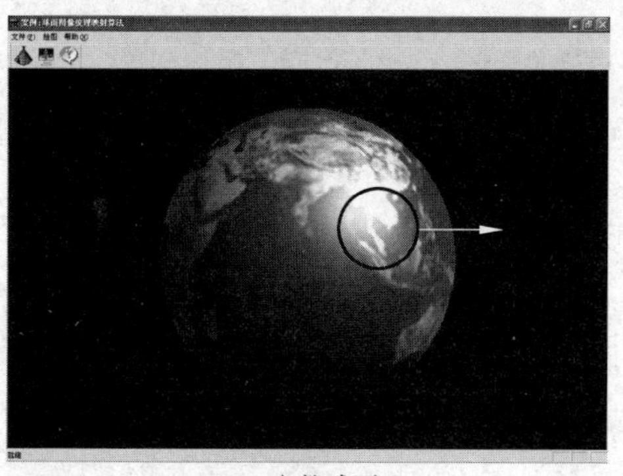

(a) 完整球面

(b) 局部放大图

图 60-4　双线性内插后的球面光照纹理效果图

三、算法设计

(1) 绑定球面的顶点纹理坐标。

（2）对球面的三维顶点坐标进行双线性纹理插值。

（3）设球面的半径为 r，取目标位图的长×宽为 $2\pi r \times \pi r$。对颜色位图和高度场位图进行双线性内插。

（4）为球面上的每一点读取高度场位图的扰动值。

（5）使用一阶差分计算扰动量 B_u 和 B_v，并将其叠加到该点的法矢量上，最后对法矢量进行归一化处理。

（6）使用 Phong 明暗处理绘制光照凹凸球面。

四、案例设计

1. 读取颜色位图

在 CTestView 类内添加成员函数 ReadImage()，读入颜色位图。使用 BiLinear_BMP()函数根据源位图的宽度高度与目的位图的宽度高度进行双线性插值，结果放在 LImage1 动态数组中。

```
void CTestView::ReadImage()
{
    CBitmap NewBitmap;
    NewBitmap.LoadBitmap(IDB_CLRTEXTURE);  //导入 DDB 位图
    NewBitmap.GetBitmap(&bmp1);            //将 CBitmap 的信息保存到 Bitmap 结构体中
    int nbytesize=bmp1.bmWidthBytes*bmp1.bmHeight;
    im=new BYTE[nbytesize];
    NewBitmap.GetBitmapBits(nbytesize,(LPVOID)im);
    Image1=new COLORREF*[bmp1.bmHeight];
    for(int n1=0;n1<bmp1.bmHeight;n1++)
        Image1[n1]=new COLORREF[bmp1.bmWidth];
    for(n1=0;n1<bmp1.bmHeight;n1++)
    {
        for(int n2=0;n2<bmp1.bmWidth;n2++)
        {
            int pos=n1*bmp1.bmWidthBytes+4*n2;        //颜色分量位置
            n1=bmp1.bmHeight-1-n1;                    //位图从左下角向右上角绘制
            Image1[n1][n2]=RGB(im[pos+2],im[pos+1],im[pos]);
        }
    }
    delete []im;
    LImage1=new COLORREF*[nHeight];
    for(n1=0;n1<nHeight;n1++)
        LImage1[n1]=new COLORREF[nWidth];
    BiLinear_BMP(LImage1,nWidth,nHeight,Image1,bmp1.bmWidth,bmp1.bmHeight);
}
```

2. 读入高度场位图

在 CTestView 类内添加成员函数 ReadBumpMap()，读入高度场位图。使用 BiLinear_

BMP()函数根据源位图的宽度高度与目的位图的宽度高度进行双线性插值，结果放在LImage2动态数组中。然后使用中心差分计算 B_u 和 B_v。结果存储在 Imgx_Gradient 和 Imgy_Gradient 二维数组中。

```
void CTestView::ReadBumpMap()
{
    CBitmap NewBitmap;
    NewBitmap.LoadBitmap(IDB_BUMPTEXTURE);  //导入 DDB 位图
    NewBitmap.GetBitmap(&bmp2);                  //将 CBitmap 的信息保存到 Bitmap 结构体中
    int nbytesize=bmp2.bmWidthBytes * bmp2.bmHeight;
    im=new BYTE[nbytesize];
    NewBitmap.GetBitmapBits(nbytesize,(LPVOID)im);
    Image2=new COLORREF * [bmp2.bmHeight];
    for(int n1=0;n1<bmp2.bmHeight;n1++)
        Image2[n1]=new COLORREF[bmp2.bmWidth];
    for(n1=0;n1<bmp2.bmHeight;n1++)
    {
        for(int n2=0;n2<bmp2.bmWidth;n2++)
        {
            int pos=n1 * bmp2.bmWidthBytes+4 * n2;        //颜色分量位置
            n1=bmp2.bmHeight-1-n1;                       //位图从左下角向右上角绘制
            Image2[n1][n2]=RGB(im[pos+2],im[pos+1],im[pos]);
        }
    }
    LImage2=new COLORREF * [nHeight];
    for(n1=0;n1<nHeight;n1++)
        LImage2[n1]=new COLORREF[nWidth];
    BiLinear_BMP(LImage2,nWidth,nHeight,Image2,bmp2.bmWidth,bmp2.bmHeight);
    Imgx_Gradient=new double * [nHeight];
    Imgy_Gradient=new double * [nHeight];
    for(n1=0;n1<nHeight;n1++)
    {
        Imgx_Gradient[n1]=new double[nWidth];
        Imgy_Gradient[n1]=new double[nWidth];
    }
    for(n1=0;n1<nHeight;n1++)
    {
        for(int n2=0;n2<nWidth;n2++)
        {
            int fontx,backx,fonty,backy;                 //一阶中心差分
            fontx=n1+1;backx=n1-1;
            fonty=n2+1;backy=n2-1;
            //检测图片的边界,防止越界
            if(backx<0)
```

```
                backx=0;
            if(backy<0)
                backy=0;
            if(fontx>nHeight-1)
                fontx=nHeight-1;
            if(fonty>nWidth-1)
                fonty=nWidth-1;
             Imgx_Gradient[n1][n2]=-(GetRValue(LImage2[n1][fonty])-GetRValue
             (LImage2[n1][backy]));
             Imgy_Gradient[n1][n2]=-(GetRValue(LImage2[fontx][n2])-GetRValue
             (LImage2[backx][n2]));
        }
    }
    delete []im;
}
```

3. 位图双线性内插函数

在 CTestView 类内添加成员函数 BiLinear_BMP(),使用双线性内插算法根据源位图和目的位图的宽度高度插值出目的位图。

```
void CTestView::BiLinear_BMP(COLORREF * * DesImage,int DesWidth,int DesHeight,
                             COLORREF * * SrcImage,int SrcWidth,int SrcHeight)
{
    double WidScale=(double)SrcWidth/(double)DesWidth;          //源/目标=比例
    double HeiScale=(double)SrcHeight/(double)DesHeight;
    double pm[4];
    BYTE red[4],green[4],blue[4];
    for(int i=0;i<DesHeight;i++)
    {
        double Sy=i * HeiScale;
        int ty=int(Sy);
        double v=fabs(Sy-ty);
        for(int j=0;j<DesWidth;j++)
        {
            double Sx=j * WidScale;
            int tx=int(Sx);
            double u=fabs(Sx-tx);
            pm[0]=(1-u) * (1-v);
            pm[1]=v * (1-u);
            pm[2]=u * (1-v);
            pm[3]=u * v;
            if(tx>=SrcWidth-2)
                tx=SrcWidth-2;
            if(ty>=SrcHeight-2)
```

```
            ty=SrcHeight-2;
        red[0]=GetRValue(SrcImage[ty][tx]);
        red[1]=GetRValue(SrcImage[ty+1][tx]);
        red[2]=GetRValue(SrcImage[ty][tx+1]);
        red[3]=GetRValue(SrcImage[ty+1][tx+1]);
        green[0]=GetGValue(SrcImage[ty][tx]);
        green[1]=GetGValue(SrcImage[ty+1][tx]);
        green[2]=GetGValue(SrcImage[ty][tx+1]);
        green[3]=GetGValue(SrcImage[ty+1][tx+1]);
        blue[0]=GetBValue(SrcImage[ty][tx]);
        blue[1]=GetBValue(SrcImage[ty+1][tx]);
        blue[2]=GetBValue(SrcImage[ty][tx+1]);
        blue[3]=GetBValue(SrcImage[ty+1][tx+1]);
        double r=0,g=0,b=0;
        for(int m=0;m<4;m++)
        {
            r+=pm[m]*red[m];
            g+=pm[m]*green[m];
            b+=pm[m]*blue[m];
        }
        DesImage[i][j]=RGB(r,g,b);
    }
  }
}
```

五、案例总结

纹理映射的重点是纹理反走样算法，纹理的反走样一般会借助于图像处理技术实现，所以图形处理和图像处理是结合在一起的。纹理反走样算法中最基本的就是纹理的缩小和放大。将 500×500 的位图映射到 250×250 的立方体表面上，两个纹素会覆盖一个像素，需要进行纹理的缩小；将 500×500 的位图映射到 1000×1000 的立方体表面上，一个纹素被拉伸为两个像素大小，需要进行纹理的放大。在纹理的缩小和放大过程中都会造成纹理的走样。常用的反走样方法有：

（1）最邻近取样法

最临近取样的思想很简单。对于通过反向变换得到的一个浮点坐标，对其进行简单的取整，得到一个整数坐标，这个整数坐标对应的像素值就是目的像素的像素值，也就是说，取浮点坐标最邻近的像素。算法简单直观，但图像质量不高。

（2）双线性内插法

对于目的像素，取 4 个邻近的像素进行双线性内插，缩放后的图像质量高，不会出现像素不连续的情况。

（3）三次卷积法

三次卷积法能够克服以上两种算法的不足，计算精度高，但计算量大。

Photoshop 中的图像放大和缩小就采用了这 3 种方法，如图 60-5 所示。本案例采用的是双线性内插法。

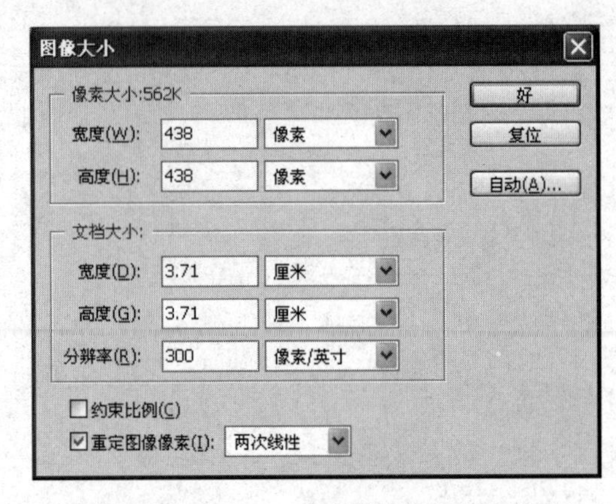

图 60-5 Photoshop 中的"图像大小"对话框

参考文献

[1] 孔令德.计算机图形学基础教程(Visual C++ 版)[M].2 版.北京:清华大学出版社,2012.

[2] 孔令德.计算机图形学基础教程习题解答与编程实践(Visual C++ 版)[M].北京:清华大学出版社,2010.

[3] 孔令德.计算机图形学实验及课程设计(Visual C++ 版)[M].北京:清华大学出版社,2011.

[4] 孔令德.计算机图形学实践教程[M].北京:清华大学出版社,2008.